Quantentechnologien

Reimund Neugebauer
(Hrsg.)

Quantentechnologien

Fraunhofer Verlag

Kontaktadresse:

Zentrale der Fraunhofer-Gesellschaft
Hansastraße 27 c
80686 München
Telefon +49 89 1205–0
info@fraunhofer.de
https://s.fhg.de/quantentechnologien
www.fraunhofer.de

Bibliografische Information der Deutschen Nationalbibliothek:
Die Deutsche Nationalbibliothek verzeichnet diese Publikation in der Deutschen Nationalbibliografie;
detaillierte bibliografische Daten sind im Internet über http://dnb.de abrufbar.

ISBN (Printausgabe) 978-3-8396-1869-1
ISBN (E-Book) 978-3-8396-1870-7

Satz: C.H.Beck.Media.Solutions, Nördlingen
Druck und Weiterverarbeitung: RCOM Print GmbH, Würzburg

Für den Druck des Buches wurde chlor- und säurefreies Papier verwendet.

© Fraunhofer Verlag, 2022
Nobelstraße 12
70569 Stuttgart
verlag@fraunhofer.de
www.verlag.fraunhofer.de

als rechtlich nicht selbständige Einheit der

Fraunhofer-Gesellschaft zur Förderung
der angewandten Forschung e. V.
Hansastraße 27 c
80686 München
www.fraunhofer.de

Alle Rechte vorbehalten

Dieses Werk ist einschließlich aller seiner Teile urheberrechtlich geschützt. Jede Verwertung, die über die engen Grenzen des Urheberrechtsgesetzes hinausgeht, ist ohne schriftliche Zustimmung des Verlages unzulässig und strafbar. Dies gilt insbesondere für Vervielfältigungen, Übersetzungen, Mikroverfilmungen sowie die Speicherung in elektronischen Systemen.
Die Wiedergabe von Warenbezeichnungen und Handelsnamen in diesem Buch berechtigt nicht zu der Annahme, dass solche Bezeichnungen im Sinne der Warenzeichen- und Markenschutz-Gesetzgebung als frei zu betrachten wären und deshalb von jedermann benutzt werden dürften.
Soweit in diesem Werk direkt oder indirekt auf Gesetze, Vorschriften oder Richtlinien (z. B. DIN, VDI) Bezug genommen oder aus ihnen zitiert worden ist, kann der Verlag keine Gewähr für Richtigkeit, Vollständigkeit oder Aktualität übernehmen.

Inhaltsverzeichnis

Der Quantensprung vom Labor zur Anwendung	13
1 Quantenlösungen – jenseits der »klassischen« Grenzen	13
2 Von der ersten zur zweiten Quantenrevolution	14
3 Technologische und wirtschaftliche Perspektiven	16
Einschätzungen und Perspektiven zum Stand der Entwicklung .	19
1 Wege zu einer neuen Schlüsseltechnologie	19
1.1 Motivation und Inspiration	19
1.2 Innovation und Quantenökosysteme	20
1.3 Bewertung des Status quo und Ausrichtung zukünftiger Entwicklungen	23
2 Aktuelle technologische Herausforderungen	26
2.1 Integration und Hochskalierung	26
2.2 Quanteninfrastrukturen	30
3 Aktuelle strategische Herausforderungen	34
4 Tribut und Perspektiven	38
Quantensensorik	**43**
Möglichkeiten der Sensorik in einer neuen Welt	45
Stickstoff-Fehlstellen-Zentren: Quantensensor für Magnetfelder	49
1 Einleitung	49
2 Quantenmagnetometrie mit NV-Zentren	50
2.1 Vorteile	55
2.2 Limitierende Faktoren	56
2.3 Überwindung von Begrenzungen mit dem Weitfeld-Magnetometer	58
2.4 Das Instrument	59
3 Entwicklung spezifischer Diamanten für das Weitfeld-Magnetometer	62
3.1 Diamantsubstrate, homoepitaktisches Wachstum und stickstoffdotierte δ-Schichten	62

4	Anwendungen	66
	4.1 Messung von magnetischen Nanopartikeln	67
	4.2 Materialwissenschaft – Stahllegierungen	71
5	Schlussfolgerungen und Ausblick	74
6	Danksagungen	75
7	Literaturverzeichnis	76

Durchflussmessung auf Basis der Quantenmagnetometrie 79

1	Quantenmagnetometrie mit optisch gepumpten Magnetometern	80
2	Das Konzept der Durchflussmessung auf der Grundlage der Quantenmagnetometrie	82
3	Der Mehrwert für die Durchflussmessung	87
4	Literaturverzeichnis	91

Laserschwellen-Magnetometrie 93

1	Die Idee: Verbesserung der Sensitivität durch das Auslesen mittels eines Lasers	93
2	Messung der stimulierten Emission von NV-Zentren	99
3	Magnetfeldabhängige Lichtverstärkung mit starken Signalen und Rekordwerten beim Kontrast	102
4	Literaturverzeichnis	106

Materialprüfung mit optisch gepumpten Magnetometern 109

1	Allgemeine Einführung	110
2	Magnetische Messung von Materialdefekten	110
3	Optisch gepumpte Quantenmagnetometer	112
4	Magnetische Antwort von Ermüdungsprozessen	115
5	Messung magnetischer Ermüdungssignale	117
6	Schlussfolgerungen und Ausblick	123
7	Literaturverzeichnis	124

Fraunhofer CAP **127**

1	Fraunhofer CAP und die britische Perspektive	127
2	Kaltatomsensor-Technologien	129
	2.1 Einführung in die Atominterferometrie	129
	2.2 Einführung in die Laseranforderungen für Quantensensoren	131
	2.3 Entwicklung von Trapezverstärkern	134
3	SPAD für zeitaufgelöste Fernspektroskopie	135
	3.1 Fernerkundung von Wasserstoff	135

	3.2 Ergebnisse der Fernerkundung von Wasserstoff	138
	4 Photonische Integration für Quantensensorik	139
	4.1 Integrierte Quellen für Quantenlicht	140
	4.2 Mikrooptische Integration für Rastermagnetometer	143
	5 Schlussfolgerungen und Ausblick	146
	6 Literaturverzeichnis	146

Quantenbildgebung   151

Quantenbildgebung 153
  Literaturverzeichnis 159
Quantenholografie mit nicht detektiertem Licht 161
  1 Von der klassischen zur Quantenholografie 162
  2 Nichtlineares Interferometer für die bildgebende
     Darstellung 163
  3 Phasenverschiebungs-Holografie 166
  4 Quantenholografie mit nicht detektiertem Licht 167
  5 Rauschunempfindlichkeit 169
  6 Literaturverzeichnis 172
Quanten-Ghost-Imaging mit asynchroner Detektion 175
  1 Einleitung 175
  2 Quanten-Ghost-Imaging (QGI) 177
  3 Ergebnisse 182
  4 Bildrekonstruktion 183
  5 Relevante Quantenvorteile 185
    5.1 Gleichmäßige Energieverteilung: entspannte
       Sicherheitsgrenzwerte 185
    5.2 Inkohärente Quelle: verbesserte Bildqualität 186
    5.3 Inhärente Zufälligkeit: Nicht-Detektierbarkeit und
       besserer Schutz 186
  6 Schlussfolgerungen und Ausblick 187
  7 Literaturverzeichnis 188
Quanten-Fourier-Transform-Infrarotspektroskopie 191
  1 Einleitung 191
  2 Das Quanten-Fourier-Transform-Spektrometer 194
    2.1 Korrelierte Photonenquelle 194
    2.2 Nichtlineares Interferometer 195
    2.3 Spektralanalyse 198

3 Schlussfolgerungen und Ausblick	203
4 Literaturverzeichnis	203

Quantenbildgebung mit nicht-detektierten Photonen im mittleren Infrarotbereich 205

1 Quantenbildgebung in nichtlinearen Interferometern	205
1.1 Parametrische Fluoreszenz. Quellen für korrelierte Photonenpaare	206
1.2 Bildgebung mit nicht-detektierten Photonen in nichtlinearen Interferometern	207
1.3 Stand der Technik bei der MIR-Quantenbildgebung	209
2 MIR-Quantenbildgebung mit Kristallen mit großer Apertur in einer Langpass-Interferometer-Konfiguration	210
2.1 Überlegungen zum Aufbau	210
2.2 Aufbau und Ergebnisse	212
2.3 Schlussfolgerungen und Ausblick	215
3 Literaturverzeichnis	215

Terahertz-Spektroskopie mit sichtbaren Photonen 217

1 Einleitung	218
2 Erzeugung von korrelierten Terahertz-Photonenpaaren im sichtbaren Bereich	220
3 Terahertz-Spektroskopie mit sichtbarem Licht	224
4 Quanteninspirierte Terahertz-Spektroskopie mit gepulsten Quellen	228
5 Schlussfolgerungen und Ausblick	230
6 Literaturverzeichnis	231

Quantenkommunikation   235

Quantenkommunikation: sichere Kommunikation durch Quantenschlüsselaustausch	237
Quantenkommunikationssysteme und -protokolle	239
1 Motivation	239
2 Quantenkommunikationssysteme für optische Netze	241
2.1 Massiv gebündelte Quantenkanäle	241
2.2 Gleichzeitige Übertragung von Quanten- und klassischen Kanälen	244
2.3 Eine Echtzeit-QKD-Versuchsplattform für quantensichere Telekom-Infrastrukturen	246

   3 Fazit und Ausblick 251
   4 Literaturverzeichnis 251

Satellitengestützte Kommunikation auf Basis von Quantenverschränkung am Fraunhofer IOF **253**
   1 Kommunikation im Weltall auf Basis von Quantenverschränkung 253
   2 Grundsätzliche Überlegungen zu QKD-Links 255
   3 Hochperformante Quellen für verschränkte Photonen 258
   4 Fazit und Ausblick 262
   5 Literaturverzeichnis 262

Photonische Komponenten für Quantentechnologien **265**
   1 Einleitung 265
   2 Aktive Komponenten für die Integration 266
      2.1 Einzelphotonen-Lawinendioden 267
      2.2 InP-basierte photonische integrierte Schaltkreise 270
   3 Hybride Integration 271
      3.1 PolyBoard-Plattform 273
      3.2 Mikrooptische Bank 277
   4 Fazit und Ausblick 280
   5 Literaturverzeichnis 280

Modulare Nanoelektronik für die Quantenkommunikation . . . **283**
   1 Motivation 284
   2 Modulare Elektronikplattform 286
      2.1 Chiplet-Technologie 286
      2.2 Digitale Signalprozessoren 289
      2.3 Analog-Digital-Wandler 290
      2.4 Digital-Analog-Wandler 291
      2.5 Zeit-Digital-Wandler 292
      2.6 Weiterentwicklung der Chiplet-Toolbox 293
   3 QKD-Testumgebung für die Schaltungsentwicklung 294
   4 Fazit und Ausblick 296
   5 Literaturverzeichnis 297

Rauscharme Quantenfrequenzkonverter für den Quanteninternet-Demonstrator **299**
   1 Quanteninternet 300
      1.1 Quantennetzwerke 301
      1.2 Das Quantum Internet Demonstrator Project am QuTech . . 304

2	Quantenfrequenzkonversion		305
	2.1	Leistungsanforderungen an einen QFC – jedes Photon zählt .	305
	2.2	Funktionsprinzip, Konstruktionsherausforderungen und Stand der Technik	306
	2.3	NORA – ein rauschreduzierter Ansatz für QFC	307
	2.4	Prototypenentwicklung und Erprobung von NORA QFC . . .	309
3	Nächste Schritte		312
4	Literaturverzeichnis		313

Quantencomputing — 317

Quantencomputing 319

Quantencomputing – von Materialien bis zur Anwendung . . . 325

1 Siliziumcarbid – ein vielversprechendes Material für das Quantencomputing 326
2 SiC-Halbleitertechnologie und Simulation 329
3 Integration und Materialaspekte für das Quantencomputing . . . 332
4 Quantencomputing für Simulation und Optimierung 336
5 Schlussfolgerungen und Ausblick 340
6 Literaturverzeichnis 341

Nutzung der Mikroelektronik für große Quantencomputing-Hardware 343

1 Einführung – Hardware für das Quantencomputing 344
   1.1 Qubit-Plattformen – ein technologischer Überblick 345
2 Herausforderungen auf dem Weg zu nutzbaren Systemen 346
3 Konkretes Potenzial für Segmente des Quantencomputer-Stacks 348
   3.1 Supraleitende Qubits 348
   3.2 Spin-basierte Quantenpunkt-Qubits 351
   3.3 Photonische Qubits 352
   3.4 Neutrale Atome 354
   3.5 2D- und 3D-Integration 355
   3.6 Co-Integration mit CMOS-Logik 356
4 Schlussfolgerungen und Ausblick 357
5 Literaturverzeichnis 358

Fehlercharakterisierung, -minderung und -korrektur 361

1 Charakterisierung von Quantengatterfehlern 362
   1.1 Von der Prozess- zur Gate-Set-Tomografie 362

	1.2 Quantenprozesstomografie mit langen Sequenzen	366
	1.3 Charakterisierung der Überspracheffekte	368
2	Fehlerminderung	369
3	Quantenfehlerkorrektur	374
	3.1 Klassische Fehlerkorrektur	375
	3.2 3-Qubit-Bitflip-Code	376
	3.3 Schwellenwerttheorem des fehlertoleranten Quantencomputings	377
4	Literaturverzeichnis	379

Quanten-HPC-Algorithmen und Workflows … 381

1	Motivation: Quantencomputer als Beschleuniger von HPC-Systemen	381
2	Technologien und Ansätze	382
3	Hybride Simulation auf der Algorithmenebene	383
4	NISQ-Quantenanwendungen	385
5	Auf dem Weg zu hybriden HPC/Quanten-Workflows	388
6	Charakterisierung hybrider Workflows und Algorithmen	389
7	Wichtige Parameter für die Integration von QC in HPC-Systeme	390
8	Schlussfolgerungen und Ausblick	392
9	Literaturverzeichnis	393

Quantum Machine Learning … 395

1	Einleitung	395
2	Was ist Machine Learning?	396
3	Was ist Quantencomputing?	397
4	Was ist Quantum Machine Learning?	400
5	Gegenwärtige Einschränkungen für QML	405
6	Vorschläge für QML in der NISQ-Ära	409
7	Schlussfolgerungen und Ausblick	411
8	Literaturverzeichnis	412

Qompiler: Interoperabler und standardisierter Quanten-Software-Stack … 415

1	Einleitung	416
2	Fortschritt über den Stand der Technik hinaus	417
3	Notwendigkeit eines standardisierten Software-Stacks	419
4	Qrisp: Höhere Quantenprogrammiersprache	422
5	Standardisierbare Schnittstelle	424
6	Nutzungsmöglichkeiten	426

    7 Schlussfolgerungen und Ausblick 427
    8 Literaturverzeichnis 428
**Ansätze für die strukturierte Entwicklung, das Testen und
den Betrieb quantenbasierter ICT-Systeme** **429**
    1 Einleitung 430
    2 Verwandte Arbeiten 430
    3 Quantum DevOps 431
    4 Überblick über Tools für Quantum DevOps 435
        4.1 Tools für den DEV-Teilzyklus 435
        4.2 Tools für den OPS-Teilzyklus 437
        4.3 Allgemeine DevOps-Automatisierung 438
    5 Benchmarking für Quantum DevOps 439
        5.1 Transpilierung und Quantenschaltkreis-Optimierung 440
        5.2 Simulationen unter geeigneten Rauschmodellen 441
        5.3 Entscheidung über das QPU-Backend 442
        5.4 Ausführung auf der QPU 443
    6 Anwendungsfälle 444
        6.1 Problem des Handlungsreisenden in Quantum DevOps 444
        6.2 Variationelle quanvolutionale neuronale Netze mit
            verbesserter Bildkodierung für die Bildklassifizierung 447
    7 Fazit und Ausblick 450
    8 Literaturverzeichnis 451
Fraunhofer-Kompetenznetzwerk Quantencomputing **453**
    1 Fraunhofer-Kompetenznetzwerk Quantencomputing:
       Ziel und Struktur 453
    2 Fraunhofer als Wegbereiter für Forschung und Industrie 455
    3 Aktuelle Projekte mit dem IBM Quantum System One 457
    4 Schlussfolgerungen und Ausblick 459
    5 Literaturverzeichnis 460
Autorenverzeichnis **461**

Der Quantensprung vom Labor zur Anwendung

Vorwort des Präsidenten der Fraunhofer-Gesellschaft

Reimund Neugebauer

1 Quantenlösungen – jenseits der »klassischen« Grenzen

Technologischer Fortschritt bildet das Rückgrat der modernen Gesellschaft. Viele wirtschaftliche und gesellschaftliche Errungenschaften unserer Zeit beruhen auf der rasanten Weiterentwicklung der Informations- und Kommunikationstechnologie. Diese ist getrieben durch immer weiter zunehmende Miniaturisierung, Geschwindigkeit, Zuverlässigkeit, Sicherheit und Effizienz. Die Entwicklung zeigt sich deutlich in dem berühmten Moore'schen Gesetz: Es beschreibt die billionenfache Steigerung der Leistungsfähigkeit von Computerchips in den letzten 60 Jahren. In jedem Jahrzehnt waren innovative Technologien erforderlich, um die Größe von Transistoren kontinuierlich vom Mikrometer- auf den Nanometerbereich zu reduzieren. Moderne Transistorbauteile haben nur noch eine Dicke von wenigen Atomen, was einer weiteren Miniaturisierung entgegensteht. Grundlegende Begrenzungen dieser Art können demnach den weiteren technischen Fortschritt aufhalten und erfordern disruptive Innovationen.

Quantentechnologien (QT) bieten vielversprechende, potenziell disruptive Lösungen für zahlreiche Problemstellungen. Zu den wichtigsten Vorteilen der Quantentechnologien gehören höhere Effizienz, Sicherheit und Präzision sowie neue Anwendungsmöglichkeiten in vielen Bereichen wie Informatik, Telekommunikation, Produktionstechnik, Medizintechnik und Weltraumforschung. Auch zur Erreichung globaler Ziele wie Nachhaltigkeit und Umweltschutz könnte eine weitere Entwicklung und breitere Anwendung der Quantentechnologien wesentliche Beiträge leisten. Obwohl die Quantentechnologien noch eine relativ junge Disziplin mit vielen Herausforderungen und offenen Fragen sind, bieten sie ungeahnte Vorteile und einzigartige neue Möglichkeiten.

Aus diesen Gründen entwickelt Fraunhofer Schlüsseltechnologien für das Quantenzeitalter. Insbesondere die modulare Kombination solcher Technologien kann die praktische Umsetzung eines breiten Spektrums von QT-Anwendungen beschleunigen.

2 Von der ersten zur zweiten Quantenrevolution

Die rasante Entwicklung der Quantentechnologien begann mit der Entdeckung der quantenmechanischen Gesetze zu Beginn des 20. Jahrhunderts. Diese Phase wird manchmal als das goldene Zeitalter der Quantenphysik bezeichnet. Große Wissenschaftler wie Max Planck, Niels Bohr und Werner Heisenberg legten den Grundstein für die moderne Physik. Dies spiegelte sich in zahlreichen Nobelpreisen und einer beispiellosen öffentlichen Aufmerksamkeit für die Grundlagenforschung wider.

Insbesondere die **Phänomene des Quanten-Tunneleffekts, der Quantensuperposition und der Quantenverschränkung**, die mit den Konzepten der klassischen Physik nur schwer zu erfassen sind, haben unser Verständnis der atomaren und subatomaren Welt revolutioniert. Sie bilden die Grundlage für heutige QT-Anwendungen.

- In der klassischen Physik können sich Teilchen nur dann über eine Barriere bewegen, wenn ihre Energie hoch genug ist. Quantenteilchen hingegen können unter bestimmten Bedingungen eine Barriere auch mit niedrigerer Energie passieren. Dies wird als **Tunneleffekt** bezeichnet.

- Im populärwissenschaftlichen Sprachgebrauch wird die **Quantensuperposition** häufig so beschrieben, dass Quantensysteme gleichzeitig in verschiedenen Zuständen existieren können, bis eine Beobachtung stattfindet. Der Physiker Erwin Schrödinger hat dies in seinem berühmten Gedankenexperiment veranschaulicht: Eine Katze wird mit einem Fläschchen mit giftigem Gas in eine Kiste gesperrt. Der probabilistische Zerfall eines Atoms entscheidet über die Freisetzung des Gases. Die Katze befindet sich in einer Überlagerung von zwei Zuständen – lebendig und tot zugleich –, bis die Kiste geöffnet und dadurch ein eindeutiger Zustand erkennbar und somit festgelegt wird.
- Die **Quantenverschränkung** beschreibt das Verhalten von Teilchen, die abstandsunabhängig miteinander verbunden bleiben. Jede Einwirkung auf ein Teilchen beeinflusst das andere Teilchen auf korrelierte Weise. Obwohl selbst Albert Einstein diesem Prinzip skeptisch gegenüberstand und von »spukhafter Fernwirkung« sprach, kommt es zur Anwendung im Bereich der Quantenkryptografie oder des sogenannten Ghost-Imaging.

Theoretische Erklärungen von Quantenphänomenen haben zu einem tieferen Verständnis wichtiger Naturgesetze bei chemischen Wechselwirkungen oder der Kernspaltung und Kernfusion geführt. Später bildete die Nutzung der Quantenprinzipien für große Quantenensemble die Grundlage für zahlreiche Innovationen: Die Erfindung des Lasers, der Halbleitertechnologie und der Magnetresonanztomografie hat unser Leben grundlegend verändert. Diese Technologien waren Teil der »ersten Quantenrevolution«.

Die Kontrolle über einzelne Quantensysteme wie separierte Atome, Elektronen und Photonen wurde jedoch erst mit der »zweiten Quantenrevolution« möglich, die vor etwa 20 Jahren begann und immer noch andauert. Sie ermöglicht viel kleinere und empfindlichere Geräte, erfordert aber auch nahezu perfekte Bedingungen und Werkzeuge, um Nanosysteme mithilfe der Quantengesetze einstellen und manipulieren zu können.

Der Reifegrad der Quantentechnologien ist in den letzten Jahrzehnten rapide gestiegen, was auch auf enorme Fortschritte in der klassischen Technologie zurückzuführen ist. Auf der Hardware-Seite sind hochkomplexe Materialien, ausgefeilte Fertigungstechniken, sehr niedrige Temperaturen, Hochvakuum und hochempfindliche Signaldetektion erforderlich. Gleichzeitig bedarf es einer enormen Rechenleistung, um Quantensysteme im Detail zu verstehen und präzise zu kontrollieren. All diese Voraussetzungen sind technisch machbar geworden. Damit haben wir den nächsten historischen Meilenstein erreicht: Die Quantentechnologien der zweiten Generation hat die Grenzen des Labors verlassen und ist in den Bereich der angewandten Forschung vorgedrungen, die den Weg bereitet für noch viele disruptive Innovationen.

3 Technologische und wirtschaftliche Perspektiven

Zu den wichtigsten Anwendungsfeldern der Quantentechnologien gehören **Quantensensorik, Quantenbildgebung, Quantenkommunikation** und **Quantencomputing**.

Quantensensoren nutzen die außergewöhnliche Empfindlichkeit von Quantensystemen, und ermöglichen somit eine beispiellos hohe Auflösungsqualität und Präzision bei schnellerem Betrieb und geringeren Kosten. Dies macht sie für ein breites Spektrum von Anwendungen attraktiv, etwa in der Mobilität, im Gesundheitswesen oder für das Internet der Dinge. Quantensensorik ist auch der bisher am weitesten ausgereifte Bereich der Quantentechnologien. Herausragende Beispiele sind Atomuhren und Quantenmagnetometer für medizinische Anwendungen. Quantengravitationssensoren versprechen eine präzise Kartierung des Untergrunds für die geologische Bodenerkundung, das Bauwesen und die Archäologie. Fraunhofer erforscht unter anderem im Leitprojekt »QMag« neue Möglichkeiten zur Messung kleinster Magnetfelder für den industriellen Einsatz, chemische Analysen und die zerstörungsfreie Materialprüfung.

Quantenbildgebung ist ein photonischer Ansatz, der insbesondere im Bereich der Biomedizin empfindliche, rauschunterdrückte und hochauflösende Bildgebung ermöglichen kann. Ein Beispiel ist das Ghost-Imaging, das sich das Prinzip der Quantenverschränkung zunutze macht. Ein Objekt kann auf diese Weise gleichzeitig mit störungsunempfindlicher Infrarot- oder Terahertzstrahlung und sichtbarem Licht, das keine teuren Detektoren erfordert, analysiert werden. So lassen sich die Vorteile zweier Spektralbereiche in einem System kombinieren, was im Vergleich zur klassischen Bildgebung höhere Qualität zu geringeren Kosten ermöglicht. Aktuell erforscht Fraunhofer neuartige Sensoranordnungen, Einzelphotonenquellen und photonische Komponenten für die Entwicklung fortschrittlicher Lösungen für die Quantenbildgebung. Das Leitprojekt »QUILT« lieferte hierzu bereits wertvolle Grundlagen.

Quantenkommunikation und -kryptografie ermöglichen höchste Sicherheit, die auf den Gesetzen der Quantenphysik beruht. Das entscheidende Ziel ist, unter Verwendung einzelner Photonen als Informationsträger die Datenübertragung fundamental zu sichern. Dieser Ansatz wurde bereits demonstriert, um eine sichere Kommunikation zwischen verschiedenen Städten via Satellit oder Glasfaser zu ermöglichen. Die Technologie ist insbesondere für Regierungs- und Finanzinstitutionen von höchstem Interesse. Eine erste quantensichere Videokonferenz dieser Art zwischen deutschen Bundesbehörden wurde 2021 mit Unterstützung von Fraunhofer im Rahmen der BMBF-Initiative »QuNET« durchgeführt. Hauptaufgaben für die anwendungsorientierte Forschung liegen in der Entwicklung von Schlüsseltechnologien wie Photonenquellen, effizienten Detektoren und sicheren Quantenkanälen.

Quantencomputer arbeiten mit Qubits als Informationseinheit. Im Gegensatz zu klassischen Bits können diese nicht nur die beiden Zustände 0 und 1 kodieren, sondern sie machen sich auch das Superpositionsprinzip zunutze, bei dem sich zwei gleiche physikalische Größen überlagern. Quantencomputer können deshalb mit einer einzigen Abfrage Berechnungen durchführen, für die ein klassischer Computer mehrere Schritte benötigt. Sie haben daher das Potenzial, die grundlegenden Beschränkungen klassischer Digitalrechner zu überwinden. Vielversprechende Anwendungen werden u. a. in den Bereichen Logistik, Kryptografie, Arzneimittelentwicklung, Finanzanalyse und Materialwissenschaft gesehen. Quantencomputing gilt damit als Schlüsseltechnologie für die IT der Zukunft und birgt ein enormes wirtschaftliches Potenzial. Allerdings erfordert es nicht nur die perfekte Kontrolle über gut isolierte einzelne Quantensysteme (Qubits), sondern auch die perfekte Koordination mehrerer Qubits untereinander. Die besten Computer enthalten heute Dutzende von Qubits. In Zusammenarbeit mit Fraunhofer wurde 2021 der IBM Quantum System One in Ehningen in Betrieb genommen und ist der derzeit leistungsfähigste Quantencomputer in Europa. Ziel der Forschung ist es, Quantenüberlegenheit zu erreichen, d. h. Quantencomputer zu entwickeln, die Probleme lösen, die mit digitalen Computern nicht oder nur sehr langsam gelöst werden können. Dafür forscht Fraunhofer sowohl an Quanten-Hardware und Enabling-Technologien (u. a. in Mikroelektronik, Photonik, Packaging, Kryotechnik, Vakuum- und Hochfrequenztechnik) als auch an anwendungsnahen Algorithmen und Konzepten für Quantum Machine Learning.

Gesamtlösungen der zweiten Quantengeneration sind die Grundlage für viele disruptive neue Technologien, die in naher bis mittelfristiger Zukunft zahlreiche Anwendungsbereiche revolutionieren können. Das QT-Marktvolumen wird bis zu den 2030er-Jahren weltweit voraussichtlich einen zweistelligen Milliardenbetrag erreichen – mit stark steigender Tendenz. Das riesige Potenzial ist inzwischen in Wissenschaft, Industrie und Politik allgemein anerkannt und führt zu einem starken Wettbewerb bei staatlicher Finanzierung, Neugründungen und bei FuE-Aktivitäten führender Technologieunternehmen. Dies hat inzwischen weltweit eine Art Quantengoldrausch ausgelöst.

Um die deutsche Hightech-Industrie auf diesem zukunftsweisenden Gebiet zu verankern, hat die Bundesregierung 2020 gemeinsam mit einem Fachgremium unter Fraunhofer-Beteiligung eine Quanten-Roadmap entwickelt.

So vielfältig wie die technologischen Möglichkeiten sind auch die Anwendungsfelder der Quantentechnologien. Wir stehen kurz davor, ihr enormes Potenzial zur Lösung der drängenden Fragen unserer Zeit nutzen zu können. Jetzt kommt es darauf an, dass die Quantentechnologien die Forschungslabore verlassen, zur Reife gebracht und in reale Lösungen umgesetzt werden.

Als Innovationsmotor mit wissenschaftlicher Exzellenz, Anwendungsorientierung und einer engen Verknüpfung zur Industrie wird die Fraunhofer-Gesellschaft die Quantentechnologien auf den Weg in die praktische Anwendung bringen, um die großen Herausforderungen unserer Zeit zu bewältigen und unsere industrielle Wettbewerbsfähigkeit nachhaltig zu stärken.

Einschätzungen und Perspektiven zum Stand der Entwicklung

»Quantenmehrwert« und »Quantenvorteil« als Indikatoren für wettbewerbsfähige industrielle Anwendungen und leistungsfähige öffentliche Infrastrukturen

Andreas Tünnermann, Torsten Siebert

1 Wege zu einer neuen Schlüsseltechnologie

1.1 Motivation und Inspiration

Sind die Eigenschaften von Materie und Energie auf der Ebene einzelner Quanten hinreichend zugänglich und kontrollierbar, um als Grundlage für eine gänzlich neue Klasse an von Technologien zu dienen? Können mit diesem Ansatz Fähigkeiten und Leistungsparameter weitab von heutigen Industriestandards etabliert werden? Vor einem Jahrzehnt wurden diese Fragen durch die Verleihung des Nobelpreises für Physik an Serge Haroche und David Wineland in 2012 mit einem eindeutigen Ja beantwortet. Stellvertretend für die Errungenschaften einer größeren Gemeinschaft von Pionieren auf diesem Gebiet verkörpern die Arbeiten zum Nobelpreis einen neuen technologischen Ansatz, der auf einer praktischen Nutzung der einzigartigen und nicht intuitiven Eigenschaften von diskreten Quantenzuständen basiert. Dieses Leitmotiv zeigt sich in allen Aspekten der Entwicklung zu Quantentechnologien der zweiten Generation. Motiviert durch Bestrebungen zu neuen und stringenten Definitionen im internationalen System der Einheiten, hat die Metrologie einzelner Quanten den Weg für quantenbasierte Messtechnik eröffnet. In Kombination mit Effekten, die auf Verschränkung und »squeezed« Quantenzuständen beruhen, bieten **Quantenimaging** und **Quantensensoren** einen Weg zu neuen Größenordnungen an Empfindlichkeit, Präzision und Genauigkeit in diversen Anwendungsbereichen. Die konsequente Prüfung von grundlegenden Eigenschaften der Verschränkung durch lückenlose Bell-Tests, Grundlagenexperimente zur Demonstration von Quantenteleportation sowie ein tieferes Verständnis der Quantenoptik und der Gesetzmäßigkeiten des Zufalls bei Quantenmessungen sind weitere Meilensteine. Diese bilden heute die Grundlage für aktuelle Entwicklungen zu sicheren und leistungsfähigen digitalen Infrastrukturen im Bereich der **Quantenkommunikation.** Die Manipulation einzelner Quanten, Strategien zur kohärenten Kontrolle und viele der bereits oben skizzierten Aspekte haben quantenbasierte Logikoperationen und Gatter für grundlegend neue und leistungsstarke Rechenmethoden im Bereich des **Quantencomputings** ermöglicht. Diese Entwicklungen eröffnen einen neuen Informationsstandard, der auf Quantenbits oder »Qubits« basiert. Es besteht die Aussicht auf eine Skalierung von Rechenkapazitäten weitab von etablierten Technologien, die auf klassischen »Bits« beruhen. Alle oben genannten Entwicklungen sind in Quantentechnologien der zweiten Generation vereint. Hierzu dienen einzelne Photonen, Elektronen, Atome, Moleküle und Aggregate als Träger wohldefinierter Quantenzustände und bilden somit die technologischen Bausteine einer neuen Disziplin unter dem Stichwort »*Quantum Engineering*«.

1.2 Innovation und Quantenökosysteme

Hochdotierte Förderprogramme adressieren das technologische Potenzial der oben skizzierten Entwicklungen zu Quantentechnologien der zweiten Generation. Die zugrunde liegende Mission nationaler Förderinitiativen weltweit wird im Titel des Rahmenprogramms der Bundesregierung »Quantentechnologien – von den Grundlagen zum Markt« sehr prägnant zusammengefasst. Unter diesem Leitmotiv wird eine technologische Reife angestrebt, die eine zeitnahe Realisierung von kompetitiven Industrieanwendungen ermöglicht und zudem die Bewältigung von akuten gesellschaftlichen Herausforderungen mit einzigartigen und leistungsfähigen Eigenschaften von quantenbasierten Innovationen unterstützt. Die aktuelle öffentliche Förderung wird zudem mit privaten Investitionen in der Forschungs- und Innovationsagenda der Industrie sowie beträchtlichem Risikokapital begleitet und durch eine globale Proliferation an Inkubatoren und Start-ups in allen potenziellen Anwendungsbereichen gekennzeichnet. Diese Entwicklungen sind ein starker Indikator für den signifikanten Fortschritt zur **technologischen Reife** und einem effektiven Transfer dieser Technologien aus der Forschung in die Industrie. Auf dem aktuellen Stand der Entwicklungen sind Quantentechnologien zu einem wichtigen Faktor für die kompetitive Positionierung in zukünftigen Hightech-Märkten und der strategischen Ausrichtung der Wirtschaft im globalen Wettbewerb geworden. Ein beträchtlicher Anteil des privaten Kapitals und öffentlicher Ausgaben sollte aber als zukunftsorientierte, mittel- bis langfristige Investitionen betrachtet werden. In den meisten Bereichen sind weiterhin erhebliche Anstrengungen erforderlich, um die hohen technischen Anforderungen anspruchsvoller Anwendungsszenarien zu erfüllen. Die Ökosysteme zu dieser zukünftigen Schlüsseltechnologie bilden sich aber bereits heute, und die wichtigsten Akteure in Forschung und Industrie positionieren sich derzeit in zentralen Entwicklungen und grundlegenden Technologien. Diese Aktivitäten werden vom gezielten Aufbau strategischer Schutzrechte und Patentfamilien begleitet. Ein verzögerter Einstieg in diese Entwicklungen zu einem Zeitpunkt höherer technologischer Reife kann zu einem nachteiligen, möglicherweise unüberwindbaren Rückstand oder zum Verlust von Handlungsfreiheit bzw. »*freedom-to-operate*« auf diesem Gebiet führen. Die umfangreichen Erfahrungen und der langfristige Aufbau von Kompetenzen, die für eine wettbewerbsfähige Umsetzung industrieller Anwendungen erforderlich sind, unterstreichen die Notwendigkeit von frühzeitigen Investitionen und einem Engagement nach dem Prinzip »*Quantum Ready*«.

Kooperationsmodelle mit unterschiedlichen Anteilen aus öffentlichen und privaten Mitteln und Ressourcen bieten neue, institutionsübergreifende Konstellationen der Zusammenarbeit, die grundsätzlich in »*Public-private*«- oder »*Private-private*«- und »*Public-public*«-Szenarien unterteilt werden können. Innovative Kooperationsmodelle können einen entscheidenden Beitrag leisten, indem der hohe Schwellwert für

Industrieanwendungen gesenkt, der Weg zur Marktreife verkürzt und die Entwicklung öffentlicher Infrastrukturen beschleunigt wird. Gemeinsame **»Public-private«-Unternehmungen** sind besonders effektiv bei der Bewältigung von kostenintensiven Infrastrukturmaßnahmen mit hohem Aufwand in Forschung und Entwicklung (F&E), insbesondere bei der Integration von Quanteninformationstechnologien in terrestrische Kommunikationsnetze, Hochleistungsrechenzentren oder Satellitensysteme. Reine Industriekonsortien in Joint Ventures oder in der Konstellation eines **»Private-private«-Verbunds** adressieren Anwendungsbereiche mit hohem Marktpotenzial, vorteilhaft realisiert in der gemeinschaftlichen Nutzung und Evaluation von Quantencomputing-Plattformen über unterschiedliche Industriesektoren hinweg. Internationale Zusammenarbeit zwischen öffentlichen Institutionen und Einrichtungen in **»Public-public«-Kooperationen** bietet eine geeignete Plattform für übergreifende, strategische Entwicklungen. Prominentes Beispiel ist die Initiative nationaler metrologischer Institute und Normungsbehörden zur systematischen Beförderung von Standards und Normen als Grundlage für zukünftige Wertschöpfungsketten und wettbewerbsfähige Ökosysteme. **Öffentliche Forschungs- und Transferinfrastrukturen** erweisen sich derzeit als effektiver Weg zum Aufbau von Liefer- und Wertschöpfungsketten als Basis einer neuen Quantenindustrie, indem Prüfstände, Teststrecken, Anwendungslabore und Rechenzentren sowie vorwettbewerbliche Fabrikations- und Fertigungsanlagen gebündelt und der Industrie zugänglich gemacht werden. Diese Strategie ist für die Beförderung von Start-ups sowie klein- und mittelständischen Unternehmen (KMU) von besonderer Bedeutung. Mit dem Zugang zu hochwertigen F&E-Infrastrukturen kann sich das besonders ausgeprägte Innovationspotenzial von Start-ups und KMU kompetitiv und agil entwickeln und somit einen entscheidenden Faktor für die Formierung von wettbewerbsfähigen Quantenökosystemen darstellen.

1.3 Bewertung des Status quo und Ausrichtung zukünftiger Entwicklungen

Das hohe technische Potenzial und die Faszination zu den außergewöhnlichen wissenschaftlichen Methoden waren bislang eine wesentliche Triebkraft in der initialen Phase der Entwicklung zu Quantentechnologien der zweiten Generation. Die Eleganz des technologischen Ansatzes für sich allein wird aber auf Dauer kein ausreichender Motivator sein, um diese neue Schlüsseltechnologie erfolgreich in die industrielle Anwendung zu überführen. **Kosten, Leistungsfähigkeit und Praktikabilität** sind zentrale Kriterien, die den Wettbewerb dieser neuen Technologie mit etablierten, klassischen Ansätzen kennzeichnen. Hohe technische Anforderungen, intrinsisch lange Entwicklungszeiten und kostspielige Basistechnologien sind zudem große Hürden angesichts der Skalierbarkeit vieler klassischer Lösungen zu wesentlich geringeren Kosten. Innerhalb der Gemeinschaft von Forschung und Industrie führen diese Herausforderungen zu einer sehr unterschiedlichen Bewertung bezüglich einer praktikablen und wirtschaftlichen **Integration und Skalierbarkeit** von Quantentechnologien in unterschiedlichen Anwendungsszenarien. Breit gestreute Abschätzungen von Entwicklungszeiten bis zur Marktreife, die sich aus den jeweiligen technischen Herausforderungen ergeben, verhindern zudem den Konsens für Roadmaps zur kompetitiven Entwicklung dieser Technologie.

Der Fortschritt durch zielgerichtete, schnelle Entwicklungen wird auch von grundsätzlichen Fragen nach den vielversprechendsten Ansätzen und leistungsfähigsten Technologien erschwert. Derartige Diskussionen werden in allen Bereichen der Quantentechnologien geführt, aber im Bereich der Plattformentwicklung zum Quantencomputing sind Grundsatzdebatten am deutlichsten ausgeprägt. Ursache für die unterschiedlichen Einschätzungen ist die Vielzahl an zweistufigen Quantensystemen, die Logikoperationen und Quantengatter universell unterstützen können. Hieraus lässt sich ein breites Spektrum an möglichen Plattformtypen ableiten, und bereits die grundsätzliche Unterteilung der Ansätze in Festkörper oder isolierte Systeme in der Gasphase spaltet die Community. Kritische Parameter in Fidelität, Kohärenzzeit, Topologie und

Skalierbarkeit bieten die Grundlage für stichhaltige Argumente für und gegen unterschiedliche Plattformkonzepte. Die breiten Diskussionen zum besten Ansatz umfassen Festkörpersysteme, die auf supraleitenden Schaltkreisen, dotierten Halbleitersystemen oder wohldefinierten Gitterdefekten basieren, wobei NV-Diamant ein prominenter Vertreter der letzten Kategorie darstellt. Komplementäre hierzu sind Systeme, die auf rein photonischen Plattformen aufbauen oder ultrakalte neutrale Atome und Ionen in Kombination mit den entsprechenden (magneto-)optischen oder elektrodynamischen Fallen nutzen. Quasipartikel in topologischen Plattformen sind zudem ein vielversprechendes Langzeitkonzept.

Im internationalen Bereich öffentlich geförderter Projekte sind nahezu alle Plattformtypen in hochdotierten Leuchtturmprojekten vertreten. Zahlreiche Start-ups sind zudem über das Spektrum der oben umschriebenen technologischen Konzepte verteilt, und die Bandbreite an Aktivitäten weltweit wird durch internationale Unternehmen und die Großindustrie unterstrichen, die mehrere Plattformtechnologien in ihrem F&E-Portfolio führen. Beim derzeitigen Stand der Entwicklungen bleibt nach wie vor die Frage offen, welche die besten technischen Lösungen und Plattformkonzepte für unterschiedliche Anwendungsbereiche des Quantencomputings sind. Diese Unklarheit über den besten Ansatz treibt den Fortschritt kompetitiv über alle Plattformtechnologien hinweg. Unabhängig davon, welches Konzept sich letztendlich durchsetzen wird, fördert der aktuelle Wettbewerb signifikanten Fortschritt in allen Bereichen mit hoher Relevanz für ein »*Spin-off*« in andere quantenbasierte oder eine Vielzahl von klassischen Technologien.

Das breite Spektrum an unterschiedlichen Ansätzen und Einschätzungen zur technologischen Reife ist symptomatisch für eine Entwicklung mit hohem technologischem Potenzial, die sich in der Pionierphase befindet. Um eine gute Einschätzung des Status quo zu erhalten und damit die Entwicklungen erfolgreich in die Richtung wettbewerbsfähiger Quanteninnovationen zu lenken, werden systematische Bewertungsmethoden zum Stand der Technik eine zentrale Rolle spielen. Von entscheidender Bedeutung für eine kompetitive Platzierung am Markt sind die Validierung von Funktionen, Benchmarking von entscheidenden Leistungsparametern und der rigorose Vergleich von klassischen und quantenbasierten Ansätzen mit präziser Definition kritischer Anwendungsanforderungen. Diese Strategie lässt sich anhand einer sehr einfachen, aber gleichzeitig komplexen Frage aus dem Bereich des **Quantencomputings** veranschaulichen: Was ist ein »gutes Qubit«? Sollen Kriterien aus der Perspektive der Hardware-Entwicklung formuliert werden im Hinblick auf die Erfüllung grundlegender Voraussetzungen in Fidelität, Fehlerprofile, breite Konnektivität in Quantenregistern und lange Kohärenzzeiten – oder eher auf den Anforderungen von Software und Anwendungen basieren, beispielsweise mit der Anzahl und Komplexität von durchführbaren Gattern in einer Logiksequenz, gegeben durch »*Circuit Depth*«? Strenge Kriterien, wie am Beispiel des Quantencomputings angedeutet, sind für Entwicklungen auf allen Gebieten der Quantentechnologie unerlässlich.

Die Bewertung und Klassifizierung von unterschiedlichen Leistungsparametern und Protokollen für den Quantenschlüsselaustausch QKD (*quantum key distribution*) mit CV(*continuous variable*)- und DV(*distrect variable*)-Methoden sowie Unterkategorien wie MDI-Ansätzen (*measurement device independent*) stehen im Vordergrund bei den Entwicklungen zur **Quantenkommunikation.** Welcher Standard wird die erste Phase der Anwendungen sicherer Quantenkommunikation als eigenständige (»*stand-alone*«) Technologie ermöglichen? Im Hinblick auf die Realisierung entscheidender Netzwerkelemente wie den Quanten-Repeater ist die Art der Netzwerkarchitektur für die Überwindung der aktuellen Grenzen in Reichweite eine offene Frage. Können leistungsfähige Quantenspeicher die Notwendigkeit vertrauenswürdiger Knoten bzw. »*trusted Nodes*« überwinden und lückenlose Sicherheit über große Entfernungen jenseits von regionalen und interstädtischen Netzwerken ermöglichen? Welche Technologien können die Realisierung von Netzwerken, die die Quantenteleportation und Integration von Quantensimulatoren und Quantencomputern im Sinne eines Quanteninternets am besten unterstützen? Im Bereich der **Quantensensorik** stehen Leistungsparameter aus verschiedenen Ansätzen in Aussicht, die weit über die klassische Messtechnik hinausgehen. Es wird eine Herausforderung für die Methodik der Quantenmetrologie, Innovationen in diesem Bereich zu kalibrieren, Standards für Genauigkeit, Präzision und Empfindlichkeit zu entwickeln und hierdurch die Identifikation von sinnvollen und wettbewerbsfähigen Anwendungsbereichen zu ermöglichen.

Die Notwendigkeit für stringente Leistungskriterien in allen Bereichen der Quantentechnologien ist im Konzept des **»Quantenmehrwerts«**

und des »Quantenvorteils« treffend zusammenfasst. **Quantenmehrwert** entsteht durch die Einführung von einzigartigen technischen Fähigkeiten und Vorteile quantenbasierter Elemente und Prinzipien, die mit klassischen Ansätzen grundsätzlich nicht lösbar sind. **Quantenvorteil** kann erzielt werden, wenn der quantenbasierte Ansatz klassische Technologien bei einem spezifischen Problem oder Anwendungsszenario eindeutig übertrifft. Mit einer strengen Bewertung der technischen Parameter und einer korrekten Einschätzung der Realisierbarkeit wettbewerbsfähiger Quanteninnovationen anhand dieser und anderer Kriterien kann sich diese Schlüsseltechnologie erfolgreich entfalten und »*Quantum Benefit*« erzielen.

2 Aktuelle technologische Herausforderungen

2.1 Integration und Hochskalierung

Forschung und Entwicklung zur grundsätzlichen Funktion einer quantenbasierten Innnovation erfordern sehr spezielle technische Lösungen, und die Herausforderungen hierzu sind oft sehr spezifisch auf die jeweils anvisierten Anwendungsbereiche bezogen. Im Gegensatz hierzu besteht eine breite Klasse an Entwicklungen mit gesamtheitlicher Relevanz für die Integration und Skalierung in allen Kategorien der Quantentechnologien. Diese Entwicklungen werden unter dem Begriff **»Enabling-Technologien«** zusammengefasst. Quantentechnologien entspringen aus der Grundlagenforschung, und die Methoden aus *Proof-of-Principle*-Experimenten müssen in Anwendungsumgebungen übersetzt und den stringenten Anforderungen der Industrie angepasst werden. Der Einsatz von quantenbasierten Funktionsprinzipien erfordert oft stark kontrollierte Umgebungen und komplexe photonische und elektronische Schnittstellen für die elementare Kontrolle und das Auslesen von Quantenzuständen. Ein stabiler Betrieb mit reproduzierbarer Leistung unter hochspezifischen Umgebungsparametern, Abmessungen und Raumbedarf, Wirtschaftlichkeit der Integration und des Betriebs sowie die Aussicht auf signifikante Hochskalierung sind zentrale Punkte, die für einen erfolgreichen Transfer der Technologie in die jeweiligen Anwendungsfelder entscheidend sein werden.

Aus der **Perspektive der Hardware-Entwicklung** werden neue und hohe Anforderungen an etablierte Bereiche wie die **Kryo- und Vakuumtechnologien** gestellt. *Packaging*-Methoden, die aus mikroelektronischen und photonischen Chip-Entwicklungen abgeleitet werden, sowie ein breites Spektrum an klassischen photonischen und elektronischen Integrationstechniken stehen hierbei im Vordergrund. Beispielhaft für die hohen Anforderungen an Integrationstechnik für Quantentechnologien sind verlustarme optische Kopplungen, die Unterdrückung von Wärmeeintrag aus Hochfrequenzsteuerung und Kontrollelektronik, die extrem hohe Anzahl an photonischen oder elektronischen Kopplungen auf begrenztem Raum sowie robuste Materialeigenschaften unter den besonderen Belastungen von kryogenen Temperaturen. An der Schnittstelle zwischen quantenbasierten und klassischen Funktionen spielen photonische Plattformen eine zentrale Rolle. Sie ermöglichen die Einbettung von Quantenelementen in das Umfeld von etablierten Technologien und eine Anbindung an gegenwärtige Standards der Industrie. **Photonische integrierte Schaltkreise** oder PICs (*photonic integrated circuits*) spielen eine Schlüsselrolle für eine praktische und effiziente Kopplung von Quantenfunktionalität mit der nächsten Ebene an klassischer Steuerungselektronik wie **ASICs** (*application-specific integrated circuits*) und **FPGAs** (*field-programmable gate arrays*) oder quantenbegrenzte Signalverstärker. Die Vielzahl an unterschiedlichen Entwicklungsstrategien und Materialsystemen für PICs und photonische Plattformen unterstreicht die Bedeutung für die Integration und Skalierung von Quantentechnologien. Hierbei variieren die Ansätze von monolithischen, hybriden oder heterogenen Strategien für die Kopplung und Integration verschiedenster Funktionalitäten in passiven und aktiven linearen und nichtlinearen optischen und elektrooptischen Elementen. Modulares Design und frei konfigurierbare Architekturen werden für die Bewältigung der technischen Herausforderungen für unterschiedliche Anwendungsszenarien entscheidend sein. Hierzu wird eine breite Palette an Materialsystemen in PICs eingesetzt. Unterschiedliche Ansätze erstrecken sich über die klassische Silizium-Photonik und diverse »*On-Insulator*«-Konfigurationen bis hin zu heterogenen Mischungen von neuen und vielversprechenden photonischen Materialien. Neben der Grundfunktionalität einzelner Elemente müssen auch die optischen Eigenschaften in einem breiten Spektrum unterschiedlicher Frequenzen berücksichtigt werden. Dies gilt sowohl für Standard-Telekommunikationsbänder und optische Multiplexing-Strategien als auch für die breite Verteilung an Resonanzen in Atomen und Ionen, die üblicherweise bei Quantentechnologien zum Einsatz kommen. Die Herausforderung der optischen Funktion über große Frequenzbereiche hinweg ist auch bei **Quellen und Detektoren** für deterministische Einzelphotonen und verschränkte Photonenpaare ein zentrales Thema. Diese Entwicklungen stellen eine, wenn nicht sogar die wichtigste Klasse an Enabling-Technologien dar. Kompetitive Leistungsparameter von Quellen und Detektoren sind für die Qualität und Leistungsfähigkeit bei vielen quantenbasierten Technologien maßgeblich. Schlüsselparameter sind Stabilität, Wiederholraten und Quanteneffizienz. Diese anspruchsvollen Funktionen müssen den relevanten Frequenzen der eingesetzten Quantensysteme und den Vorgaben der jeweiligen Anwendungen angepasst werden. Besonders vorteilhaft ist die direkte Integration von abstimmbaren Quellen in der Form von Quantenpunkten oder anderen Einzelphotonen-Emitter sowie der Einsatz durchstimmbarer nichtlinearer Frequenzkonversion mit hoher Effizienz und geringem Rauschen.

Aus der **Perspektive der Software-Entwicklung** sind sehr grundlegende Entwicklungen für die Integration und die effektive Skalierung von Quantentechnologien erforderlich. Diese reichen von Basisfunktionen in Quantencomputing-Plattformen wie **Betriebssystemen** und Programmiersprachen, die die besonderen Eigenschaften und Vorteile der Quantenlogik berücksichtigen, bis hin zu Quantencompiler und Algorithmen, die einer wachsenden Community an Nutzern aus Wissenschaft und Industrie einen intuitiven und unkomplizierten Zugang zu quantenbasierten Rechenmethoden ermöglichen. Protokolle für effektives **Fehler-Management** sowie die Selbstregulierung optimaler Betriebsparameter für Quantencomputing-Plattformen mittels Methoden des maschinellen Lernens und der künstlichen Intelligenz werden ebenfalls eine Schlüsselrolle für die Skalierbarkeit spielen. Diese Methoden können einen Betrieb unterstützen, bei dem das höchstmögliche Niveau an Quantenressourcen in Rechenoperationen gebunden wird und nicht in einem enormen Ausmaß an Fehlerkorrektur verloren geht. Viele der oben skizzierten Aspekte für Quantencomputing-Plattformen sind zugleich synergetisch mit den Software-Anforderungen bei leistungsfähigen Quantensensoren für den Transfer in spezifische Anwendungsbereiche. Im Bereich der Quantenkommunikation werden stringente Protokolle für die Kontrolle der Hardware-Funktion von wesentlicher Bedeutung sein. Diese Entwicklungen gewährleisten, dass das hohe Niveau an Sicherheit aus quantenphysikalischen Gesetzmäßigkeiten nicht durch operative Aspekte beeinträchtigt wird. **Schlüsselverwaltung** und **Authentifizierung** stehen stellvertretend für eine weitaus größere Satz an wesentlichen Funktionen, die zu dieser Kategorie von Entwicklungen gehören. Operative Aspekte werden auch bei der Integration von QKD-Protokollen in Hochsicherheitsnetzwerke entscheidend sein, indem strenge Anforderungen aus etablierten Systemen und Strategien der klassischen Cybersicherheit bei der Umsetzung von quantenbasierten Methoden berücksichtigt werden.

Hardware- und Software-Entwicklungen sind in hohem Maße voneinander abhängig, und keiner der beiden Bereiche ist vorrangig oder bestimmend für die Ausschöpfung des vollen Leistungspotenzials von Quantentechnologien in der Anwendung. Das Konzept zum **Hardware-Software-Co-Design** bringt diese gegenseitige Abhängigkeit beider Bereiche treffend zum Ausdruck, und dieser Ansatz hat sich zu einer der effektivsten Strategien für schnelle und zielgerichtete Entwicklungen erwiesen. Das Zusammenwirken von unterschiedlichen F&E-Communitys, die normalerweise nicht gemeinsam agieren, vereint auf sehr vorteilhafte Art und Weise das Konzept der »*Push-Innovation*« aus den Fähigkeiten der Hardware und »*Pull-Innovation*« aus den Anforderungen der Software und Anwendungen. Eng mit dieser Strategie verbunden sind aktuelle Bestrebungen zur Befähigung von großen Rechenzentren aus dem klassischen HPC (*high performance computing*)-Bereich mit den Ressourcen von Quantenprozessoren und Quantensimulatoren. Hierzu sind Integrationstechnologien auf höchstem Niveau erforderlich, die eine breite, latenzarme physisch Vernetzung zwischen klassischer und quantenbasierter Hardware garantieren und eine optimale Arbeitsaufteilung bzw. einen optimalen *Workflow* zwischen beiden Standards ermöglichen.

2.2 Quanteninfrastrukturen

Die Integration von Quanteninformationstechnologien in die Architektur etablierter Informationssysteme wird mit der stetigen Zunahme an Reife zu einem immer wichtigeren Aspekt bei der Realisierung **sicherer und leistungsfähiger digitaler Infrastrukturen** der nächsten Generation. Diese Entwicklung ist einer der vielversprechendsten Wege zum Aufbau industrieller Ökosysteme. Die Aktivitäten zur Befähigung von klassischen Informations- und Kommunikationsnetzwerken liefern entscheidende Impulse für den Aufbau eines neuen Industriesektors mit einer vorteilhaften Konstellation, um erste **wirtschaftliche Vorteile** mit dieser Technologie zu erzielen. Zugleich bieten leistungsfähige Quantenressourcen in digitalen Infrastrukturen neue Perspektiven für die Bewältigung von dringlichen gesellschaftlichen Herausforderungen. Innovationen im Bereich der Quantenkommunikation und des Quantencomputings stehen für einen Paradigmenwechsel gegenüber klassischen Lösungen bei der Notwendigkeit einer rigorosen Cybersicherheit in modernen Informationsgesellschaften. Sie bieten zudem neue Ressourcen für den großen Bedarf an Rechenleistung für die Simulation und das Verständnis von komplexen Systemen mit Relevanz für gesellschaftliche Entwicklungen. Die potenziellen Auswirkungen der Quanteninformationstechnologien auf diese und weitere Bereiche sind erheblich und erstrecken sich auf das allgemeine Konzept der **technologischen Souveränität selbstbestimmter Gesellschaften** innerhalb der wachsenden Komplexität und Bedeutung globaler Informations- und Kommunikationsnetzwerke.

In diesem Zusammenhang ermöglichen Quantenverschlüsselungs- und Quantenkommunikationstechnologien einen gänzlich neuen Sicherheitsstandard und adressieren hiermit einen grundsätzlichen Bedarf im Bereich der Souveränität staatlicher Informationsnetzwerke und Sicherung von kritischen Infrastrukturen sowie beim Schutz von Interessen der Industrie und Grundrechten einzelner Bürger im fortschreitenden Prozess der Digitalisierung. Quanteninformationstechnologien bieten eine Alternative zur kontinuierlichen Hochskalierung klassischer digitaler Ressourcen von Angreifern und Schutzmaßnahmen in scheinbar endlosen Zyklen. Diese Eskalation führt zu einer ständigen Ungewissheit über den effektiven Stand der Cybersicherheit. Quantenbasierte Sicherheitskonzepte beruhen auf physikalischen Gesetzmäßigkeiten von Quantenzuständen und sind von den Algorithmen und mathematischen Strategien aus der klassischen Cybersicherheit weitgehend unabhängig. Mit diesen Eigenschaften zielen mittel- bis langfristige Roadmaps öffentlicher Förderprogramme auf einen Ausbau lokaler QKD-Teststrecken und auf eine Zusammenführung regionaler Quantennetzwerke für den konsequenten Aufbau von **nationalen Quanteninfrastrukturen.** Diese Entwicklung beinhaltet das gesamte Spektrum an Kommunikationssystemen, von Glasfaserinfrastruktur in **terrestrischen Informationsnetzwerken** über Freistrahlsysteme mit hoher Relevanz für neue mobile Telekommunikationsstandards bis hin zu **Satellitensystemen** mit großer Reichweite für sichere globale Netzwerke. Große Herausforderungen ergeben sich aus der Bandbreite an Spezifikationen und Anforderungen aus den sehr unterschiedlichen Netzwerkarchitekturen. Schnittstellen zwischen diesen Netzwerken ohne Verlust an Datenraten oder eine Einschränkung der Sicherheit sind kritische Aspekte in der Realisierung einer gesamtheitlichen Quanteninfrastruktur. Die Interessen und Anforderung aus lokalen Quantennetzwerken und Sektoren, die verschiedene Protokolle in CV- oder DV-Standards nutzen, sowie die stringenten Voraussetzungen für die Integration in etablierte Hochsicherheitsnetzwerke und Berücksichtigung von klassischen Cybersicherheitsstrategien sind weitere signifikante Hürden in der Entwicklung quantengesicherter Infrastrukturen. Die Ungewissheit bei der Entwicklung von hoch anspruchsvollen Schlüsselkomponenten ist ein weiterer kritischer Punkt für die Planung der gesamtheitlichen Netzwerkarchitektur aus Glasfaser-, Freistrahl- und Satellitensystemen. Quanten-Repeater sind beispielhaft hierfür, da die Reichweite und die lückenlose Sicherheit in terrestrischen Systemen maßgeblich von der Realisierung dieser Technologie abhängen. Die wissenschaftlichen und technischen Herausforderungen, die mit einer gesamtheitlichen Netzwerkarchitektur verbunden sind, befördern die internationale Zusammenarbeit auf diesem Gebiet. Vertrauensvolle Partnerschaften, basierend auf ähnlichen nationalen Ökosystemen, sowie bereits etablierte internationale Kooperationen und Forschungsaktivitäten werden eine entscheidende Rolle bei globalen Entwicklungen zu **interkontinentalen Quanten-Links** und internationalen Netzwerken spielen.

Gleichermaßen bietet die Hochskalierung von Quantencomputern grundlegend neue Rechenfähigkeiten für die Bewältigung zentraler Herausforderungen in Wissenschaft, Industrie und Gesellschaft. Die aktuellen Bemühungen bei der Integration von Quantenprozessoren und Quantensimulatoren in **Supercomputing-Rechenzentren** sind ein herausragendes Beispiel für die Realisierung eines effektiven Transfermechanismus dieser anspruchsvollen und kostenintensiven Technologie. Der hiermit verbundene Einsatz von etablierten digitalen Infrastrukturen ermöglicht einer großen Nutzergemeinschaft aus Forschung und Industrie breiten und frühzeitigen Zugang zu dieser neuen und wichtigen Rechenressource. Gleichzeitig wird die Lücke in der sehr weitreichenden Entwicklung von spezifischen Aufgaben in *Proof-of-Principle*-Szenarien auf kleinen bis mittelgroßen Quantenprozessoren bis hin zur Bewältigung von komplexen Anwendungsproblemen mit großen Quantencomputern überbrückt. Diese Entwicklung kann variabel gestaltet werden in einer flexiblen Kombination aus Quanten- und klassischen HPC-Ressourcen oder in *Stand-alone*-Szenarien quantenbasierter Methoden. Diese Strategie ebnet zudem den Weg für einen sehr leistungsfähigen Ansatz in **hybriden Quanten-HPC-Methoden,** die eine vorteilhafte Synthese aus sehr unterschiedlichen, aber komplementären Ressourcen für anspruchsvolle numerische Probleme bietet. Die Zusammenführung von Quanten- und HPC-Ressourcen in großen Rechenzentren wird weltweit in rein öffentlichen und rein privaten Vorhaben oder gemeinschaftlichen Projekten aus öffentlichen und privaten Mitteln realisiert. Unabhängig hiervon ist diese Bündelung von Ressourcen in Cloud-Plattformen ein besonders vorteilhaftes Szenario für Start-ups in der Hardware- und Software-Entwicklung, um ihre neuen und leistungsstarken Produkte in die Nutzergemeinschaft zu projizieren. Interessanterweise führt dieser Trend auch zu einer Zusammenführung von Rechenplattformen, die auf unterschiedlichen Hardware-Konzepte basieren. Diese Konstellation bietet ein optimales Testfeld für das Benchmarking der Leistungsfähigkeit verschiedener Plattformen zum Quantencomputing für bestimmte Anwendungsbereiche.

Von zentraler Bedeutung bei Einschätzungen zum aktuellen Stand der Entwicklung im Bereich des Quantencomputings ist die Feststellung, dass sich aktuelle Systeme noch im Stadium der **NISQ (*Noisy Intermediate-Scale Quantum Devices*)** befinden. Eine Analyse der Rechenleistung, die sich aus der verfügbaren Anzahl von Qubits in verschiedenen Architekturen und Plattformtypen ableiten lassen, ist in diesem Kontext äußerst komplex. Quantenvorteil wurde für einige wenige, sehr spezielle und eigens für diesen Zweck konzipierte Fälle demonstriert, aber aktuelle Entwicklungen befinden sich noch weitgehend in der Phase von *Proof-of-Principle* für verschiedene praktische Anwendungsszenarien. Unabhängig hiervon zeigt sich eine stetige Zunahme an Entwicklungen, die die einzigartigen Aspekte der Quantenlogik und die besonderen Vorteile von quantenbasierten Rechenmethoden konsequent nutzen. Hiernach sind aktuelle Entwicklungen in einer kritischen Phase auf dem Weg zum Quantenmehrwert.

Trotz der enormen Herausforderungen, die mit der Hochskalierung von Quantencomputern verbunden sind, wird weltweit eine konstant hohe Förderung der Weiterentwicklung dieser Technologie aus öffentlichen und privaten Mitteln aufrechterhalten. Um die grundlegende Motivation zu verstehen, können aktuelle Einschränkungen von klassischen Rechenstrategien eine aufschlussreiche Perspektive bieten. Trotz der Entwicklung von HPC-Technologien bis hin zur Exa-Skala sind viele Klassen an **komplexen Systemen** nach wie vor nur durch approximative Simulationen zugänglich und mit signifikanten Fehlermargen und Unsicherheiten verbunden. Die Notwendigkeit von heuristischen Ansätzen und die Frage nach der Konvergenz in iterativen Prozessen begrenzen aktuelle klassische Rechenstrategien trotz jahrzehntelanger Hochskalierung von HPC-Ressourcen. Einige Problemstellungen bleiben in ihrer Komplexität völlig unzugänglich. Quantenbasierte Rechenstrategien eröffnen einen neuen Ansatz mit der Möglichkeit, eine repräsentative statistische Verteilung an Wahrscheinlichkeiten zu zentralen Eigenschaften von komplexen Systemen zu erfassen ohne die Notwendigkeit von Heuristiken und Iterationen. Insbesondere für eine große Klasse von kombinatorischen Optimierungsproblemen, aber noch allgemeiner für Systeme, die üblicherweise durch einen erweiterten Satz von gekoppelten Differenzialgleichungen beschrieben werden, können quantenbasierte Rechenstrategien eine rigorose numerische Behandlung und ein tiefes Verständnis der Komplexität ermöglichen. Der quantenbasierte Ansatz ist so allgemein, dass er sich über **diverse wissenschaftliche Bereiche und Industriesektoren** erstreckt – von Fragestellungen aus Grundlagenforschung, Finanzwesen, Gesundheit und Medizin, Materialwissenschaften, Energie und IT-Netzwerke, Automobil und Mobilität, industriellen Prozessabläufen und Produktionstechniken bis hin zu Umwelt und Klima sowie viele anderen Themen. Die Skalierung der Rechenleistung bei quantenbasierter Hardware macht die einzigartigen Vorteile noch deutlicher: Im Vergleich zu klassischen HPC-Technologien, die prinzipiell linear mit der verfügbaren Anzahl von Transistoren skalieren, wird der Rechenumfang bei Quantenprozessoren von einer nichtlinearen Zunahme gekennzeichnet, idealerweise 2^N in N-Anzahl von Qubits. Hierdurch wird die Projektion zu signifikanten Rechenfähigkeiten mit progressiver Hochskalierung ermöglicht. Roadmaps der öffentlichen Förderprogramme und der Industrie prognostizieren die Verfügbarkeit einer außergewöhnlichen Rechenleistung aus der heutigen Perspektive von klassischen HPC-Technologien innerhalb dieses Jahrzehnts. Der heutige Stand von Quantencomputing-Plattformen ist jedoch vom NISQ-Regime gekennzeichnet. In diesem Bereich sind umfangreiche Ressourcen für die Fehlerkorrektur gebunden, und Quantenregister sind in ihrer Größe und Konnektivität noch begrenzt. Um die oben skizzierten außergewöhnlichen Fähigkeiten des Quantencomputings zu einem Reifegrad mit Relevanz für anspruchsvolle Anwendungsbereiche zu entwickeln, sind umfangreiche Anstrengungen erforderlich, die große Herausforderungen für Wissenschaft und Technik darstellen.

3 Aktuelle strategische Herausforderungen

Eine Analyse etablierter Industriesektoren kann wertvolle Einsichten liefern, um die Beteiligung der Industrie weiter zu fördern und so den Weg zum wirtschaftlichen Nutzen aus den Entwicklungen zu den Quantentechnologien erfolgreich weiterzugehen. Wettbewerbsfähige industrielle Ökosysteme beruhen in der Regel auf zentralen strategischen Elementen. Besonders relevant sind **Standards und Normen,** geschlossene **Liefer- und Wertschöpfungsketten** und Portfolios von **Schutzrechen und Patenfamilien** in strategischen Bereichen der wichtigsten technologischen Ansätze. Standards und Normen sowie die Zertifizierung von kritischen Funktionen ermöglichen einen aktiven Austausch von Innovationen und Dienstleistungen und bieten einen Mehrwert an Ressourcen und Kompetenzen innerhalb der Gemeinschaft von Partnern eines Industriesektors. Standards und Normen erleichtern die Zusammenführung vieler technologischer Aspekte einer komplexen Entwicklung oder eines Produkts und sind eine äußerst relevante Strategie zur Erfüllung der interdisziplinären Anforderungen der verschiedenen Bausteine zu Quantentechnologien. Dennoch ist die Definition von Standards für eine neu entstehende Technologie mit Leistungsparametern außerhalb von etablierten Normen der Industrie eine große Herausforderung. Das neue **internationale Einheitensystem,** das vor Kurzem durch die Zusammenarbeit nationaler metrologischer Institute fertiggestellt wurde, ist tief in der Quantenmetrologie verwurzelt und somit ein sehr geeigneter Ausgangspunkt für die Standardisierung. Ohne die wertvollen Grundlagen eines Einheitensystems, das Phänomene auf der Ebene einzelner Quanten berücksichtigt, wäre die weitere Realisierung von Standards und Normen für Quanteninnovationen ein nahezu unüberwindbares Hindernis für den Transfer dieser Technologie in die Industrie. Hinsichtlich der Bedeutung von Standardisierung in etablierten Industriezweigen wird der wirtschaftliche Nutzen aus den Quantentechnologien vor allem Institutionen und Unternehmen offenstehen, die sich aktiv an diesem Prozess beteiligen und die Entwicklung maßgeblich mitgestalten. Die hohe strategische Priorität für eine erfolgreiche Wertschöpfung in den Quantentechnologien spiegelt sich in den aktuellen Initiativen für **Roadmaps zur Standardisierung** wider, die in nationale Förderprogramme eingebettet sind und die Bemühungen nationaler und internationaler Standardisierungsbehörden und metrologischen Institute mit den Aktivitäten von Forschungseinrichtungen und der Industrie koordinieren.

Standards und Normen stehen in direktem Zusammenhang mit Liefer- und Wertschöpfungsketten und sind in ihrem Zusammenwirken für die Industrialisierung von Quantentechnologien von zentraler Bedeutung. Öffentliche Forschungs- und Transferinfrastrukturen sowie Konsortien zu großen, öffentlich geförderten Leuchtturmprojekten erweisen sich als wirksame Keime für die Einbindung der Industrie in Partnerschaften, die erste **Templates für Quantenökosysteme** darstellen. Hierdurch können Netzwerke für Liefer- und Wertschöpfungsketten entstehen. Bereits bei der strategischen Unterstützung dieser Art von Ökosystemen im Rahmen öffentlicher Förderprogramme ist der Aufbau von erweiterten Lieferketten zu den vielfältigen technologischen Anforderungen von Quanteninnovationen eine große Herausforderung. Besonders im Fall von sicherheitsrelevanten Technologien, die mit hohen Anforderungen bezüglich der Herkunft aller relevanten Komponenten verbunden sind, zeigt sich die Bildung von geschlossenen Lieferketten als komplexe Aufgabe. Ein gutes Beispiel für die Notwendigkeit frühzeitiger Überlegungen zu Lieferketten ist der weltweit eingeschränkte Zugang zu Helium-3, das für die Funktion von Kryotechnologien essenziell ist. Die eingeschränkte Verfügbarkeit dieser Ressource kann sich äußerst nachteilig auf ein breites Spektrum von Entwicklungen auswirken, die für ihre quantenbasierte Grundfunktionen kryogene Temperaturen benötigen. Dieser Umstand befördert Innovationen und neue Konzepte zu kryogener Kühlung mittels adiabatischer Entmagnetisierung oder durch Quantentechnologien, basierend auf Laserkühlung, sowie die alternative Entwicklung von Systemen, die bei höheren Temperaturen funktionsfähig sind. Letztere Strategie kann sich aber als äußerst einschränkend erweisen, und langfristige Lösungen sind unklar.

Probleme in den Lieferketten für mikroelektronische Chips sind ein weiteres Beispiel mit hoher Relevanz für Quantentechnologien. Besonders betroffen sind Industrieunternehmen, die hochwertige und funktionskritische Steuerungselektronik bei der Entwicklung von Quantentechnologien liefern. Die Erkenntnisse aus den Problemen dieser kritischen Lieferkette der Mikroelektronik haben zugleich zu hochdotierten nationalen Förderprogrammen geführt, die auch die Entwicklung und Herstellung von Quantenchips befördern. Die Bedeutung von Lieferketten reicht bis in das übergeordnete politische Thema der **technologischen Souveränität,** bei der die Quantentechnologien eine zentrale Rolle in langfristigen nationalen Förderstrategien spielen. Gleichwertig aus der Perspektive der Wirtschaft ist der Aufbau von Portfolios an Schutzrechten und Patentfamilien in strategischen Entwicklungen der Quantentechnologien. Als Grundlage für die Sicherung des wirtschaftlichen Nutzens ist dieses Thema für die Industrie prioritär zu sehen. Da die Debatte zu den besten technologischen Ansätzen für viele Quantentechnologien noch offen bleibt, lassen sich die Bedeutung und der Wert von Schutzrechten und Patentfamilien in spezifischen Bereichen nur schwer abschätzen. Um die **Handlungsfreiheit** in diesem neuen Technologiefeld mit vertretbarem Aufwand aufrechtzuerhalten, wird die gemeinsame Nutzung von geistigem Eigentum in Sinne von **»IP Sharing & Pooling«** als wirksame Strategie für Partner aus Forschung und Industrie in großen Konsortien zu öffentlichen und privaten Projekten und Unternehmungen angesehen.

Die oben genannten Themen konzentrieren sich auf die technischen, wirtschaftlichen und politischen Aspekte und Strategien zu einer erfolgreichen Industrialisierung der Quantentechnologien. Es besteht ein weiteres Problem bei der Bildung von erfolgreichen Quantenökosystemen, das durch die sehr schnelle Entwicklung einer ursprünglich akademisch motivierten Gemeinschaft in einer hochspezialisierten Wissenschaft entstanden ist. Als die technischen Implikationen und das wirtschaftliche Potenzial der Quantentechnologien im Laufe des letzten Jahrzehnts deutlich wurden, haben sich die Aktivitäten der Forschung und Industrie von dieser initialen Konstellation aus der Grundlagenforschung stark ausgeweitet. Hierdurch ist die Verfügbarkeit **hochqualifizierter Arbeitskräfte** zu einer der wertvollsten Ressourcen für den Fortschritt in diesem Bereich geworden. Der Bedarf an Arbeitskräften mit einer Ausbildung in Wissenschaftsbereichen oder im Ingenieurwesen mit direktem Bezug zu Quantentechnologien erweist sich als besonders kritisch für den Transfer und die Aufnahme dieser Technologie in der Industrie. Unter dem Arbeitstitel **»Quantum Education«** werden breit angelegte Anstrengungen zusammengefasst, die auf die interdisziplinären Aspekte der Quantentechnologien ausgerichtet sind. Im Mittelpunkt dieser Bemühungen stehen neue Studiengänge und Programme der Hochschulen an der Schnittstelle von Physik, Chemie und Materialwissenschaften, Mathematik und Informatik. Diese Initiativen werden von der Gründung von Lehrstühlen und Graduiertenschulen begleitet, die sich an den laufenden Forschungsaktivitäten orientieren und in die entsprechenden Programme eingebettet sind. Diese Initiativen berücksichtigen und betonen zudem anwendungsrelevante Themen sowie die Ausbildung von berufstätigen, professionellen Fachkräften in den entsprechenden Industriezweigen. Hierdurch bieten Quantentechnologien den Wissenschaftlerinnen und Wissenschaftlern sowie Ingenieurinnen und Ingenieuren aus diesen Programmen die Aussicht auf eine Karriere in einem Berufsfeld mit weitreichenden technologischen Entwicklungen in neuen Hightech-Branchen mit erheblichem wirtschaftlichem Wachstumspotenzial.

4 Tribut und Perspektiven

Ein Rückblick auf die zentralen Meilensteine, die zum heutigen Stand der Technologien geführt haben, bietet aufschlussreiche Perspektiven zu weiteren Möglichkeiten in zukünftigen Entwicklungen. Außergewöhnliche und grundlegende Errungenschaften wie die Arbeiten von **John Stewart Bell** haben die Entwicklungen eingeleitet, die wir heute als »Quantentechnologien der zweiten Generation« bezeichnen. Mit der Formulierung der Bell'schen Ungleichung im Jahr 1964 und jahrzehntelanges Arbeiten an der Realisierung lückenloser Bell-Tests wurden die nicht intuitive Eigenschaft der Verschränkung und das Verhalten von Systemen auf der Ebene einzelner Quanten als physikalische Realität bestätigt. Unsicherheiten zu möglichen Artefakten aus einer Verschleierung der Quantentheorie durch verborgene Variablen wurden weitgehend ausgeräumt. Diese Gewissheit einer korrekten physikalischen Beschreibung von Quantensystemen zusammen mit einem vertieften Verständnis der Theorie der Quantenoptik und Quantenmessung **(Roy Glauber,** Nobelpreis für Physik 2005) legte den Grundstein für die Nutzung von außergewöhnlichen Quanteneffekten als technologische Bausteine in einer neuen Klasse von Innovationen. Gleichzeitig stellt die Methodik von Bell-Tests die Grundlage für heutige Protokolle in der Quanteninformationstechnologie dar. Hochkreative Denker, beispielhaft vertreten durch **Richard Feynman,** haben diese Grundlagen mit der scheinbar einfachen und sehr klaren Erkenntnis erweitert, dass komplexe Probleme wie Quantensysteme nur durch den Einsatz von quantenbasierten Rechenmethoden und Simulationen richtig abgebildet und hierdurch verstanden werden. Diese Idee setzte das Konzept des Quantencomputings in Bewegung, und die breite Relevanz dieses Ansatzes für allgemeine mathematische Probleme bei komplexen Systemen in diversen Bereichen von Wissenschaft und Industrie wurde schnell erkannt. Die oben ausgewählten Beispiele sind nur ein Ausschnitt eines breiteren Spektrums an grundlegenden Beiträgen, die zur Verleihung des Nobelpreises für Physik in 2012 an **Serge Haroche** und **David Wineland** führten und die wichtige Erkenntnisse zur technologischen Tragweite von Physik auf der Ebene einzelner Quanten etabliert haben.

Viele andere Errungenschaften haben die wissenschaftlichen und technologischen Grundlagen für den Weg zu Quantentechnologien der zweiten Generation geebnet. **Paul-Fallen,** üblicherweise als Ionenfallen bezeichnet (Wolfgang Paul, Hans G. Dehmelt, Nobelpreis für Physik 1989), ermöglichen die Speicherung und Isolation von geladenen Teilchen in einer hochkontrollierten Vakuumumgebung und somit den systematischen Zugang zu Systemen auf der Ebene einzelner Quanten. Diese Technologie ist Ausgangspunkt für Atomuhren der zweiten Generation sowie die Basis für Quantencomputer und Quantensensoren. Die hohe Relevanz von elektrodynamischen Feldern für die kontrollierte Speicherung von Quantensystemen zeigt sich in der schnellen Entwicklung dieser Technologie, die derzeit auf der Chip-Ebene realisiert wird. **Laserkühlung** stellt eine weitere fundamentale Errungenschaft dar und bietet den Zugang zu Quantensystemen bei den bisher niedrigsten bekannten Temperaturen – viele Größenordnungen kälter als der Weltraum und ca. ein milliardstel Grad über dem absoluten Nullpunkt (Claude Cohen-Tannoudji, Steven Chu, William D. Phillips, Nobelpreis für Physik 1997). Laserkühlung ist wiederum Ausgangspunkt für einen grundlegend neuen Zustand der Materie in **Bose-Einstein-Kondensaten** (Wolfgang Ketterle, Eric A. Cornell, Carl E. Wieman, Nobelpreis für Physik 2001) mit enormer wissenschaftlicher und technologischer Bedeutung für das Verständnis und den Zugang zu Quantensystemen in einem derzeit beispiellos hochkontrollierten Zustand.

Das oben skizzierte Ensemble an herausragenden Errungenschaften ist bei Weitem nicht vollständig und sollte nur als sehr prägnante Veranschaulichung der Kette grundlegender Beiträge dienen. Angesichts der bahnbrechenden Arbeiten zum Verständnis **topologischer Phasen der Materie** (David J. Thouless, F. Duncan M. Haldane, J. Michael Kosterlitz, Nobelpreis für Physik 2016) sind weitere Inspirationen auch in Zukunft zu erwarten. Aktuelle Roadmaps zu Quantentechnologien der zweiten Generation werden durch fundamentale Beiträge dieser Art höchstwahrscheinlich immer wieder infrage gestellt werden und somit die Notwendigkeit zu einer Neuausrichtung der Entwicklungen mit sich bringen. Hierdurch unterscheiden sich Quantentechnologien von vielen anderen Entwicklungen, die aus den ersten Erkenntnissen der Grundlagenforschung durch eine weitgehend lineare Innovationskette in die angewandte Forschung und Industrie übertragen werden. Aktuelle

Herausforderungen, die aufgrund von Einschränkungen in Technik und Wissen den Fortschritt scheinbar verhindern, können durch neue Impulse aus der Wissenschaft zu alternativen Wegen und noch leistungsfähigeren Lösungen führen. Diese Dynamik erfordert eine kontinuierliche, langfristige Partnerschaft und einen engen Austausch zwischen der Grundlagenforschung, der angewandten Forschung und der Industrie. Auf diese Weise kann sich das volle Potenzial des technologischen Paradigmenwechsels, der als »Quantentechnologien der zweiten Generation« bezeichnet wird, in voller Tragweite entfalten.

In diesem Kontext kann die Aufstellung von Roadmaps zur Entwicklung von Quantentechnologien der zweiten Generation spannend sein. Diese Roadmaps zu verwirklichen ist wiederrum eine bedeutende Herausforderung. Diese Aussage kann mehrfach unterstrichen werden angesichts der technischen und konzeptionellen Hürden, die mit der konsequenten Umsetzung von Roadmaps in die praktische Anwendung verbunden sind. In den nachfolgenden Kapiteln werden angewandte Forschung und Entwicklungen in den Bereichen des Quantenimagings und der Quantensensorik sowie der Quantenkommunikation und des Quantencomputings detailliert dargelegt. Die Arbeiten verfolgen das Ziel, diese Technologien in die Wirklichkeit zu überführen. Die große technologische Tragweite und das Spektrum an außergewöhnlichen Fähigkeiten sowie die potenzielle Bereicherung für Wissenschaft, Industrie und Gesellschaft motivieren die in den nachfolgenden Kapiteln beschriebenen Forschungs- und Entwicklungsaktivitäten.

1 Quanten-sensorik

Möglichkeiten der Sensorik in einer neuen Welt

Einleitung

Rüdiger Quay, Peter Gumbsch

Die Phänomene rund um die mikroskopische Wechselwirkung von Atomen und Molekülen mit elektrischen und magnetischen Feldern sowie andere Formen der mikroskopischen Kopplung sind zahlreich und werden angesichts der vielen Möglichkeiten in der Welt der Quantenmechanik technisch nur zu einem kleinen Teil ausgenutzt.

Quantenmechanische Wechselwirkungen ermöglichen seit ihrer Entdeckung im dritten Jahrzehnt des letzten Jahrhunderts zahlreiche technische Anwendungen. Physikalisch gesehen ergänzen »Quanteneffekte« die große Klasse elektromagnetischer und anderer physikalischer Wechselwirkungen, die auf vielfältige Weise für die Sensorik genutzt werden können – sofern sie aus dem Physiklabor herausgebracht werden können und den Anforderungen und Spezifikationen der realen Sensorik entsprechen. Zwar sind diese Wechselwirkungen nicht grundlegend neu, die Nutzung in spezifischen Konzepten der Sensorik jedoch ist äußerst neuartig, herausfordernd und hochinnovativ und macht Fortschritte in einem atemberaubenden Tempo.

Neue Materialien und Materialqualitäten werden technisch verfügbar und ermöglichen nun die Herstellung von Sensoren neuer Qualität. Sie versprechen Innovationen, die auf einer stark verbesserten Präzision und Empfindlichkeit der Sensorik beruhen. Aufgrund des atomaren Maßstabs der Sensorstrukturen ermöglicht die Quantensensorik neue Eigenschaften wie die ultimative räumliche Auflösung auf nunmehr atomarer Ebene.

Gegenwärtig ist der Fortschritt der Quantensensorik an unsere Fähigkeit gekoppelt, spezielle Materialien, Bauelemente und Systeme zu entwickeln, vorherzusagen, zu simulieren, zu erzeugen, zu verarbeiten und zu skalieren, damit deren Eigenschaften von der makroskopischen Welt übernommen und integriert werden können.

In dieser Hinsicht steht die Quantensensorik erst am Anfang eines sich entwickelnden Bereichs, der jedoch bereits eine Vielzahl von industriellen Anwendungen hervorgebracht hat. In diesem Sinne entwickelt sich die Quantensensorik auf eine eher evolutionäre Weise. Historisch gesehen, war und ist die Quantensensorik mit Magnetometern verbunden, die auf Quanteninterferenzgeräten in Festkörpern und atomaren Dämpfen beruhen. Auch die Verwendung von Atomuhren ist damit verbunden, was wir bereits in anderen Bereichen wie der globalen Positionsbestimmung zu unserem Vorteil nutzen.

Für die technische Realisierung anderer Quantentechnologien, wie zum Beispiel den Qubits für die Datenverarbeitung, sind noch größere Hindernisse zu überwinden. Die Integration und Skalierung von Sensoren umfasst nicht nur die technische Skalierung und Entwicklung der Sensoren an und für sich, sondern auch die Verkleinerung und Skalierung der Art der Ansätze und die Integration der atomaren in die makroskopische Welt. In dieser Hinsicht zielt die Quantensensorik auf die Verringerung des Größenunterschieds zwischen dem Sensor und seiner Umgebung ab. Die Miniaturisierung der Auslesegeräte, Quellen und Detektoren und die Verringerung ihrer Größe um Größenordnungen stellen eine ständige Herausforderung dar. Dies bietet die Möglichkeit, das fortschrittlichste Potenzial der Physik, der Chemie, der Biologie, der Elektro- und Mikrosystemtechnik, der Optik, der Softwaretechnik und vieler anderer Bereiche zu kombinieren.

Dieses Kapitel gibt einen Überblick über Ansätze und Anwendungen für:

- Magnetometrie und Sensorik
- Durchflussmessung auf der Grundlage der Quantenmagnetometrie
- Fortschritte in der Laserschwellen-Magnetometrie
- Materialprüfung auf der Grundlage der Magnetometrie
- eine internationale Perspektive einschließlich der zu integrierenden Komponenten.

Einige Sensoranwendungen werden bereits erfolgreich in der Praxis eingesetzt. Wir sind dennoch überzeugt, dass die Effekte, die technisch erforscht werden können, im Zusammenspiel von wissenschaftlicher Fantasie und viel harter Arbeit und Entwicklung zu zahlreichen weiteren fortschrittlichen Anwendungen der Quantensensorik und bahnbrechenden Innovationen führen werden.

Stickstoff-Fehlstellen-Zentren: Quantensensor für Magnetfelder

Zwischenergebnisse eines Projekts in Arbeit

Niklas Mathes, Xavier Vidal

Abstract: Quantensysteme können in Bezug auf Genauigkeit, Auflösung und Empfindlichkeit mehr leisten als ihre klassischen Gegenstücke. Darüber hinaus bieten Quantensensoren das Potenzial, driftfreie Messungen mit direktem Bezug auf Naturkonstanten durchführen zu können. Dieses Paradigma kann mit Stickstoff-Fehlstellen-Zentren (NV) angegangen werden. Am Fraunhofer IAF arbeiten wir im Rahmen des strategischen Forschungsfeldes »Quantentechnologie« daran, Quantensensoren auf Basis von NV-Zentren in die industrielle Anwendung zu überführen. Deren Implementierung wird durch verschiedene Ansätze zur Sensorik mit NV-Zentren unterstützt, um die schnelle Umsetzung dieser Technologie in industrielle Innovationen zu fördern.

Keywords: Stickstoff-Fehlstellen-Zentrum, Diamant, Quantensensorik, Magnetometrie, Magnetfeld, Zeeman-Effekt, ODMR, Weitfeld

1 Einleitung

Dieses Kapitel gibt einen Überblick über die aktuellen Arbeiten zur Quantenmagnetometrie auf der Basis von Stickstoff-Fehlstellen-Zentren (NV) am Fraunhofer IAF. Es konzentriert sich insbesondere auf die Bemühungen zum Aufbau eines Weitfeld-Magnetometers und diskutiert die Vorteile und Grenzen dieser neuartigen Technologie. In einem weiteren Abschnitt wird die Entwicklung einer geeigneten Diamantplatte mit einer hochdichten Schicht aus Stickstoff-Fehlstellen beschrieben. Schließlich werden im vierten Abschnitt einige Anwendungen erläutert.

2 Quantenmagnetometrie mit NV-Zentren

Der durch das elektronische System des NV-Zentrums hervorgerufene Spin bietet hervorragende Eigenschaften für die Quantensensorik. Seine Quanteneigenschaften können genutzt werden, um Magnetfelder sowie elektrische Felder, Temperatur und Druck auf atomarer Ebene zu messen. Hier konzentrieren wir uns jedoch in erster Linie auf die Erkennung und Quantifizierung von Magnetfeldern. NV-Zentren werden gebildet, indem ein Kohlenstoffatom in einem Diamantkristall durch eine benachbarte Fehlstelle ersetzt wird. (Abbildung 1). NV-Zentren weisen drei energetisch stabile Zustände auf: NV^-, NV^0 und NV^+. Nur der negativ geladene Zustand bietet interessante Eigenschaften für die Quantentechnologie. Daher wird im gesamten Kapitel das NV^--Zentrum als NV-Zentrum bezeichnet; andernfalls wird dies explizit erwähnt.

Das NV-Zentrum enthält sechs Elektronen: drei Elektronen, die ein Spin-Triplett $S = 1$ bilden und von den benachbarten Kohlenstoffen stammen – zwei Elektronen vom Stickstoff und ein Elektron von einem Donator im Kristallgitter. Die Elektronen sind eng an den Defekt gebunden, was das NV-Zentrum zu einem System in der Größe eines Atoms macht. Der Spin der assoziierten Elektronen ist optisch auslesbar [1], das heißt, er kann durch optische Anregung polarisiert werden, und sein Zustand lässt sich aus der emittierten Fluoreszenz ableiten [2], [3]. Der elektronische Grundzustand ist ein Triplett-Zustand mit einer Energieaufspaltung zwischen dem $m_s = 0$-Zustand und den $m_s = \pm 1$-Zuständen (Abbildung 1). Dies wird als Nullfeldaufteilung bezeichnet und weist bei Raumtemperatur einen Wert von etwa 2,87 Ghz auf. Der entartete Unterzustand $m_s = \pm 1$ reagiert empfindlich auf das Magnetfeld, dessen Vorhandensein seine Entartung aufhebt. Dieser Effekt wird als Zeeman-Effekt bezeichnet und bildet den Ursprung der Quantenmagnetometrie mit NV-Zentren.

Die Quantenmagnetometrie mit NV-Zentren nutzt die Differenz der Fluoreszenzintensität auf dem Strahlungsweg $m_s = 0$ gegenüber $m_s = \pm 1$. Nach optischer Anregung bleibt beim Strahlungsübergang in den Grundzustand im Allgemeinen der Spin-Unterzustand m_s erhalten. Aufgrund der phononischen Seitenbänder ist die Anregung nicht auf die rein optische Anregung bei 637 nm beschränkt, sondern erstreckt sich auch auf kürzere Wellenlängen. In der Regel haben wir eine optische Anregung zwischen 515 nm und 560 nm verwendet. Auch die Fluoreszenz reicht über 850 nm hinaus, mit einem Peak um 705 nm. Während der Übergang vom angeregten Unterzustand $m_s = 0$ zum Grundzustand nahezu rein optisch ist, weist der Übergang von den angeregten Unterzuständen $m_s = \pm 1$ einen alternativen nicht strahlenden Weg zum Grundzustand über Elektron-Phonon-Intersystem-Crossing (ISC) auf, bei dem der Spin nicht erhalten bleibt. Tatsächlich ist die Wahrscheinlichkeit für den Übergang von $m_s = \pm 1$ zum Grundzustand $m_s = 0$ durch ISC größer als für den Übergang zu $m_s = \pm 1$. Folglich erreicht das NV-Zentrum nach optischer Anregung den Unterzustand $m_s = 0$, ein Prozess, der als Initialisierung des Spins bezeichnet wird. Obwohl dies eine vereinfachte Beschreibung des Strahlungsübergangs ist, beschreibt sie in guter Näherung den Mechanismus, der für die Quantensensorik verwendet wird. Für eine ausführlichere und umfassendere Beschreibung der Übergangszustände wird der Leser auf [4] verwiesen.

Nach der optischen Initialisierung der NV-Zentren in den $m_s = 0$-Zustand werden diese mittels Mikrowellenstrahlung, deren Frequenz der magnetischen Resonanz entspricht, in den $m_s = \pm 1$-Zustand angeregt. Durch Abtasten der Mikrowellenfrequenz kann so eine Verringerung der emittierten Fluoreszenz festgestellt werden, die mit der magnetischen Resonanz zusammenfällt. Bei Vorhandensein eines Magnetfelds tritt die Resonanz zweimal auf (für $m_s = \pm 1$), und der Abstand zwischen den beiden Resonanzen verhält sich proportional zum Magnetfeld (Abbildung 1). Diese Technik wird als optisch detektierte magnetische Resonanz (ODMR) bezeichnet. ODMR bietet einen bequemen Zugang zu Spinzuständen und Magnetfeldern, weshalb das optische Auslesen der Spins in ganz unterschiedlichen Forschungsbereichen genutzt wird. Eine vereinfachte Version des Hamiltonian, der den Grundzustand des NV-Zentrums beschreibt, ist [5]:

$$H_{gs} = hD_0 S_z^2 + g\mu_B \mathbf{BS} \approx hD_0 S_z^2 + g\mu_B B_z S_z \tag{1}$$

wobei h die Planck-Konstante, μ_B das Bohr-Magneton und g der elektronische g-Faktor ≈ 2 ist. Die Näherung in Gleichung (1) eignet sich nur für kleine Magnetfelder, bei denen der Zeeman-Effekt im linearen Bereich liegt. In diesem Bereich können wir den Absolutwert des auf das NV-Zentrum projizierten Magnetfelds extrahieren und somit messen als:

$$B_z = \frac{\Delta v_{MR}}{2g\mu_B} = \Delta v_{MR}/\left[\tfrac{56 MHz}{mT}\right], \tag{2}$$

wobei sich Δv_{MR} auf den Frequenzabstand zwischen den ODMR-Resonanzen oder, äquivalent dazu, auf den Mikrowellenfrequenzabstand zwischen den magnetischen Resonanzen bezieht.

Ein weiteres wichtiges Merkmal der NV-Spinzustände ist ihre lange Kohärenzzeit bei Raumtemperatur [6], was selbst einzelne NV-Zentren zu vielversprechenden Sensoren für Magnetometrie mit besonders hoher Ortsauflösung macht [7].

Stickstoff-Fehlstellen-Zentren 53

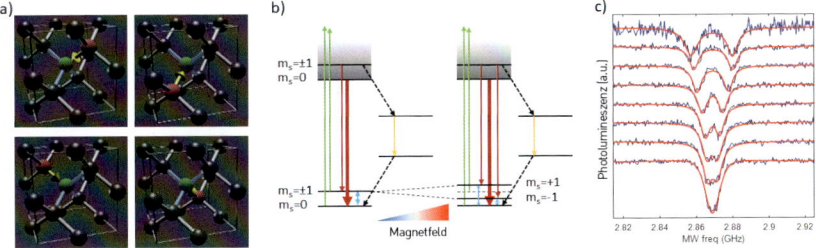

Abbildung 1: a) Atomare Struktur des NV-Zentrums im Diamant-Gitter. Die einzelnen Unterabbildungen stellen die vier möglichen Ausrichtungen eines einzelnen NV-Zentrums dar. Von links nach rechts und von oben nach unten [$\bar{1}$,1,1] [1,1,1] [1,$\bar{1}$,1] und [$\bar{1}$,$\bar{1}$,1] in (100)-Diamant-Monokristall-Orientierung. b) Energiediagramm mit Spin-Triplett-Grund- und angeregten Zuständen bei Vorhandensein einer Spin-Spin-Wechselwirkung: links ohne Vorhandensein eines externen Magnetfelds, rechts mit dem durch ein Magnetfeld induzierten Zeeman-Effekt. Die optische Anregung ist mit einem durchgezogenen grünen Pfeil dargestellt, die Mikrowellen mit einem durchgezogenen blauen Doppelpfeil, der Strahlungsübergang mit roten Pfeilen, der nicht strahlende Übergang mit einem gestrichelten Pfeil und der Infrarotübergang bei 1042 nm mit einem gelben Pfeil. c) Optisch detektierte magnetische Resonanz (ODMR) für verschiedene Magnetfeldstärken, die an eine dünne Schicht von nur in [111]-Richtung orientierten NV-Zentren in einem (111)-Diamantkristall angelegt wurden. Die Schicht mit den NV-Zentren wurde am IAF auf ein kommerzielles Substrat aufwachsen lassen. Die ODMR-Resonanzen werden aufgrund des Zeeman-Effekts verschoben und liefern so eine quantitative Messung des Magnetfelds. Zur Verdeutlichung sind die einzelnen Messungen vertikal gegeneinander verschoben. Diese Grafik orientiert sich an [8].

Es gibt verschiedene Methoden, Magnetfeldverteilungen mittels NV-Zentren abzubilden. Bei einem starken Magnetfeld wird die Spininitialisierung durch eine Wechselwirkung zwischen dem Spin-0-Unterzustand und dem Spin-±1-Unterzustand blockiert, was auch als Spinmischung bezeichnet wird und zu einer Verringerung der Photolumineszenz (auch Quenching genannt) der NV-Zentren führt. Dieser Ansatz eignet sich zum Nachweis starker Magnetfelder. Da er sich nur auf die Fluoreszenz der NV-Zentren stützt, geht die Messung extrem schnell. Diese Methode wird veranschaulicht, indem ein starker Magnet in die Nähe eines Bereichs mit NV-Zentren gebracht wird. Abbildung 2 zeigt die Änderung der Photolumineszenz der NV-Zentren bei gleicher Laseranregung aufgrund des Quenchings durch die Anwesenheit eines Magnetfeldes von etwa 1 T.

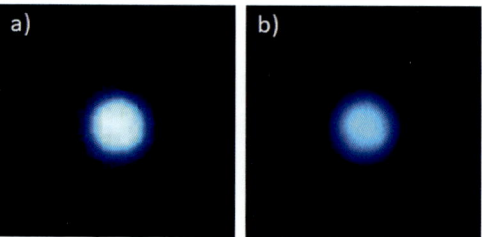

Abbildung 2: Photolumineszenz einer mittels Transmissionselektronenmikroskop (TEM) am Fraunhofer IIS erzeugten kreisförmigen Region von NV-Zentren in einer Diamantplatte: a) ohne die Anwesenheit eines Magneten und b) in Anwesenheit eines starken Magneten, der zu einem Quenching der Fluoreszenz führt.

Das Hauptziel der Magnetometrie mit NV-Zentren ist jedoch eine hochempfindliche Messung von Magnetfeldern. Dafür stellen Quenching-Techniken im Allgemeinen keinen geeigneten Ansatz dar. Stattdessen benötigen wir Techniken zur Maximierung der Empfindlichkeit, η

$$\eta \propto \frac{\Delta \nu}{C\sqrt{N\tau}} \tag{3}$$

wobei $\Delta\nu$ die Halbwertsbreite (FWHM) des Magnetresonanz-Minimums, C der Kontrast der Off-Resonanz- und On-Resonanz-Fluoreszenz, N die Anzahl der NV-Zentren unter optischer Anregung und τ die Spinkohärenzzeit ist. Bei kontinuierlicher Anregung (CW) ist die minimale erreichbare Linienbreite durch die T_2^*-Relaxationszeit beschränkt, die eine inhomogene, transversale Dephasierung berücksichtigt, während die Grenze bei gepulsten Protokollen durch die Relaxationszeit T_2 gegeben ist. Obwohl generell $T_2 > T_2^*$ gilt, bestechen CW-Protokolle durch ihre Einfachheit. Während T_2 je nach verwendetem Protokoll verlängert werden kann, bleibt T_2^* fest und hängt von der Qualität des Materials ab. Mit anderen Worten: T_2^* wird durch die Umgebung der NV-Zentren festgelegt. Daher ist die Verbesserung der Diamantqualität für die Quantentechnologien von entscheidender Bedeutung für den weiteren Erfolg dieser Technik.

2.1 Vorteile

NV-Zentren können zur Detektion von elektrischen Feldern, Temperatur, Druck und Magnetfeldern verwendet werden. Im Zusammenhang mit der Detektion von Magnetfeldern können sie zur Detektion magnetischer Dipole herangezogen werden. Daher können NV-Zentren auch für die Kernspinresonanz (NMR) eingesetzt werden. NV-Zentren funktionieren sowohl bei niedrigen Temperaturen als auch bei Raum- und Hochtemperaturen. Der Betrieb bei Raumtemperatur ist im Allgemeinen von Vorteil, da er die Kosten eines auf dieser Technologie beruhenden Instruments reduziert und insgesamt industrielle Anwendungen vereinfacht. Im Allgemeinen ist keine magnetische Abschirmung erforderlich. Beide Aspekte, Betrieb bei Raumtemperatur und das Wegfallen magnetischer Abschirmung, führen zu einer idealen Eignung für ein kompaktes Instrument, das ohne Schutzatmosphäre betrieben werden kann [9]. NV-Zentren können auch für Kernspinresonanzsensorik verwendet werden, was besonders für kleine Volumina interessant ist. Die Detektion verschiedener Kerne ist in Volumina von nur einem Pikoliter möglich. Zudem sind keine starken Magnetfelder wie bei herkömmlichen NMR-Instrumenten erforderlich. Die herkömmliche NMR ist auf relativ große Probenvolumina (mm^3) mit einem großen Magnetfeld beschränkt, das die Messung von 10^{-5} polarisierten Spins im Verhältnis zur Gesamtzahl der Spins ermöglicht. Je größer das Magnetfeld ist, desto besser ist die Auflösung. Dies erfordert jedoch eine große Anlage, und es darf sich kein magnetisches Material in der Nähe des Instruments befinden. In Volumina unter 1 µm^3 ist es nicht möglich, eine thermische Spinpolarisation zu erzeugen, die stark genug ist, um nachweisbar zu sein. Unterhalb von 1 µm^3 sind die statistischen Fluktuationen jedoch stark und induzieren eine Spinpolarisation, die proportional zum Kehrwert der Quadratwurzel des Zielvolumens zunimmt. Somit bieten kleine Volumina den inhärenten Vorteil, dass starke externe Magnetfelder vermieden werden können. Der Ansatz der Weitfeldmikroskopie kann, ähnlich der Kernspinresonanztomografie (MRI), diese Technik zum Beispiel zur Messung von Nukliden in mikrofluidischen Kanälen nutzen [10].

NV-Zentren eignen sich besonders gut zum Abbilden von Magnetfeldern mit sehr hoher Ortsauflösung. Dies ist darauf zurückzuführen, dass eine einzelne NV ein Sensor von atomarer Größe ist und extrem nah an dem zu messenden magnetischen Moment platziert werden kann. Supraleitende Quanteninterferenzgeräte (SQUIDS) und optisch gepumpte Magnetometer (OPMS) sind ideal, wenn eine hohe Sensitivität erforderlich ist. Aber NV-Zentren sind auch dann eine optimale Wahl, wenn ein Kompromiss zwischen Empfindlichkeit und räumlicher Auflösung gefunden werden muss mit dem zusätzlichen Vorteil, dass keine Kryogenik oder magnetische Abschirmung erforderlich ist [11]. Ein innovativer Ansatz ist das Laserschwellenmagnetometer, ein Projekt unter der Leitung des Fraunhofer IAF, das belegen soll, dass Laser-NV-Zentren eine ähnliche Empfindlichkeit wie SQUIDS erreichen können [12, 13].

2.2 Limitierende Faktoren

Einer der wichtigsten limitierenden Faktoren von Sensoren, die auf NV-Zentren beruhen, ist die für die Messungen erforderliche Zeit. In den meisten Fällen kann die Industrie keine langwierigen Messungen durchführen. Es gibt verschiedene Möglichkeiten, dieses Problem zu lösen. Die Qualität des Diamanten ist ein wichtiger Faktor. Bei den am Fraunhofer IAF gezüchteten Diamanten versucht man, ein optimales Gleichgewicht zwischen T_2*-Zeit der NV-Zentren und der Konzentration der P1-Zentren zu erreichen, mit dem Ziel, die minimal erforderliche Erfassungszeit zu minimieren [14]. Durch eine Maximierung der Umwandlung von P1-Zentren zu NV-Zentren sollte hier eine Verbesserung erreicht werden können, allerdings ist es wichtig zu erkennen, dass diese P1-Zentren in erheblichem Maße die Quelle des zusätzlichen Elektrons in der NV⁻ sind. Die Dotierung mit anderen Donatoren ist eine Alternative, die untersucht wurde [15]. Der andere Ansatz zur Optimierung der Messung basiert auf weiterentwickelten Protokollen, aber obwohl diese Methoden die Empfindlichkeit wirksam erhöhen, sind sie nicht schnell und erfordern längere und wiederholte Pulsfolgen. Verschiedene Quantenprotokolle ermöglichen die Entkopplung der Wechselwirkung zwischen verschiedenen Spins und damit die Wiederherstellung ihrer kohärenten Zeit [16, 17]. Diese Protokolle beruhen auf der geeigneten Abfolge und Synchronisierung von Laserimpulsen, Mikrowellenimpulsen und Auslesezeiten. Ein einfacher Fall ist die Hahn-Echo-Pulsfolge, die Umgebungsstörungen abschwächt, die im Vergleich zum freien Präzessionsintervall der Spins zwischen den Pulsen langsam sind. Durch die Refokussierung der NV-Dephasierung wird die Dekohärenzzeit T_2 anstelle der Dephasierungszeit T_2^* zum limitierenden Faktor. Komplexere Sequenzen ermöglichen auch den Schutz des Spins vor Dekohärenz, die nicht nur durch benachbarte Spins, sondern auch durch die Umgebung verursacht wird [18, 19]. Insgesamt verringert sich dadurch der dynamische Bereich, was bei kleinen Schwankungen des Magnetfelds akzeptabel ist, jedoch in Flüssigkeiten, in denen sich das Zielobjekt bewegt oder sich in einem Durchfluss befindet, ein Problem darstellen könnte.

Mit einzelnen NV-Zentren in einer Diamantsonde, die in ein Rasterkraftmikroskop eingebaut ist, lässt sich eine Ortsauflösung von einigen Nanometern erreichen. Weitere Verbesserungen werden sich aus den Eigenschaften der Diamantsonde ergeben. Gleichung (3) veranschaulicht, dass einzelne NV-Zentren von Natur aus eine geringere Empfindlichkeit aufweisen (N = 1). Darüber hinaus kann Gleichung (3) bei der Umsetzung geändert werden, indem N durch die gesammelte Intensität der einzelnen NV ersetzt wird. Bei der Entwicklung von Diamantsonden wird versucht, die vom Detektor erfasste Intensität der Gesamtemission der einzelnen NV anzunähern. Dies ist ein weiterer Ansatz, den das Fraunhofer IAF zusammen mit dem Fraunhofer CAP verfolgt.

Konfokale Mikroskope können für die NV-Magnetometrie angepasst werden. Der Vorteil besteht darin, dass eine hohe Dichte von NV-Zentren innerhalb des konfokalen Volumens angeregt werden kann. Die räumliche Auflösung ist durch die Beugungsoptik begrenzt. Aber auch hier gibt es Ansätze, diese optische Begrenzung zu überwinden. Die z-Auflösung kann reduziert werden, indem NV-Schichten verwendet werden, die dünner sind als die z-Tiefe der konfokalen Konfiguration. Um die räumliche Auflösung in der Ebene senkrecht zur optischen Achse zu verbessern, können Superauflösungstechniken wie die stimulierte Emissionsverarmung (STED) [20] eingesetzt werden. Dieser Ansatz kann bis zu einigen Nanometern heruntergehen [21, 22, 23, 24]. Sowohl AFM als auch konfokale Verfahren erfordern jedoch ein Scannen, um ein großes Sichtfeld zu erhalten. Hier kommt das NV-basierte Weitfeld-Magnetometer ins Spiel.

2.3 Überwindung von Begrenzungen mit dem Weitfeld-Magnetometer

Die wichtigste Eigenschaft von Weitfeld-Magnetometern, die auf dünnen Schichten von NV-Zentren beruhen, besteht darin, dass sie nach den oben erläuterten Grundsätzen Magnetfeldkarten erstellen können, ohne den abzubildenden Bereich abrastern zu müssen. Jedes Pixel im Detektor oder in der Kamera ist mit einem Teilbereich in der NV-Schicht korreliert. Durch die Anwendung der oben genannten Protokolle werden somit alle Informationen gleichzeitig für das gesamte Bild erfasst. Obwohl sich die räumliche Auflösung verschlechtert, wird dies durch eine viel schnellere Aufnahmezeit und eine höhere Empfindlichkeit kompensiert. Die räumliche Auflösung ist beugungsbegrenzt. Eine Standardkonfiguration umfasst ein Sichtfeld von 1 mm × 1 mm mit einer räumlichen Auflösung von 1 µm bzw. ein Sichtfeld von 100 × 100 µm mit einer räumlichen Auflösung von 400 nm. Die Sensitivität kann sehr hoch sein, da sie von der Anzahl der NV-Zentren im optischen Volumen pro Voxel (siehe Gleichung 3) und der Nähe der NV-Zentren zur Zielprobe abhängt.

Das Herzstück eines auf NV-Zentren basierenden Weitfeld-Magnetometers ist die Diamantplatte, die die NV-Zentren enthält. Wie bei den anderen Ansätzen stellt die Kohärenz der NV-Zentren einen Kompromiss aus der Nähe benachbarter NV-Zentren und dem Spin verschiedener Kerne dar, wie z. B. ^{14}N, ^{15}N und ^{13}C, die in Diamantkristallen vorkommen. Das komplexe Spinbad trägt zu Dephasierung und Dekohärenz bei, was die Sensitivität des Quantensensors begrenzt. Diese Dynamik ist durch die Spin-Gitter-Relaxation T_1, die Dekohärenzzeit T_2 und die Dephasierungszeit T_{2*} charakterisiert [25]. Daher ist auch hier der erste begrenzende Faktor die Qualität des Wirtsmaterials, des Diamanten. Es werden enorme Anstrengungen unternommen, um Diamanten einwandfreier Qualität zu züchten. Ebenso wichtig ist es, die optimale Dicke und Tiefe der NV-Schicht zu finden [20, 26]. Spezifische Bemühungen zum Wachsen von Diamantplatten für die Weitfeld-Magnetometrie werden weiter unten in »Entwicklung spezifischer Diamanten für das Weitfeld« ausgeführt.

2.4 Das Instrument

Der Hauptunterschied zwischen einem Weitfeld-NV-Magnetometer-Aufbau und etablierten konfokalen Aufbauten besteht in der Verwendung eines CCD- oder sCMOS-Kamera-Bildsensors anstelle eines Einzelphotonendetektors. Das Laserlicht regt die NV-Zentren in einer oberflächennahen Diamantschicht gleichzeitig über einen großen Bereich an. Die breite Laserausleuchtung wird durch Fokussierung des Strahls auf die hintere Brennebene des Objektivs erreicht. Das von der NV-Schicht gesammelte Licht wird mit einem dichroitischen Spiegel vom Laserlicht getrennt und auf den aktiven Pixelsensor der Kamera abgebildet, was im Idealfall zu einer beugungsbegrenzten Abbildung der Lumineszenzintensitätsverteilung führt. Das von jedem Pixel der Kamera gesammelte Licht wird mit einem eindeutigen Teilbereich auf der Diamantplatte korreliert und zur Extraktion des Magnetfelds an der Position der NV-Zentren verwendet. Neben der Beugungsgrenze wird die räumliche Auflösung der Magnetfeldabbildung durch die Pixelgröße der Kamera und den Abstand zwischen der magnetischen Struktur und der NV-Schicht bestimmt. Das zu analysierende System oder die Probe wird so nah wie möglich an der homogenen Schicht von NV-Zentren auf der Diamantplatte platziert und kann, falls möglich, sogar auf dem Diamanten befestigt und verteilt werden. Eine Skizze des Aufbaus findet sich in Abbildung 3.

Es ist auch möglich, fortgeschrittene Sensortechniken zu implementieren, indem der Spin der NV-Zentren manipuliert wird. Hierfür ist ein präzises Timing für die Auslösung der Mikrowellenpulse, die Laseranregung und die Erfassungszeit erforderlich. Entscheidend ist auch, dass über den gesamten Abbildungsbereich eine homogene Mikrowellenintensität bereitgestellt wird. Im Allgemeinen ist die minimale Belichtungszeit eines Kamerasensors zu groß und die zeitliche Präzision zu gering, um Spinmanipulationen dynamisch messen zu können. Aus diesem

Grund müssen die regulär für die NV-Spinmanipulation verwendeten Protokolle (z. B. mit Einzelphotonendetektoren) modifiziert werden.

Der Hauptvorteil der Weitfeld-Magnetometrie im Vergleich zu Scanning-Techniken besteht in der Möglichkeit, gleichzeitig über einen großen Bereich von Hunderten von μm^2 zu messen. Auf diese Weise wird die Messzeit auf Kosten der Sensitivität und Auflösung enorm verkürzt. Die Messgeschwindigkeit kann eine wichtige Anforderung sein, wenn es um dynamische Systeme oder um schnelle Übersichtsmessungen geht.

Es ist wichtig, dass der Bereich der NV-Schicht, der für die Messung verwendet wird, mit dem Laser und der Mikrowellenstrahlung angeregt und mit gleichmäßiger Effizienz erfasst werden kann. Dies ermöglicht eine einfachere Interpretation der erzeugten Karten und vermeidet zeitaufwendige und komplexe Berechnungen. Ein kritischer Punkt ist das Erreichen einer homogenen Intensität der Mikrowellenquelle. Um eine homogene Intensität der Mikrowellenstrahlung zu erreichen, kann beispielsweise eine Ω-Antenne lithografisch auf einem Deckglas direkt unter der Diamant-Bildgebungsplatte aufgebracht werden [27, 28]. Auf der aktiven Pixelsensorkamera wird der anregende grüne Laser aus der Fluoreszenzemission herausgefiltert. Es wurden jedoch auch andere Geometrien für den Anregungslaser verwendet, zum Beispiel unter Ausnutzung von Totalreflexion [29, 30].

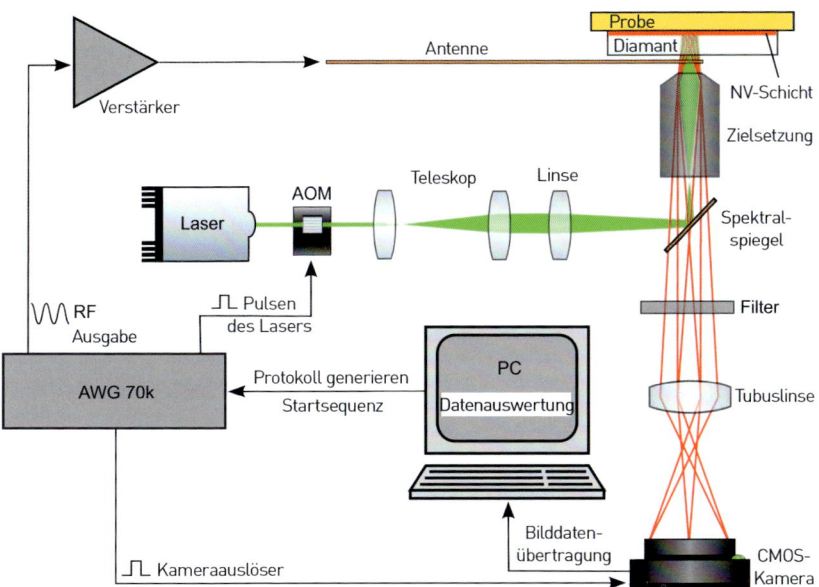

Abbildung 3: Vereinfachtes Schema des optischen Aufbaus. Der Diamant wird mit einem Laser beleuchtet, der mit einem akustooptischen Modulator (AOM) gepulst werden kann. Der Strahl wird aufgeweitet und auf die hintere Brennebene des Objektivs fokussiert, um einen großen beleuchteten Bereich zu erhalten. Das Messprotokoll wird mittels Python-Code auf einem PC erstellt und an einen Arbitrary Waveform Generator (AWG) übertragen. Der AWG steuert das Timing der Messung und erzeugt das Mikrowellensignal, das verstärkt wird, bevor es die Antenne erreicht. Die Photolumineszenz der NV-Schicht wird vom Objektiv erfasst, passiert den dichroitischen Spiegel und wird auf dem CMOS-Kamerasensor abgebildet. Während der Messung werden die Daten zur Auswertung an den PC übertragen.

Die Laseremission wird durch die in der Abbildung 3 gezeigten optischen Elemente auf die Probe gelenkt. Der Laser wird durch einen akustooptischen Modulator (AOM) geleitet und auf die hintere Brennebene eines Mikroskopobjektivs mit hoher numerischer Apertur fokussiert. Das NV-Fluoreszenzsignal wird durch dasselbe Objektiv aufgesammelt und mit einem dichroitischen Spiegel und optischen Filtern vom Anregungsstrahl getrennt, bevor es auf einem sCMOS-Kamerasensor abgebildet wird. Der AOM ermöglicht ein Pulsen des Lasers für dAC-Magnetometrie und relaxometriebasierte Messverfahren. Durch den Austausch der Linsen vor der Diamantplatte kann der Anregungsbereich eingestellt werden, während eine andere Kombination von Mikroskopobjektiv und Tubuslinse eine Änderung der Vergrößerung und des Analysebereichs auf dem CMOS-Kamerasensor ermöglicht. Eine Fotografie des Versuchsaufbaus ist in Abbildung 4 zu sehen.

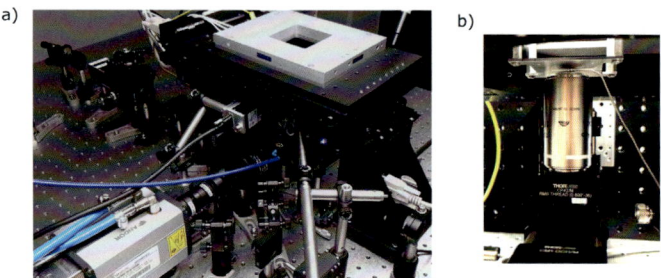

Abbildung 4: a) Foto des Versuchsaufbaus. Das Objektiv befindet sich unterhalb des Tischsystems. Das von der NV-Schicht aufgesammelte Licht wird auf dem Sensor der Kamera abgebildet. Die kleine, zusätzliche CCD-Kamera wird für die Probenpositionierung verwendet. Ein Magnet ist an einer Metallstange befestigt, um ein gezieltes Magnetfeld zu erzeugen, das die Resonanzen der vier NV-Orientierungen trennt. b) Detail des Bereichs zwischen dem Probenhalter und dem Mikroskopobjektiv. Der Diamant und die Probe befinden sich auf einem Halter, der unter dem Piezotisch befestigt ist. Das Objektiv wird zur Beleuchtung der Probe und zum Auffangen des photolumineszenten Lichts verwendet. Die Antenne wird zwischen Objektiv und Antenne gebracht, um die NV-Zentren per Spin zu manipulieren.

3 Entwicklung spezifischer Diamanten für das Weitfeld-Magnetometer

3.1 Diamantsubstrate, homoepitaktisches Wachstum und stickstoffdotierte δ-Schichten

Das für die Entwicklung des NV-Diamantsensors erforderliche Diamantsubstrat muss in der Regel ein hochreiner Kristall sein, um den Fluoreszenzhintergrund auf ein Minimum zu reduzieren. Dies ist besonders entscheidend für ein Weitfeld-Magnetometer, da es keine konfokale

Anordnung gibt, mit der Licht aus Bereichen außerhalb der NV-Schicht aus dem Signal entfernt wird. Sehr reine Diamantsubstrate sind allerdings schwerer zu erhalten, und ihre Herstellung ist im Vergleich zu herkömmlichen Hochdruck-Hochtemperatur-Diamanten (HPHT) mit wesentlich höheren Kosten verbunden.

Am Fraunhofer IAF wurde daher ein Verfahren entwickelt, das die Abscheidung hochreiner Schichten auf handelsüblichen HPHT-Diamantplatten ermöglicht, die beispielsweise für die Ionenimplantation verwendet werden können. Die besondere Herausforderung bei der Entwicklung lag in der Unterdrückung der Aufnahme von Farbzentren, vor allem von NV und SiV, und in der Prozessoptimierung mit dem Ziel, eine parallele Verarbeitung größerer Substratmengen zu ermöglichen (bisher konnten 35 Substrate erfolgreich parallel überwachsen werden). Der gesamte Prozessablauf wurde optimiert, um eine möglichst saubere Umgebung (N2-frei) zu schaffen und plasmabedingte Verunreinigungen zu minimieren. Neben der deutlichen Verringerung der Häufigkeit unerwünschter Farbzentren konnte auch eine Verbesserung der Oberflächenmorphologie erreicht werden.

Die Charakterisierung aufgewachsener Schichten mit Dicken im μm-Bereich ist besonders wichtig für die Entwicklung von delta-dotierten Diamantschichten, deren Charakterisierung eine große Herausforderung darstellt und Messinstrumente oft an die Grenzen ihrer Genauigkeit bringt. Darüber hinaus ist eine einfache Skalierung auf kleinere Schichtdicken nicht ohne Weiteres möglich, da sowohl die Wachstumsraten als auch die Dotierungseffizienzen um Größenordnungen variieren können. Für die Herstellung von delta-dotierten Diamantschichten ist es von entscheidender Bedeutung, sehr dünne Schichten mit genau definierten Dicken erzeugen zu können. Mithilfe von isotopenreinem ^{12}C-Wachstum und Sekundärionen-Massenspektrometrie (SIMS) konnten Schichtdicken im Nanometerbereich in Schichtstapeln nachgewiesen werden. Auf (111)-orientierten Diamanten kann unter Standardprozessbedingungen eine Schichtdicke von unter 100 nm erreicht werden. Für (100)-Diamanten wurde zunächst die Methankonzentration optimiert, um die Wachstumsrate so weit wie möglich zu reduzieren. Bei diesem Verfahren können Schichtdicken unter 50 nm erreicht werden. Es konnte auch sichergestellt werden, dass scharfe Übergänge zwischen den Schichten erreichbar sind.

Die NV-Zentren können innerhalb der hochreinen Diamantschichten durch Stickstoffimplantation erzeugt werden. Das Fraunhofer IAF verfolgt jedoch alternative Wege, die u. a. darauf beruhen, stickstoffdotierte Diamantschichten zu züchten und die NV-Zentren durch Elektronenbestrahlung zu erzeugen. Darüber hinaus ist es unter bestimmten Bedingungen auch möglich, NV-Zentren direkt während des Wachstumsprozesses zu erzeugen. Für diese Wachstumsprozesse wurde die Dotiereffizienz der Reaktoren zusammen mit dem Inkorporationsverhältnis der substituierten Stickstoffkonzentration (Ns) sowie der resultierenden NV-Konzentration bestimmt. Es ist zu erwähnen, dass je nach Stickstoffkonzentration im Plasma eine 20-fache Steigerung der Wachstumsrate stattfinden kann. Es ist eine Herausforderung, die gleiche geringe Dicke zu erreichen, die beim Wachstum reiner Diamantschichten erzielt wird. Die Methan- und Stickstoffkonzentration muss optimiert werden. Auch hier wurden die Prozessparameter optimiert, um die Aufnahme von SiV zu unterdrücken, da die Effizienz der Aufnahme durch die Stickstoffmenge im Plasma beeinflusst wird. Durch direkte Stickstoffdotierung während des Wachstums ist es auch möglich, eine bevorzugte Ausrichtung der NV-Zentren innerhalb des Kristalls zu erreichen.

Eine am Fraunhofer IAF hergestellte, für die Weitfeld-Magnetometrie optimierte Diamantplatte basiert auf einem hochreinen Diamanten (100) des Typs IIa mit einer Dicke von 500 µm und einer Fläche von 4 × 4 mm. Nach dem Wachstumsprozess mit einem N/C-Verhältnis von 20 000 ppm wurde eine etwa 400 nm dicke, stickstoffdotierte Schicht nahe der Oberfläche erzielt. Die Konzentration der P1-Zentren beträgt etwa 15–17 ppm. Nach dem Überwachsen wurde der Diamant bei 1 MeV mit einer Dosis von 3^{18} cm^{-2} elektronenbestrahlt. Schließlich wurde die Probe zwei Stunden lang bei 950 C und 10^{-5} mbar getempert. In der 400 nm dicken stickstoffdotierten Schicht wurde eine endgültige Konzentration von NV-Zentren von 1 ppm geschätzt.

Die Diamantplatte wurde mit dem bereits beschriebenen Weitfeld-Magnetometer charakterisiert, wie in Abbildung 4 beschrieben und präsentiert. Die starke Photolumineszenz ermöglicht ein ausreichend hohes Signal bei relativ kurzer Messzeit. Eine ODMR-Messung wurde durchgeführt und die von der sCMOS-Kamera gesammelten Daten pixelweise ausgewertet (Abbildung 5). Durch Anlegen eines Bias-Magnetfelds sind die vier möglichen Orientierungen der NV-Zentren im Kristall anhand ihrer unterschiedlichen Resonanzfrequenzen deutlich unterscheidbar. Die hohe Qualität des Diamanten und die Abwesenheit anderer Verunreinigungen und Farbzentren konnte durch die Möglichkeit der Beobachtung der Hyperfeinaufspaltung mittels CW-ODMR bestätigt werden (Abbildung 5e). Die Spin-Dephasierungszeit T_2^* kann anhand der Breite der Resonanz auf eine Größenordnung von µs geschätzt werden, was eine geringe Häufigkeit von magnetischen Verunreinigungen in der NV-Schicht bestätigt.

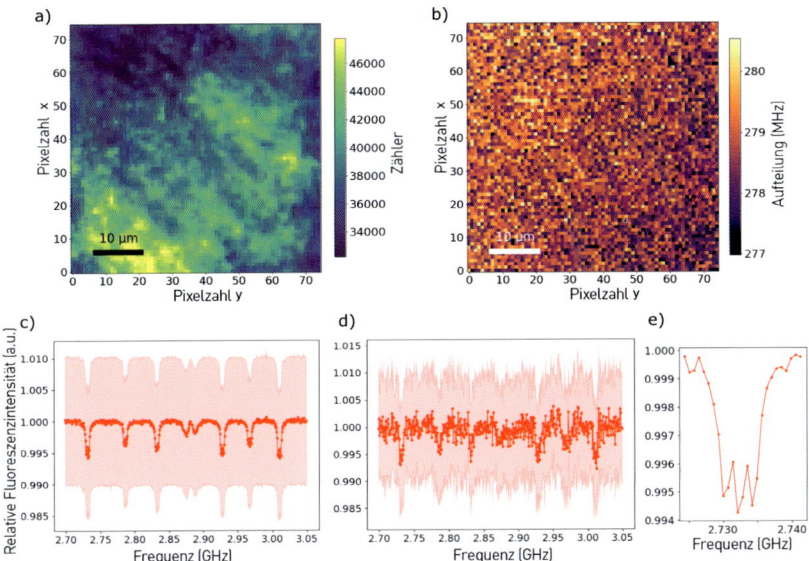

Abbildung 5: a) Verteilung des vom Kamerasensor aufgesammelten Fluoreszenzlichts, wenn sich die NV-Schicht in der Fokusebene befindet. b) 2-D-Karte der Aufspaltung für die NV-Orientierung mit dem stärksten Zeeman. c) ODMR aus dem Durchschnitt aller Pixel. Der hellrot gefüllte Bereich zeigt die Standardabweichung an. d) ODMR eines einzelnen Pixels auf dem Kamerasensor. e) Vergrößerter Ausschnitt der Kurve c), der eine Resonanz mit Hyperfeinaufspaltung zeigt.

4 Anwendungen

Die Weitfeld-Magnetometrie mittels ODMR bietet außerdem den Vorteil, dass sie eine schnelle Technik ist, da gleichzeitig eine Fläche von einigen Dutzend µ² mit einer räumlichen Auflösung von Hunderten von Nanometern gemessen wird, anstatt einen detaillierten Scan mit einem eng fokussierten Strahl durchzuführen. Bei Auflösung und Empfindlichkeit werden zugunsten der Geschwindigkeit in geringerem Maße Abstriche in Kauf genommen. Die Technik ist daher auch bei sich schnell verändernden dynamischen Systemen von Vorteil. Die Messung der longitudinalen Relaxationszeit T_1 des NV-Spin-Ensembles über den Abbildungsbereich ermöglicht außerdem den Nachweis von frei diffundierenden und ungestörten magnetischen Ionen und Molekülen. So wurde beispielsweise mit einer Aufnahmezeit von 20 s und einer räumlichen Auflösung von 500 nm eine Empfindlichkeit von bis zu 1000 statistisch polarisierten Spins erreicht, von denen nur 32 Ionen zur Nettomagnetisierung beitragen [29]. In diesem Zusammenhang wurde die Weitfeld-Magnetometrie auch für den Nachweis und die Abbildung chemischer Systeme wie Hexaqua-Cu^{2+}-Komplexe und der damit verbundenen Redox-Dynamik getestet mit einer Abbildungsauflösung an der Diffraktionsgrenze (~ 300 nm) und einer Spinempfindlichkeit im Bereich von Hunderten von Zeptomol (10^{-21} mol) [30]. Auch immunomagnetisch markierte Zellen wurden mit einer Auflösung bis hinunter zu einer einzelnen Zelle in einem Sichtfeld ~ 1 mm² nachgewiesen [31], ebenso Ketten magnetischer Nanopartikel (Magnetosomen), die in magnetotaktischen Bakterien erzeugt werden [32].

Des Weiteren korreliert die Weitfeld-Magnetometrie Magnetfeldkarten räumlich mit optischen Bildern, die zur gleichen Zeit in demselben Gerät aufgenommen wurden, und ermöglicht auch die ortsaufgelöste Erfassung anderer Größen wie T_1-, T_2- und T_2^*-Relaxometrie und in weiterer Folge die NMR-Spektroskopie [31].

4.1 Messung von magnetischen Nanopartikeln

Magnetische Nanopartikel (MNP) sind in vielen Bereichen der Forschung und Technologie von Bedeutung. Bereiche, in denen die Wissenschaft ihren Nutzen unter Beweis stellt, sind beispielsweise die Umweltverschmutzung und die Umweltpolitik [32]. MNP werden in großem Umfang in der Medizin und im Gesundheitswesen eingesetzt, zum Beispiel als Kontrastmittel in der MRT [33], zur Verabreichung von Medikamenten [34] oder zur Hyperthermie bei der Krebsbehandlung [35]. Die biomedizinische Bildgebung ist eine wesentliche Informationsquelle für biologische Prozesse im menschlichen Körper sowie für die Diagnose und Überwachung der Behandlung von Krankheiten. Unter den verschiedenen Modalitäten ist die Magnetpartikel-Bildgebung ein idealer Ansatz für die tomografische In-vitro-Bildgebung mit bewährten präklinischen Anwendungen [36]. Diese nicht ionisierende und nicht invasive Bildgebungstechnik nutzt magnetische Nanopartikel zur Visualisierung und Quantifizierung von Biomolekülen in Gewebeproben. Magnetische Nanopartikel sind auch ideale Tracer für den Nachweis durch auf NV-Zentren basierte Quantensensoren, da sie frei von Hintergrundfluoreszenz sind und eine hohe Empfindlichkeit, eine potenzielle räumliche Auflösung unterhalb der optischen Beugung sowie eine gute zeitliche Stabilität aufweisen. Vor diesem Hintergrund haben wir damit begonnen, eine Sensor- und Bildgebungsmethode zu entwickeln, bei der ein Weitfeld-Magnetometer als Sensor und MNP als Sonden eingesetzt werden. Magnetische Nanopartikel können von einigen Nanometern bis zu Clustern von einigen Mikrometern reichen. Ihre Eigenschaften und damit auch ihre Anwendung hängen weitgehend von ihrer Form und Größe ab [37].

Zunächst wurden Cluster aus magnetischen Nanopartikeln untersucht, wie sie oft auch nach der Aufnahme in die Zellen vorliegen. Das übergeordnete Ziel für die Zukunft ist es, magnetische Nanopartikel in biologischen Systemen und für biotechnologische Anwendungen abbilden zu können, bei denen nicht nur die räumliche Auflösung, sondern auch die Quantifizierung und die Umgebungsinformationen von Interesse sind. Die MNP wurden direkt auf der Diamantoberfläche mit der dünnen, hochdichten Schicht aus NV-Zentren abgeschieden. Die Bildung von Clustern wurde absichtlich herbeigeführt, indem ihre Stabilisierung mit Ethanol unterbrochen wurde. Bei den am Fraunhofer IMM synthetisierten MNP handelt es sich um hexagonale Fe_3O_4-Platten mit einer längsten durchschnittlichen Diagonale von etwa 29 nm und einer durchschnittlichen Dicke von 5 nm. Die Konfiguration des Messaufbaus ermöglicht es, dass die Laseranregung und die gesammelte Fluoreszenz ohne Hindernisse im optischen Pfad ungehindert den Diamanten passieren können. Daher sind die MNP in der Bildebene, in der sich die NV-Schicht befindet, nicht direkt sichtbar (siehe Abbildung 6 a).

Um Informationen über den Magnetfeldvektor zu erhalten, müssen die vier Orientierungen der NV im Diamanten (100) bestimmt werden, wie in Abbildung 5 veranschaulicht. Um die vier NV-Orientierungen zu identifizieren, wird ein konstantes, äußeres Magnetfeld angelegt. Abbildung 7 zeigt die vier Karten für das Zeeman-Splitting jeder der NV-Orientierungen. Die Bereiche, in denen sich das Signal von dem durch das Bias-Magnetfeld erzeugten Hintergrund abhebt, überschneiden sich und zeigen die Regionen an, die Cluster von MNP enthalten.

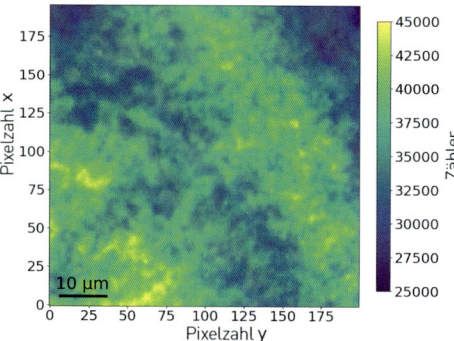

Abbildung 6: Fluoreszenzlicht, das von der NV-Schicht mit darauf verteilten magnetischen Nanopartikeln gesammelt wurde. Die Nanopartikel verändern die Lichtverteilung leicht, sind jedoch nicht deutlich sichtbar.

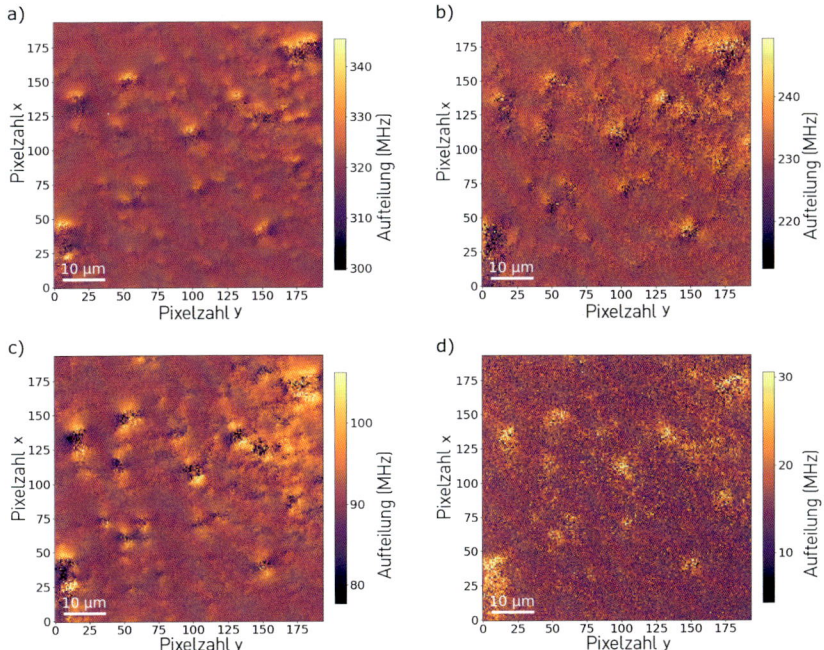

Abbildung 7: 2-D-Karten der Aufspaltung, extrahiert aus den gemessenen ODMR-Spektren für jede NV-Orientierung. Die Größe der Aufspaltung verhält sich direkt proportional zum Magnetfeld in Richtung der jeweiligen Achsen des NV-Zentrums.

Aus den vier Ausrichtungen der NV wird eine Vektor-Magnetfeld-Karte erstellt (Abbildung 8). Mit einer Auflösung von 100 µT wurde eine Variation von mehr als 1 mT festgestellt. Dieses magnetische Signal liegt um mehrere Größenordnungen über der erwarteten Empfindlichkeit des Instruments und kann daher deutlich abgebildet werden.

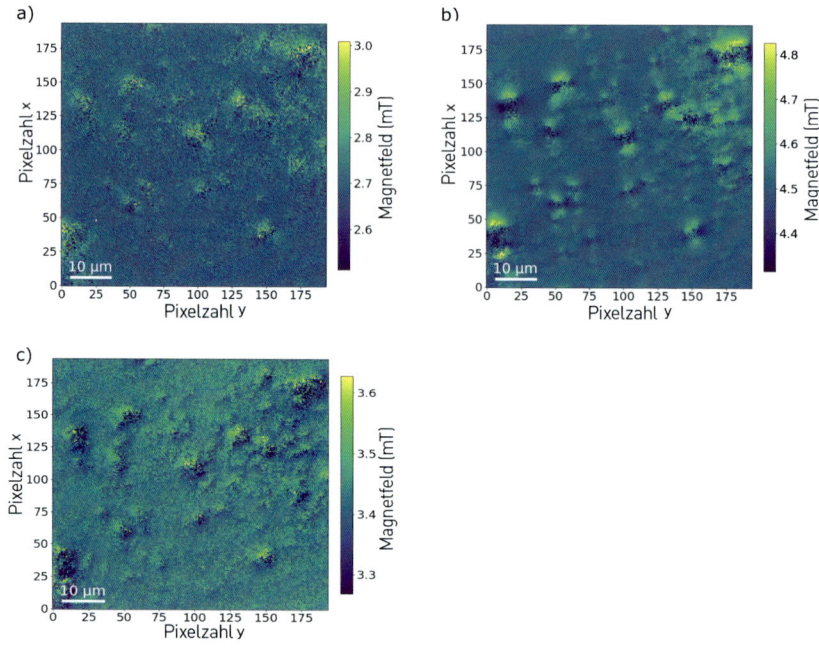

Abbildung 8: 2-D-Karten der drei Magnetfeldkomponenten, die aus den Zeeman-Effekten aller vier NV-Komponenten extrahiert wurden (dargestellt in Abbildung 7). Alle drei Magnetfeldkomponenten sind aufgrund des Bias-Magnetfelds positiv. a) zeigt die x-Komponente, b) die y-Komponente und c) die z-Komponente des Magnetfelds.

Diese Art der Messung wird zusammen mit der Relaxometrie Aufschluss darüber geben, wie der NV-Nachweis mit MNP realisiert werden kann. Unser Ziel ist es, die richtigen Protokolle und Methoden für die NV-Zentren zu finden sowie die Verteilung der NV-Zentren und die Größe und Form der MNP zu optimieren. Der Ausgangspunkt besteht darin, dass magnetische Nanopartikel biokompatibel und nicht fluoreszierend sind und nach der Funktionalisierung spezifische Analyten anvisieren können. Sowohl Diamant- als auch magnetische Nanopartikel sind nicht toxisch, sodass sie sich für In-vitro-, Ex-vivo- und In-vivo-Arbeiten eignen. Letztendlich werden verschiedene spezifische Bindungen der magnetischen Nanopartikel an die Ziel-Biomoleküle das magnetische Verhalten der Nanopartikel verändern und somit eine neue, vielseitige Technologie zur Untersuchung biomolekularer Mechanismen bieten.

4.2 Materialwissenschaft – Stahllegierungen

In der Materialwissenschaft werden viele experimentelle Methoden eingesetzt, um polykristalline Materialien zu charakterisieren: von optischen Methoden über Brechung oder Streuung von Röntgenstrahlen, Elektronen- oder Neutronenstrahlung bis hin zu mechanischen, elektrischen oder magnetischen Methoden. Die Aufgaben umfassen in der Regel Messungen von chemischen Zusammensetzungen, Kristallstrukturen, Kornorientierungen und Texturen sowie Arten und Dichten von atomaren, linearen oder planaren Defekten in der Materialstruktur. Dies geschieht, um ein mikroskopisches Verständnis des makroskopischen Verhaltens des Materials zu erlangen und so die Materialien hinsichtlich ihrer Eigenschaften zu optimieren. Streumethoden hängen häufig von der Zugänglichkeit zur Strahlzeit in großen Versuchsanlagen ab. Oft sind Vakuumbedingungen oder hochenergetische Teilchen notwendig, die sich auch schädigend auf das Probenmaterial auswirken können. Das Weitfeld-Magnetometer auf der Basis von NV-Zentren ist eine alternative nicht invasive Methode, die bei Raumtemperatur arbeitet.

Aus materialwissenschaftlicher Sicht ist es hochinteressant, Risse in belasteten Materialien über verschiedene dimensionale Skalierungen hinweg zu erkennen. Risse in Komponenten können Veränderungen in magnetischen Streufeldern verursachen, die mit Magnetfeldsonden gemessen werden können. Methoden zur Messung von Magnetfeldern im Makrobereich, wie zum Beispiel der magnetische Streufluss, werden seit Langem eingesetzt, um Risse oder Poren in Brückenstrukturen, Eisenbahnschienen oder Pipelinerohren zu detektieren. Ihre räumliche Auflösung ist jedoch durch die Geometrie des Hallsensors begrenzt, sodass es nicht möglich ist, kleine Risse auf der Mikrostrukturskala zu erkennen. In dieser Anwendung haben wir eine Probe aus einer Stahllegierung untersucht, bei der durch Ermüdungszyklen ein Riss entstanden ist. Die Probe wurde am Fraunhofer IWM hergestellt und präpariert (Abbildung 9).

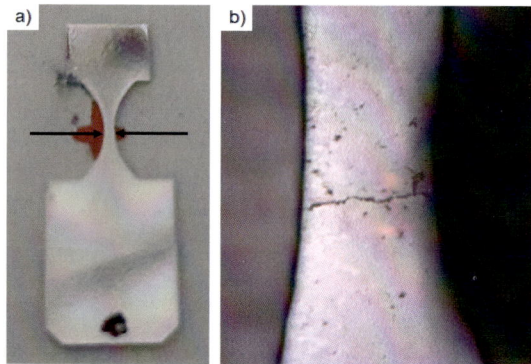

Abbildung 9: a) untersuchte Stahllegierungsprobe, b) optisches Detail des nach Ermüdungszyklen entstandenen Risses.

Die Cr-Stahllegierung ist ein magnetisches Material mit Körnern und Domänen, die für eine Magnetisierung empfänglich sind. Ein starkes Magnetfeld, das über 5 mT liegt, führt zu einer vollständigen Magnetisierung des Materials und verbirgt die verschiedenen Domänen. Daher ist zumindest ein schwaches äußeres Magnetfeld erforderlich, um die verschiedenen magnetischen Domänen zu erkennen. Um die Detektion zu optimieren, haben wir ein Bias-Magnetfeld senkrecht zur Diamantplatte angelegt (100). Somit ist die Magnetfeldprojektion für alle vier NV-Richtungen ähnlich. Diese Geometrie erleichtert die Detektion, da alle NV zusammenarbeiten, es gibt also viermal mehr Signal im Detektionsvolumen, ohne dass die magnetischen Domänen verändert werden.

Wir haben uns mit dem Riss befasst, der in Abbildung 9b gezeigt wird. Das im Fluoreszenzbild sichtbare Interferenzmuster wird in der Magnetfeld-Karte nicht wie erwartet erkannt. Das Vorhandensein eines Magnetfeldes ist deutlich zu erkennen, wie die Zeeman-Aufspaltung von durchschnittlich 14 MHz zeigt (Abbildung 10). Der Zentralwert des auf die NV-Zentren projizierten Magnetfelds beträgt also weniger als ~ 256 µT mit einer Schwankung von ~ 64 µT (Abbildung 10b). Diese Konfiguration ermöglicht eine Verstärkung des Detektionssignals und gleichzeitig eine Unterscheidung der verschiedenen Domänen. Die ODMR-Analyse zeigt ein Magnetfeld, das dem Rissbereich folgt. Dieses ist im unteren Teil des untersuchten Mikrorissbereichs schwächer. In den beiden unteren Ecken des Bildes gibt es Bereiche mit einer ähnlichen

Stickstoff-Fehlstellen-Zentren 73

Stärke, die vermutlich von magnetischen Domänen stammen. Insgesamt haben wir ein kombiniertes Signal von magnetischen Domänen gemessen, das durch das Vorhandensein des induzierten Risses verändert wurde.

Die Magnetfeld-Karten zeigen keine scharfe Unterscheidung zwischen den Domänen. Dies ist mit hoher Wahrscheinlichkeit auf die suboptimale Positionierung der Probe relativ zu den NV-Zentren zurückzuführen. Die Dicke des Diamanten in Verbindung mit seinem hohen Brechungsindex von 2,4 verwischt außerdem das optische Bild. An einer besseren Positionierung mittels Interferenzmustern wird derzeit gearbeitet. Außerdem werden Anstrengungen unternommen, um die Dicke des Diamantsubstrats auf unter 10 µm zu reduzieren.

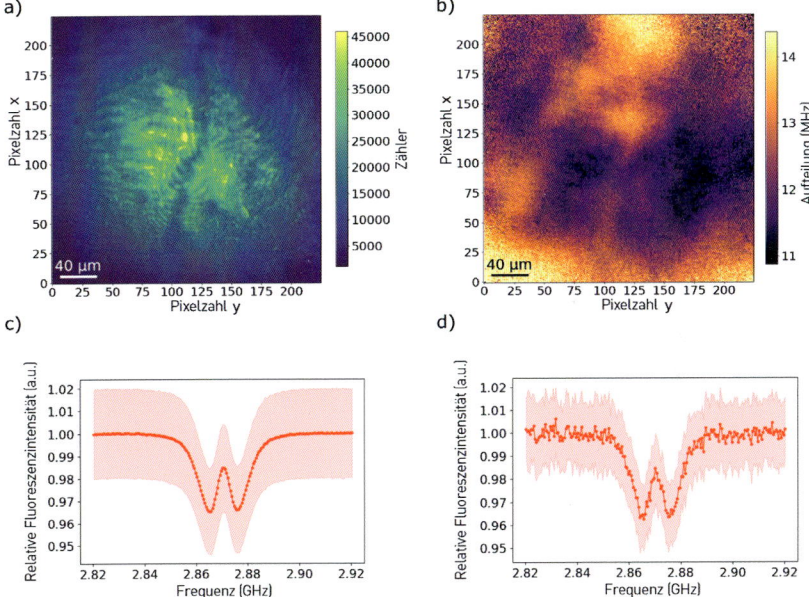

Abbildung 10: Messung und Analyse des in der Stahllegierungsprobe induzierten Risses. a) Fluoreszenzbild, wenn sich die NV-Schicht in der Bildebene befindet, b) 2-D-Karte des gemessenen Zeeman-Effekts, c) durchschnittliche ODMR-Messung, d) ODMR-Messung von einem einzelnen Pixel.

5 Schlussfolgerungen und Ausblick

Dieser Abschnitt beschreibt die ersten Schritte zur Quantensensorik auf der Grundlage von NV-Zentren und den Weg zum Bau eines Weitfeld-Magnetometers. Wir haben kurz die Grundlagen des Weitfeld-Magnetometers vorgestellt. Ein ausführlicherer Überblick findet sich in Ref. [20]. Wir haben die Funktionsweise anhand von zwei Beispielen für die Messung von Magnetfeldern in Proben mit dem in der Entwicklung befindlichen Weitfeld-Magnetometer veranschaulicht. Die beiden Beispiele weisen jedoch schon auf industrielle Anwendungen wie Bio-Imaging und die Messung von Materialermüdung hin.

Das Weitfeld-Magnetometer wird für verschiedene anspruchsvolle und herausfordernde Anwendungen entwickelt. Die Diamantplatten werden hinsichtlich der Konzentration der NV-Zentren und der Tiefe der Schicht für bestimmte Anwendungen optimiert. Wie aufgezeigt, ist die Dicke für die Erzeugung scharfer Bilder äußerst wichtig. Die einmalige Möglichkeit, NV-Zentren in einer bestimmten Orientierung wachsen zu lassen, wird ebenfalls ausgenutzt. Es stehen auch gepulste Messprotokolle zur Verfügung. Nicht nur die Empfindlichkeit, sondern auch die Erfassung wird sich zusammen mit verschiedenen Arten von Informationen wie Veränderungen in der Umgebung oder Rauschschwankungen verbessern.

Unser Ziel ist es, diese Technologie weiter in Richtung Marktreife zu bringen, insbesondere das Weitfeld-Magnetometer. Kommerzielle Sensoren, die auf NV-Zentren basieren, sind bereits Realität. So gibt es zum Beispiel die Einzel-NV-Scanner von QZabre und Qnami. Beide Systeme kombinieren die Technologie eines Rasterkraftmikroskops mit den Möglichkeiten der Sensorik mit einem einzigen NV-Zentrum. Squtec bietet Diamantmagnetometer für den Einsatz in der Geoexploration und in der Elektronikbranche an. QDTI bietet einen magnetbasierten Immunoassay-Detektor für Biomarker an. SBQuantum plant den Markteintritt mit kompakten, robusten und tragbaren Magnetometern, die im Feld für autonome Plattformen wie Drohnen, Rover oder autonome Unterwasserfahrzeuge eingesetzt werden können. Die Liste ließe sich mit den Unternehmen fortsetzen, die im Rahmen des von der Europäischen

Kommission geförderten Quanten-Flaggschiff-Projekts »Metaboliqs« arbeiten, das präzise Diagnosen und personalisierte Therapien mithilfe der hyperpolarisierten Kernspinresonanz ermöglichen wird.

Die Fortschritte bei der Kompaktheit des Instruments werden es ermöglichen, dass es an bereits vorhandene Geräte angepasst werden kann. So kann der NV-Quantensensor zum Beispiel in analytische Instrumente für die NMR-Spektroskopie eingebaut werden. Für die Durchführung von NMR-Analysen in mikrofluidischen Reaktions- und Analysesystemen gibt es noch keine ausgereiften technischen Lösungen. Die wissenschaftliche Literatur ist allerdings voll von vereinzelten, jedoch beeindruckenden Ergebnissen, in denen das Weitfeld-Magnetometer eine Nische hat, nämlich die NMR-Spektroskopie und MRT von mehreren Kernspezies (^{1}H, ^{19}F, ^{31}P) unter Umgebungsbedingungen [33]. Eine Empfindlichkeit, die ausreicht, um einen einzelnen Protonenspin [38] zu detektieren, oder eine spektrale Auflösung von 0,65 Hz ermöglichen die Auflösung der verschiedenen J-Kopplungen in ^{31}P-haltigen Komponenten [39] und in Volumina unter einem Pikoliter [40]. Die Möglichkeiten und Optionen sind vielfältig, und es gibt sogar neuartige Techniken wie das Laserschwellen-Magnetometer, das am Fraunhofer IAF entwickelt wird [15].

6 Danksagungen

Wir haben vor Kurzem den Ansatz der Weitfeld-Magnetometrie auf der Grundlage von NV-Zentren aufgegriffen. Die umfangreichen Erfahrungen mit Diamant- und NV-Zentren am Fraunhofer IAF konzentrieren sich auf die Bearbeitung und das Wachstum. Wir sind daher in der glücklichen Lage, auf das umfassende Wissen und Interesse von Dr. Peter Knittel an dieser Technik zurückgreifen zu können. Wir sind dankbar für den Rat und die Hilfe von Prof. Jörg Wrachtrup und seinen Teammitgliedern Marwa Garsi und Sreehari Jayaram am 3. Physikalischen Institut, IQST, und dem SCoPE-Forschungszentrum der Universität Stuttgart, die uns die ersten Schritte erleichtert haben.

Wir bedanken uns für die finanzielle Unterstützung durch das Fraunhofer Leitprojekt »QMAG« für Quantenmagnetometrie und das ebenfalls von der Fraunhofer-Gesellschaft geförderte Projekt »Applab Quantum Sensors«. Im Rahmen von QMag waren die von Ali Riza Durmaz am Fraunhofer IWM zur Verfügung gestellten Cr-Stahlproben und die Hilfe beim Verständnis seines Materials von unschätzbarem Wert. Unser Dank geht auch an Dr. Ralph Sperling und Dr. Regina Bleul am Fraunhofer IMM. Die Qualität ihrer magnetischen Nanopartikel und ihre ständige Unterstützung haben es uns ermöglicht, das Instrument ausgiebig zu testen.

Nicht zuletzt kann dieser neue Weg mit der Hilfe und dem Interesse von Dr. Maria Comas und Dr. Tobias Hermle am Universitätsklinikum Freiburg, wo wir Anwendungen in der Biosensorik planen, zu hervorragenden Ergebnissen führen. Wir sind auch dankbar für die umfangreichen Erfahrungen von Dr. Frank Wiekhorst an der Physikalisch-Technischen Bundesanstalt mit der Anwendung von magnetischen Nanopartikeln in der Sensorik.

7 Literaturverzeichnis

[1] A. Gruber et al.: Scanning Confocal Optical Microscopy and Magnetic Resonance on Single Defect Centers. Science 276, 2012 (1997)
[2] J. Wrachtrup and F. Jelezko: Processing quantum information in diamond, J. Phys. Condens. Matter 18, S807 (2006)
[3] F. Jelezko and J. Wrachtrup: Read-out of single spins by optical spectroscopy. J. Phys. Condens. Matter 16, R1089 (2004)
[4] R. P Roberts et al.: Spin-dependent charge state interconversion of nitrogen vacancy centers in nanodiamonds. Physical Review B 99 (17), 174307 (2019)
[5] J.-P. Tetienne et al.: Magnetic-field-dependent photodynamics of single NV defects in diamond: an application to qualitative all-optical magnetic imaging. New J. Phys. 14 103 033 (2012)
[6] G. Balasubramanian et al.: Ultralong spin coherence time in isotopically engineered diamond. Nature Mater. 8, 383 (2009)
[7] G. Balasubramanian et al.: Nanoscale imaging magnetometry with diamond spins under ambient conditions. Nature 455, 648 (2008)
[8] L. Rondin et al.: Magnetometry with nitrogen-vacancy defects in diamond. Rep. Prog. Phys. 77, 056 503 (2014)
[9] Es ist interessant, die Ideen des kanadischen Spin-offs SBQuantum https://sbquantum.com/ zu prüfen.

[10] Siehe zum Beispiel das deutsche Spin-off NVision, https://www.nvision-imaging.com/
[11] M. W. Mitchell and S. P. Alvarez: Colloquium: Quantum limits to the energy resolution of magnetic field sensors. Reviews of Modern Physics 92, 021001 (2020)
[12] J. Jeske, J. H. Cole and A. D. Greentree: Laser threshold magnetometry, New Journal of Physics 18, 013015 (2016)
[13] F. Hahl et al.: Magnetic-field-dependent stimulated emission from nitrogen-vacancy centers in diamond, Sci. Adv. 8, eabn7192 (2022)
[14] E. Bauch et al.: Decoherence of ensembles of nitrogen-vacancy centers in diamond. Phys. Rev. B 102, 134210 (2020)
[15] D. B. Radishev et al.: Investigation of NV centers charge states in CVD diamond layers doped by nitrogen and phosphorous. Journal of Luminescence 239, 118404 (2021)
[16] E. Bauch et al.: Ultralong dephasing times in solid-state spin ensembles via quantum control. Phys Rev X 8, 031025 (2018)
[17] J. F Barry et al.: Sensitivity optimization for NV-diamond magnetometry. Rev. Mod. Phys. 92, 015004 (2020)
[18] E. V. Levine et al.: Principles and techniques of the quantum diamond micro-scope. Nanophotonics 8, 1945 (2019)
[19] T. van der Sar et al.: Decoherence-protected quantum gates for a hybrid solid-state spin register. Nature 484, 82 (2012)
[20] S. W. Hell and J. Wichmann: Breaking the diffraction resolution limit by stimulated emission: stimulated emission depletion fluorescence microscopy. Optics Letters 19, 780 (1994)
[21] E. Rittweger et al.: STED microscopy reveals crystal colour centres with nanometric resolution. Nature Photonics 3, 144 (2009)
[22] D. Wildanger et al.: Diffraction unlimited all optical recording of electron spin resonances. Physical review letters 107, 017601 (2011)
[23] D. Wildanger et al.: Solid immersion facilitates fluorescence microscopy with nanometer resolution and sub-ångström emitter localization. Advanced Materials 24, OP309 (2012)
[24] S. Arroyo-Camejo et al.: Stimulated emission depletion microscopy resolves individual nitrogen vacancy centers in diamond nanocrystals. ACS nano 7, 10912, (2013)
[25] C. P. Slichter: Principles of magnetic resonance. In: Springer series in solid-state sciences. Berlin, Heidelberg: Springer, 1996
[26] A. J. Healey et al.: Comparison of Different Methods of Nitrogen-Vacancy Layer Formation in Diamond for Widefield Quantum Microscopy. Physical Review Materials 4, 104605 (2020)
[27] S. Steinert, F. Ziem, L. T. Hall, A. Zappe, M. Schweikert, N. Götz, A. Aird, G. Balasubramanian, L. Hollenberg and J. Wrachtrup: Magnetic spin imaging under ambient conditions with sub-cellular resolution. Nature Communications 4, 1607 (2013)
[28] David A. Simpson et al.: Electron paramagnetic resonance microscopy using spins in diamond under ambient conditions. Nature Communications 8, 458 (2017)

[29] D. R. Glenn et al.: Single-cell magnetic imaging using a quantum diamond microscope. Nature Methods 12, 736 (2015)
[30] D. Le Sage et al.: Optical magnetic imaging of living cells. Nature 496, 486 (2013)
[31] S. J. DeVience et al.: Nanoscale NMR spectroscopy and imaging of multiple nuclear species. Nature Nanotechnology 10, 129 (2015)
[32] S. Martinez-Vargas et al.: Arsenic adsorption on cobalt and manganese ferrite nanoparticles. J. Mater. Sci. 52, 6205 (2017)
[33] Y. Javed et al.: MRI based on iron oxide nano-particles contrast agents: effect of oxidation state and architecture. J. Nanopart. Res. 19, 366 (2017)
[34] M. Namdeo et al.: Magnetic Nanoparticles for Drug Delivery Applications. J. Nanosci. Nanotechnol. 8, 3247 (2008)
[35] R. O. Rodrigues et al.: Haemocompatibility of iron oxide nanoparticles synthesized for theranostic applications: a high-sensitivity microfluidic tool. J. Nanopart. Res. 18, 194 (2016)
[36] T. Knopp et al.: Magnetic particle imaging: from proof of principle to preclinical applications. Phys Med Biol. 62, R124 (2017)
[37] C. Iacovita et al.: Small versus Large Iron Oxide Magnetic Nanoparticles: Hyperthermia and Cell Uptake Properties. Molecules 21, 1357 (2016)
[38] I. Lovchinsky et al.: Nuclear magnetic resonance detection and spectroscopy of single proteins using quantum logic. Science 351, 836 (2016)
[39] J. Smits et al.: Two-dimensional nuclear magnetic resonance spectroscopy with a microfluidic diamond quantum sensor. Sci. Adv. 5, eaaw7895 (2019)
[40] D. R. Glenn et al.: High-resolution magnetic resonance spectroscopy using a solid-state spin sensor. Nature 555, 351 (2018)

Durchflussmessung auf Basis der Quantenmagnetometrie

Neue sensitive Chancen für die Industrie

Peter A. Koss

Abstract: Wir stellen eine neuartige Methode zur Durchflussmessung vor, die versucht, den Pool realer Durchflussmessgeräte zu erweitern, indem sie die inhärenten Eigenschaften von Kernspins in einer Flüssigkeit als magnetische Marker nutzt. Das Verfahren wendet eine Laufzeitmessung an, bei der ein Fluid in einer Leitung zunächst magnetisiert, dann magnetisch markiert und schließlich die magnetischen Markierungen nachgelagert gemessen werden. Die Methode unterscheidet sich deutlich von einem auf Kernspinresonanz basierenden Ansatz, da hier die Magnetisierung des Fluids statisch ist und keine Frequenz wie bei herkömmlichen Versuchen mit Kernspinresonanz erzeugt. Die kürzlich erfolgte Kommerzialisierung von optisch gepumpten Magnetometern ist die Ursache dafür, dass dieser Ansatz der Durchflussmessung möglich ist. Diese Sensoren nutzen die Quantenkohärenz-Eigenschaften eines atomaren Dampfes zur Messung eines Magnetfelds, was ihre Empfindlichkeit im Vergleich zu klassischen Magnetometern erheblich verbessert. Die Empfindlichkeit von optisch gepumpten Magnetometern ist hoch genug, um Signalstärken im Femtotesla-Bereich zu messen, wodurch die bisher unzugänglichen Bereiche der schwachen Kernmagnetisierung eines Fluids erschlossen werden. Abschließend diskutieren wir den potenziellen Wert, die Anwendbarkeit in einem industriellen Umfeld und die Kundenakzeptanz dieser neuen Methode.

Keywords: Optisch gepumptes Magnetometer, Durchfluss, Magnetfeld, Kernspinresonanz, Spin

1 Quantenmagnetometrie mit optisch gepumpten Magnetometern

Die Erde besitzt ein Magnetfeld, das durch Prozesse im Erdkern erzeugt wird und sich von dort aus nach außen ausbreitet, sodass dieses Feld überall auf der Welt vorhanden ist. Je nach Standort auf der Erdoberfläche kann die Stärke dieses Magnetfelds zwischen 20 und 80 Mikrotesla variieren. Darüber hinaus können umweltbedingte oder technische Faktoren wie Autos oder magnetische Erze das Magnetfeld an einem bestimmten Ort beeinflussen. Dieses Magnetfeld kann mit einem Kompass erfasst oder mit einem klassischen Sensor wie einem Fluxgate-Magnetometer gemessen werden. Optisch gepumpte Magnetometer (OPM) sind eine neuere Art von Sensoren, die Quanteneigenschaften nutzen, um auf winzige Schwankungen im Magnetfeld zu reagieren. Abbildung 1 zeigt den Sensitivitätsbereich von OPM im Vergleich zum Sensitivitätsbereich von Fluxgate-Magnetometern und der Stärke des Erdmagnetfelds. Zwischen dem Erdmagnetfeld und der Empfindlichkeitsgrenze der beiden verschiedenen Magnetometertypen liegt das magnetische Rauschen der Umgebung. Der Ursprung dieses Rauschens ist oft vom Menschen durch Installationen wie Stromübertragungsleitungen oder elektrische Geräte verursacht. Aus diesem Grund müssen OPM in der Regel von externen Faktoren abgeschirmt werden, um ihre Empfindlichkeit voll ausschöpfen zu können. Eine bessere Zugänglichkeit der Empfindlichkeit von OPM könnte zahlreiche neue Anwendungen ermöglichen, bei denen winzige magnetische Eigenschaften als physikalische Beobachtungsgröße genutzt werden [1]. Abbildung 1 zeigt Beispiele für die von verschiedenen Quellen erzeugten Magnetfeldstärken. OPM sind empfindlich genug, um Magnetfelder zu messen, die so klein sind wie die, die von den elektrischen Strömen im menschlichen Herz oder sogar im menschlichen Gehirn erzeugt werden. In diesem Text werden bei der von uns vorgestellten Methode zur Durchflussmessung kernmagnetische Signale verwendet, die ebenfalls im Femto- bis Pikotesla-Bereich liegen.

Die hohe Empfindlichkeit der OPM ergibt sich aus dem empfindlichen Volumen des OPM, das aus einem Dampf besteht, der eine große Anzahl von Atomen enthält, die alle zum Messsignal beitragen. Das grundlegende Funktionsprinzip eines OPM besteht darin, dass es ein Magnetfeld misst, indem es die Veränderungen der Eigenschaften von Licht beobachtet, das mit Materie in diesem Magnetfeld in Wechselwirkung tritt. Die allgemeine Idee ist, dass Licht, das mit einem optischen Übergang in einem Atomdampf in Resonanz geht, eine langlebige Magnetisierung erzeugt. Diese Magnetisierung koppelt anschließend an das Magnetfeld, dem die Atome ausgesetzt sind, und unterliegt der Präzession. Die Präzession verändert die optische Absorption des Atomdampfes und kann durch Messung des durch den Dampf durchgelassenen Lichts nachgewiesen werden. Obwohl dies zu einer extrem hohen magnetischen Empfindlichkeit führt, hängt die Empfindlichkeit eines OPM auch stark von der Messmethode oder der technischen Umsetzung des Sensors ab. So sind einige Geräte für den Einsatz in sehr schwachen Magnetfeldern (unter 100 Nanotesla) optimiert, während andere im Erdmagnetfeld funktionieren. Die jüngsten Fortschritte in der OPM-Entwicklung verschieben die Grenzen der Empfindlichkeit, der Sensorgröße und der Praxistauglichkeit [2]. Im Gegensatz zu ihren Konkurrenten, den supraleitenden Quanteninterferenz-Magnetometern (SQUID), benötigen sie keine kryogenen Temperaturen. Daher könnten der Trend in der Entwicklung der OPM-Technologie und ihre spezifischen Vorteile gegenüber anderen Magnetometertypen zu ihrer breiteren Anwendbarkeit führen.

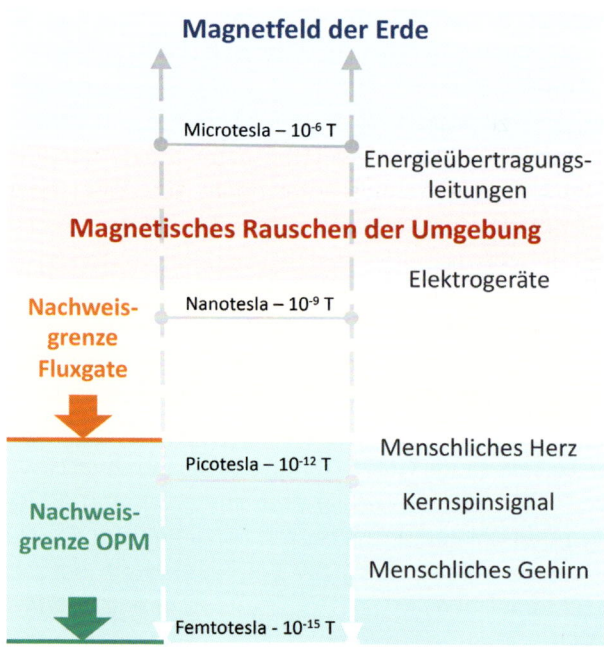

Abbildung 1: Empfindlichkeitsbereich von OPM (grün) im Vergleich zum Fluxgate-Empfindlichkeitsbereich (orange) und zur Magnetfeldstärke der Erde (blau). Die Empfindlichkeit von OPM kann nur dann voll ausgeschöpft werden, wenn das Umgebungsrauschen (rot) durch eine magnetische Abschirmung stark unterdrückt wird.

2 Das Konzept der Durchflussmessung auf der Grundlage der Quantenmagnetometrie

Wie kann ein Fluid, dessen Durchfluss wir messen wollen, ein Magnetfeld erzeugen? Und ist ein solches Magnetfeld überhaupt messbar? Um diese beiden Fragen zu beantworten, benötigen wir ein Konzept der Quantenphysik, das als Spin eines Teilchens bezeichnet wird. Der Spin ist eine grundlegende Eigenschaft von Teilchen wie Atomen oder Atomkernen. Ein einfaches Bild für einen Spin ist, dass er sich wie ein kleiner

Magnet verhält und somit sein eigenes Magnetfeld erzeugt (siehe Abbildung 2). Ein Fluid enthält eine große Anzahl von Atomen und damit eine große Anzahl von Spins oder »kleinen Magneten«. Diese sind in der Regel zufällig zueinander ausgerichtet, was im Großen und Ganzen kein messbares Magnetfeld erzeugt. Richtet man jedoch eine ausreichend große Anzahl von Spins aufeinander aus, kann ein messbares Magnetfeld erzeugt werden. Wir bezeichnen dieses Magnetfeld der ausgerichteten Spins als $\vec{M}$ für die »Magnetisierung«. Die Ausrichtung der Spins kann durch ein anderes Magnetfeld erreicht werden, dem die Spins ausgesetzt sind. Dieses Magnetfeld bezeichnen wir als $\vec{B}$.

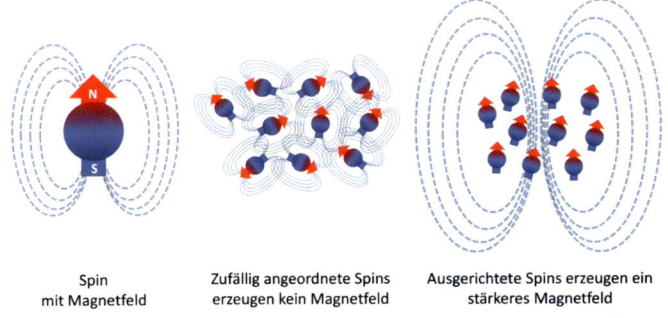

Spin mit Magnetfeld   Zufällig angeordnete Spins erzeugen kein Magnetfeld   Ausgerichtete Spins erzeugen ein stärkeres Magnetfeld

Abbildung 2: Veranschaulichung der Spins von Teilchen mit ihren Magnetfeldern und wie sie gemeinsam ein stärkeres Magnetfeld erzeugen können.

Die Ausnutzung des Magnetfelds $\vec{M}$, das von einem Fluid erzeugt wird, wurde in früheren Arbeiten zur Messung des Durchflusses verwendet. Bisher basierten die zu diesem Zweck entwickelten Instrumente jedoch immer auf der Kernspinresonanz (NMR): d. h., das vom Fluid erzeugte Magnetfeld $\vec{M}$ wurde dazu gebracht, eine bestimmte Frequenz zu erzeugen, die dann gemessen werden konnte [3]. Die Frequenz des Messsignals dieser Geräte hat einen bestimmten Wert, der von der Stärke des Magnetfelds $\vec{B}$ abhängt, dem die gesamte Ansammlung von Spins ausgesetzt ist. Das bedeutet, dass an einem NMR-Experiment zwei verschiedene Magnetfelder beteiligt sind: das Magnetfeld $\vec{B}$, das die Spins ausrichtet und ihre Frequenz erzeugt, und das Magnetfeld $\vec{M}$, das von der Sammlung der ausgerichteten Spins erzeugt wird.

Mehrere Jahrzehnte lang wurde mit NMR-basierten Durchflussmessgeräten versucht, die Vorteile der NMR zu nutzen, die sich aus der Verwendung des Magnetfelds $\vec{M}$ ergeben. Da Magnetfelder Materie durchdringen können, sind NMR-Durchflussmessgeräte in der Lage, sozusagen durch eine Leitung hindurch zu messen, ohne in direkten Kontakt mit dem zu messenden Fluid zu kommen [4]. Mit zunehmender Frequenz des Magnetfelds $\vec{M}$ wird diese Eigenschaft des Durchgangs von Magnetfeldern durch Materie jedoch abgeschwächt. In der Regel verwenden moderne NMR-Geräte hohe Magnetfeldstärken in der Größenordnung von einem Tesla, was zu Frequenzen im MHz- bis sogar GHz-Bereich führt. Insbesondere für industrielle Anwendungen ist die Erzeugung starker Magnetfelder und damit hoher Frequenzen mit so großem Aufwand und Nachteilen verbunden, dass viele Anwendungsfälle sehr aufwendig werden.

Neuere Arbeiten haben gezeigt, dass eine NMR-basierte Durchflussmessung im Erdfeldbereich von 20 bis 80 Mikrotesla möglich ist, was fünf Größenordnungen schwächer ist als der typische Hochfeldfall [5]. Dies bietet zahlreiche Vorteile im Vergleich zur etablierten Technik. Die niedrigeren Frequenzen der Magnetfelder im Erdfeld können zum Beispiel leichter Materie durchdringen [6]. Die Erzeugung der an der Messung beteiligten Magnetfelder ist wesentlich einfacher. Der Grenzfall ist hier, dass das Magnetfeld des Experiments auf null geht und keine Frequenz mehr erzeugt wird. In diesem Fall bleibt nur die direkte Messung des vom Fluid erzeugten Magnetfelds. Die von uns entwickelte Methode zur Durchflussmessung nutzt genau diesen Fall, indem man einfach das von dem Fluid erzeugte statische Magnetfeld $\vec{M}$ misst [7].

Die Grundidee dieser neuen Messmethode ist einfach und lässt sich schematisch wie in Abbildung 3 darstellen. Die meisten Fluide enthalten Wasserstoffatome, die einen Spin haben und sich daher in einem Magnetfeld ausrichten können. Zunächst hat das Fluid zufällig ausgerichtete Spins und fließt durch ein starkes Magnetfeld, das sie magnetisiert, indem es die Spins wie in Abbildung 2 ausrichtet. Dieses magnetisierte Fluid erzeugt nun ein eigenes Magnetfeld $\vec{M}$, das sich aus der Leitung heraus ausbreiten kann. Durch dieses Magnetfeld kann man nun die Spins im Fluid mit Standard-NMR-Techniken ansprechen, beispielsweise mit Hochfrequenzimpulsen (HF). Diese Pulse, die in Abbildung 3 durch die WiFi-ähnlichen Symbole dargestellt sind, können die Spins in dem

Durchflussmessung auf Basis der Quantenmagnetometrie 85

ansonsten magnetisierten Fluid selektiv beeinflussen. Einfach ausgedrückt, wird eine »Kerbe« im magnetisierten Fluid erzeugt. In Abbildung 3 wird dies durch die Neigung der mittleren Spins im Vergleich zu den beiden äußeren Spinpaaren veranschaulicht. Das fließende Fluid führt diese Kerbe nun nachgelagert in einen Bereich, in dem das von diesen Spins erzeugte Magnetfeld $\vec{M}$ gemessen werden kann. Um das magnetische Rauschen der Umgebung zu unterdrücken, befindet sich dieser Bereich in einer magnetischen Abschirmung. Aufgrund der extrem hohen Empfindlichkeit des OPM kann die Kerbe mit dem OPM außerhalb der Leitung gemessen werden. Die Zeitdifferenz zwischen der Erzeugung einer Kerbe und der Messung der gleichen Kerbe in einer nachgelagerten Position ergibt die Messung der Durchflussgeschwindigkeit.

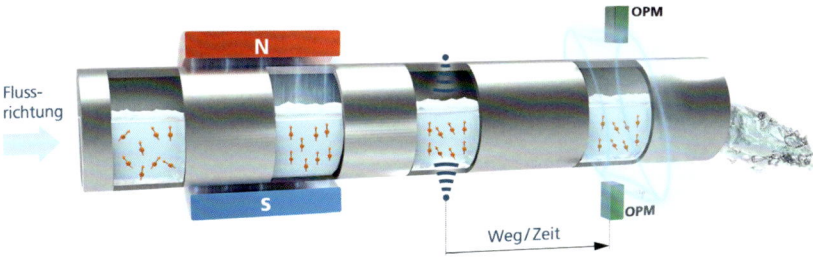

Abbildung 3: schematische Darstellung des auf Quantenmagnetometrie basierenden Durchflussmessprinzips. Unmagnetisiertes Wasser wird durch einen starken Magneten geschickt, um magnetisiert zu werden. Diese Magnetisierung wird mit einem HF-Puls markiert. Das OPM liest die Markierung aus, indem es das Magnetfeld der Magnetisierung misst. [Quelle: Fraunhofer IPM]

Abbildung 4 zeigt den funktionellen Aspekt dieser Messmethode, bei der die Magnetisierung des Fluids dargestellt wird. Zu Beginn sind die Spins im Fluid zufällig ausgerichtet und erzeugen daher keine messbare Magnetisierung. Der Durchfluss durch das starke Magnetfeld lässt die Magnetisierung exponentiell ansteigen. Dies führt zu einem Magnetisierungsgrad, der zum Anbringen von Markierungen verwendet werden kann. Dies wird mit den HF-Pulsen in Abbildung 3 erreicht, die die Magnetisierung des Fluids lokal verändern. Diese Änderung der Magnetisierung ist in Abbildung 4 als Kerbe dargestellt. Da die Kerbe eine Änderung der Magnetisierung des Fluids ist, wandert sie mit dem Fluid weiter. Die Kerbe wird vom OPM durch eine verringerte Magnetfeldstärke an der Stelle des OPM gemessen. Die Durchflussgeschwindigkeit ergibt sich also einfach aus der Laufzeit der Kerbe:

$$v = \frac{\text{Weg}}{\text{Zeit}},\qquad(1)$$

wobei der Weg die Strecke ist, die die Kerbe von der Entstehung bis zur Detektion zurücklegt. Diese Strecke ist durch den Versuchsaufbau festgelegt. Die Zeit wird zwischen der Erzeugung und der Detektion der Kerbe gemessen.

Es wurde gezeigt, dass die hier vorgestellte Methode bei einphasigem Durchfluss funktioniert [7]. Da sie jedoch die gleichen Eigenschaften wie die NMR aufweist, kann sie die für die NMR-basierte Durchflussmessung verwendeten Techniken anpassen und eine Möglichkeit zur Messung von mehrphasigen Durchflüssen bieten. Erste Ideen in dieser Richtung wurden in früheren Arbeiten unter Verwendung sehr schwacher Magnetfelder (unter 100 Nanotesla) verfolgt. So ist es beispielsweise möglich, NMR-Signale im Bereich sehr niedriger Magnetfelder mit einem Aufbau vom Durchflusstyp zu erfassen [8]. Es ist auch möglich, verschiedene Fluide im Bereich sehr schwacher Magnetfelder zu unterscheiden, indem man die Relaxation ihrer NMR-Signale aufzeichnet [9]. Dies bedeutet, dass ein auf Quantenmagnetometrie basierendes Durchflussmessgerät für einen Mehrphasendurchfluss prinzipiell machbar ist. Ein solcher Aufbau würde keine Trennung der mehrphasigen Durchflussbestandteile für die Messung erfordern, und die Eigenschaften aller Phasen des Fluids könnten berührungslos in der Leitung gemessen werden. In der Praxis erfordern Mehrphasen-Durchflussmessgeräte eine Kombination aus Geschwindigkeits- und Fluid-Phasen-Messverfahren, um eine vollständige Durchflussmessung zu erhalten. Die gebräuchlichsten Implementierungen verwenden zwei verschiedene physikalische Prinzipien zur Messung der Durchflussgeschwindigkeit und des Anteils jeder Phase in der Leitung. Im nächsten Abschnitt wird erläutert, wie sich unsere auf der Quantenmagnetometrie basierende Durchflussmessmethode von anderen bestehenden Verfahren unterscheidet.

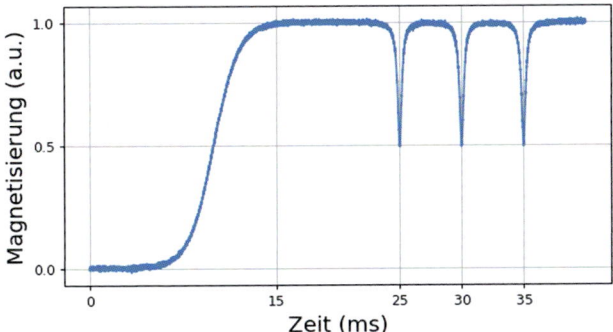

Abbildung 4: Modelldaten zur Veranschaulichung des Messprinzips mit der Magnetisierung des Fluids. Der Anstieg der Magnetisierung wird durch den starken Magneten verursacht, die Kerben entstehen durch die HF-Pulse.

3 Der Mehrwert für die Durchflussmessung

Worin liegt der Mehrwert der Durchflussmessung für die Industrie? Und wie könnte unser quantenmagnetometrischer Ansatz dazu beitragen? Um diese Fragen zu beantworten, wollen wir die Rolle und das Potenzial der Durchflussmessung untersuchen. Die Automatisierung und Optimierung industrieller Produktionsprozesse ist ein weitverbreitetes und äußerst wichtiges Thema für moderne Fertigungsunternehmen. Für sie ist die industrielle Prozesssteuerung eine Disziplin, die Sensoren zur Überwachung der Produktionskonsistenz und -wirtschaftlichkeit in ihren Anlagen einsetzt. Langfristiges Ziel ist es, diese Produktionsprozesse kontinuierlich zu verbessern, um die Wettbewerbsfähigkeit eines Unternehmens zu erhalten. Daher ist die kontinuierliche Verbesserung bestehender Sensoren oder die Entwicklung neuer Sensortechnologien zur Verbesserung der Produktionsprozesse äußerst wichtig. In einer industriellen Umgebung werden üblicherweise die folgenden Basisparameter überwacht: Temperatur, Feuchtigkeit, Druck, Füllstand und Durchflussgeschwindigkeit. Die Temperatur beispielsweise hat einen erheblichen Einfluss darauf, wie sich ein Prozess verhält und wie gut die Qualität des Endprodukts sein wird.

Die Durchflussmessung befasst sich hauptsächlich mit der Messung der Durchflussgeschwindigkeit in einer Leitung, kann aber auch zusätzliche Informationen wie die Art oder Zusammensetzung des Fluids liefern. Daher spielt sie bei der Bestimmung des Wertes der bei der Produktion verwendeten Fluide eine entscheidende Rolle. In einem modernen, wettbewerbsorientierten Umfeld ist dies wichtig für eine wirtschaftliche Nutzung der industriellen Infrastruktur, wenn große Mengen von Rohstoffen in immer komplexeren Prozessen verarbeitet werden. Außerdem können sich die Anforderungen der Nutzer ändern, wenn die Produktionsprozesse verbessert oder die Betriebsbedingungen verändert werden. Aus diesem Grund wurden Durchflussmessertechnologien entwickelt, die Lösungen für eine Vielzahl moderner industrieller Anwendungen bieten. Die Anforderungen reichen von einfachen einphasigen Messungen für Flüssigkeiten und Gase bis hin zu komplexeren Aufgaben wie der Förderung von Rohöl als mehrphasiges Gemisch aus Gas, Öl und Wasser [10]. Besonders anspruchsvoll wird die Messung dann, wenn die Durchflussmedien hohe Temperaturen und Drücke aufweisen oder chemisch aggressiv sind. Außerdem wurden Durchflussmessgeräte entwickelt, um Durchflüsse in einem weiten Bereich von wenigen nl/min bis zu mehr als 1000 m^3/min quantitativ zu überwachen. Die kontinuierliche Verbesserung bestehender Durchflussmessertechnologien und die Entwicklung von Instrumenten, die auf neuen physikalischen Messprinzipien beruhen, ist daher von entscheidender Bedeutung für die Aufrechterhaltung der Wettbewerbsfähigkeit in diesem umfangreichen und vielfältigen Bereich.

So hat sich beispielsweise die technologische Grundlage der Durchflussmessung im Laufe der Jahrzehnte von rein mechanischen Messgeräten hin zur Einbeziehung elektronischer Methoden verändert. Diese Entwicklung hat sich durch geringere Wartungs- und Lebenszykluskosten erheblich auf die Wettbewerbsfähigkeit ausgewirkt. Der Markt für diese neueren Durchflussmessgeräte wuchs mit etwa 2–4 % pro Jahr, je nach der weltweiten Wirtschaftslage [11]. Dieser Wandel in der technologischen Basis führt dazu, dass die alte technologische Basis nach einem Zeitraum von 20–35 Jahren in erheblichem Umfang ersetzt wird. Daher ist es sehr wichtig, die aktuellen Bedürfnisse des Endverbrauchers zu kennen, um an der nächsten technologischen Überholung teilzuhaben. Es zeichnet sich ein aktueller Trend ab, bei dem die Anwender daran interessiert sind, den Durchfluss berührungslos zu messen, ohne das Fluid dadurch zu stören, dass der Sensor direkt in die Leitung eingeführt wird. Hier können Technologien, die auf neuen physikalischen Messprinzipien beruhen, wie die in diesem Text vorgestellten, wertvolle Veränderungen im Bereich der Durchflussmessung bewirken.

Das in Abbildung 3 dargestellte Prinzip der Durchflussmessung erfordert einige spezifische und etwas ungewöhnliche Komponenten. Die erste dieser Komponenten ist der starke Magnet, der das Fluid zu Beginn magnetisiert. Eine praktische Umsetzung eines starken Magneten ist der sogenannte Halbach-Magnet. Abbildung 5 zeigt in den Teilen a) und b) zwei verschiedene Beispiele für einen solchen Magneten. Das Hauptmerkmal eines Halbach-Magneten ist, dass er aus vielen separaten kleineren Magneten besteht, die so ausgerichtet sind, dass sie das Magnetfeld außerhalb des Magneten verringern, während sie es innerhalb des Magneten erhöhen [12]. Die Pfeile in Abbildung 5 a) zeigen die Richtung der Magnetisierung der einzelnen Magneten. Die Richtungen sind so ausgerichtet, dass sie das Magnetfeld durch die Magnetanordnung leiten und das Magnetfeld außerhalb der Anordnung reduzieren. Auf diese Weise wird das Magnetfeld in der inneren Öffnung verstärkt, und es kann relativ einfach ein Magnetfeld von 1 Tesla erzeugt werden. Die nächste Komponente, die für diese Methode spezifisch ist, sind die OPM. Ein Bild einer kommerziellen Ausführung solcher Sensoren ist in Abbildung 5 c) zu sehen. Die gesamte Laseroptik und der Atomdampf dieser Sensoren befinden sich in dem weißen blockartigen Gehäuse, das nur wenige cm^3 groß ist. Die letzte Komponente, die für diese Methode spezifisch ist, ist die magnetische Abschirmung, die in Abbildung 5 d) dargestellt ist. Diese Abschirmung besteht aus einer Nickel-Eisen-Legierung namens Mu-Metall. Sie schirmt ein Volumen gegen magnetische Störungen ab, wie sie in Abbildung 1 dargestellt sind. So kann ein Sensor innerhalb des abgeschirmten Volumens ein magnetisches Signal messen, das nicht durch Umgebungsfaktoren gestört wird. Auch wenn diese Komponenten ungewöhnlich sind, stellen sie kein Hindernis für die industrielle Anwendbarkeit der Durchflussmessmethode dar, da sie von verschiedenen Anbietern leicht erhältlich sind.

Das oben beschriebene neuartige Durchflussmessverfahren basiert auf einer Laufzeitmessung, die das Verfahren kalibrierungsfrei macht, da der Weg durch die Anlage festgelegt ist und die Zeit selbst mit billigster Elektronik sehr genau gemessen werden kann. Dies ist ein großer Vorteil gegenüber anderen Durchflussmessgeräten, da die Kalibrierung meist einen deutlich höheren Aufwand erfordert. Darüber hinaus ermöglicht die hervorragende Leistung der handelsüblichen OPM, dass diese Methode ohne Marker auskommt. Mit anderen Worten, wir fügen dem Fluid keine fremden Elemente hinzu, die als Marker dienen, sondern nutzen die intrinsische Eigenschaft der Spins der Atome im Fluid. Auf diese Weise verfügen wir über eine einfache, berührungslose und kalibrierungsfreie Methode, die wertvolle Informationen über das Fluid liefern kann. Im Zusammenhang mit der Wertschöpfung für industrielle Anwendungen könnten diese beiden Merkmale die Wettbewerbsfähigkeit einer Produktionsinfrastruktur entscheidend verbessern.

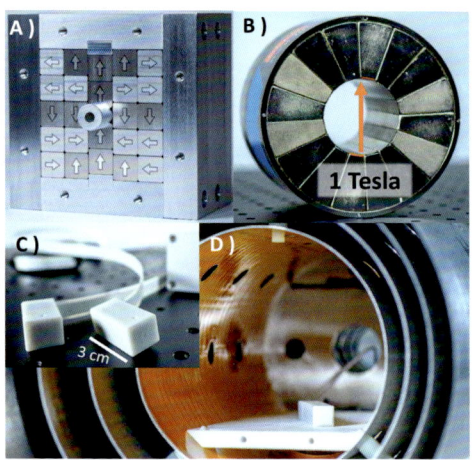

Abbildung 5: Bilder der wichtigsten Komponenten des auf Quantenmagnetometrie basierenden Durchflussmesssystems: a) und b) zeigen einen Halbach-Magneten, c) ein OPM und d) eine magnetische Abschirmung. [Quelle: Fraunhofer IPM]

Die Kundenakzeptanz einer solchen neuen Technologie könnte eine Herausforderung sein, da sie sich stark von anderen Geräten unterscheidet [13]. Hier ist es entscheidend, dass die Bedürfnisse des Endverbrauchers als wichtigstes Kriterium berücksichtigt werden. Eine neue Technologie ist oft notwendig, um die Wettbewerbsfähigkeit zu erhalten, reicht jedoch nicht aus, um einen Wandel auszulösen. Eine Faustregel für die Akzeptanz eines neuen Geräts ist, dass der Benutzer einen vorhandenen Sensor nur dann austauschen wird, wenn das neue Gerät um eine Größenordnung besser ist. Oder mit anderen Worten: Der Verbraucher verlangt einen Wert, keine Technologie. Der Wert dieser neuen Durchflussmesstechnik liegt in der einzigartigen Kombination aus berührungsloser, kalibrierungsfreier und markierungsfreier Messung. Die Messung von Fluideigenschaften ohne direkten Kontakt mit dem Fluid und die Messung durch eine metallische Leitung hindurch könnten die Nische für diese Methode definieren.

4 Literaturverzeichnis

[1] K.-M. C. Fu et al.: Sensitive magnetometry in challenging environments. AVS Quantum Science (American Vacuum Society) 044702. doi:10.1116/5.0025186 (2020)

[2] M. E. Limes et al.: Portable magnetometry for detection of biomagnetism in ambient environments. Physical Review Applied (APS) 011002doi:10.1103/PhysRevApplied.14011002 (2020)

[3] A. Caprihan and E. Fukushima: Flow measurements by NMR. Physics reports (Elsevier) 195–235. doi:10.1016/0370–1573(90)90046–5 (1990)

[4] A. M. Bilgic et al.: Multiphase flow metering with nuclear magnetic resonance. tm-Technisches Messen (De Gruyter Oldenbourg) 539–548. doi:10.1515/teme-2015-0082 (2015)

[5] E. O. Fridjonsson et al.: Earth's field NMR flow meter: Preliminary quantitative measurements. Journal of Magnetic Resonance (Elsevier) 110–115. doi:10.1016/j.jmr.2014.06004 (2014)

[6] M. C. D. Tayler et al.: Ultralow-field nuclear magnetic resonance of liquids confined in ferromagnetic and paramagnetic materials. Applied Physics Letters (AIP Publishing LLC) 072409. doi:10.1063/1.5110658 (2019)

[7] L. Schmieder et al.: Noninvasive Magnetic-Marking-Based Flow Metering with Optically Pumped Magnetometers. Applied Sciences (Multidisciplinary Digital Publishing Institute) 1275. doi:10.3390/app12031275 (2022)

[8] M. P. Ledbetter et al.: Zero-field remote detection of NMR with a microfabricated atomic magnetometer. Proceedings of the National Academy of Sciences (National Acad Sciences) 2286–2290. doi:10.1073/pnas.0711505105 (2008)

[9] P. J. Ganssle et al.: Ultra-Low-Field NMR Relaxation and Diffusion Measurements Using an Optical Magnetometer. Angewandte Chemie International Edition (Wiley Online Library) 9766–9770. doi:10.1002/anie.201403416 (2014)

[10] M. Zargar et al.: Nuclear magnetic resonance multiphase flowmeters: Current status and future prospects. SPE Production & Operations (OnePetro) 36: 423–436. doi:10.2118/205351-PA (2021)

[11] M. Altendorf et al.: Flow Handbook. 3rd Edition. Herausgeber: Thomas Strauss. Reinach: Endress+Hauser Flowtec AG (2006)

[12] C. W. Windt et al.: A portable Halbach magnet that can be opened and closed without force: The NMR-CUFF. Journal of Magnetic Resonance (Elsevier) 27–33. doi:10.1016/j.jmr.2010.09020 (2011)

[13] P. A. Herbig and R. L. Day: Customer acceptance: the key to successful introductions of innovations. Marketing Intelligence & Planning (MCB UP Ltd) 4–15. doi:10.1108/02634509210007812 (1992)

Laserschwellen-Magnetometrie

Ein Weg zu ultraempfindlichen Magnetfeldsensoren auf der Grundlage von Stickstoff-Fehlstellen-Zentren in Diamant

Jan Jeske, Felix Hahl

Abstract: Quantensensoren versprechen neue Möglichkeiten für hochempfindliche Messungen unter deutlich verbesserten Bedingungen, beispielsweise der Betrieb bei Raumtemperatur. Vor allem Stickstoff-Fehlstellen-Zentren in Diamant sind das am häufigsten verwendete Quantensystem für eine Vielzahl von Sensoranwendungen, insbesondere für die Detektion von Magnetfeldern. Hier zeigen wir die jüngste Entwicklung eines grundlegend neuen Ansatzes zur deutlichen Verbesserung der Empfindlichkeit von NV-Zentren durch die Verwendung von Stickstoff-Fehlstellen-Zentren als Lasermedium.

Keywords: Stickstoff-Fehlstellen-Zentrum, Quantensensorik, Quantenmagnetometrie, Laserschwellen-Magnetometrie, Kavitätsmessung

1 Die Idee: Verbesserung der Sensitivität durch das Auslesen mittels eines Lasers

Die präzise Messung von Magnetfeldern (Magnetometrie) kommt in einer Vielzahl wissenschaftlicher, industrieller, biomedizinischer und gesundheitlicher Anwendungen zum Einsatz wie zum Beispiel bei der Messung der Gehirnaktivität – Magnetoenzephalografie (MEG), der Herzaktivität – Magnetokardiografie (MCG) und der Magnetresonanztomografie (MRI). Weitere Anwendungen sind die Erkennung von Gravitationswellen, Materialforschung und Ermüdungsuntersuchungen, Strommessung in der Elektronik, Bergbauexplorationen, Aufspüren von Öl-, Gas- und

Mineralvorkommen sowie die Erkennung magnetischer Anomalien. Die Magnetometrie ist also eine Technologie, die eine große Vielfalt an relevanten Anwendungen ermöglicht.

Neue, bei Raumtemperatur betriebene Sensoren mit besserer Empfindlichkeit würden neue Kartierungstechniken mit höherer räumlicher Auflösung ermöglichen. Die etablierten Hochpräzisionssensoren mit Empfindlichkeiten um 1 fT/sqrt(Hz) sind die weitverbreiteten SQUID-Magnetometer, die bei kryogenen Temperaturen unter 10 K betrieben werden. In jüngster Zeit haben Quantensensoren bedeutende Fortschritte in der Magnetometrie gezeigt mit der Aussicht, ultraempfindliche Messungen ohne Kryotechnik zu erzielen. Optisch gepumpte Magnetometer (OPM) auf der Basis von beheizten Dampfzellen haben ähnliche oder sogar bessere Empfindlichkeiten als SQUID erreicht, wobei der Betrieb typischerweise bei etwa 150 °C erfolgt. Diamant, der negativ geladene Stickstoff-Fehlstellen-Zentren (NV-Zentren) enthält, ermöglicht Messungen bei Raumtemperatur mit einem sehr großen Dynamikbereich. Im Gegensatz zu anderen Sensoren ermöglichen NV-Zentren Präzisionsmessungen, ohne dass eine abgeschirmte Null-Feld-Umgebung erforderlich ist. So ist es möglich, in Hintergrundfeldern zu arbeiten, wie zum Beispiel im Erdmagnetfeld oder in medizinischen Anwendungen, die Hintergrundfelder erfordern.

Das NV^--Farbzentrum in Diamant verfügt über zahlreiche herausragende Eigenschaften, die es ideal für Quantenanwendungen gemacht haben. Insbesondere aufgrund der effizienten optischen Spinpolarisation und -auslesung wurde es als biokompatibles Magnetometer, Elektrometer, Thermometer, Sensor für Fluktuationen und Quantendekohärenz in näherer Umgebung sowie Biosensor im Nanomaßstab identifiziert.

NV-Zentren werden zum einen für die präzise Erfassung großer Ensembles mit starken Signalen und zum anderen für die Erfassung auf einer sehr kleinen räumlichen Skala eingesetzt. Dies reicht von der Photolumineszenzmikroskopie und der Magnetfeldsensorik über eine noch geringere Auflösung durch den Einsatz von Nanodiamanten als fluoreszierende Biomarker, Magnetfeldsensoren oder Positionstracker in Zellen bis hin zu einer extrem hohen Auflösung durch einzelne NV-Zentren, um eine extreme Auflösung auf der Nanometerskala zu erreichen. Die Verwendung einzelner NV-Zentren in einer Diamantspitze eines Rasterkraftmikroskops, bekannt als Rastersondenmagnetometrie, hat sich zu einer fortschrittlichen Technik entwickelt, auf deren Basis kommerzielle Produkte von Quanten-Start-ups wie Qnami und QZabre angeboten werden. Diese Techniken erreichen in der Regel Empfindlichkeiten von ~ nT/sqrt(Hz). Signifikante Verbesserungen werden durch eine große Anzahl von NV-Zentren in einem Messvolumen im μm- bis mm-Bereich erreicht. Der aktuelle Rekord für die Empfindlichkeit von NV-Zentren für die Magnetfeldmessung in der Gleich- und Wechselstrommagnetometrie liegt bei etwa 1 pT/sqrt(Hz) [1, 2]. NV-Ensemble-Sensoren werden in großem Umfang untersucht und in der Forschung für eine Vielzahl von Anwendungen eingesetzt. Einige Implementierungen werden bereits von Unternehmen wie Q. Ant, Bosch, Advanced Quantum und NVision entwickelt und vertrieben.

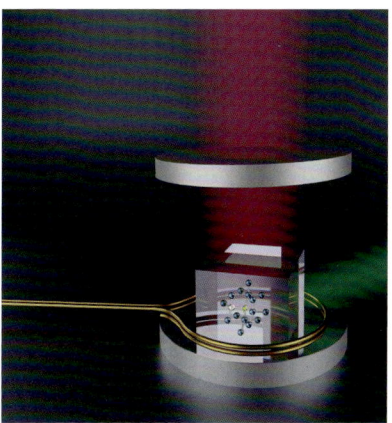

Abbildung 1: Bei der Laserschwellen-Magnetometrie werden Stickstoff-Fehlstellen-Zentren in Diamant als Lasermedium verwendet. Das Signallicht für Magnetfeldmessungen ist ein roter Laser.

Die Laserschwellen-Magnetometrie ist eine neue Technik, die am Fraunhofer IAF aktiv entwickelt wird, um die Empfindlichkeit der NV-Zentren-Magnetometrie signifikant zu verbessern (siehe Abbildung 1). Erstmals schlugen wir die Idee 2016 vor [3] und zeigen in diesem Artikel die Entwicklung vom theoretischen Konzept bis zu den jüngsten experimentellen Realisierungen auf. Einige Abbildungen (wo angegeben) und Textinhalte in diesem Artikel sind Zitate aus unseren Publikationen [3, 4, 5].

Die Grundidee der Laserschwellen-Magnetometrie besteht darin, dass ein Laser aus den NV-Zentren selbst aufgebaut wird, d.h., sie werden als Lasermedium verwendet und erzeugen ein Laserausgabesignal. Dies steht im Gegensatz zu allen anderen Anwendungen von NV-Zentren, bei denen direkte Fluoreszenzmessungen von NV-Zentren das Signallicht sind. Das Laserkonzept ersetzt die Notwendigkeit der Initialisierung und der projektiven Messung durch eine ständig eingeschaltete Lasersignalausgabe. Die zentrale Idee besteht darin, die Änderung der Fluoreszenz, die durch die magnetfeldabhängigen Spinpopulationen entsteht, zu nutzen, um die Laserleistung bei Betrieb nahe der Schwelle deutlich zu verschieben. Dies führt zu einer erheblichen Verstärkung, da die Laserschwelle selbst magnetfeldabhängig wird, siehe Abbildung 1b. Dies führt zu einem kohärenten Ausgangssignal aus dem NV-Ensemble, das die Magnetfeldstärke anzeigt, was mehrere Vorteile hat. Die Stärke des Lasersignals kann um viele Größenordnungen variieren, was den Kontrast erheblich verbessert, während bei direkten Fluoreszenzmessungen zwischen zwei relativ ähnlichen Intensitäten unterschieden werden muss (typischerweise ein Unterschied von 20 % bei den Fluoreszenzwerten für einzelne NV-Zentren). Darüber hinaus erzeugt die stimulierte Emission Photonen der gleichen räumlichen Mode, was im Idealfall die Erfassung aller dieser Photonen ermöglicht. Im Gegensatz dazu ist die Detektionseffizienz der konventionellen NV-Magnetometrie durch die numerische Apertur der verwendeten Optik begrenzt, die die NV-Zentren abbilden, welche in den gesamten Raum emittieren. Der wichtigste Vorteil besteht schließlich darin, dass sich die stimulierte Emissionsrate (im Gegensatz zur spontanen Emissionsrate) aufgrund ihrer Abhängigkeit von der Anzahl der Resonatorphotonen mit dem Magnetfeld ändert. So wird die optische Nichtlinearität eines Laserresonators genutzt, um die magnetfeldabhängige Fluoreszenzdifferenz zu verstärken, wenn die Laseremission aufgrund der Konkurrenz zwischen spontaner und stimulierter Emission verwendet wird. Die Laserschwellen-Magnetometrie (LTM) führt zu einer Photonenleistung im Milliwattbereich und einer entsprechenden Verbesserung der Empfindlichkeit.

Diamant wurde als Lasermedium untersucht [6] und für Raman-Laser verwendet [7], UV-LED aus Diamant wurden nachgewiesen [8], und NV-Zentren wurden an Resonatoren gekoppelt [9]. LTM war jedoch das erste Konzept, das die Vorteile des Einsatzes von Quantendefekten als

Lasermedium vollständig auslotete. Gründliche theoretische Berechnungen ermöglichten die Analyse des erheblichen Potenzials zur Verbesserung der durch das Schrotrauschen begrenzten Empfindlichkeit von Magnetometern auf Diamantbasis. Mit LTM konnten Magnetometer mit Empfindlichkeiten im Bereich von fT/sqrt(Hz) vorhergesagt werden, was 2–3 Größenordnungen besser ist als bestehende NV-Nachweise und vergleichbar mit SQUID- und OPM-Magnetometern nach dem Stand der Technik.

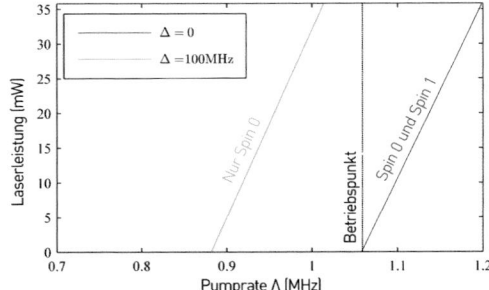

Abbildung 2: Konzeptuelle Simulation der Laserschwellen-Magnetometrie: In einem Lasersystem gibt es eine Laserschwelle, bei der die Pumpleistung stark genug ist, um den Laser einzuschalten. Wenn NV-Zentren als Lasermedium verwendet werden, hängt diese Laserschwelle vom Spinzustand des NV-Zentrums ab, also vom äußeren Magnetfeld. Wählt man die obere Schwelle als Betriebspunkt, so führen Verschiebungen der Schwelle durch äußere Magnetfelder zu starken Schwankungen (guten Signalen) bei der Ausgabe des Laserlichts. Dies führt zu einer verbesserten Empfindlichkeit des Sensors. Weitere Einzelheiten sind in [3] beschrieben. (Quelle: [3]; diese Abbildung ist lizenziert unter einer Creative-Commons-Lizenz 3.0[1]).

---

[1] http://creativecommons.org/licenses/by/3.0/

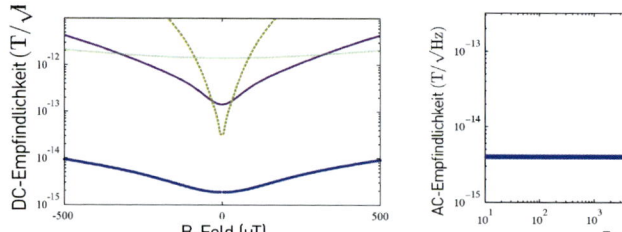

Abbildung 3: Theoretische Berechnungen der schrotrauschbegrenzten Empfindlichkeiten für Gleich- und Wechselstrom-Magnetfeldmessungen für ein LTM-System, die zeigen, dass eine DC-Empfindlichkeit von 2 Femtotesla/sqrt(Hz) auf der Grundlage eines Messvolumens von 1 mm^3 mit 16 ppm NV-Dichte und einer T2*-Zeit von 0,18 μs erzielt werden kann. Die AC-Empfindlichkeit beträgt 4 fT/sqrt(Hz). Eine detaillierte Berechnung ist in [3] zu finden. (Quelle: [3]; diese Abbildung ist lizenziert unter einer Creative-Commons-Lizenz 3.0[2]).

Zudem ist der LTM-Aufbau einfacher und robuster, da keine Pulsfolgen nötig sind, sondern eine CW-Laseranregung und eine RF-Spinmanipulation eingesetzt werden.

Das Magnetometer kann relativ klein gehalten werden, und die Laseremission könnte in eine optische Faser geleitet werden, was den Sensor sehr beweglich macht. Zudem kann das Gerät bei Raumtemperatur betrieben werden. Dies ist ein wesentlicher technologischer Vorteil gegenüber den Standard-SQUID-Sensoren, die bei kryogenen Temperaturen (unter 10 K) betrieben werden müssen. Dies könnte insbesondere die Magnetoenzephalografie (MEG) [11, 12] verbessern, die die schwachen 10 fT – 1 pT Magnetfelder [10], die durch die Gehirnaktivität erzeugt werden, mit weniger Verzerrungen [11] als die Elektroenzephalografie (EEG) misst.

---

[2] http://creativecommons.org/licenses/by/3.0/

2 Messung der stimulierten Emission von NV-Zentren

Die stimulierte Emission ist der Vorgang, der dem Laserbetrieb zugrunde liegt und eine kohärente Photonenausgabe ermöglicht. Dies ist die Basis für den Laserbetrieb. Trotz des Erfolgs von Diamant-Raman-Lasern [12] und trotz eines frühen Vorschlags für einen Laser auf der Grundlage von Diamantdefekten [13] und des Nachweises der Resonatorkopplung [14, 15, 16] konnte die Realisierung eines NV-Lasers bisher nicht nachgewiesen werden. Tatsächlich gab es keine definitiven Beobachtungen von stimulierter Emission aus NV$^-$-Ensembles. Die Mikroskopie auf der Grundlage der stimulierten Emissionsverarmung (STED), einer superauflösenden Technik, die sich die Emissionsreduktion durch ein starkes Lichtfeld zunutze macht, wurde sowohl mit NV-Zentren [16] als auch mit NVN-Zentren [17] erfolgreich durchgeführt.

Das Konzept der Laserschwellen-Magnetometrie diente somit als Motivation für die Bemühungen, stimulierte Emission von NV-Zentren erstmals zu messen. Wir konnten [4] sowohl theoretische als auch experimentelle Beweise für stimulierte Emission aus NV$^-$ mit Licht in den Phononenseitenbändern um 700 nm zeigen. Zudem wurde der Übergang von stimulierter Emission zu Photoionisation gezeigt, wenn die Wellenlänge des stimulierenden Lasers von 700 nm auf 620 nm reduziert wird. Während die Laseremission an der Null-Phononen-Linie durch Ionisierung unterdrückt wird, eröffneten die Ergebnisse die Möglichkeit von Diamantlasern, die auf NV-Zentren beruhen und über das Phonon-Seitenband abstimmbar sind. Zusammen mit dem LTM-Konzept erweitert dieses Ergebnis die Anwendungsmöglichkeiten von NV-Magnetometern von Sensoren mit einem einzelnen Zentrum im Nanomaßstab zu einer neuen Generation von hochpräzisen Ensemble-Lasersensoren, die den Kontrast und die Signalverstärkung eines Lasersystems ausnutzen.

In konventionellen NV-Experimenten wird sowohl zum Auslesen als auch in der Sensorik Fluoreszenz (also spontane Emission) detektiert und aus den verschiedenen Emissionsniveaus auf den Spinzustand geschlossen. Die zeitlich gemittelte spontane Emission der verschiedenen Spinzustände unterscheidet sich um nicht mehr als 30 %, und die spontane

Emission geht in alle Richtungen, was die Detektion der Emission zu einer Herausforderung macht [18].

Photonen, die durch stimulierte Emission erzeugt werden, weisen dagegen die gleiche Phase, Wellenlänge und räumliche Mode auf wie das stimulierende Lichtfeld. Dies ermöglicht eine nahezu vollständige Detektionseffizienz, da alle Photonen im gleichen Modus emittiert werden. Darüber hinaus ermöglicht die Konkurrenz zwischen spontaner Emission und stimulierter Emission möglicherweise einen Kontrast von mehreren Größenordnungen zwischen dem hellsten und dem am wenigsten hellen Zustand des NV-Zentrums, verglichen mit den typischen 30 % für einzelne Zentren und 4 % für Ensembles bei spontaner Emission.

Im Versuch ist es uns gelungen zu zeigen, dass Licht mit Wellenlängen oberhalb von 650 nm für Leistungen bis zu einigen Watt während des Pulses keine Netto-Ionisation von NV-Zentren induziert, und wir konnten starke Beweise für das Auftreten von stimulierter Emission im NV^--Phononen-Seitenband aufzeigen. Wir verwendeten einen grünen (532 nm) CW-Pumplaser mit einer gepulsten Laserquelle mit abstimmbarer Wellenlänge, um die stimulierte Emission bei verschiedenen Wellenlängen zu messen. Die Pulse einer Dauer von nur 6 ps liefern ein intensives Lichtfeld und erzeugen einen messbaren Effekt.

Da die emittierten Photonen vom Laserpuls nicht zu unterscheiden sind, haben wir die stimulierte Emission zunächst indirekt durch Verringerung der spontanen Emission nachgewiesen. In späteren Messungen konnten wir eine verstärkte Emission bei der Wellenlänge des anregenden Lasers als direkten Nachweis für die stimulierte Emission nachweisen (siehe Abbildung 4). Darüber hinaus haben wir die Population der angeregten Zustände beider Ladungszustände getrennt gemessen, indem wir die entsprechenden ZPL-Intensitäten überwacht haben, um eine mögliche Ionisierung zu detektieren. Unsere Ergebnisse zeigen das Auftreten von stimulierter Emission und die Möglichkeit eines Laserbetriebs mit NV-Zentren.

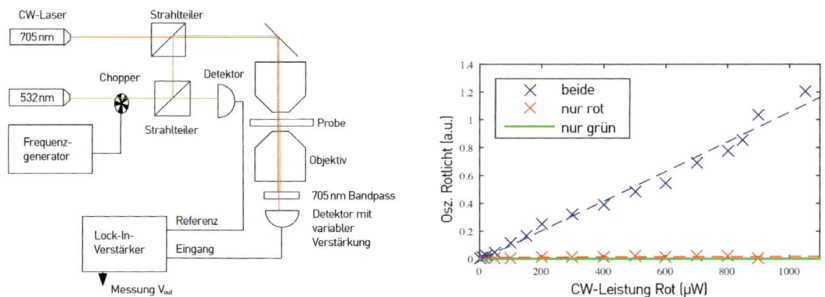

Abbildung 4: Erste Messung der stimulierten Emission von NV-Zentren und ein Versuchsaufbau. Der grüne Pumplaser wird so moduliert, dass das schwache stimulierte Emissionssignal vor dem starken Hintergrund des anregenden Lasers durch Lock-in-Detektion, also nur durch Filterung des modulierten Signals, nachgewiesen werden kann. Die stimulierte Emission wird folglich nur gemessen, wenn beide Laser gleichzeitig eingeschaltet sind. Weitere Einzelheiten sind in [4] beschrieben. (Quelle: [4]; abgedruckt mit Genehmigung von Jan Jeske et al. [4]).

Wir konnten eindeutige Signaturen der stimulierten Emission in NV-Zentren in monokristallinem Diamant sowie in Nanodiamanten nachweisen. Wie erwartet kommt es zu einer Verringerung der spontanen Emission, wenn die stimulierte Emission zu konkurrieren beginnt. Die gemessene Emissionsreduktion folgte dem erwarteten Verhalten für stimulierte Emission in Bezug auf die Abhängigkeit von der Wellenlänge des gepulsten Lasers, die spektrale Verringerung sowohl der NV^-- als auch NV^0-ZPL sowie der zeitlichen Dynamik einschließlich der Emissionsreduktion während des Laserpulses und einer Erholungsrate, die mit der Leistung des grünen Lasers variierte. Unsere theoretische Modellierung der stimulierten Emission reproduziert zudem die gemessenen Effekte. Insbesondere haben wir gezeigt, dass bei Wellenlängen um 700 nm die stimulierte Emission der dominante Prozess gegenüber der Ionisation ist. Unsere Ergebnisse entsprechen zudem früher berichteten Studien zur Photoionisation, die durch Wellenlängen unter 650 nm ausgelöst wurde. Unsere Ergebnisse belegen, dass die Dominanz der stimulierten Emission gegenüber der Ionisation von der Wellenlänge (und nicht von der Intensität) abhängt, die im Phononenseitenband $\lambda > 650$ nm liegen sollte. Die Messung des Effekts sowohl in einkristallinem Diamant als auch in Nanodiamant zeigte die probenunabhängige Anwendbarkeit.

Aus diesen Ergebnisseen geht hervor, dass die stimulierte Emission der NV-Zentren genutzt werden kann, sie weisen den Weg zur Erforschung der Vorteile der stimulierten Emission und zeigen auf, dass NV-Zentren als Lasermedium geeignet sind.

Diese Ergebnisse und das LTM-Konzept führten zu beträchtlichen Aktivitäten auf diesem Gebiet: Materialcharakterisierung [19] für das Lasern, theoretische Berechnungen der optischen Verstärkung [20], Untersuchungen der Absorption im angeregten Zustand [21] und anderer Verlustkanäle im Vergleich zur stimulierten Emission [22], alternative Konzepte, bei denen der Infrarot-Übergang des NV-Zentrums als Absorber im Resonator genutzt wird [23], oder die Absorption von NV-Zentren im sichtbaren Bereich in Kombination mit einem Diamant-Raman-Laser [24] oder einem Halbleiterlaser mit externem Resonator [25], die erste experimentelle Messung der Lichtverstärkung mit NV-Diamant in einem Faserresonator [26] und Laserpulse von NV-Zentren in einem makroskopischen Resonator durch gepulste Anregung [27]. Trotz mehrerer Studien wurden jedoch bisher weder sehr starke stimulierte Emissionssignale noch eine magnetfeldabhängige kohärente Auslesung erreicht.

3 Magnetfeldabhängige Lichtverstärkung mit starken Signalen und Rekordwerten beim Kontrast

Vor Kurzem konnten wir endlich die Laserschwellen-Magnetometrie experimentell nachweisen [5]. Wir verwendeten einen makroskopischen High-Finesse-Laserresonator, der ein stark NV-dotiertes und schwach absorbierendes Diamant-Verstärkungsmedium enthält, das bei 532 nm gepumpt und bei 710 nm resonant »geseeded« wird. Dies ermöglicht eine Verstärkung der Signalleistung durch stimulierte Emission um 64 %. Wir zeigten die Magnetfeldabhängigkeit der Verstärkung und demonstrierten damit die magnetfeldabhängige stimulierte Emission eines NV-Zentrum-Ensembles. Diese Emission zeigt einen Rekordkontrast von 33 % und eine maximale Ausgangsleistung im mW-Bereich. Diese Vorteile der kohärenten Auslesung von NV-Zentren ebnen den Weg für neuartige Resonator- und Laseranwendungen von Quantendefekten sowie für Diamant-NV-Magnetfeldsensoren mit deutlich verbesserter Empfindlichkeit für die Bereiche Gesundheit, Forschung und Bergbau.

Der Kontrast für Ensembles von NV-Zentren in herkömmlichen fluoreszenzbasierten Sensoren beträgt typischerweise nur ~ 5 %, da das Streusignal von anderen Defekten und die inhomogene Verbreiterung zu einem abnehmenden Signal-Rausch-Verhältnis führen [28], das durch die Photostromdetektion der magnetischen Resonanz (PDMR) nur geringfügig auf 9 % verbessert werden kann [29]. Zusätzlich zur begrenzten PL-Erfassungseffizienz beträgt der theoretische maximale Kontrast im niedrigen Anregungslimit aufgrund von Quenching durch Spin-Mixing der Spinzustände eines Ensembles von NV-Zentren unter Berücksichtigung aller vier möglichen NV-Richtungen [30] 22 %.

Bei unserer Kavitätsmessung zeigen wir eine magnetfeldabhängige Lichtverstärkung durch stimulierte Emission in einem Ensemble von NV-Zentren in einem High-Finesse-Resonator. Die Resonatorausgangsleistung bei 710 nm stieg beim Pumpen durch den grünen Laser um 64 % an. Durch Anlegen eines permanenten Magnetfelds an das NV-Ensemble mit einer wesentlichen Komponente in Transversalrichtung, also senkrecht zur NV-Richtung, beobachteten wir einen Kontrast (Magnetfeld zu Nichtmagnetfeld) von 33 % aufgrund von PL-Quenching durch Spinmischung (siehe Abbildung 5). Dies übersteigt das theoretische Maximum, das durch die herkömmliche Ensemble-Photolumineszenz erreicht werden kann. Darüber hinaus haben wir einen neuen Effekt als zusätzlichen Verlustkanal im Diamantmedium gemessen, den wir als induzierte Absorption bezeichnen, der die Verstärkung und die Resonator-Finesse bei Pumpintensitäten >10 kW/cm^2 verringert. Die induzierte Absorption verhindert eine selbsterhaltende Laseraktivität der NV-Zentren. Wir zeigen optisch detektierte magnetische Resonanz (ODMR) mit einem Kontrast von 17 %, der höher ist als der gleichzeitig detektierte Kontrast der PL, der 11 % erreicht (siehe Abbildung 6). Wir erreichen eine schrotrauschbegrenzte DC-Empfindlichkeit von 29,1 pT/sqrt(Hz) mit einer kohärenten Lasersignalleistung im mW-Bereich. Damit wird das Prinzip der Laserschwellen-Magnetometrie (LTM) zum ersten Mal experimentell nachgewiesen.

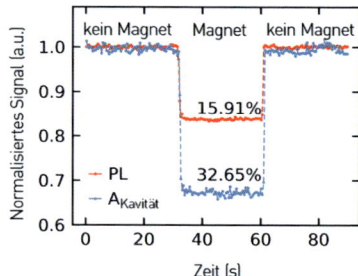

Abbildung 5: Der Rekordkontrast von ~ 33 % in einem NV-Ensemble wird durch Auslesen des Resonators erreicht. Im Experiment wird ein Permanentmagnet bei 30 s in die Nähe des Diamanten gebracht und bei 60 s entfernt. Die Änderung des Resonatorsignals und des Photolumineszenzsignals (PL) werden gemessen und verglichen. Das Resonatorsignal erreicht einen wesentlich stärkeren Kontrast als das PL-Signal. Weitere Einzelheiten sind in [5] beschrieben. (Quelle [5]; diese Abbildung ist lizenziert unter einer Creative-Commons-Lizenz 4.0[3])

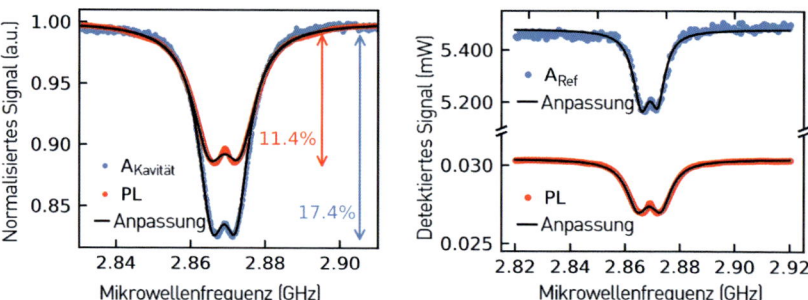

Abbildung 6: Optically Detected Magnetic Resonances in NV-Zentren wurden erstmals über stimulierte Emission, also eine Resonatorauslesung, sowie eine Vergleichsmessung über konventionelle PL-Detektion gemessen. Links: Bei der Optimierung des Kontrasts erreicht die Resonatorauslesung einen höheren Kontrast als die PL. Rechts: Das absolute Signal der Resonatorausgabe ist um mehr als zwei Größenordnungen höher und erreicht mW-Werte. Weitere Einzelheiten sind in [5] beschrieben. (Quelle: [5]; diese Abbildung ist lizenziert unter einer Creative-Commons-Lizenz 4.0[4])

---

[3] https://creativecommons.org/licenses/by/4.0/

[4] https://creativecommons.org/licenses/by/4.0/

Während zuvor stimulierte Emission von NV-Zentren über einen Lock-in-Verstärker [3] oder Einzelphotonendetektoren [26] nachgewiesen wurde, erzielten wir hier stimulierte Emissionssignale mit einer absoluten Leistung im mW-Bereich.

Darüber hinaus weisen wir die Magnetfeldabhängigkeit der Verstärkung durch stimulierte Emission der NV-Zentren nach. Der erreichte Ensemble-Kontrast ist ein neuer Rekord für NV-Zentren und liegt über dem, was mit spontaner Emission erreicht werden kann.

Damit weisen wir erstmals experimentell die Vorteile der kohärenten Auslesung von Resonatoren für die Sensorik und das Prinzip der Laserschwellen-Magnetometrie nach. Dies öffnet die Tür für eine Vielzahl neuartiger Sensortechniken und -anwendungen, Präzisionsverbesserungen bei Sensoren und die Erforschung des kohärenten Auslesens von Quantensystemen für die Sensorik, Quantenbits und Quantentechnologie im Allgemeinen.

Der Nachweis von ODMR mit kohärenter Laserausgabe zeigt eine Magnetfeldempfindlichkeit von 29 pT/sqrt(Hz), was eine Verbesserung um fast eine Größenordnung im Vergleich zur herkömmlichen PL-Detektion darstellt.

Für weitere Verbesserungen und die Entwicklung eines hochempfindlichen Magnetfeldsensors kann eine Empfindlichkeitsmessung durch Resonatorstabilisierung durchgeführt werden. Die Resonatorstabilisierung könnte durch die Pound-Drever-Hall-Technik erreicht werden, bei der der Seeding-Laser mit einem elektrooptischen Modulator moduliert und das übertragene oder reflektierte Signal detektiert wird. Die ODMR-Messung kann dann mit einer CW-Signaldetektion kombiniert werden. Durch Impedanzanpassung der Spiegel wird eine Erhöhung der Signalleistung erwartet. Darüber hinaus könnte der rote Seeding-Laser durch Lock-in-Detektion der NV-Emission herausgefiltert werden, und Verstärkungs- und Kontrastmessungen deuten darauf hin, dass dann ein Kontrast von nahezu 1 erreicht werden könnte. Außerdem könnte die Entwicklung einer verbesserten Mikrowellenantenne, z. B. einer Schleifenantenne auf beiden Seiten des Diamanten oder eines Mikrowellenresonators, zu einem homogeneren Mikrowellenfeld und einem erhöhten ODMR-Kontrast führen.

Diese Ergebnisse zeigen den Weg von LTM als neuem Werkzeug, um die Empfindlichkeit von NV-Zentrum-Magnetometern erheblich zu verbessern. Dadurch können die grundlegenden Vorteile von NV-Zentren in hochempfindlichen Anwendungen wie der Medizintechnik voll zum Tragen kommen. Zu den Vorteilen von NV-Zentren gehören der Betrieb bei Raumtemperatur und die Möglichkeit, ohne Temperaturisolierung und damit näher an der Quelle zu messen, die Fähigkeit, auf Hintergrundfeldern (wie dem Erdmagnetfeld) zu messen, sowie die Fähigkeit, als Vektormagnetometer zu messen, indem alle vier Richtungen von NV-Zentren gemessen werden, die aufgrund des Diamantkristalls in perfekter relativer Ausrichtung sind. Daher werden NV-Magnetometer in Zukunft wahrscheinlich eine äußerst wichtige Rolle bei ultraempfindlichen Anwendungen spielen, insbesondere in der Medizintechnik und im Gesundheitssektor.

4 Literaturverzeichnis

[1] T. Wolf et al.: Subpicotesla diamond magnetometry. Physical Review X 5, 041001 (2015)
[2] C. Zhang et al.: Diamond Magnetometry and Gradiometry Towards Subpicotesla dc Field Measurement. Physical Review Ap-plied 15, 064075 (2021)
[3] J. Jeske et al.: Laser threshold magnetometry. New Journal of Physics 18, 013015 (2016)
[4] J. Jeske et al.: Stimulated emission from nitrogen-vacancy centres in diamond. Nature Communications, 8, 14000, doi: 10.1038/ncomms14000 (2017)
[5] Hahl et al.: Magnetic-field-dependent stimulated emission from nitrogen-vacancy centers in diamond. Sci. Adv. 8, eabn7192 (2022)
[6] Gordon Davies: Properties and Growth of Diamond. Emis data reviews series, No. 9, INSPEC (1994)
[7] R. P. Mildren and A. Sabella: Highly efficient diamond Raman laser. Opt. Lett. 34, 2811–2813 (2009)
[8] A. Lohrmann et al.: Diamond based light-emitting diode for visible single-photon emission at room temperature. Applied Physics Letters 99, 251106 (2011)
[9] Albrecht et.al.: Coupling of a single nitrogen-vacancy center in diamond to a fiber-based microcavity Phys. Rev. Lett. 110, 243602 (2013)
[10] Hamalainen et al.: Magnetoencephalography – theory, instrumentation, and applications to noninvasive studies of the working human brain. Rev. Mod. Phys. 65, 413–497 (1993)
[11] Proudfood et al.: Magnetoencephalography. Practical Neurology 14, No. 5, 336–343 (2014)

[12] R. P. Mildren and A. Sabella: Highly efficient diamond Raman laser. Opt. Lett. 34, No. 18, 2811–2813 (2009)
[13] S. C. Rand: Tunable Solid State Lasers II. Springer Berlin, Volume 52, 276 (1986)
[14] Faraon et al: Resonant enhancement of the zero-phonon emission from a colour centre in a diamond cavity. Nature Photonics 5, 301–305 (2011)
[15] K. Jensen et al.: Cavity-enhanced room-temperature magnetometry using absorption by nitrogen-vacancy centers in diamond. Phys. Rev. Lett. 112, 160802 (2014)
[16] Rittweger et al.: STED microscopy reveals crystal colour centres with nanometric resolution. Nature Photonics 3, 144–147 (2009).
[17] G. Laporte and D. Psaltis: STED imaging of green fluorescent nanodiamonds containing nitrogen-vacancy-nitrogen centers. Bio-med. Opt. Express 7, 34–44 (2016)
[18] Clevenson et al.: Broadband magnetometry and temperature sensing with a light-trapping diamond waveguide. Nature Physics 11, 393–397 (2015)
[19] E. Fraczek et al.: Laser spectroscopy of NV- and NV0 colour centres in synthetic diamond. Optical Materials Express, Vol 7, 2571 (2017)
[20] V. Savitski: Optical gain in NV-colour centres for highly-sensitive magnetometry: a theoretical study. Journal of Physics D: Applied Physics 50, 475602 (2017)
[21] S. D. Subedi et al.: Laser spectroscopy of highly doped NV-centers in diamond. Proc. SPIE 10511, Solid State Lasers XXVII: Technology and Devices, 105112D (2018)
[22] L. Hacquebard und L. Childress: Charge-state dynamics during excitation and depletion of the nitrogen-vacancy center in diamond. Physical Review A 97, 063408 (2018)
[23] Y. Dumeige: Infrared laser threshold magnetometry with a NV doped diamond intracavity etalon Optics Express, Vol 27, No. 2, 1706 (2019)
[24] S. R. Nair et al.: Absorptive laser threshold magnetometry: combining visible diamond Raman lasers and nitrogen-vacancy centres. Materials for Quantum Technology 1, 025003 (2021)
[25] J. L. Webb et al.: Laser threshold magnetometry using green-light absorption by diamond nitrogen vacancies in an external cavity laser. Physical Review A 103, 062603 (2021)
[26] S. R. Nair et al.: Amplification by stimulated emission of nitrogen-vacancy centres in a diamond-loaded fibre cavity. Nanophotonics 9(15): 4505–4518 (2020)
[27] A. Savvin et al.: NV-diamond laser. Nature Communications 12, 7118 (2021)
[28] L. Rondin et al.: Magnetometry with nitrogen-vacancy defects in diamond. Reports on Progress in Physics 77, No. 5, 056503 (2014)
[29] E. Bourgeois et al.: Enhanced photoelectric detection of NV magnetic resonances in diamond under dual-beam excitation. Physical Review B 95, 041402 (2017)
[30] M. W. Doherty et al.: The nitrogen-vacancy colour centre in diamond. Physics Reports 528, No.1, 1–45 (2013)

Materialprüfung mit optisch gepumpten Magnetometern

Können Quantenmagnetometer Ermüdungsschäden in Materialien messen, um deren verbleibende Lebensdauer zu ermitteln?

Andreas Blug, Ali Riza Durmaz, Thomas Straub

Abstract: Derzeit befindet sich eine Vielzahl neuer Quantentechnologien in der Entwicklung. Unter diesen weisen die Quantensensoren wohl die höchste Marktreife auf und ergänzen aufgrund ihrer einzigartigen Eigenschaften die vorhandenen Sensorprinzipien. In dieser Arbeit stellen wir eine neuartige Anwendung der Quantenmagnetometrie im Bereich der Materialwissenschaften vor. Insbesondere nutzen wir die extreme Empfindlichkeit von optisch gepumpten Quantenmagnetometern zur Untersuchung von Schädigungsprozessen in ferromagnetischen Stahlwerkstoffen, die zyklischer Belastung ausgesetzt sind. Zu diesem Zweck haben wir ein optisch gepumptes Magnetometer in einen neuartigen Prüfaufbau eingebettet, der in eine magnetisch abgeschirmte Umgebung integriert ist. Die magnetischen Streufelder der Probe werden als piezomagnetische Hysteresekurven untersucht, die nachweislich empfindlicher auf Ermüdungsschäden reagieren als herkömmliche Spannungs-Dehnungskurven. Die Ergebnisse zeigen, dass Quantenmagnetometer neue Möglichkeiten für die Messung von Ermüdungsschäden und kritischen Spannungskonzentrationen bieten und damit neue Möglichkeiten für die industrielle Qualitätsbewertung eröffnen. Das Potenzial von Quantenmagnetometern im Bereich der Materialwissenschaft wird diskutiert.

Keywords: optisch gepumpte Magnetometer, Materialprüfung, Magnetfeld

1 Allgemeine Einführung

Innerhalb der Quantentechnologien sind die Quantensensoren der Marktreife am nächsten. Für viele Anwendungen eröffnen sie neue Möglichkeiten, da sie grundlegende physikalische Konstanten ausnutzen, sodass keine Kalibrierung erforderlich ist [1]. Zudem ermöglicht die Verwendung quantenmechanischer Prinzipien wie z.B. der Verschränkung eine höhere statistische Genauigkeit als rein klassische Ansätze [2]. Dies führt zu robusten und hochempfindlichen Sensoren mit außerordentlichem Dynamikbereich, wie zum Beispiel optisch gepumpten Magnetometern. In der Medizin ermöglichen sie beispielsweise die Messung von Hirnströmen mittels Magnetoenzephalografie (MEG) in kleinen und tragbaren Geräten [3], in der Physik helfen sie bei der Suche nach dunkler Materie im weltweiten GNOME-Projekt [4] und im Maschinenbau bei der Abschätzung der Restlebensdauer von Geräten. In diesem Beitrag geht es darum, wie sie die Detektion von Defekten bei der Prüfung mechanischer Materialien ermöglichen. Es wird gezeigt, wie Fachwissen aus der elektrischen Messtechnik, der Sensorik und der Festkörperphysik in einem neuartigen quantenbasierten Prüfaufbau kombiniert wird.

2 Magnetische Messung von Materialdefekten

Materie besteht aus Teilchen wie Elektronen, Protonen und Neutronen, die eine elektrische Elementarladung und einen magnetischen Drehimpuls, den Spin, tragen. Beide Quantenzahlen verursachen Magnetfelder: die Ladung, wenn das Elektron um den Atomkern kreist, und der Spin als magnetisches Eigendrehmoment wie winzige Dauermagnete. Ihre Wechselwirkung ist der Schlüssel zur Beschreibung der meisten optischen Übergänge atomarer Spektren in gasförmige Materie.

In Festkörpern, deren Kristallstruktur hauptsächlich durch elektronische Bindungen bestimmt wird, sind die Auswirkungen der Spins in den meisten Fällen weniger offensichtlich als die der elektronischen Ladung. Dies liegt daran, dass Spins in der Regel gepaart und ihre magnetischen Momente somit in perfekten Kristallen kompensiert sind. Dies ändert sich jedoch bei Kristalldefekten, da hier viel häufiger ungepaarte Spins auftreten. Daher »tragen« die Defekte in der Kristallstruktur magnetische Momente, die mit ihrer Umgebung interagieren. Die sich aus diesen Wechselwirkungen ergebende Magnetisierung des Materials wird üblicherweise mit Methoden der zerstörungsfreien magnetischen Prüfung (NDT) gemessen, zum Beispiel mit dem magnetischen Streufluss (MFL), dem magnetischen Barkhausen-Rauschen (MBN) oder nach der »Metal magnetic memory« (MMM)-Methode [5].

Derzeit sind diese Techniken sehr empfindlich gegenüber einer Vielzahl von Materialdefekten, jedoch nicht sehr spezifisch – und werden daher nur selten verwendet, um ein mechanistisches Verständnis der Schädigung zu erlangen. Einblicke in diese Phänomene sind eine wichtige Triebkraft für die Entwicklung neuartiger Strukturmaterialien.

Magnetometer messen die mittlere Magnetisierung in einem bestimmten Volumen. Da die Magnetisierungseffekte von Kristalldefekten in Ferromagneten wie Stahl in der Größenordnung von einigen Nanotesla pro mm^3 liegen, reicht die Empfindlichkeit klassischer Magnetometer wie Fluxgates nur aus, um den Durchschnitt über relativ große Volumina im Bereich von 1 cm^3 zu messen – was weitaus größer ist als die meisten Kristalldefekte. Die Empfindlichkeit sogenannter optisch gepumpter Quantenmagnetometer (OPM) ermöglicht neue Methoden zur Untersuchung der magnetischen Momente dieser Defekte auf einer viel kleineren Skala von nur 0,1 mm^3 oder darunter, d. h. in Volumina, die für die Defektbildung relevant sind. Dazu gehören zum Beispiel Gleitbänder in Kristallen oder frühe Rissbildung. Diese neue Klasse von Magnetometern ermöglicht daher die Untersuchung der Defektdichte in Materialien und verspricht eine bessere Abschätzung der verbleibenden Lebensdauer solch vorgeschädigter Komponenten.

Die Materialprüfung wird daher ein wichtiges Feld für zukünftige Anwendungen von Quantensensoren sein. Im Rahmen des Fraunhofer Leitprojekts QMAG setzen das Fraunhofer IWM und Fraunhofer IPM solche OPM ein, um die Schädigung durch Ermüdungsbeanspruchung von mesoskaligen ferromagnetischen Werkstoffen, wie zum Beispiel zahlreichen Stahllegierungen, zu quantifizieren und so ein besseres Verständnis der Schädigungsmechanismen zu erlangen. Die dynamischen Messungen mit OPM-Sensoren in Ermüdungsexperimenten werden ergänzt durch statische Messungen auf der Grundlage von Stickstoff-Vakanz-Farbzentren (NV-Zentren) in Diamant mit einer hohen Ortsauflösung im Nanometerbereich, die vom Fraunhofer IAF durchgeführt werden. Das Ziel ist, die Wechselwirkung von magnetischen Domänen mit kristallografischen Defekten unter den oben genannten Belastungsbedingungen zu untersuchen. Die daraus gewonnenen Erkenntnisse können zur Optimierung mechanischer und magnetischer Materialien, zur Auslegung von Bauteilen und zur besseren Abschätzung von Wartungszyklen im Rahmen der zustandsorientierten Instandhaltung genutzt werden. Generell können solche hochempfindlichen und hochauflösenden quantenmagnetischen Sensoren in der zerstörungsfreien Materialprüfung eingesetzt werden.

3 Optisch gepumpte Quantenmagnetometer

Optisch gepumpte Magnetometer, die Magnetfelder durch die Wechselwirkung zwischen resonantem Licht und atomarem Dampf messen, haben sich in den vergangenen zwei Jahrzehnten rasch weiterentwickelt [1]. Moderne OPM, wie sie in den letzten Jahren kommerziell verfügbar wurden, sind mikrogefertigte Systeme, die aus einer oder mehreren kleinen Zellen (~ 1 mm^3) aus gasförmigen Helium- oder Alkaliatomen bestehen, die durch einen Laser in ähnliche Spinzustände wie Atomuhren gepumpt werden [3, 6, 7]. Sie messen den Effekt der kollektiven Präzession der Spins anhand der sogenannten Larmor-Frequenz, die proportional zur magnetischen Flussdichte ist. Dieser zeitabhängige quantenmechanische Effekt wird anschließend mit laserspektroskopischen Methoden ausgelesen. Abbildung 1 veranschaulicht die wichtigsten Komponenten eines solchen Systems.

Abgesehen von der Empfindlichkeit gibt es weitere Eigenschaften, die die Eignung eines Sensors für eine bestimmte Anwendung definieren. Für die Materialprüfung ist das insbesondere die räumliche Auflösung, die über das nutzbare Messvolumen für das Magnetfeld mit der Empfindlichkeit verknüpft ist. Mitchell et al. haben die Rauschpegel als Maß für die Empfindlichkeit verschiedener Magnetometerprinzipien ihrer räumlichen Auflösung gegenübergestellt, um eine Pareto-Front zu definieren, siehe Abbildung 2 [8]. Da das Rauschen eine Funktion der Messzeit τ bzw. Bandbreite ist, ergeben sich die Rauschpegel aus $T/\sqrt{Hz}$. Je nach Messprinzip wird die räumliche Auflösung mit einer effektiven Länge verglichen, die als Quadratwurzel aus der empfindlichen Fläche oder als dritte Wurzel aus einem empfindlichen Volumen berechnet wird. Die grüne Linie stellt die physikalisch mögliche Auflösungsgrenze eines Magnetometers als Maß für die Güte des Messprinzips dar. Empfindlichkeiten in der Nähe dieser Auflösungsgrenze werden primär von einigen neuen Magnetometrietechniken erreicht wie supraleitenden Quanteninterferenzsensoren (SQUIDs), optisch gepumpten Magnetometern (OPM) und NV-Zentren (NVD). Alle drei sind Quantentechnologien.

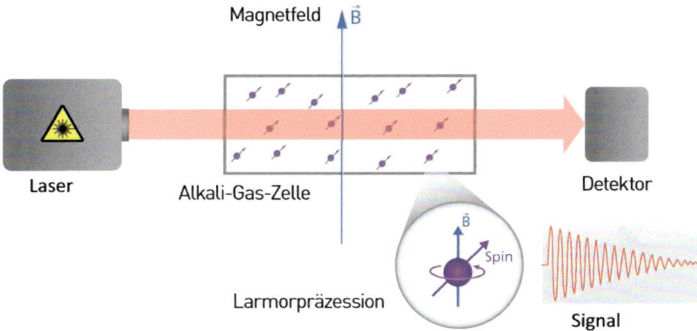

Abbildung 1: Optisch gepumpte Magnetometer: Das zu messende Magnetfeld erzeugt die Larmor-Präzession von Spins in einer Alkaligaszelle.

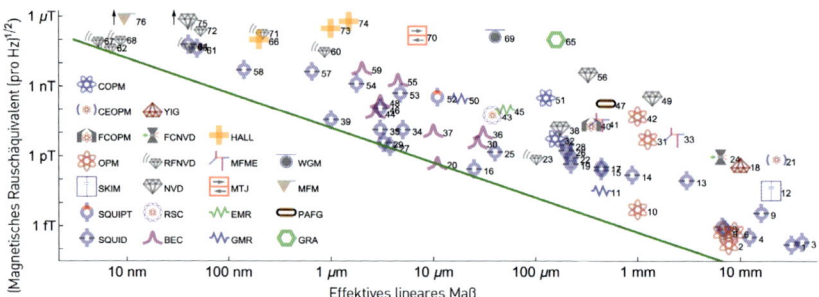

Abbildung 2: Berichtete magnetische Empfindlichkeit $\delta B \sqrt{\tau}$ für verschiedene Sensortechnologien im Vergleich zur Größe des empfindlichen Bereichs. Die effektive Länge l_{eff} als Maß für die räumliche Auflösung wird bei planaren Sensoren als Quadratwurzel der sensitiven Fläche und bei volumetrischen Sensoren als dritte Wurzel des Messvolumens aufgetragen. Bei Punktsensoren wird l_{eff} aus dem Volumen einer Kugel mit einem Radius berechnet, der dem Mindestabstand zwischen Quelle und Detektor entspricht. Bei Arbeiten, in denen die Empfindlichkeit in Einheiten des magnetischen Dipolmoments angegeben wird, erfolgt die Umrechnung in Feldeinheiten unter Verwendung des angegebenen Probenabstands. Mit Ausnahme von RFNVD entspricht der Rauschpegel dem niedrigsten angegebenen Wert bei einer Frequenz ≤ 1 kHz. Ein Pfeil zeigt an, dass der Wert außerhalb der Skala liegt. SQUID: supraleitende Quanteninterferenzsensoren; SQUIPT: supraleitender Quanteninterferenz-Näherungstransistor; SKIM: supraleitendes Magnetometer mit kinetischer Impedanz; OPM: optisch gepumpte Magnetometer; FCOPM: OPM mit Flusskonzentratoren; CEOPM: Cavity-Enhanced-OPM; COPM: OPM mit kalten thermischen Atomen; BEC: Bose-Einstein-Kondensat; RSC: Rydberg-Schrödinger-Cat; NVD: NV-Zentren in Diamant; RFNVD: Hochfrequenz-NVD; FCNVD: NVD mit Flusskonzentratoren; YIG,:Yttrium-Aluminium-Granat; GMR: Riesenmagnetowiderstand; EMR: außergewöhnlicher Magnetowiderstand; MTJ: magnetischer Tunnelkontakt; MEMF: magnetoelektrisch multiferroisch; HALL: Hall-Effekt-Sensor; GRA: Graphen; PAFG: Parallel Gating Fluxgate; MFM: Magnetkraftmikroskop, WGM: magnetostriktive Flüstergalerien. Die grüne Linie zeigt die fundamentale Energieauflösungsgrenze. (Nachdruck von Abbildung 2 mit Genehmigung von Prof. Mitchell [8]; Copyright (2020) der American Physical Society)

Die besten Empfindlichkeiten werden von OPM- und SQUID-basierten Magnetometern mit Auflösungen im Millimeterbereich erreicht. Kommerziell sind verschiedene Arten von OPM erhältlich, die in zwei Hauptklassen eingeteilt werden können: Nullfeld-OPM und Ganzfeld-OPM. Nullfeld-OPM erreichen Empfindlichkeiten von unter 50 fT/√Hz, benötigen jedoch aufgrund ihres begrenzten Dynamikbereichs ein sehr niedriges Umgebungsmagnetfeld von typischerweise unter 50 nT. Das Umgebungsfeld muss also deutlich kleiner sein als das Erdmagnetfeld, sodass die Magnetometer geschirmt werden müssen. Ihre Empfindlichkeit ist vergleichbar mit der von SQUIDs, wie sie in biomagnetischen Anwendungen etabliert sind. Da OPM auf der Basis von Gasen arbeiten, bieten sie den Vorteil, dass im Gegensatz zu SQUID keine kryogenen Temperaturen erforderlich sind, was magnetische Messsysteme drastisch vereinfacht. Ganzfeld-OPM werden in einem anderen Pumpmodus betrieben, sodass sie weniger empfindlich sind ($< 1\,\text{pT}/\sqrt{\text{Hz}}$), jedoch im Magnetfeld der Erde betrieben werden können [7]. Auch Mehrkanalsysteme für die magnetische Bildgebung befinden sich in der Entwicklung [9]. Die räumliche Auflösung eines Sensorsystems kann – auf Kosten der Empfindlichkeit – durch Pick-up-Spulen oder geeignet geformte Flusskonzentratoren angepasst werden [10]. Alle diese Eigenschaften machen OPM zu einer attraktiven neuen Option in der Materialprüfung, wo Volumina im Bereich von $1\,\text{mm}^3$ und darunter mit hoher Empfindlichkeit oder kurzer Messzeit geprüft werden müssen.

4 Magnetische Antwort von Ermüdungsprozessen

Wie der deutsche Ingenieur August Wöhler im 19. Jahrhundert feststellte, brechen Eisenbahnachsen schon bei relativ geringen zyklischen Belastungen, ohne dass sie jemals einer Belastung ausgesetzt werden, die ihrer vollen Zugfestigkeit entspricht [11]. Dies liegt daran, dass zyklische Belastungen das Gefüge und die Fehlerverteilung von Materialien verändern, was zu einer Schadensakkumulation führt, lange bevor Risse an der Oberfläche sichtbar werden. In der Materialwissenschaft steht der Begriff Ermüdung für die allmähliche Materialverschlechterung durch zyklische Belastung. Dieser Ermüdungsprozess durchläuft verschiedene Stadien, die als Rissinitiierung und Risswachstum bezeichnet werden. Die Lebensdauer vieler Maschinenkomponenten wird durch solche Ermüdungsprozesse bestimmt.

Das Ermüdungsverhalten von Materialien wird in sogenannten Wöhlerversuchen untersucht, bei denen die Proben an einem Ende zyklischen Belastungen ausgesetzt werden und die Kraft am anderen Ende gemessen wird. Zusätzlich wird die Dehnung mit Extensometern oder digitaler Bildkorrelation gemessen und die mechanische Spannung als Kraft pro Querschnittsfläche der Probe berechnet. Das Ergebnis sind die bekannten Spannungs-Dehnungs-Hysteresen. Während der Rissinitiierung in duktilen Materialien bewegen sich kristallographische Defekte wie Versetzungen innerhalb des Kristalls in Richtung der Korngrenzen. Dort bilden sie Gleitbänder, die die Materialeigenschaften lokal verändern und von Spannungskonzentrationen begleitet werden. Sobald diese wachsenden Spannungskonzentrationen die Streckgrenze des Materials überschreiten, ist das Stadium des Risswachstums erreicht.

Während diese zweite Phase des Risswachstums mit Methoden wie der Wirbelstrommessung oder der digitalen Bildkorrelation (DIC) vermessen und durch die bruchmechanische Theorie hinreichend beschrieben werden kann, ist die erste Phase der Rissinitiierung viel schwieriger zu beobachten. Methoden zur mikrostrukturellen kristallografischen Charakterisierung auf der Grundlage von Röntgenbeugung (XRD), Neutronenbeugung oder Elektronenbeugung (EBSD) sind oftmals schwierig anzuwenden.

Alternativ dazu werden magnetische Methoden für die In-situ-Überwachung des Ermüdungsprozesses in ferromagnetischen Werkstoffen wie den meisten Stahlsorten eingesetzt. In diesen Materialien ist die Magnetisierung jedoch nicht homogen verteilt. Stattdessen bilden sich magnetische Domänen, um das äußere magnetische Streufeld zu minimieren [12]. Innerhalb dieser Domänen sind die magnetischen Momente parallel ausgerichtet, während die magnetischen Momente benachbarter Domänen in der Regel in entgegengesetzte Richtungen zeigen, um diese Streufelder und damit die magnetische Gesamtenergie zu minimieren. Diese Domänen verändern sich, wenn entweder äußere Magnetfelder oder mechanische Spannungen angelegt werden. In beiden Fällen werden die Grenzen zwischen diesen Bereichen, die sogenannten Domänenwände, verschoben [13, 14]. Domänen mit energetisch vorteilhaft ausgerichteten Magnetisierungsrichtungen wachsen auf Kosten der anderen. Wie in Abbildung 3 veranschaulicht, interagieren die Domänenwände – hauptsächlich Bloch-Wände – mit Kristalldefekten, in einigen Fällen sogar irreversibel, da sie an kristalline Schädigungen »angepinnt« sind.

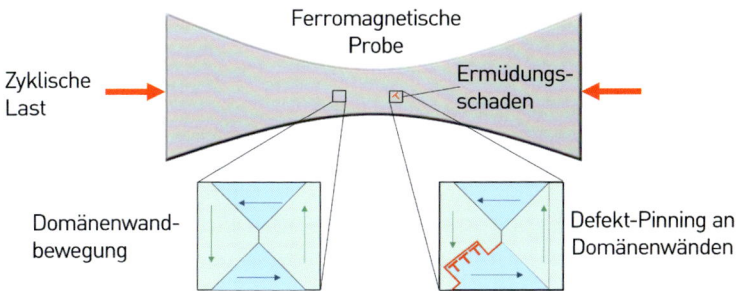

Abbildung 3: Verschiebung von Domänenwänden durch zyklische Lasten in ferromagnetischen Proben. Links: Verschiebung ohne Defekte. Rechts: Pinning von Domänenwänden an ermüdungsbedingten Schädigungen (»fatigue damage«).

Das Ergebnis ist eine defektabhängige Änderung der mittleren Magnetisierung der Probe, wenn die Defektdichte während des Ermüdungsprozesses zunimmt. Die Schwankungen aufgrund solcher Pinning-Effekte im magnetischen Streufeld von Ferromagneten werden in der sogenannten piezomechanischen oder magnetomechanischen Hysterese gemessen – wie unten dargestellt.

5 Messung magnetischer Ermüdungssignale

Wie oben erläutert, sind OPM ein vielversprechendes Instrument zur Messung des Domänenwand-Pinnings unter zyklischer Belastung, um ermüdungsbedingte Schädigungen in Werkstoffen zu untersuchen. Es handelt sich um eine dynamische Messung mit hochempfindlichen Magnetometern. Am besten ist es, ein einziges Experiment zu konzipieren, bei dem sowohl der Ermüdungsprozess in einer Probe induziert als auch gleichzeitig mit OPM-Sensoren gemessen wird. Ähnliche Experimente wurden bereits mit Fluxgate-Magnetometern an großen Proben durchgeführt, bei denen die Magnetisierung in ziemlich großen Volumina gemessen wurde [15–17]. Der Vorteil von OPM aus Sicht der Materialwissenschaft ist, dass sie diese Messungen an Proben mit kleinen Volumina ermöglichen, die den Spannungskonzentrationen, die zur Rissbildung führen, ähnlich sind. Die Herausforderung für das Systemdesign besteht darin, dass sich die Begrenzungen beim Messrauschen nicht nur durch den Sensor selbst, sondern auch durch das Umgebungsrauschen des Aufbaus ergeben – zum Messen von Magnetfeldschwankungen im Pikoteslabereich (10^{-12} T), in einer Umgebung von Mikrotesla (10^{-6} T).

Abbildung 4 zeigt den Versuchsaufbau zur gleichzeitigen Induzierung und Messung von Ermüdungsschäden in einer Probe. Oben links ist ein Bild des kompletten Aufbaus um eine vierlagige zylindrische Abschirmung mit einer vergrößerten Darstellung der inneren Teile, d. h. der über dem OPM angebrachten Probe, zu sehen. Die Hauptelemente sind im Schema rechts skizziert: ein Piezoaktor, der Zug- und Druckkräfte auf die Probe rechts ausübt, und eine Kraftmesszelle, die die resultierende Kraft **F** auf die Probe misst. Die Dehnung der Probe wird optisch mit einem digitalen Echtzeit-Bildkorrelationssystem (DIC) gemessen, das oben auf der Abschirmung angebracht ist [18]. Diese drei Komponenten ermöglichen Ermüdungsprüfungen an den unten gezeigten sogenannten mesoskaligen Proben mit einem Schädigungsvolumen von nur $400 \times 584 \times 380\,\mu m^3$ oder $0{,}09\,mm^3$. Diese Proben eignen sich gut für eine mikrostrukturelle Charakterisierung mit Mikroskopiemethoden wie EBSD (unten links) [19].

Zur Abschirmung von Umgebungsstörungen sind die Probe und das OPM in einer aktiv abgeschirmten Umgebung montiert, die aus vier zylindrischen Abschirmschichten und Spulen zur aktiven Kompensation der äußeren Felder besteht. Der resultierende Abschirmungsfaktor für äußere niederfrequente Störungen liegt im Bereich von 10 000. Der Probekörper selbst ist auf zwei Keramikstäben gelagert, um mit nicht magnetischen Materialien eine ausreichende Steifigkeit für hochfesten Stahl (bis zu 2000 MPa) zu erreichen. Die Schwalbenschwänze an beiden Enden des Probekörpers – die in Abbildung 4 unten eingezeichnet sind – dienen zum Aufbringen von Zugkräften und Titanklemmen zum Aufbringen von Druckkräften.

Materialprüfung mit optisch gepumpten Magnetometern 119

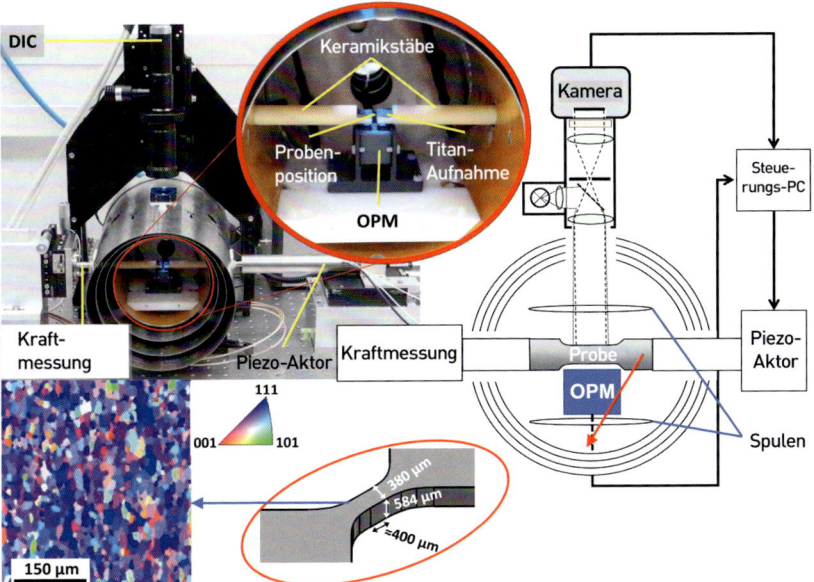

Abbildung 4: Experimenteller Aufbau für zyklische Ermüdung mit integriertem OPM-Sensor zur Messung der magnetischen Schädigung an winzigen mesoskaligen Proben (< 0,1 mm³). (Quelle: [20]; diese Abbildung ist lizenziert unter einer Creative-Commons-Lizenz 4.0[1]).

Diese Anordnung ermöglicht die Montage aktiver elektrischer Geräte außerhalb der Abschirmung, um deren magnetische Streufelder zu unterdrücken. Aufgrund der Mikrofertigung sind alle Elemente des in Abbildung 1 gezeigten Nullfeld-OPMs, also u. a. Laser, Gaszelle und Detektor, in einem Gehäuse von 24,4 × 16,6 × 12,4 mm³ eines Gen-2.0-QZFM-Sensors mit einer Empfindlichkeit von 15 fT/√Hz und einer Messrate von 100 Hz der US-Firma Quspin untergebracht. Weitere Einzelheiten sind in anderen Publikationen beschrieben [20].

In dieser Anordnung eignet sich der Aufbau zur Durchführung von Low-Cycle-Fatigue (LCF)-Experimenten im dehnungsgeregelten Modus sowie von High-Cycle-Fatigue (HCF)-Experimenten im kraftgeregelten

---
[1] http://creativecommons.org/licenses/by-nc-sa/4.0/

Modus mit gleichzeitiger Messung der mechanischen Spannungs-Dehnungs-Hysterese und der magnetomechanischen Hysterese.

Abbildung 5 zeigt einen typischen Verlauf von Kraft F(t) und Magnetfeld B(t) aus einem dehnungsgeregelten LCF-Experiment an einer ferritischen Stahlprobe. Während solcher Experimente wird die Dehnung mit einer konstanten Amplitude von 1,5 % variiert. Bei solchen relativ hohen Amplituden ist der Ermüdungsprozess bereits nach etwa 100 Zyklen beendet. Die ersten fünf Zyklen wurden langsam mit einer Zyklusfrequenz von 0,05 Hz ausgeführt, um die Form der einzelnen Zyklen zu zeigen; danach wurde die Zyklusfrequenz auf 0,3 Hz erhöht. Die verschiedenen Stadien des Ermüdungsprozesses werden durch die Bilder der DIC-Kamera dargestellt: Bild a) aus Zyklus 6 stellt den Ausgangszustand dar, in dem keine Defekte sichtbar sind. Die Rissinitiierung ist durch die weißen Pfeile in Bild b) aus Zyklus 51 gekennzeichnet. Bis zu diesem Zeitpunkt sind keine Defekte äußerlich auf der Probenoberfläche sichtbar, obwohl der Ermüdungsprozess bereits im Gange ist. Etwa bei Zyklus 96 (Bild c) beginnt das Risswachstum, das bei Zyklus 108 mit einem vollständigen Bruch endet.

Während des Ermüdungsprozesses ändert sich das entsprechende Kraftsignal F(t) kaum, bis bei Zyklus 80 ein signifikantes Risswachstum einsetzt. Obwohl die Ermüdungsfehlerdichte in der Masse des Materials zunimmt, wird die mechanische Festigkeit der Probe nicht wesentlich beeinträchtigt, bis ihr Querschnitt durch Risswachstum verringert wird. Ein typisches End-of-Life-Kriterium für Geräte aus diesem Material ist ein fünfprozentiger Abfall des Kraftsignals, wie er in diesem Versuch bei Zyklus 84 auftritt.

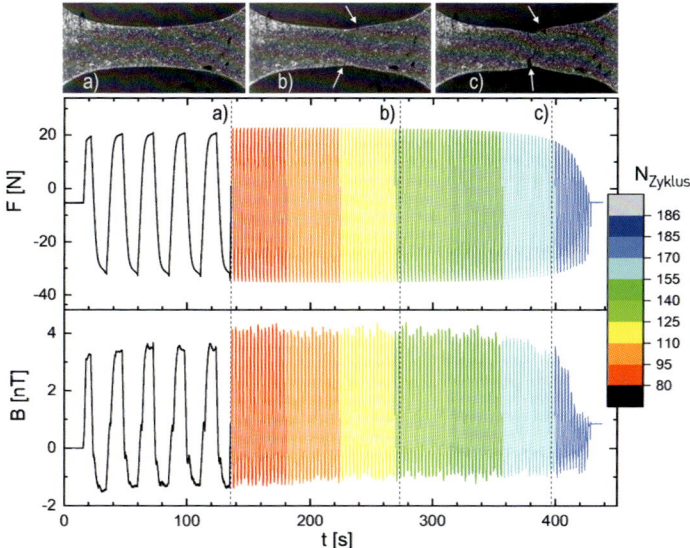

Abbildung 5: Zeitlicher Verlauf der Signale von Kraft $F(t)$ und Magnetfeld $B(t)$ aus einem dehnungsgeregelten Ermüdungsversuch. Die ersten fünf Zyklen wurden mit einer Zyklusfrequenz von 0,05 Hz durchgeführt, die folgenden mit 0,3 Hz. Die Farbe zeigt die Zyklusnummer N an. Bild a) zeigt den Ausgangszustand der Probe bei Zyklus 6 an, die Pfeile in Bild b) zeigen die Rissinitiierung bei Zyklus 51, und Bild c) aus Zyklus 96 markiert das schnelle Risswachstum vor dem Bruch. (Quelle: [20]; diese Abbildung ist lizenziert unter einer Creative-Commons-Lizenz 4.0[2]).

Leider sind klassische Risserkennungsmethoden wie DIC, optische Mikroskopie, Wirbelstrom- oder magnetische Methoden nur während des Risswachstums empfindlich für Risse. Sie messen somit, ob eine Probe bereits das Ende ihrer Lebensdauer erreicht hat. Das Ziel der Quantenmagnetometrie besteht jedoch darin, die verbleibende Lebensdauer abzuschätzen, also magnetische Signaturen von Schäden vor dem Risswachstum zu finden. Um diesen Unterschied zu veranschaulichen, wurden die Signale aus Abbildung 5 bis Zyklus 84, also bis zum Ende der Lebensdauer, über die Dehnung in Abbildung 6 gezeichnet. Die linke Seite zeigt die mechanische Hysterese, also das Spannungs-Dehnungs-

---

[2] http://creativecommons.org/licenses/by-nc-sa/4.0/

Diagramm, das die Abhängigkeit der mechanischen Spannung σ = F/A, also das Verhältnis zwischen Kraft **F** und dem ursprünglichen Querschnitt **A** von 0,22 mm² der Probe, zur Dehnung ε zeigt. Die steilen Bereiche auf der linken und rechten Seite stellen die elastische Verformung der Probe dar. In den flachen Bereichen findet eine plastische Verformung statt, bei der sich das Volumen der Probe bei nahezu konstanter Spannung σ ändert. Wie nach Abbildung 5 erwartet, wird diese Hysterese kaum durch Ermüdungsschäden (»fatigue damage«) verändert.

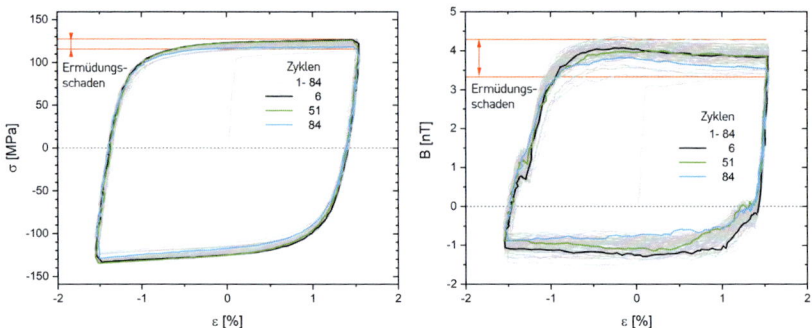

Abbildung 6: Mechanische Hysterese (links) und piezomechanische Hysterese (rechts) eines ferritischen Stahls während eines zyklischen Ermüdungsprozesses. Vor dem Ende der Lebensdauer wirkt sich ein Ermüdungsschaden wesentlich stärker auf das magnetische Streufeld aus als auf die Kraft.

Im Gegensatz zur mechanischen verändert sich die magnetomechanische Hysterese, die auf der rechten Seite von Abbildung 6 dargestellt ist, im Laufe des Ermüdungsprozesses wesentlich stärker. Ihre Form ist in gewisser Weise ähnlich, was bedeutet, dass das magnetische Streufeld **B** in erster Linie proportional zur Spannung im Material ist. Die Amplitude der magnetomechanischen Hysterese beträgt etwa 5 nT bei einer Spannungsänderung von etwa 200 MPa und einem Schädigungsvolumen von etwa 0,1 mm³ im Prüfkörper. Es handelt sich jedoch nicht um eine exakte Proportionalität, da die abfallende Flanke im rechten elastischen Bereich steiler ist als die ansteigende Flanke im linken Bereich. Auch die Amplitude des magnetischen Signals ändert sich durch den Ermüdungsprozess.

All diese Merkmale sind Hinweise auf irreversible Schädigungen im Material, die ihre Spuren im magnetischen Streufeld hinterlassen. Ihr quantitativer Zusammenhang mit Ermüdungsschäden wird noch untersucht. Gleichwohl zeigen diese Ergebnisse, dass die Empfindlichkeit von OPM ausreicht, um Spannungskonzentrationen der Streckspannung in Messvolumen von nur 0,1 mm^3 aufzulösen, was sie zu einem vielversprechenden Sensor für die zerstörungsfreie Prüfung macht. Weitere Einzelheiten werden in [20] und anderen Publikationen der Autoren besprochen.

6 Schlussfolgerungen und Ausblick

Bislang sehen wir, dass OPM neue Möglichkeiten zur Messung von Ermüdungsschäden und kritischen Spannungskonzentrationen in sehr kleinen Volumina bieten, also mit einer hohen räumlichen Auflösung im Submillimeterbereich – was mit klassischen Magnetometern derzeit nicht möglich ist. Dies eröffnet neue Möglichkeiten für die Vorhersage der verbleibenden Lebensdauer von Bauteilen, bevor sie das Ende der Lebensdauer erreicht haben. Die Herausforderung besteht darin, dass diese magnetischen Signale viel kleiner sind als die typischen Umgebungsstörungen in industriellen Umgebungen, sodass OPM heute in abgeschirmten Umgebungen betrieben werden müssen. Daher sehen wir eine neue Klasse von magnetischen zerstörungsfreien Prüfsystemen mit neuartigen Systemkomponenten wie miniaturisierten Abschirmungen und Flusskonzentratoren als »magnetische Linsen«. Wie optische Systeme werden solche Quantenmagnetsysteme in industriellen Umgebungen betrieben und fokussieren nur auf die relevanten Komponenten des Magnetfelds an der Probenoberfläche. Für die Industrie würden solche Systeme wichtige Optionen für die Qualitätsbewertung bei der Prüfung von Schweißnähten und anderen kritischen Strukturen in komplexen Geräten wie Batterien oder Brennstoffzellen-Stacks eröffnen.

Perspektivisch können Quantenmagnetometer unserer Meinung nach dazu beitragen, die folgenden materialwissenschaftlichen Herausforderungen zu bewältigen:

- Sind mikroskopische Phasenumwandlungen mit quantenmagnetischen Sensoren detektierbar, z. B. in Stählen, die sich die Plastizität, die durch die Umwandlung induziert wird, zunutze machen, um die Rissausbreitung zu verhindern? Hier kann bei Belastung eine Umwandlung von der metastabilen paramagnetischen Austenitphase, die mikroskopisch im Gefüge verteilt ist, in die ferromagnetische Martensitphase stattfinden. Mithilfe der Quantensensorik lassen sich möglicherweise die mechanischen »Reserven« eines solchen Werkstoffs abschätzen.
- Können Phasenumwandlungen in Wärmebehandlungsprozessen besser kontrolliert und Herstellungsprozesse optimiert werden?
- Kann die Wasserstoffversprödung oder Korrosion metallischer Werkstoffe frühzeitig erkannt oder kann die Leistung und Integrität von Batterien kontinuierlich überwacht werden?

Eine Vielzahl von materialwissenschaftlichen Anwendungen für die Quantensensorik mit enormem Potenzial ist denkbar. Allerdings muss noch weiter an der Interpretation der Messsignale gearbeitet werden, um mechanistisches Wissen über Phänomene in Materialien abzuleiten, Fertigungsprozesse zu optimieren oder sicherheitsrelevante Bauteile zu überwachen.

7 Literaturverzeichnis

[1] D. Budker et al.: Nature physics, no. 3 (2007)
[2] V. Giovannetti et al.: Nature Photon, vol. 5, no. 4, pp. 222–229 (2011). doi: 10.1038/nphoton.2011.35
[3] N. V. Nardelli et al.: A conformal array of microfabricated optically-pumped first-order gradiometers for magnetoencephalography. EPJ Quantum Technol., vol. 7, no. 1, p. 664 (2020). doi: 10.1140/epjqt/s40507-020-00086-4
[4] S. Afach et al.: Search for topological defect dark matter with a global net-work of optical magnetometers. nature physics, vol. 17, no. 12, pp. 1396–1401 (2021). doi: 10.1038/s41567-021-01393-y
[5] Z. D. Wang et al.: A review of three magnetic NDT technologies, Journal of Magnetism and Magnetic Materials, vol. 324, no. 4, pp. 382–388, 2012, doi: 10.1016/j.jmmm.2011.08048

[6] S. Knappe et al.: Microfabricated Optically-Pumped Magnetometers for Biomagnetic Applications. J. Phys.: Conf. Ser., vol. 723, p. 12055 (2016). doi: 10.1088/1742-6596/723/1/012055

[7] F. Bertrand et al.: A 4He vector zero-field optically pumped magnetometer operated in the Earth-field. The Review of scientific instruments, vol. 92, no. 10, p. 105005 (2021). doi: 10.1063/5.0062791

[8] M. W. Mitchell and S. P. Alvarez: Quantum limits to the energy resolution of magnetic field sensors (2019)

[9] Y. J. Kim and I. Savukov: Parallel high-frequency magnetic sensing with an array of flux transformers and multi-channel optically pumped magnetometer for hand MRI application. Journal of Applied Physics, vol. 128, no. 15, p. 154503 (2020). doi: 10.1063/5.0021284

[10] Y. J. Kim and I. Savukov: Ultra-sensitive Magnetic Microscopy with an Optically Pumped Magnetometer, Scientific reports, vol. 6, p. 24773 (2016). doi: 10.1038/srep24773

[11] W. Schütz: A history of fatigue. Engineering Fracture Mechanics, vol. 54, no. 2, pp. 263–300 (1996). doi: 10.1016/0013-7944(95)00178-6

[12] S. Blundell: Magnetism in condensed matter, 1st ed. Oxford: Oxford Univ. Press (2003)

[13] D. C. Jiles: Theory of the magnetomechanical effect. J. Phys. D: Appl. Phys, no. 28, p. 1537 (1995)

[14] D. C. Jiles: Dynamics of domain magnetization and the Barkhausen effect. Czechoslovak Journal of Physics, vol. 50, no. 8, pp. 893–988 (2000)

[15] S. Bao et al.: Fatigue, Magnetic and Mechanical Hysteresis. Strain, vol. 47, no. 4, pp. 372–381 (2011). doi: 10.1111/j.1475-1305.2010.00739.x

[16] S. Bao et al.: Evolution of the Piezomagnetic Field of Ferromagnetic Steels Subjected to Cyclic Tensile Stress with Variable Amplitudes. Exp Mech, vol. 56, no. 6, pp. 1017–1028 (2016). doi: 10.1007/s11340-016-0147-0

[17] A. Ouaddi et al.: Piezomagnetic behavior: experimental observations and multiscale modelling. Mechanics & Industry, vol. 20, no. 8, p. 810 (2019). doi: 10.1051/meca/2020050

[18] A. Blug et al.: Real-Time GPU-Based Digital Image Correlation Sensor for Marker-Free Strain-Controlled Fatigue Testing. Applied Sciences, vol. 9, no. 10, p. 2025. (2019). doi: 10.3390/app9102025

[19] S. Fliegener et al.: Investigations into the damage mechanisms of glass fiber reinforced polypropylene based on micro specimens and precise models of their microstructure. Composites Part B: Engineering, vol. 112, pp. 327–343. (2017) doi: 10.1016/j.compositesb.2016.12051

[20] P. A. Koss et al.: Optically Pumped Magnetometer Measuring Fatigue-Induced Damage in Steel. Applied Sciences, vol. 12, no. 3, p. 1329 (2022). doi: 10.3390/app12031329

Fraunhofer CAP

Perspektiven der Quantensensorik

Loyd J. McKnight, Christopher H. Carson, Adam Selyem, Matthew Warden, Bienvenu Ndagano, Peter J. Schlosser, Nils K. Wessling, Michael J. Strain, Henry T. Bookey, David J. M. Stothard, Martin D. Dawson

Abstract: Im Folgenden wird beschrieben, wie sich drei wichtige Technologiethemen durch die Forschung am Fraunhofer CAP auf das Gebiet der Quantensensorik auswirken: kalte Atome für Sensortechnologie, Einzelphotonen-Detektoren für neue Spektroskopietechniken und photonische Integration als Schlüsseltechnologie für die Verbesserung der Sensorleistung.

Keywords: Sensoren, Atome, Photonen, SPAD, photonische Integration, Wellenleiter

1 Fraunhofer CAP und die britische Perspektive

Die Quantenmechanik verspricht tiefgreifende zukünftige Innovationen, die viele Bereiche wie die Informationsverarbeitung und Sensorik neu definieren werden. Quantensensoren funktionieren völlig anders als ihre klassischen Gegenstücke und bieten die Möglichkeit, die Empfindlichkeit erheblich zu erhöhen und/oder völlig neue Sensormodalitäten zu entwickeln. Die meisten dieser Technologien machen sich die besonderen Eigenschaften der Quantenmechanik zunutze, zum Beispiel die Prinzipien der Superposition und Verschränkung. Die Superposition ermöglicht es einem Quantensystem, sich gleichzeitig in zwei oder mehr verschiedenen Zuständen zu befinden, während ein Quantensystem, das aus mehr als einer Komponente besteht, als verschränkt bezeichnet wird, wenn der Quantenzustand jeder Komponente nicht unabhängig vom Zustand der anderen Komponenten beschrieben werden kann.

Das Vereinigte Königreich hat 2014 ein nationales Programm für Quantentechnologien (UK NQTP) ins Leben gerufen und war Vorreiter bei der Ermittlung der Auswirkungen, die diese Technologien auf die Gesellschaft haben werden. Im Rahmen dieses Programms wurden über einen Zeitraum von zehn Jahren Investitionen in Höhe von einer Milliarde Pfund aus öffentlichen und privaten Mitteln getätigt. Es umfasst die Entwicklung von technologischen Zentren in den Bereichen Sensorik, Bildgebung, Datenverarbeitung und Kommunikation sowie ein Innovationsprogramm zur Unterstützung der Kommerzialisierung von verwandten Quantentechnologien.

Das Fraunhofer Centre for Applied Photonics (Fraunhofer CAP) wurde 2012 in Großbritannien gegründet und hat Quantentechnologien von Anfang an als strategisches Schlüsselthema identifiziert. Das Fraunhofer CAP hat sich sehr aktiv an der Innovationsförderung des britischen NQTP-Programms beteiligt, das von der staatlichen Förderagentur Innovate UK verwaltet wird. Bis heute hat das Fraunhofer CAP in diesem Programm mit mehr als 40 Unternehmen in mehr als 60 Projekten zusammengearbeitet und sich als größter und kooperativster Teilnehmer etabliert. Das Fraunhofer CAP spielt eine Schlüsselrolle, wenn es darum geht, neue Organisationen in das Programm einzubinden und große und kleine Industriezweige mit den Möglichkeiten vertraut zu machen, die Quantentechnologien für ihre Geschäftstätigkeit bieten können. Ein Hauptaugenmerk der Organisation lag und liegt darauf, internes technisches Fachwissen in die praktischen Herausforderungen einzubringen, denen sich die Industrie bei der Kommerzialisierung der Quantentechnologie gegenübersieht.

2 Kaltatomsensor-Technologien

Mit einer Kombination aus Lasern und Magnetfeldern lassen sich Atome kühlen, einfangen und präzise manipulieren. Ein Ensemble von Atomen kann gekühlt werden, indem es mit nahezu resonantem Laserlicht aus mehreren Richtungen belichtet wird, um eine geschwindigkeitsabhängige Kraft zu erzeugen, die der Bewegungsrichtung der Atome entgegenwirkt und sie in Richtung der Geschwindigkeit »null« drängt [1]. Eine magnetooptische Falle (MOT) wird durch Hinzufügen eines Paars von Spulen in der Anti-Helmholtz-Anordnung gebaut. Dadurch wird zusätzlich zu der geschwindigkeitsabhängigen Kraft eine positionsabhängige Kraft erzeugt, die es ermöglicht, die Atome sowohl am Platz zu halten als auch zu kühlen [2]. Sobald die Atome gekühlt und in einer MOT gefangen sind, können sie in Kaltatomsensoren für Präzisionsmessungen verwendet werden.

2.1 Einführung in die Atominterferometrie

Die Atominterferometrie nutzt die Welleneigenschaften von Atomen für die Präzisionsmetrologie. In einem Atominterferometer werden Lichtfelder verwendet, um das Atom in einen sorgfältig ausgewählten Überlagerungszustand zu bringen und anschließend die Materiewellen kohärent aufzuspalten und zu rekombinieren, um ein Interferenzmuster am Ausgang des Interferometers zu beobachten. Die Phasenverschiebung am Ausgang des Interferometers wird durch die Wechselwirkung mit den Lichtfeldern und eventuelle externe Effekte (z. B. Beschleunigung, Rotation, Schwerkraft usw.) bestimmt, die die Energie zwischen den beiden Armen des Interferometers verändert.

Die Verwendung von Atomen für die Interferometrie bietet mehrere Vorteile, darunter eine große Auswahl an atomaren Eigenschaften, große Streuquerschnitte und gut charakterisierte Wechselwirkungen mit der Umgebung [3]. Die Auswahl der Atomspezies ermöglicht es, Atomeigenschaften wie Polarisierbarkeit, Masse und magnetisches Moment in Abhängigkeit von dem zu messenden Effekt auszuwählen. Die

De-Broglie-Wellenlänge von Atomen ist etwa 10 000-mal kleiner als die des sichtbaren Lichts, wodurch Atominterferometer empfindlicher sind als ihre optischen Gegenstücke. Außerdem sind Atome im Gegensatz zu Photonen empfindlich gegenüber magnetischen und elektrischen Feldern. Das Kühlen und Einfangen von Atomen ohne Einsatz von Dampfzellen stellt zwar eine technische Herausforderung dar, aber die schmale Impulsverteilung kalter Atome führt zu längeren Kohärenz- und Abfragezeiten und somit zu einer höheren Empfindlichkeit.

Kaltatom-Interferometer wurden bereits für Präzisionsmessungen in Fundamentalphysik [4], zur Bestimmung von Fundamentalkonstanten [5], Rotation [6], Gravitationsbeschleunigung [7], Trägheitsmessung [8] und für die Navigation [9]) eingesetzt, was die Vielseitigkeit der Kaltatomtechnologie belegt.

2.1.1 Anwendungen in der Trägheitssensorik

Das Potenzial der Kaltatom-Interferometrie für die Trägheitsmessung lässt sich anhand des Sagnac-Effekts veranschaulichen. Die Sagnac-Phasenverschiebung hängt von der eingeschlossenen Fläche des Interferometers und der Energie des Teilchens (Photon, Atom usw.) ab. Vergleicht man die Energie von Atomen und Photonen, so sind Materiewellen-Interferometer pro Teilchen 10^{11}-mal empfindlicher als optische Interferometer mit der gleichen Fläche [10]. Selbst wenn man berücksichtigt, dass es einfacher ist, die Teilchenzahl in einem optischen Interferometer zu skalieren, können Materiewellen-Interferometer in vielen Anwendungen immer noch um mehrere Größenordnungen empfindlicher sein. Neben der höheren Empfindlichkeit gegenüber Rotationen bieten Kaltatom-Interferometer noch weitere Vorteile wie Verschleißfestigkeit (die einzigen beweglichen Teile sind Atome, deren Eigenschaften sich im Laufe der Zeit garantiert nicht verändern), hervorragende Langzeitstabilität und keine Notwendigkeit zur Kalibrierung, da alle Atome derselben Atomart identisch sind. Einige Beispiele für Trägheitssensoren auf Basis kalter Atome sind in [8, 11] aufgeführt.

2.1.2 Anwendungen in der Schwerkraftsensorik

Kaltatom-Interferometer sind empfindlich gegenüber allen Effekten, die das Interferenzmuster am Ausgang des Interferometers verändern, und können daher für die Schwerkraftsensorik eingesetzt werden. Klassische Schwerkraftsensoren, die auf Federn und makroskopischen Massen beruhen, erfordern eine häufige Driftkompensation und einen Bezug auf eine bekannte Schwerkraft und sind für langfristige Dauermessungen nicht geeignet. Der Vorteil der Verwendung von Atomen zur Messung der Schwerkraft liegt in ihren wohldefinierten Eigenschaften und ihrer Langzeitstabilität. Die Fähigkeit, Atome präzise zu kontrollieren und von schädlichen Einflüssen aus der Umgebung zu isolieren, in Kombination mit reproduzierbaren atomaren Eigenschaften ermöglicht es, systematische Fehler bei Präzisionsmessungen stark zu reduzieren [12]. Die Empfindlichkeit eines Kaltatom-Interferometers für die Schwerkraftbeschleunigung nimmt mit dem Quadrat der Abfragezeit zu. Aus diesem Grund wurden viele Techniken entwickelt, um diesen Parameter zu erhöhen, was verschiedene Auswirkungen auf die Geometrie und Größe des Sensors hat [13]. Einige Beispiele für Kaltatom-Schwerkraftsensoren sind in [7, 14] aufgeführt.

2.2 Einführung in die Laseranforderungen für Quantensensoren

Die kritischen Laserparameter für die Atomphysik und Kaltatom-Interferometer sind optische Leistung, Frequenzstabilität, Abstimmbarkeit und Linienbreite. Die optische Leistung bestimmt die Anzahl der erreichbaren kalten Atome und die Geschwindigkeit, mit der man sie kühlen und in einer MOT einfangen kann. Die langfristige Frequenzstabilität ist für die Verringerung der systematischen Messunsicherheiten von entscheidender Bedeutung. In der Regel wird dies durch die Stabilisierung der Laserfrequenz auf eine atomare Referenz [15] oder einen optischen Resonator [16] erreicht. Der Laser muss auf eine Atomresonanz (oder in deren Nähe) abgestimmt werden können, um die Atome zu manipulieren, daher wird ein modensprungfreier Abstimmbereich von > 10 GHz bevorzugt. Kaltatom-Sensoren erfordern Einfrequenz-Laser mit Linienbreiten, die schmaler sind als die natürliche Linienbreite des atomaren Übergangs. Die natürliche Linienbreite von Rubidium beträgt beispielsweise 6 MHz, sodass Linienbreiten < 2 MHz für die Laserkühlung ausreichend sind. Je nach Aufbau des Interferometers können während der Versuchsreihe auch geringere Linienbreiten (< 200 kHz) erforderlich sein.

Die in Abschnitt 2.2.1 und Abbildung 1 beschriebenen Laserentwicklungen betragen 780 nm für Quantensensoren auf Rubidium-Basis.

2.2.1 Entwicklung von Einfrequenz-Lasern

Rubidium ist aufgrund seiner relativ einfachen elektronischen Struktur und der Verfügbarkeit geeigneter Laserquellen für seine Anregung und Kontrolle eine beliebte Atomart. Die ausgereiften Halbleiterdiodenlasertechnologien, die bei 780 nm arbeiten, bieten in diesem Fall mehrere Vorteile gegenüber alternativen Laserarchitekturen (diodengepumpte Festkörperlaser, frequenzverdoppelte Faserlaser usw.): u. a. hoher Gesamtwirkungsgrad, geringe Größe und geringes Gewicht, ausgezeichnete Zuverlässigkeit und niedrige Kosten. Das Fraunhofer CAP hat in Zusammenarbeit mit Alter Technology TÜV Nord UK Ltd. 780-nm-Halbleiterlaserdiodenmodule mit geringer Größe, Gewicht und Leistungsaufnahme (SWaP) für Quantensensoren entwickelt, die in rauen Umgebungen außerhalb des Labors eingesetzt werden. Beispiele für 780-nm-Lasersysteme für rubidiumbasierte Sensoren, die vom Fraunhofer CAP entwickelt wurden, sind in Abbildung 1 dargestellt.

Diodenlaser mit externem Resonator (ECDL) bestehen aus einer Laserdiode, einer Kollimationslinse und einem frequenzselektiven Element, das zur Rückführung des Lichts in die Diode dient. Die frequenzselektive Rückkopplung zwingt die Laserdiode, auf einer einzigen Frequenz zu arbeiten, und die Frequenz des ECDL kann über das frequenzselektive Element abgestimmt werden. Das Fraunhofer CAP hat in Zusammenarbeit mit Alter Technology TÜV Nord UK Ltd. einen abstimmfreien ECDL im 14-Pin-Butterfly-Package entwickelt, der schmale Linienbreiten (< 500 kHz über 100 ms) und eine große modensprungfreie Abstimmung (> 10 Ghz) [17] bietet. Es wurden hochzuverlässige Fertigungsverfahren eingesetzt, um robuste ECDL geringer Größe, geringen Gewichts und geringer Leistungsaufnahme (SWaP) zu produzieren.

Bei Kaltatom-Sensoren wird die Frequenz des Lasers auf eine atomare Referenz stabilisiert, um eine langfristige, driftfreie Stabilität zu gewährleisten. In der Regel befindet sich die Stabilisierungsoptik außerhalb des Lasergehäuses und wird manuell ausgerichtet, was zu erhöhten SWaP-Werten, einer größeren Empfindlichkeit gegenüber thermischen Effekten und Ausrichtungsfehlern sowie einem höheren Arbeitsaufwand für den Benutzer führt. Das Fraunhofer CAP hat in Zusammenarbeit mit Alter Technology TÜV Nord UK Ltd. ein frequenzstabilisiertes Lasermodul entwickelt, bei dem ein Einfrequenz-DBR-Laser und eine Stabilisierungsoptik in einem einzigen robusten und hochzuverlässigen Modul untergebracht sind – das erste Modul dieser Art, das auf den Markt gebracht wurde (siehe Abbildung 1). Dieser ausrichtungsfreie frequenzstabilisierte Laser weist eine Linienbreite von < 1 MHz, eine erhöhte Integrationsfreundlichkeit, geringe SWaP-Werte, eine >50-fache Volumenreduzierung im Vergleich zur externen Stabilisierung auf und eignet sich ideal für Quantensensoren, die außerhalb der Laborumgebung eingesetzt werden.

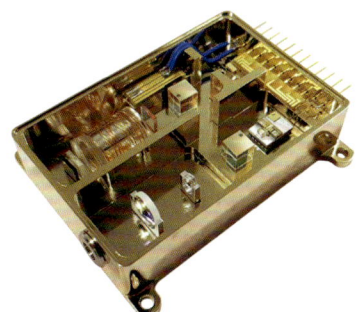 

Abbildung 1 (links): Frequenzstabilisierter Laser, entwickelt vom Fraunhofer CAP in Zusammenarbeit mit Alter Technology TÜV Nord UK Ltd. Das Lasermodul besteht aus einer Halbleiterdiode, deren Frequenz auf eine atomare Rubidium-Referenz stabilisiert ist. Der Laser ist kompakt (60 × 40 × 15 mm^3) und abstimmfrei, was eine einfachere Integration in komplexe Kaltatom-Sensoren ermöglicht. Rechts: Kompaktes 780-nm-Lasersystem für rubidiumbasierte Sensoren, entwickelt vom Fraunhofer CAP. Das Lasersystem besteht aus zwei 14-poligen ECDL im Butterfly-Package, die das Licht mit der erforderlichen optischen Leistung, Frequenz, Frequenzstabilität und Linienbreite an die MOT liefern.

2.3 Entwicklung von Trapezverstärkern

In der Atomphysik ist es fast immer von Vorteil, den Atomen höhere optische Leistungen zuzuführen, da dies eine reinere Quantenzustandspräparation, eine größere Anzahl von Atomen und kürzere »Ladezeiten« für Ionenfallen ermöglicht. Der Zugang zu mehr optischer Leistung macht die zuvor inakzeptablen Verluste annehmbar und ermöglicht die Entwicklung einer verbesserten Robustheit bei reduzierter Größe und Komplexität.

Diodenlaser im Nahinfrarotbereich sind in der Regel auf eine Leistung von etwa 100 mW beschränkt, da die Gefahr einer Beschädigung der Facetten besteht und die Zuverlässigkeit ein Problem darstellt. Ein Leistungsniveau von 1 W wäre für viele Systeme wesentlich wünschenswerter. Trapezverstärker (TA) sind eine auf Halbleiterdioden basierende Technologie, die diesen Bedarf decken kann. Diese Vorrichtungen bestehen aus einem Rippenwellenleiter, in den »Seed-Licht« injiziert wird, und einem verjüngten Bereich, in dem eine hohe optische Verstärkung mehrere Watt Ausgangslicht erzeugt. Entscheidend ist, dass die anwendungsrelevanten Frequenzeigenschaften des Ausgangs genau denen des Seed-Lichts entsprechen und der Ausgang einen hochwertigen räumlichen Modus beibehält, der eine Faserkopplung hoher Effizienz ermöglicht.

Um die Vorteile des TA in einem kompakten, robusten Package nutzen zu können, müssen einige technische Herausforderungen bewältigt werden, wobei das Fraunhofer CAP große Fortschritte erzielt hat. Der Verstärkungsgrad hängt von der eingekoppelten Seed-Leistung ab, die nur schwer auf einem konstanten Niveau zu halten ist, da in dem kleinen Volumen des Verstärkerbereichs große Wärmemengen erzeugt werden, die eine thermisch bedingte Fehlausrichtung verursachen. Außerdem ist der Ausgangsstrahl zwar von hoher Qualität, jedoch astigmatisch, und die Ausrichtung des Strahls kann mit der Verstärkung variieren. Die Forscher des Fraunhofer CAP haben in Zusammenarbeit mit Alter Technology TÜV Nord UK Ltd. bedeutende Fortschritte bei der Bewältigung dieser Herausforderungen mit Faser-in-TA-Modulen in der Größe von 14-Pin-Butterfly-Packages mit hochwertiger Freiraumleistung erzielt. Das Fraunhofer CAP hat entwickelte ECDL und TA eingesetzt, um Atome in einer MOT zu kühlen, wie in Abbildung 2 dargestellt.

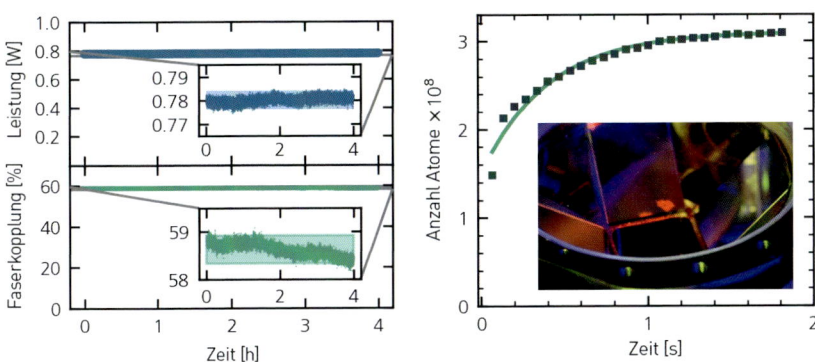

Abbildung 2 (links): Langfristige Freiraum-Ausgangsleistung und Stabilität des Wirkungsgrads der Faserkopplung der entwickelten Trapezverstärker. Die Freiraum-Ausgangsleistung bleibt über vier Stunden innerhalb von 1 % stabil und ermöglicht in Verbindung mit der exzellenten Strahlqualität eine hocheffiziente, stabile Faserkopplung. Rechts: ECDL und TA zur Erzeugung einer MOT mit 3×10^8 Atomen und $< 1\,\text{s}$ Ladezeit (geladen aus Hintergrund-Rubidiumdampf). Ein Foto der MOT-Fluoreszenz ist in der Beilage zu sehen.

3 SPAD für zeitaufgelöste Fernspektroskopie

Die ständig wachsende Auswahl und Verfügbarkeit von Einzelphotonendetektoren eröffnen neue Anwendungsmöglichkeiten in der zeitaufgelösten Fernspektroskopie und bei LiDAR-Systemen [18]. Darunter hat die Entwicklung von Einzelphotonen-Lawinenphotodioden (SPAD) sowohl in Laborversuchen als auch bei kommerziell erhältlichen Vorrichtungen einen raschen Fortschritt in Bezug auf Funktionalität und Leistung erfahren [19].

3.1 Fernerkundung von Wasserstoff

Am Fraunhofer CAP verwenden wir seit einigen Jahren Silizium-Einzelphotonen-Lawinenphotodioden (SPAD) für die hochaufgelöste Fernerkundung von Wasserstoffgas. Diese Technologie verspricht erhebliche

Vorteile für die Nuklearindustrie, insbesondere für die Überwachung der Lagerung von mittelradioaktiven Substanzen [20]. Obwohl das Langzeitverhalten dieser Stoffe gründlich modelliert und getestet wurde, ist es wünschenswert, ihren Zustand während der gesamten Lagerdauer zu überwachen, um sicherzustellen, dass ihr Verhalten den Erwartungen entspricht. Wasserstoffgas wird ständig in geringen Mengen freigesetzt und entweicht aus den Lagerbehältern. Die Überwachung der Wasserstofffreisetzungsrate gibt Aufschluss darüber, ob die Vorgänge im Inneren eines Lagerbehälters innerhalb der erwarteten Grenzen liegen, und könnte genutzt werden, um festzustellen, ob bestimmte Behälter einer genaueren Inspektion bedürfen.

Der Mechanismus zur Erkennung von Wasserstoffgas basiert auf der spontanen Raman-Streuung. Dies ist die vielversprechendste optische Technik für den Nachweis von Wasserstoffgas in Luft, da Wasserstoffgas keine signifikanten direkten Absorptionsmerkmale aufweist, die innerhalb der Transmissionswellenlängen von Luft leicht zugänglich sind und die auf dem Brechungsindex basierenden Messverfahren wie die Schlieren-Bildgebung und die Shearografie nicht spezifisch genug sind [21]. Die Herausforderung bei der Verwendung der spontanen Raman-Streuung als Detektionsmethode im Fernbereich liegt in der Schwäche des Streumechanismus, also dass selbst mit einem leistungsstarken Anregungslaser und einer großen Sammelöffnung in der Regel nur wenige gestreute Photonen pro Laserpuls gesammelt werden. Dank der Verfügbarkeit und der Möglichkeiten von SPAD-Sensoren ist es jedoch möglich, selbst mit diesen geringen Photonenflüssen Präzisionsmessungen der Wasserstoffgaskonzentration durchzuführen.

Ein schematischer Überblick über unseren entfernungsaufgelösten Wasserstoffsensor ist in Abbildung 3 dargestellt. Das Licht eines gepulsten Miniatur-UV-Lasers wird emittiert, und ein kleiner Teil davon wird auf eine schnelle Photodiode reflektiert, die ein Synchronisationssignal für die Zeitmess- und Statistikinstrumente liefert. Der Rest des Laserlichts wird in Richtung des zu messenden Punkts abgestrahlt und von einem Spiegel reflektiert, sodass der durchgelassene Strahl koaxial zur Achse des Sammelteleskops verläuft. Das Raman-Streulicht aus dem Messvolumen, das mehrere Dutzend Meter vom Messgerät entfernt sein kann, wird vom Erfassungsteleskop aufgefangen und zu einem Spektralanalysemodul geleitet. In diesem Spektralanalysemodul wird das Licht mithilfe einer Reihe dichroitischer Filter nach Wellenlängen in verschiedene Pfade aufgeteilt. Dadurch werden bestimmte Wellenlängenbereiche von Interesse auf spezielle SPAD-Detektoren gelenkt. Auf diese Weise wird Licht in mehreren definierten Wellenlängenbereichen – die jeweils dem Licht entsprechen, das von einem bestimmten Molekül gestreut wird – auf spezielle SPAD-Detektoren gelenkt. Die Moleküle, deren Raman-Streulicht detektiert wird, sind N_2, H_2O und H_2. Die Detektion von N_2 ermöglicht die Kalibrierung jeder Messung, da die Luftkonzentration von N_2 als konstant angenommen werden kann. Die Detektion von H_2O ermöglicht die Korrektur einer Messverzerrung, die durch Schwankungen der H_2O-Konzentration verursacht werden kann, da sich die Raman-Streuspektren von H_2O teilweise mit den Raman-Streuspektren von H_2 überschneiden. Die Detektion von H_2 ist die primäre Messung. Das Ausgangssignal jedes Detektors wird von den Zeitmess- und Statistikinstrumenten empfangen, die einen zeitkorrelierten Einzelphotonenzähler (TCSPC) enthalten, der die Ankunftszeit einzelner Photonen auf jedem Kanal aufzeichnet und ein Histogramm der Anzahl der Photonen erstellt, die innerhalb von Zeitabschnitten zu verschiedenen Zeiten nach der Emission des Laserpulses empfangen wurden – was den verschiedenen Messbereichen entspricht.

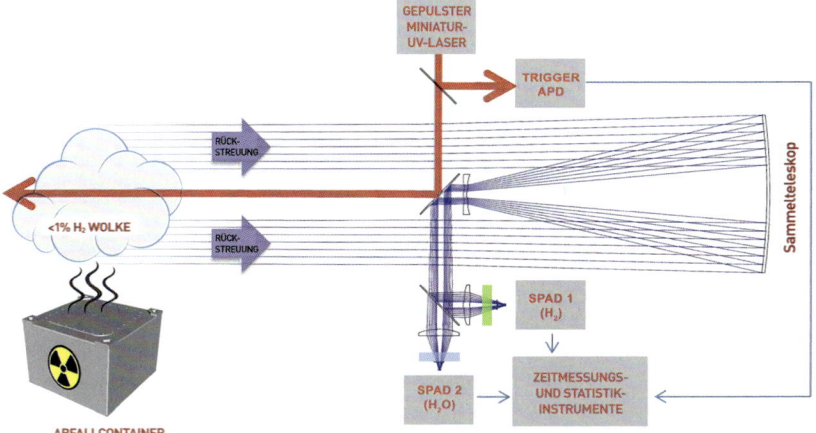

Abbildung 3: schematische Darstellung des im Haupttext beschriebenen Wasserstoffsensorsystems.

3.2 Ergebnisse der Fernerkundung von Wasserstoff

Die Messergebnisse der Wasserstoff-Fernerkundung sind in Abbildung 4 dargestellt. Das beschriebene Gerät wurde zur Messung der Wasserstoffkonzentration entlang einer 40 Meter langen Sichtlinie verwendet. Wasserstoff wurde der Luft in einer Entfernung von 31 Metern zugesetzt. Um die Wasserstoffkonzentration kontrollieren zu können, wurde sie in ein 6 Meter langes offenes Rohr eingeführt. Das Sammelteleskop kann aufgrund seiner Schärfentiefe jeweils nur Raman-Streuphotonen aus einer bestimmten Bereichstiefe auffangen. Um eine Messung über eine größere Bereichstiefe durchführen zu können, wurde der Fokus des Teleskops während der Messung kontinuierlich verändert. In diesem Fall ermöglichte dies eine Messung zwischen 15 und 38 Metern; zwischen diesen Bereichen liegen die wichtigsten Merkmale in diesem Diagramm. Die Spitzenwerte der Photonenzählung in der Nähe der Entfernungen von 0 Metern und 40 Metern werden jeweils durch die Fluoreszenz der Geräteoptik bzw. der Wand am Ende des Raums verursacht. Das Fehlen gezählter Photonen bei Entfernungen zwischen 2 und 10 Metern ist darauf zurückzuführen, dass das Sammelteleskop während der Messung nicht zwischen diesen Entfernungen fokussiert wurde. Der graduelle Rückgang der gezählten Photonen zwischen 15 und 38 Metern ist auf den geringeren Anteil der Raman-Streuphotonen zurückzuführen, die bei größeren Entfernungen gesammelt werden, sowie auf die Zeit, die das Teleskop bei verschiedenen Entfernungen fokussiert war. Die unterschiedlichen Photonenzahlen für die verschiedenen Kurven zwischen 28 Metern und 34 Metern sind auf die unterschiedlichen Wasserstoffkonzentrationen zurückzuführen, die bei den verschiedenen Messungen in die Luft eingebracht werden. Nach entsprechender Normalisierung dieser Messungen auf der Grundlage der Anzahl der von N_2 und H_2O-Molekülen gestreuten Raman-Photonen können die Wasserstoffkonzentrationen gemessen werden. Aus Abbildung 4 ist ersichtlich, dass dieses Gerät in der Lage war, eine Konzentration von 0,1 % H_2 in der Luft in einer Entfernung von 30 Metern zu erkennen.

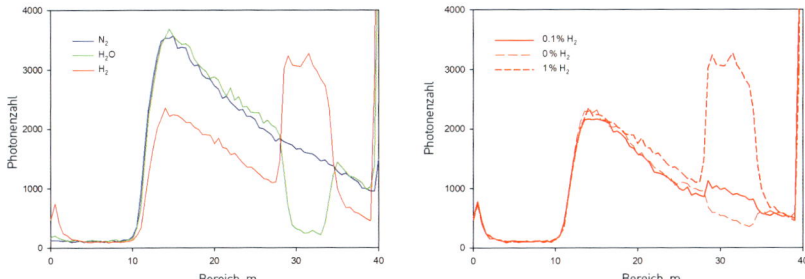

Abbildung 4 (links): Entfernungsaufgelöste Detektion von Stickstoff, Wasserdampf und Wasserstoff. Diese Informationen werden zusammengeführt, um eine einzige Kurve für Wasserstoff zu erstellen. Rechts: Ergebnisse für verschiedene Konzentrationen von Wasserstoff. Das Signal von Interesse im Bereich von 28 bis 34 Metern.

4 Photonische Integration für Quantensensorik

Die Möglichkeit, Sensorsysteme und ihre Teilkomponenten in photonische integrierte Chips und Schaltkreise einzubetten, ist der Schlüssel, um Quantentechnologien aus dem Labor in kommerzielle Anwendungen zu überführen. Optische wellenleiterbasierte Geräte können Leistungsverbesserungen wie höhere Generierungsraten von Photonenpaaren bieten und durch die Möglichkeit, Modulatoren, Filter und Splitter einzubauen, eine verbesserte Funktionalität aufweisen. Darüber hinaus reduzieren sie die Gesamtgröße, das Gewicht, die Leistung und die Komplexität des Systems, was für den Einsatz vor Ort entscheidend ist. Durch Fertigungstechniken im Wafermaßstab kann die Zuverlässigkeit erhöht werden, indem sichergestellt wird, dass jedes Gerät identisch ist. Das Fraunhofer CAP führt eine Reihe von Arbeitsprogrammen im Zusammenhang mit der photonischen Integration von Quantentechnologien aus. Hier werden die jüngsten Fortschritte bei integrierten Lichtquellen und integrierten Optiken für Magnetometer diskutiert.

4.1 Integrierte Quellen für Quantenlicht

Nichtlineare parametrische Prozesse sind entscheidend für die Erzeugung fundamentaler Quantenzustände des Lichts einschließlich einzelner Photonen, gequetschtem Licht und verschränkter Photonen. Breitet sich ein intensives Pumplaserfeld durch ein nichtlineares Medium aus, besteht die Wahrscheinlichkeit, dass das Pumpphoton vernichtet wird und zwei neue Photonen mit geringerer Energie als korreliertes Paar entstehen. Durch die Anordnung des optischen Systems können wir eine Verschränkung erzeugen, bei der die Eigenschaften der Photonen korreliert, jedoch bis zur Messung unbekannt sind. Korrelierte und verschränkte Photonenquellen finden in allen Bereichen der Quantentechnologien Anwendung, unter anderem in der photonikbasierten Quanteninformatik [22], Kommunikation [23], Bildgebung und Metrologie [24, 25]. Mit verschränkten Photonen wurde eine Auflösung jenseits der Rayleigh-Grenze beobachtet [26] ebenso wie gequetschtes Licht zur Detektion von Gravitationswellen [27] und für Quanten-LiDAR [28]. Anwendungen in der biomedizinischen Bildgebung sind ein weiteres Forschungsthema, da geringe Lichtstärken verwendet werden können, die die Schädigung des Gewebes begrenzen [29].

Am Fraunhofer CAP ist dies ein aktiver Forschungsbereich, in dem wir integrierte Lichtquellen in einer Reihe von Plattformen entwickelt haben. Hier berichten wir über unsere Fortschritte bei Bauteilen, die auf Basis von periodisch gepoltem Lithiumniobat (PPLN) hergestellt werden.

4.1.1 Herstellung von optischen Komponenten durch ultraschnelle Laserbeschriftung

PPLN verwendet eine Quasi-Phasenanpassung, um effiziente nichtlineare Wechselwirkungen über große Wechselwirkungslängen zu ermöglichen. Durch die Auswahl der richtigen Periodizität, mit der die Ausrichtung des Kristalls gekippt wird, interferieren die neu erzeugten Photonen konstruktiv mit den zuvor erzeugten Photonen. Es gibt viele Nachweise von Quantenlichtquellen, die Bulk-PPLN verwenden, und eine begrenzte Anzahl von Ergebnissen, die auf Wellenleitern basieren.

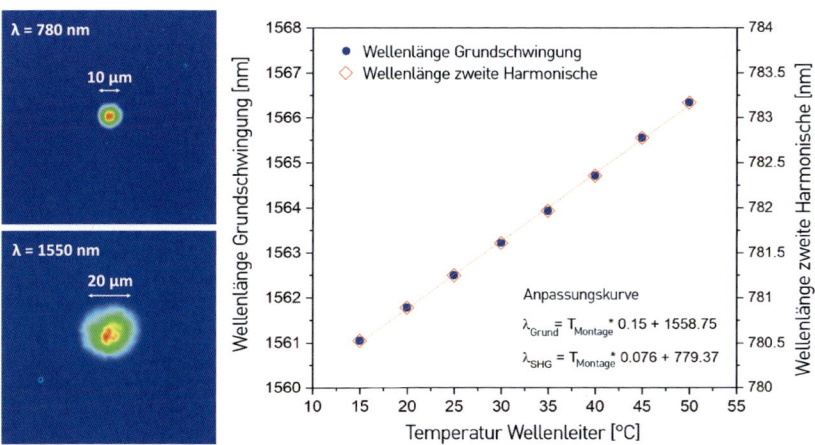

Abbildung 5 (links): Gemessene geführte Modenprofile von Licht einer Wellenlänge von 780 nm und 1550 nm und (rechts) Phasenanpassungsbedingungen für die Erzeugung der zweiten Harmonischen im Wellenleiter.

Hier stellen wir ein neues Verfahren zur Herstellung von Wellenleitern vor und zeigen die Vorteile auf.

Mit einem Kurzpulslaser ist es möglich, den Brechungsindex von transparenten Materialien im Fokuspunkt des Lasers durch nichtlineare Wechselwirkungen zu verändern. Durch eine sorgfältige Kontrolle der Parameter ist es möglich, Wellenleiterschaltungen zu erzeugen, die in das Material eingebettet sind, was als ultraschnelle Laserbeschriftung (ULI) bezeichnet wird.

Unter Verwendung von 12,5 mm langen z-geschnittenen, mit 5 % MgO dotierten PPLN-Kristallen mit einer Polperiode von 19,58 µm wurde eine Reihe von Beschriftungen durchgeführt, um die optimalen Laserparameter für die Beschriftung zu ermitteln. Zu den endgültigen Parametern gehörten eine Beschriftungswellenlänge von 1030 nm, eine durchschnittliche Leistung von 30 mW, eine Wiederholrate von 100 kHz und eine Pulsdauer von 300 fs. Das Ergebnis war ein Typ-1-Wellenleiter mit erhöhtem Brechungsindex im Kern.

Die resultierenden Geräte funktionierten im Singlemode-Betrieb bei einer Wellenlänge von 780 nm und 1550 nm (siehe Abbildung 5). Bei beiden Wellenlängen wurden Gesamtübertragungsverluste einschließlich Kopplungs- und Ausbreitungsverluste unter 3 dB erreicht. Das Licht eines abstimmbaren C-Band-Lasers wurde in den Wellenleiter eingekoppelt und so abgestimmt, dass die Phasenanpassungswellenlänge für einen Bereich von Kristalltemperaturen ermittelt werden konnte.

4.1.2 Einzelphotonen-Charakterisierung

Der Pumpstrahl eines 780-nm-DFB-Lasers wurde in eine polarisationserhaltende Faser eingekoppelt und mithilfe einer Stoßkopplung in den PPLN-Wellenleiter eingekoppelt, da der Wellenleiter gut an die Monomode-Glasfaser angepasst ist. Spontanes parametrisches Abwärtskonvertierungslicht wurde gefiltert, um restliches Pumplicht zu entfernen und andere Hintergrundlichtquellen zu eliminieren, bevor die Monomode-Glasfasern eingekoppelt wurden. Ein 50:50-Faserstrahlteiler wurde verwendet, um das Licht auf zwei supraleitende Nanodraht-Einzelphotonendetektoren aufzuteilen. Mit einem Time-to-Digital-Converter konnten wir die Anzahl der Koinzidenzen ermitteln und die normierte Korrelation zweiter Ordnung $g^{(2)}$ berechnen. Dies ist das Verhältnis der Koinzidenzzahlen aus der Kreuzkorrelationsfunktion zu der Anzahl der Koinzidenzen, die man bei einer zufälligen Detektion erwarten würde (Zufälle), siehe Abbildung 6.

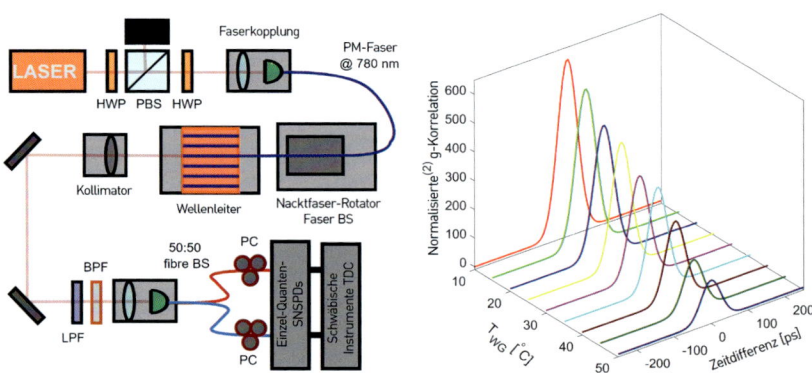

Abbildung 6 (links): Schematische Darstellung des Aufbaus für die spontane parametrische Abwärtskonversion. Rechts: gemessene Koinzidenzzahlen als Funktion der Wellenleitertemperatur.

Wir haben Koinzidenzen von 1000, ein höchstes Verhältnis von Koinzidenzen zu Zufällen von 600 und eine Ankündigungseffizienz von 13 % gemessen. Die von uns gemessene Leistung wird in erster Linie durch die optische Kopplung des Detektors (40 %) begrenzt, und weitere Optimierungen sind im Gange, um die Ergebnisse zu verbessern.

Wir haben ein neuartiges Verfahren zur Herstellung von Wellenleitern für Quantenlichtquellen demonstriert, das eine gute Kopplung mit Monomode-Glasfasern ermöglicht. Für die Zukunft planen wir die Integration des PPLN-Wellenleiters mit anderen funktionalen Vorrichtungen wie Laserquellen, On-Chip-Filtern und Splittern.

4.2 Mikrooptische Integration für Rastermagnetometer

Rastersondenmagnetometer besonders hoher Empfindlichkeit können auf Stickstoff-Fehlstellen-Zentren (NV-Zentren) in Diamant (Einkristalldiamant, SCD) basieren. Eine zentrale Herausforderung bei dieser Technologie ist die effiziente Extraktion des optischen Fluoreszenzsignals aus dem NV-Zentrum, um die Genauigkeit des Sensorsystems zu verbessern. Der hohe Brechungsindex von Diamant (n = 2,4) führt dazu, dass ein erheblicher Teil des Lichts durch interne Totalreflexion von der Sammeloptik des Detektors weggeleitet wird. Durch die Integration einer Festkörper-Immersionslinse (SIL) auf der Rückseite der Diamant-Mikrosonde kann die Fluoreszenz des NV-Zentrums effizienter gesammelt und an die numerische Apertur (NA) der Mikroskopie-Optik angepasst werden, die zur Ansteuerung und Auslesung des NV-Zentrums verwendet wird.

Es wurden vollständige 3-D-Maxwell-Solver-Simulationen durchgeführt, um die Kopplung von NV-Zentren in einer Diamant-Mikrosonde durch das Substrat hindurch mit einer SIL zu modellieren. Zu den Kontrollparametern gehörten die Abmessungen der Mikrosonde, die Dicke des Diamantsubstrats und die Geometrie der monolithischen Diamant-SIL sowohl in Bezug auf die Apertur als auch den Krümmungsradius (ROC). Die Planungsarbeit wurde parallel zur anfänglichen Entwicklung der Linsenherstellung in Diamant durchgeführt, um die maximale Linsenhöhe und den Bereich des ROC zu bestimmen, der erreicht werden kann. Die quantitative Modellierungsanalyse verglich die Fernfeld-Emissionskegel der verschiedenen Linsenauslegungen im Zusammenhang mit der NA der Sammeloptik.

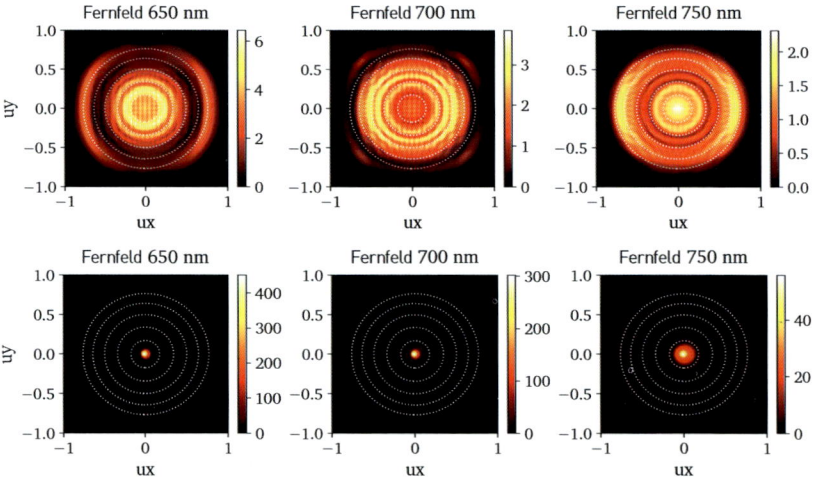

Abbildung 7: Simulierte Fernfeldmuster eines NV-Zentrums in einer Diamant-Mikrosäule, die durch (oben) ein planares Diamantsubstrat von 15 µm Dicke und (unten) ein monolithisches SIL von 1 µm Höhe und 13 µm ROC auf demselben Substrat gekoppelt ist.

Abbildung 7 zeigt, dass der Fernfeld-Emissionswinkel durch die Einbeziehung der monolithischen Diamantlinse über einen Wellenlängenbereich von 100 nm (650–750 nm), der die NV-Emission abdeckt, erheblich verringert wird. Diese spezielle Auslegung ist gut auf die 0,1 NA von Glasfasern und Objektiven geringer Vergrößerung abgestimmt, wobei > 70 % des optischen Emissionsfelds in einen Fernfeldwinkel von 20° eingekoppelt werden.

Es wurde ein Herstellungsverfahren für monolithische SIL entwickelt. Mithilfe der Fotolithografie wurden Strukturen mit der erforderlichen SIL-Apertur von ~ 10 mm definiert, gefolgt von einem thermischen Reflow-Verfahren, das einen nahezu kugelförmigen Resist-Abschnitt auf dem Diamanten bildet. Schließlich wird das Resist-Muster über ein Ar/Cl$_2$-basiertes reaktives Ionenätzverfahren mit induktiv gekoppeltem Plasma in das Diamantmaterial übertragen. Die Selektivität der Resist-

und Diamantschichten für die Ätzchemie wurde optimiert und ermöglicht eine maximale Linsenhöhe von 1 mm. Diese Daten wurden, wie oben beschrieben, in den Linsensimulationsprozess zurückgeführt. Zur Erprobung des Konzepts haben wir Linsenstrukturen auf die Rückseite der vom Fraunhofer IAF hergestellten Diamant-Mikrosonden verarbeitet. Die monolithischen Diamantlinsen sind in Abbildung 8 dargestellt.

 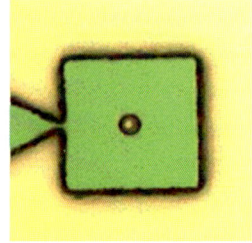

Abbildung 8 (links): Monolithisch hergestellte Linsen in SCD und (rechts) Mikrolinsen auf einer GaN-Membran für den Transfer. Die Membran in Grün hat eine Seitengröße von 20 µm.

Zusätzlich zu den monolithischen Diamantlinsen haben wir eine neue Form von Mikrolinsen mit hohem Brechungsindex im Membranformat entwickelt. Durch das Züchten von GaN auf Siliziumsubstraten kann eine hohe chemische Selektivität zwischen den GaN- und den Substratschichten erreicht werden, was die Freisetzung optischer Strukturen vom MEM-Typ mit Dicken im Bereich weniger Mikrometer ermöglicht. Wir wiederholen die Modellierung mit dem Maxwell-Solver für SIL in GaN, die direkt an die Diamant-Mikrosonden gebunden sind. Aufgrund des ähnlichen Brechungsindex von GaN und Diamant und der optischen Transparenz von GaN im langwelligen sichtbaren Bereich wird damit gerechnet, dass die Leistung der heterogen integrierten Linsen der der monolithischen Linsen ähnlich ist.

Wir haben ein Herstellungsverfahren für GaN auf Silizium-Membranlinsen entwickelt. Zunächst konzentrierten wir uns auf einen neuen Graustufen-Resist-Verarbeitungsschritt, der die Kontrolle über die Topologie der Linse ermöglicht und die zuvor verwendete einfache Reflow-Methode verbessert. Anschließend entwickelten wir ein zweistufiges reaktives Ionenätzverfahren, um die Linsenprofile in das GaN zu übertragen und dann die GaN-Mikroplättchen von ihrem ursprünglichen Substrat zu lösen. Die fertiggestellten Vorrichtungen wiesen kleinere ROC und größere Linsenhöhen als die monolithischen Diamantvorrichtungen auf und wurden erfolgreich auf ein Wirtssubstrat übertragen. Bilder der übertragenen GaN-Mikrolinsen sind in Abbildung 8 zu sehen, und diese sind nun bereit für den Einsatz in den Diamant-Magnetometersystemen.

5 Schlussfolgerungen und Ausblick

In diesem Kapitel haben wir mehrere Tätigkeiten des Fraunhofer CAP im Bereich Quantensensorik zusammengefasst. Diese sind keineswegs erschöpfend, sondern wurden ausgewählt, um bestimmte Aspekte unserer Arbeit und Kooperationen zu veranschaulichen und auch um eine internationale Perspektive zu vermitteln. Wir haben gezeigt, wie die Entwicklung spezieller Laser und optischer Kontrollsysteme im Bereich Kaltatomsensorik zu neuen Gerätetechnologien für die Kommerzialisierung und auch zu kompakten Sensormodulen und Subsystemen führt. Wir haben auch aktuelle Quantensensortechniken für den ultrasensitiven Nachweis von Wasserstoff für die Wasserstoffwirtschaft vorgestellt. Darüber hinaus haben wir Beispiele für integrierte optische Mikrofabrikationstechniken und -geräte gezeigt, die für verschiedene Formen kompakter und hochfunktionaler Quantensensorik geeignet sind, wobei wir insbesondere auf Arbeiten eingegangen sind, die im Rahmen von Gemeinschaftsprojekten mit Fraunhofer-Kollegen in Deutschland durchgeführt wurden.

6 Literaturverzeichnis

[1] S. Chu et al.: Three-dimensional viscous confinement and cooling of atoms by resonance radiation pressure. Physical review letters, vol. 55, no. 1, p. 48 (1985)
[2] E. L. Raab et al.: Trapping of neutral sodium atoms with radiation pressure. Physical review letters, vol. 59, no. 23, p. 2631 (1987)
[3] A. Cronin et al.: Optics and interferometry with atoms and molecules. Reviews of Modern Physics, vol. 81, no. 3, p. 1051 (2009)

[4] S. Dimopoulos et al.: Testing general relativity with atom interferometry. Physical review letters, vol. 98, no. 11, p. 111 102 (2007)
[5] S. Gupta et al.: Contrast interferometry using Bose-Einstein condensates to measure h/m and α. Physical review letters, vol. 89, no. 14, p. 140 401 (2002)
[6] J. K. Stockton et al.: Absolute geodetic rotation measurement using atom interferometry. Physical review letters, vol. 107, no. 13, p. 133 001 (2011)
[7] F. Sorrentino et al.: Simultaneous measurement of gravity acceleration and gravity gradient with an atom interferometer. Applied Physics Letters, vol. 101, no. 11, p. 114 106 (2012)
[8] B. Canuel et al.: Six-axis inertial sensor using cold-atom interferometry. Physical review letters, vol. 97, no. 1, p. 010 402 (2006)
[9] B. Battelier et al.: Development of compact cold-atom sensors for inertial navigation. Quantum optics, vol. 9900, pp. 21–37 (2016)
[10] B. Barrett et al.: The Sagnac effect: 20 years of development in matter-wave interferometry. Comptes Rendus Physique, vol. 15, no. 10, pp. 875–883 (2014)
[11] T. Müller et al.: A compact dual atom interferometer gyroscope based on laser-cooled rubidium. The European Physical Journal D, vol. 53, no. 3, pp. 273–281 (2009)
[12] G. M. Tino: Testing gravity with cold atom interferometry: results and prospects. Quantum Science and Technology, vol. 6, no. 2, p. 024 014 (2021)
[13] L. Zhou et al.: Development of an atom gravimeter and status of the 10-meter atom interferometer for precision gravity measurement. General Relativity and Gravitation, vol. 43, no. 7, pp. 1931–1942 (2011)
[14] K. Bongs et al.: Taking atom interferometric quantum sensors from the laboratory to real-world applications. Nature Reviews Physics, vol. 1, no. 12, pp. 731–739 2019
[15] K. MacAdam et al.: A narrow-band tunable diode laser system with grating feedback, and a saturated absorption spectrometer for Cs and Rb. American Journal of Physics, vol. 60, no. 12, pp. 1098–1111 (1992)
[16] R. Fox et al.: Stabilizing diode lasers to high-finesse cavities. Experimental methods in the physical sciences, vol. 40, pp. 1–46 (2003)
[17] W. Dorward et al.: The application of telecoms-style packaging techniques to narrow linewidth laser modules for quantum technologies. Components and Packaging for Laser Systems V, vol. 10 899, pp. 32–38 (2019)
[18] F. Villa et al.: SPADs and SiPMs Arrays for Long-Range High-Speed Light Detection and Ranging (LiDAR). Sensors, vol. 21, no. 3839 (2021)
[19] B. D, F. Villa et al.: SPAD Figures of Merit for Photon-Counting, Photon-Timing, and Imaging Applications: A Review. IEEE Sens. J., vol. 16, no. 1 (2016)
[20] A. Liméry et al.: Raman lidar for hydrogen gas concentration monitoring and future radioactive waste management. Opt. Express, vol. 25, no. 24, pp. 30 636–30 641 (2017)
[21] D. W. R. G. Sellar: Assessment of Remote Sensing Technologies for Location of Hydrogen and Helium Leaks: NAG 10–0290 Phase 1 Final Report. Florida Space Institute (2000)
[22] J. M. Arrazola et al.: Quantum circuits with many photons on a programmable nanophotonic chip. Nature, vol. 591, pp. 54–60 (2021)

[23] S.-K. L. Liao et al.: Satellite-to-ground quantum key distribution. Nature, vol. 549, p. 43 (2017)
[24] M. Genovese: Real applications of quantum imaging. Journal of Optics, vol. 18, p. 073002 (2016)
[25] E. Polino et al.: Photonic quantum metrology. AVS Quantum Science, vol. 2, p. 024703 (2020)
[26] M. Parniak et al.: Beating the Rayleigh Limit Using Two-Photon Interference. Physical Review Letters, vol. 121, p. 250503 (2018)
[27] The LIGO Scientific Collaboration: Enhanced sensitivity of the LIGO gravitational wave detector by using squeezed states of light. Nature Photonics, vol. 7, p. 613 (2013)
[28] J. Zhao et al.: Light detection and ranging with entangled photons. Optics Express, vol. 30, p. 3675 (2022)
[29] S. Wäldchen et al.: Light-induced cell damage in live-cell super-resolution microscopy. Scientific Reports, vol. 5, p. 15348 (2015)

2 Quanten-bildgebung

Quantenbildgebung

Korrelierte Photonenpaare agieren arbeitsteilig – über Wellenlängengrenzen hinweg

2

Frank Kühnemann, Karsten Buse, Andreas Tünnermann

Auf den ersten Blick mag man »Bildgebung« nur mit dem Vorgang des Sehens assoziieren, d. h. mit dem Aufnehmen und Aufzeichnen von 2-D-Lichtintensitäts- und Farbmustern. Hier jedoch werden wir unter Bildgebung mehr verstehen: Neben spektraler Bildgebung, bei der »Fingerabdrücke« von Gasen und Flüssigkeiten erfasst werden, soll ebenso die 3-D-Bildgebung eingeschlossen sein. Die Gemeinsamkeiten sind offensichtlich: Parallelität und Informationen, die der Wechselwirkung zwischen Licht und Materie entstammen. Im vorliegenden Kapitel berichten wir daher nicht nur über die Aufnahme von besseren Bildern mithilfe von Quantentechnologien, sondern auch über vorteilhafte Spektroskopie- und neuartige 3-D-Bildgebungsverfahren.

Viele der heute in diesen Bereichen der Bildgebung verwendeten Methoden wurden erst möglich durch die Erfindung und Weiterentwicklung von Lasern und Halbleiterkameras. Diese können als Produkte der »ersten Generation« von Quantenwerkzeugen angesehen werden.

Die Möglichkeiten, Licht mit kontrollierten Eigenschaften erzeugen, manipulieren und detektieren zu können, haben zu einer breiten Palette von Lösungen und Anwendungen im Bereich der Bildgebung geführt. Laserlicht wird für die medizinische Diagnostik und die Umweltsensorik, für die Prozessanalyse und die Qualitätskontrolle in der Industrie und zur Erfassung von Entfernungsdaten für das autonome Fahren eingesetzt, um nur einige Beispiele zu nennen. Welchen neuen Beitrag kann nun hier die Quantenbildgebung leisten, was macht sie zu einem hochaktuellen Thema?

Physiker stellen sich immer wieder die Frage: »Wie weit können wir kommen?« Und »Können wir ›fundamentale‹ Barrieren überwinden?« Die wellenlängenabhängige Beugung begrenzt die räumliche Auflösung in der Mikroskopie (»Was ist das kleinste Detail, das in einem Bild noch aufgelöst werden kann?«), und die fundamentalen Leistungsschwankungen selbst des stabilsten Laserstrahls führen zur Rauschgrenze in der Sensorik und in messtechnischen Anwendungen (»Was ist die kleinste Änderung in einem Detektorsignal, die sich noch eindeutig registrieren lässt?«).

Neben diesen grundlegenden Limitierungen gibt es noch weitere Herausforderungen eher technischer Art. »Nicht alle Wellenlängen sind gleich«: Laser und Detektoren werden vor allem für den sichtbaren und nahinfraroten Wellenlängenbereich entwickelt, da sowohl der Bedarf für alle »optischen« Anwendungen als auch der Markt für faserbasierte Kommunikation sehr groß sind. Für die Bildgebung sind jedoch auch die Wellenlängen außerhalb dieses Bereichs äußerst wichtig. Die kurzen Wellenlängen des ultravioletten Lichts ermöglichen eine höhere räumliche Auflösung in der Mikroskopie. Der mittelinfrarote Spektralbereich enthält die wertvollsten spektralen »Fingerabdrücke« für die chemische Identifikation und Diagnose, und die noch längeren Terahertz-Wellen eignen sich sehr gut für die tomografische Analyse zahlreicher Materialien, die bei kürzeren Wellenlängen undurchsichtig sind.

Das Gebiet der Quantenbildgebung befasst sich mit der Anwendung nichtklassischer Lichtzustände, d. h. solcher, die durch die Anwendung von Quantenkonzepten wie Überlagerung und Verschränkung erzeugt werden. Wie können sie zur Bewältigung der oben genannten fundamentalen oder technischen Herausforderungen eingesetzt werden?

Im vorliegenden Kapitel berichten wir über die Nutzung von hoch korrelierten bzw. verschränkten Photonenpaaren. Die Experimente haben das Ziel herauszufinden, ob Quantentechnologien grundlegende Grenzen der Bildgebung verschieben können oder einen verbesserten Zugang zu herausfordernden Spektralbereichen ermöglichen. Vorgestellt werden Quantentechnologien für die Bildgebung in den Wellenlängenbereichen jenseits des sichtbaren und des nahinfraroten Spektralbereichs. Diesem Gebiet widmete sich von 2017 bis 2021 das Fraunhofer-Leuchtturmprojekt »QUILT« (Quantum Methods for Advanced Imaging

Solutions), in welchem spannende Konzepte aus dem Fachgebiet aufgegriffen und weiterentwickelt wurden.

Die am weitesten verbreitete Methode zur Erzeugung korrelierter oder verschränkter Photonenpaare ist die spontan-parametrische Abwärtskonversion (engl. spontaneous parametric down-conversion, SPDC). Dabei wechselwirkt das Licht eines Pumplasers mit einem geeigneten nichtlinear-optischen Kristall, und ein Pumpphoton wird in einem spontanen Prozess in ein Paar von Photonen mit geringeren Energien, d.h. längeren Wellenlängen, umgewandelt. Da die beiden Photonen gleichzeitig erzeugt werden und die Summe ihrer Energien und ihrer Impulse durch die des Pumpphotons definiert sind, können sie nicht unabhängig voneinander behandelt werden, sondern bilden einen verschränkten Quantenzustand des Lichts. Die Wahrscheinlichkeit dieses spontanen Prozesses ist sehr gering, die Anzahl der Photonenpaare beträgt nur etwa 1 Millionstel der Anzahl der einfallenden Pumpphotonen, aber ihre Verschränkung macht sie für Messzwecke äußerst wertvoll. Dies gilt insbesondere dann, wenn der Konversionsprozess im Kristall so gesteuert wird, dass die beiden Photonen unterschiedliche Wellenlängen besitzen, d.h. weitab der Entartung erzeugt werden. So ist es zum Beispiel möglich, ein grünes Photon bei 532 nm in ein rotes Photon bei 634 nm und ein Photon im mittleren Infrarot bei 3300 nm umzuwandeln. Diese werden aus historischen Gründen als »Signal-« bzw. »Idler-Photon« bezeichnet. »Idler-Photon« steht dabei für das Photon mit der niedrigeren Energie, auch wenn dieses im Experiment sehr wichtig und »fleißig« ist. Da die beiden Photonen miteinander verschränkt sind, können sie in »arbeitsteiligen« Szenarien verwendet werden, bei denen das Idler-Photon im mittleren Infrarotbereich mit dem zu untersuchenden Objekt wechselwirkt und das sichtbare Signal-Photon die erfassten Informationen an einen Standard-Siliziumdetektor überträgt. Dadurch kann nicht nur auf teure Laser im mittleren Infrarotbereich verzichtet werden, sondern auch auf den Einsatz von Mittelinfrarot-Detektoren. Diese sind den Siliziumdetektoren deutlich unterlegen, welche hervorragende Leistungen mit niedrigem Preis verbinden.

Im QUILT-Projekt wurde dieses Konzept der verschränkten Photonenpaare fernab der Entartung genutzt, um die Wellenlängenbereiche Ultraviolett, mittleres Infrarot und Terahertz mit dem Sichtbaren und dem nahen bzw. kurzwelligen Infrarot zu verknüpfen (siehe Abbildung 1).

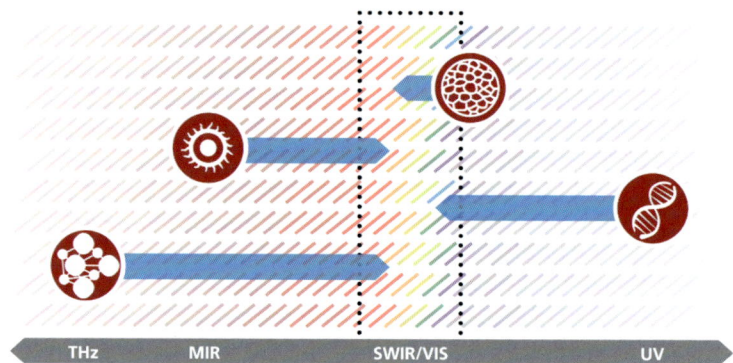

Abbildung 1: Mit verschränkten Photonenpaaren fernab der Entartung können die Spektralbereiche von Interesse (hier: Ultraviolett/UV, mittleres Infrarot/MIR und Terahertz/THz) mit dem sichtbaren und dem kurzwelligen infraroten Spektralbereich (SWIR/VIS) verknüpft werden. Ein Photon interagiert mit der Probe, während das zweite die erfassten Informationen an den SWIR/VIS-Detektor weiterleitet. (© Fraunhofer IOF)

Im Rahmen des QUILT-Projekts kamen zwei verschiedene Konzepte zum Einsatz, um diese Informationsübertragung mithilfe der Verschränkung der Photonen zu realisieren: das »Ghost-Imaging« (im Beitrag von Walther et al.) und die »nichtlineare Interferometrie« (alle anderen Beiträge). Beim Ghost-Imaging macht sich die Messung die Tatsache zunutze, dass beide Photonen eines Paares zur gleichen Zeit und mit einem festen Verhältnis zwischen ihren Emissionsrichtungen emittiert werden. Die Idler-Photonen wechselwirken mit dem Objekt. Die nicht absorbierten Idler-Photonen werden anschließend in einem Einzel-Pixel-Detektor registriert, der ein Triggersignal für die Detektion der entsprechenden Signal-Photonen mit einer Kamera liefert. In der Kamera kommt es zu einem schrittweisen Aufbau des Bildes – durch Photonen, die nie mit der Probe in Wechselwirkung getreten sind – unter Ausnutzung der Korrelation der Photonen.

Bei der »nichtlinearen Interferometrie« beruht das Nachweisverfahren auf einem rein quantenmechanischen Mechanismus, der »induzierte Kohärenz ohne induzierte Emission« [1] genannt wird und zwei nichtlinear-optische Konversionsprozesse umfasst. Dabei werden zwei Kristalle so angeordnet, dass sie vom selben Laser gepumpt werden und dass die Signal- und Idler-Photonen des ersten Prozesses den zweiten

Kristall durchlaufen (siehe Abbildung 2). Hinter dem zweiten Kristall findet man nun erste und zweite Signal-Photonen (s1 und s2) und erste und zweite Idler-Photonen (i1 und i2). Da beispielsweise die s1- und s2-Photonen nicht voneinander zu unterscheiden sind (»Welchen Weg hat das Photon genommen?«), können sie miteinander interferieren. Wird nun ein teilweise absorbierendes Objekt in den Weg der ersten Idler-Photonen gebracht, werden das erste und zweite Idler-Photon unterscheidbar und damit auch die korrelierten Signal-Photonen. Es genügt daher, die Stärke der Signal-Interferenz zu messen, um die Eigenschaften des Objekts im Idler-Pfad zu erfassen. Folglich werden Verfahren, die auf diesem Konzept beruhen, als »Bildgebung mit nicht detektierten (Idler-)Photonen« bezeichnet [2].

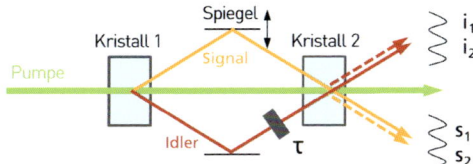 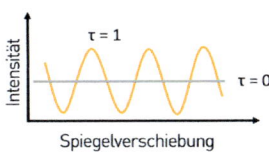

Abbildung 2 (linkes Feld): Nichtlineares Interferometer: Die Signal- (s_1, s_2) und die Idler-Photonen (i_1, i_2) von zwei überlagerten, identischen SPDC-Quellen interferieren aufgrund ihrer Ununterscheidbarkeit, sofern der Idler-Strahl nicht blockiert ist ($\tau = 1$, volle Transparenz). Ein Interferenzmuster ist zu beobachten, wenn einer der Spiegel bewegt wird. Rechtes Feld: Jede Absorption innerhalb des Idler-Pfads (Transparenz $\tau < 1$) macht die Idler- (und damit die Signal-Photonen) unterscheidbar, und der Kontrast sowohl der Signal- als auch der Idler-Interferenz wird vermindert oder geht ganz verloren. (© Fraunhofer IPM)

Die Beiträge in diesem Kapitel befassen sich mit Messkonzepten, die unterschiedliche Anwendungen zum Ziel haben:

Die »Quantenholografie mit nicht detektiertem Licht« von Gräfe et al. überträgt Konzepte der klassischen Holografie auf die Quantenbildgebung, um Amplituden- und Phaseninformationen für die Bilderzeugung jenseits des VIS/SWIR-Bereichs zu sammeln. Dieser Ansatz besitzt ein Anwendungspotenzial insbesondere für die Mikroskopie bei extrem niedrigen Lichtintensitäten.

Das »Quanten-Ghost-Imaging mit asynchroner Detektion« von Walther et al. stellt eine Weiterentwicklung des klassischen Ghost-Imaging-Konzepts dar. Durch die Kombination von maßgeschneiderten Einzelphotonen-Avalanche-Photodetektoren und leistungsfähigen Datenanalyse-Algorithmen ist die Photonenmessung nicht mehr vom Triggern des Kamerachips durch den Einzelpixel-Detektor abhängig. Stattdessen werden alle Informationen beider Detektoren mit genauen Zeitstempeln erfasst, und die Bildrekonstruktion wird nach der Detektion durchgeführt. Dies ermöglicht im Gegensatz zum klassischen Ghost-Imaging-Konzept eine Bildgebung in Situationen, bei denen die Objektentfernung nicht im Voraus bekannt ist.

In »Quanten-Fourier-Transform-Infrarot-Spektroskopie« von Lindner et al. wird das Konzept des nichtlinearen Interferometers für die Spektroskopie im mittleren Infrarotbereich eingesetzt. Hierbei wird das Interferometer nicht nur für die Detektion der Probentransmission im mittleren Infrarot verwendet, sondern auch zur Gewinnung der Wellenlängeninformation analog zu den klassischen Fourier-Transform-Infrarotspektrometern (FTIR-Spektrometern). Dies bietet Vorteile gegenüber anderen Verfahren der Infrarotspektroskopie mit nichtlinearen Interferometern mit dem Potenzial, klassische FTIR-Spektrometer zu übertreffen.

In »Quantenbildgebung mit nicht detektierten Photonen im mittleren Infrarot« von Elsen et al. werden die experimentellen Herausforderungen für das Erreichen einer hohen räumlichen Auflösung bei der Bildgebung im mittleren Infrarot mit SWIR-Detektion untersucht.

In »Terahertz-Spektroskopie mit sichtbaren Photonen« von Kutas et al. wird schließlich das Konzept der »SPDC fernab der Entartung« quasi auf die Spitze getrieben, indem ein 660-nm-Pumpphoton in ein Idler-Photon mit 1 THz und ein Signal-Photon mit einer Wellenlänge von 661,5 nm aufgespalten wird. Hierbei ist die Übertragung der Idler-Informationen auf das Signallicht äußerst vorteilhaft, da THz-Detektoren sehr wenig verbreitet und zudem vom thermischen Hintergrundrauschen besonders betroffen sind.

Die experimentelle Umsetzung und Bewertung neuartiger Messkonzepte, wie sie in den Beiträgen zu diesem Kapitel dargestellt werden, ist ein wesentlicher Schritt zur Anwendung neuartiger Quantenbildgebungsverfahren. Ein zweiter notwendiger Schritt ist die Demonstration der Vorteile von Quantenkonzepten gegenüber Konzepten mit klassischen Photonen. Im Gegensatz zum Quantencomputing und zur Quantenkommunikation gibt es bei der Quantenbildgebung keinen direkten »Quanten-Mehrwert«. Die hier vorgestellten Messkonzepte, die auf den Eigenschaften von Quantenzuständen des Lichts beruhen, stehen in direkter Konkurrenz zu einer breiten Palette ausgereifter Messverfahren, die viele und billige »klassische« Photonen verwenden. Ihre möglichen Vorteile werden spezifisch für eine bestimmte Anwendung sein, sei es in der Mikroskopie, der Spektralanalyse oder der tomografischen Analyse, und sie sind von der praktischen technischen Umsetzung abhängig. Folglich sind nach den Machbarkeitsnachweisen, wie den im vorliegenden Kapitel vorgestellten, weitere Arbeiten erforderlich, um das Anwendungspotenzial voll auszuschöpfen und abschließend zu bewerten.

Nur wenige Jahre sind seit der Pionierarbeit von Lemos et al. [2] zum »Imaging with Undetected Photons« fernab von der Entartung vergangen. Wie die hier vorgestellten Arbeiten deutlich machen, zeigen die in der Zwischenzeit erzielten rasanten Fortschritte beispielhaft, dass gezielte und koordinierte Forschungsaktivitäten, wie im Rahmen des Fraunhofer-Leuchtturmprojekts QUILT, den technischen Fortschritt auf diesem Gebiet enorm vorantreiben können. Dies spricht deutlich für weitere Arbeiten in dieser Richtung, um das Innovationspotenzial der Quantenbildgebung voll auszuschöpfen.

Literaturverzeichnis

[1] X. Y. Zou et al.: Induced coherence and indistinguishability in optical interference. Physical Review Letters, 67, Nr. 3, S. 318–321 (1991)
[2] G. B. Lemos et al.: Quantum Imaging with undetected photons. Nature 512, S. 409–412 (2014)

Quantenholografie mit nicht detektiertem Licht

Spukhafte Bildgebung trifft Holografie

Marta Gilaberte Basset, Sebastian Töpfer, Jorge Fuenzalida und Dr. Markus Gräfe

Abstract: Die Holografie ist ein häufig verwendetes Werkzeug in modernen Bildgebungs- und Mikroskopiesystemen, mit dem die Amplituden- und Phasenverteilung unbekannter Proben gemessen werden kann. Die Übertragung solcher Phänomene auf den Quantenbereich ist nicht nur aus Sicht der Grundlagenphysik hochinteressant, sondern macht zudem den Quantenbildgebungsverfahren ein breiteres Spektrum von Anwendungen zugänglich. Solche Techniken haben sich in den letzten Jahrzehnten entwickelt und stehen nun kurz davor, aus dem Optiklabor in Anwendungen in der realen Welt übertragen zu werden. Einer der vielversprechendsten Ansätze ist die Bildgebung mit nicht detektiertem Licht unter Anwendung nichtlinearer Interferometer und des Effekts der induzierten Kohärenz (ohne induzierte Emission). Dieser Ansatz würde sehr davon profitieren, wenn er mit klassischen Holografieansätzen wie dem schnelleren und robusteren Auslesen von Amplituden- und Phaseninformationen kombiniert würde.

Keywords: Quantenholografie, nichtlineares Interferometer, nicht detektiertes Licht

1 Von der klassischen zur Quantenholografie

Die klassische Holografie wurde bereits 1948 von Gabor [1] vorgestellt. Für diese Arbeit erhielt er 23 Jahre später den Nobelpreis für Physik. Inzwischen hat sich die Holografie zu einem Standardwerkzeug der modernen Bildgebung, Mikroskopie und Interferometrie entwickelt. Sie zeichnet sich durch eine Vielzahl von Implementierungs- und Anwendungsmöglichkeiten aus und ermöglicht insbesondere die Messung von Amplituden- und Phaseninformationen eines unbekannten Objekts.

Wie in Abbildung 1 dargestellt, sind zwei kohärente Strahlen beteiligt, nämlich ein Objektstrahl und ein Referenzstrahl. Der Objektstrahl beleuchtet das Objekt, und ihm wird später der Referenzstrahl überlagert. Das entstehende Interferenzmuster wird zur Ableitung der Objektinformationen verwendet.

Im Gegensatz dazu kann unter Ausnutzung der Quanteneigenschaften nichtklassischer Zustände des Lichts ein Schema für die Quantenholografie mit nicht detektiertem Licht entwickelt werden. Dabei werden wieder ein Referenzstrahl und ein Objektstrahl verwendet. Diesmal müssen die beiden Strahlen jedoch nicht mehr kohärent sein und können sogar einen unterschiedlichen Spektralbereich besitzen. Nach der Wechselwirkung mit der Probe wird der Objektstrahl relativ zu einer SPDC-Quelle (spontane parametrische Abwärtskonvertierung) ausgerichtet. Diese Quelle erzeugt korrelierte Signal- und Idler-Strahlen, von denen einer spektral und räumlich mit dem Objektstrahl überlappt. Dadurch werden die beiden Strahlengänge ununterscheidbar. Der korrelierte Partnerstrahl überlappt spektral mit dem Referenzstrahl und wird mit diesem überlagert. Wie beim klassischen Pendant zeigt das entstehende Interferenzmuster die Struktur der Probe, obwohl das Beleuchtungslicht nicht berücksichtigt wird.

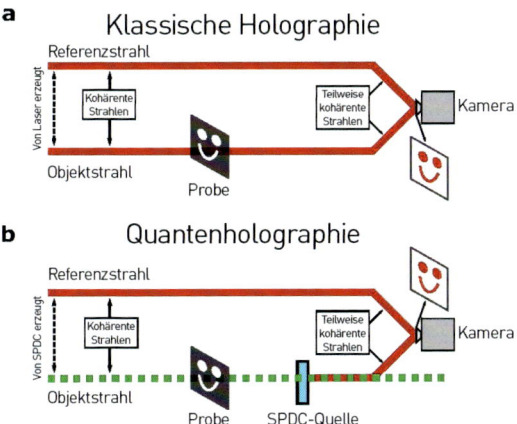

Abbildung 1: Unterschied zwischen den Konzepten der klassischen und der Quantenholografie. Während im klassischen Bereich der Referenzstrahl und der Objektstrahl kohärent sein müssen, können sie im Quantenbereich sogar eine sehr unterschiedliche Wellenlänge besitzen. (Quelle: [2]; diese Abbildung ist unter einer Creative-Commons-Lizenz 4.0 lizenziert[1])

2 Nichtlineares Interferometer für die bildgebende Darstellung

Das oben beschriebene grundlegende Schema kann mithilfe eines SU(1,1)-nichtlinearen Interferometers umgesetzt werden. Von mehreren möglichen Geometrien erweist sich ein Einkristallschema mit nur einem nichtlinearen Kristall als SPDC als vorteilhaft in Bezug auf eine weniger komplexe Implementierung. Ein solches System ist in Abbildung 2 dargestellt. Nichtlineare Interferometer dieser Art in Michelson-Geometrie werden auch als Yurke-Typ oder Herzog-Typ bezeichnet, da diese beiden Physiker solche Geometrien zur Verbesserung der phasenempfindlichen Interferometrie bzw. der frustrierten Erzeugung von Photonenpaaren untersucht haben [3, 4].

---

[1] https://creativecommons.org/licenses/by/4.0/

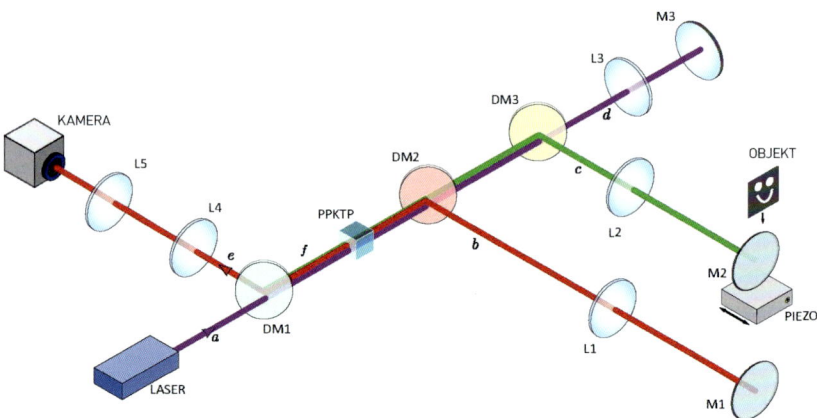

Abbildung 2: Konzeptskizze eines nichtlinearen Interferometers in Michelson-Geometrie. Das Signal- und das Idler-Licht werden durch SPDC in einem nichtlinearen Kristall (PPKTP) erzeugt. Das Idler-Licht (grün) beleuchtet ein Objekt, während das Signallicht (rot) das Abbild des Objekts auf der Kamera erzeugt. DM 1…3 sind dichroitische Spiegel, M1…3 sind Spiegel, und L1…5 sind Linsen, die das Bildgebungssystem bilden. (Quelle: [2]; diese Abbildung ist unter einer Creative-Commons-Lizenz 4.0 lizenziert[2])

Das nichtlineare Interferometer besteht aus einem Laser, der einen nichtlinearen Kristall (periodisch gepoltes Kaliumtitanylphosphat – PPKTP) pumpt. Am PPKTP-Kristall werden mittels SPDC Signal- (rot) und Idler-Strahlen (grün) erzeugt. Signal- und Idler-Photonen sind räumlich verschränkt, was bedeutet, dass sie sowohl Positions- als auch Impulskorrelationen aufweisen. Vom nichtlinearen Kristall bis zu den Endspiegeln des Interferometers bilden die Pumpe, das Signal und der Idler ein dreiarmiges nichtlineares Michelson-Interferometer. Wird ein Objekt in den Idler-Arm eingebracht, treffen die Signal-Photonen auf die Kamera und bilden das Abbild des Objekts. Das bildgebende System ist so beschaffen, dass das Objekt in der Fourier-Ebene des PPTK-Kristalls liegt und auf der Kamera abgebildet wird.

Da das Ziel darin besteht, die Amplituden- und Phaseninformation des Objekts abzuleiten, muss das nichtlineare Interferometer phasenstabil sein – zumindest für die Dauer der Messzeit. Dies wird erreicht,

---

[2] https://creativecommons.org/licenses/by/4.0/

indem mindestens einer der Endspiegel des Interferometers auf einem Piezotisch platziert wird. Typische Daten zur Phasenstabilität des Interferometers über die Zeit sind in Abbildung 3 dargestellt. Obwohl ein passives System im Sekundenbereich stabil ist, weist es nach zehn Stunden eine drastische Drift von mehr als 2π auf. Im Gegensatz dazu ermöglicht die aktive Stabilisierung auf der Grundlage einer mit dem Piezo implementierten Rückkopplungsschleife eine langfristige Phasenstabilität für den 24/7-Betrieb.

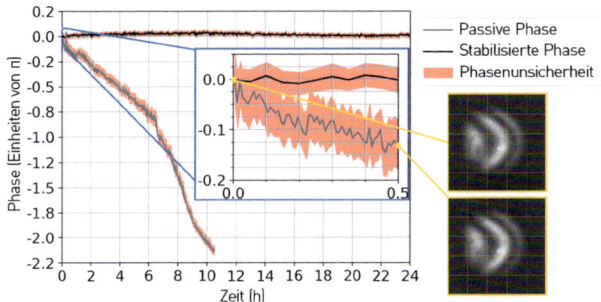

Abbildung 3: Langzeitstabilität eines nichtlinearen Interferometers. Phasendrift eines passiven nichtlinearen Interferometers im Vergleich zu einem aktiv stabilisierten Interferometer ohne Drift. Wie auf der rechten Seite dargestellt, wird die Phase aus den Interferenzstreifen abgeleitet. (Quelle: [5]; diese Abbildung ist unter einer Creative-Commons-Lizenz 4.0 lizenziert[3])

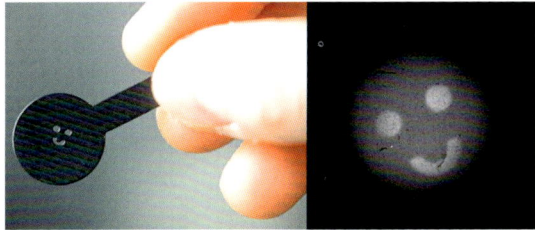

Abbildung 4: Quantenbild mit nicht detektiertem Licht. Eine Amplitudenmaske in Form eines glücklichen Gesichts (links), abgebildet auf einer sCMOS-Kamera (rechts) mit einem Schema für nicht detektiertes Licht. Die Bildaufnahmezeit betrug 100 ms. (Quelle: Fraunhofer IOF)

---

[3] https://creativecommons.org/licenses/by/4.0/

Im Vergleich zu anderen Quantenbildgebungsverfahren bieten nichtlineare Interferometer den großen Vorteil, dass sie nur Intensitätsbilder aufzeichnen. Mit anderen Worten: Ein Strom einzelner Photonen trifft auf eine Kamera oder einen Detektor, ohne dass eine Koinzidenzerkennung erforderlich ist. Daher ist eine schnelle Bildaufnahme möglich. Das in Abbildung 4 dargestellte Beispiel wurde mit einer Aufnahmezeit von 100 ms aufgenommen, und es wurde sogar schon über eine Videorate berichtet [5]. Dies macht die Quantenbildgebung zu einem der am besten umzusetzenden Verfahren für reale Anwendungen.

3 Phasenverschiebungs-Holografie

Neben dem verblüffenden Prinzip der Quantenbildgebung mit nicht detektiertem Licht lassen sich die Möglichkeiten nichtlinearer Interferometer auch mit Ansätzen aus der klassischen Physik kombinieren, z. B. der Phasenverschiebungs-Holografie [6].

Dabei wird der Standard-Interferenzterm durch einen globalen Phasenterm ergänzt $\Delta\varphi$. Nach der Beleuchtung eines Objekts mit der Transmissionsfunktion $t(x,y)e^{i\theta(x,y)}$ ergibt sich die detektierte Intensität oder genauer gesagt die Flussrate der Photonen wie folgt:

$$N_{\Delta\varphi}(x,y) \sim 1 + t(x,y)\cos[\theta(x,y) - v(x,y) + \Delta\phi].$$

Dies gilt sowohl für die klassische Holografie ($v(x,y) = 0$) als auch für nichtlineare Interferometer, bei denen das Objekt mit Idler-Licht beleuchtet wird, während die Signalflussrate erfasst wird. $v(x,y)$ ist eine durch den SPDC-Prozess eingeführte Phase, die jedoch im Phasenverschiebungsalgorithmus herausgerechnet wird. Daher wird sie im Folgenden vernachlässigt. Diese zusätzliche globale Phase $\Delta\varphi$ wird durch Bewegen eines der Endspiegel des nichtlinearen Interferometers mit einem Piezotisch realisiert.

Der Phasenverschiebungsalgorithmus ist so beschaffen, dass für eine diskrete Anzahl $M \geq 3$ globaler Phasen $\Delta\varphi_m = 2m\pi/M$ ($m = 0...M-1$) mit gegebenem relativem Abstand die Flussrate $N_{\Delta\varphi_m}(x,y)$ gemessen oder, mit anderen Worten, ein Intensitätsbild aufgenommen wird. Aus den M-Intensitätsmessungen können dann die vollständigen Amplituden- t(x, y) und Phaseninformationen θ(x, y) des Objekts abgeleitet werden [2]. Vereinfacht ausgedrückt: Bei der Phasenverschiebungs-Holografie wird die obige Interferenzkosinusfunktion mit M-Messungen abgetastet. Bei einer recht kleinen Anzahl von M-Schritten funktioniert dies, da die allgemeine Form und der relative Phasenabstand der Messungen a priori bekannt sind.

Als Beispiel kann man das Szenario für M = 4 Schritte betrachten. Für vier Intensitätsbilder findet man leicht:

$$N_0(x, y) \sim 1 + t(x, y) \cos \theta(x, y)$$
$$N_{\pi/2}(x, y) \sim 1 - t(x, y) \sin \theta(x, y)$$
$$N_\pi(x, y) \sim 1 - t(x, y) \cos \theta(x, y)$$
$$N_{3\pi/2}(x, y) \sim 1 + t(x, y) \sin \theta(x, y).$$

Eine einfache Herleitung zeigt, dass die Phaseninformation θ(x, y) des Objekts gegeben ist durch

$$\theta(x, y) = \arctan\left(\frac{N_{3\pi/2} - N_{\pi/2}}{N_0 - N_\pi}\right).$$

Die Amplitudeninformation t(x, y) kann auf ähnliche Weise berechnet werden.

Im Wesentlichen kann der Algorithmus der Phasenverschiebungs-Holografie direkt mit einem nichtlinearen Interferometer umgesetzt werden. Dies macht somit eine Quantenholografie mit nicht detektiertem Licht möglich.

4 Quantenholografie mit nicht detektiertem Licht

Im vorangegangenen Abschnitt wurde beschrieben, wie die Quantenholografie mit nicht-detektiertem Licht mit Hilfe von Phasenverschiebungs-Algorithmen umgesetzt werden kann. Erst kürzlich wurde ein solches Quantenholografie-Schema realisiert, und der Einfluss der Anzahl der Phasenschritte **M** und der Aufnahmezeit auf die Bildqualität wurde untersucht [2]. Ein Teil der Ergebnisse ist in Abbildung 5 zusammengefasst. Das Auflösungsziel, das mit der Phasenverschiebungs-Holografie abgebildet werden soll, ist eine miniaturisierte Version, die mit Graustufenlithografie hergestellt wird und als Phasenobjekt dient. Es wurden sogar zwei dieser Ziele untersucht: eines mit Objektphase $\theta = 0{,}62\pi$ und eines mit $\theta = 0{,}82\pi$. Wiederum bezieht sich diese Phase sich auf das beleuchtende Idler-Licht. Das Hologramm auf der Kamera wurde durch das Signallicht mit einer anderen Wellenlänge erzeugt. Bei Erhöhung der Anzahl der Phasenschritte **M** ist eine deutliche Verbesserung der Bildqualität zu erkennen. Das Gleiche gilt für längere Aufnahmezeiten. Dies lässt sich durch Ableitung der gemessenen Phase θ des Objekts quantifizieren. Interessanterweise reichen in den meisten Fällen bereits vier Schritte aus, um Amplituden- und Phaseninformationen mit ausreichender Präzision abzuleiten.

Diese erste Demonstration der Quantenholografie mit nicht detektiertem Licht wird den Weg für ein breiteres Anwendungsspektrum nichtlinearer Interferometer bereiten. Aus praktischer Sicht ermöglicht der Phasenverschiebungs-Algorithmus die Ableitung von Amplituden- und Phaseninformationen durch Messung von vier diskreten Intensitätsbildern mit relativer Phase zueinander. Daher spielt die globale Phasenlage (z. B. in einem Interferenzmaximum oder -minimum) keine Rolle. Darüber hinaus ist es nicht mehr notwendig, den gesamten Phasenbereich fein abzutasten. Auf diese Weise wird die gesamte Bildverarbeitung viel schneller und praktischer in der Umsetzung. Der Aufbau wird widerstandsfähiger gegen langfristige Phasendrift, wie in Abbildung 3, Abschnitt 2 dargestellt ist.

Im Wesentlichen wird durch die Nutzung von Zwei-Photonen-Zuständen in einem nichtlinearen Interferometer die Quantenholografie mit nicht detektiertem Licht ermöglicht. Bei diesem Verfahren ist kein gut charakterisierter Referenzstrahl erforderlich, da ein Photon der beiden Photonenzustände als Referenz für die Holografie dient.

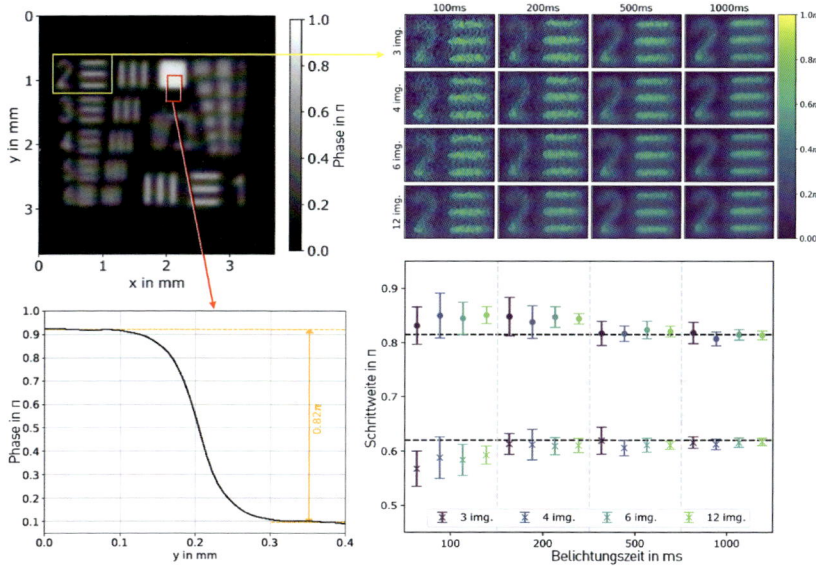

Abbildung 5: Quantenholografie mit nicht detektiertem Licht. Zwei miniaturisierte Auflösungsziele als Phasenobjekte wurden im Weitwinkel mit der Technik der Phasenverschiebungs-Holografie aufgenommen (oben links). Die beiden unterscheiden sich in ihrem Phasenprofil mit einer Tiefe von 0.62π und 0.82π. Das rote Rechteck hebt die quadratische Kante hervor, deren Profil analysiert wird und den beabsichtigten Phasenschritt bestätigt (unten links). Die Zahl »2« und die zugehörigen Balken dienen dazu, die Auswirkungen der Anzahl der Phasenschritte und der Aufnahmezeit qualitativ (rechts oben) und quantitativ (rechts unten) zu analysieren. (Zusammenstellung von Zahlen aus Quelle: [2]; diese Abbildung ist unter einer Creative-Commons-Lizenz 4.0 lizenziert[4])

5 Rauschunempfindlichkeit

Ein besonderer Vorteil der korrelationsbasierten Quantenbildgebung, wie z. B. dem Quanten-Ghost-Imaging, ist die Unempfindlichkeit gegenüber Rauschen [7]. Mit einer zusätzlichen Lichtquelle im Bildgebungs-

---

[4] https://creativecommons.org/licenses/by/4.0/

system, die auch den Detektor beleuchtet, kann es schwierig werden, das eigentliche Objekt von dem zusätzlichen Rauschen zu unterscheiden. Durch Anwendung der (Quanten-)Bilddestillation ist es möglich, die reine Bildinformation zu erhalten. Grundsätzlich werden bei solchen Bildgebungsverfahren die Impuls- oder Positionskorrelation ausgenutzt. Da das Rauschen unkorreliert ist, kann es durch Zufallsmessungen unterdrückt werden. Je stärker das Rauschen ist, desto wahrscheinlicher ist es, dass es statistisch falsche Koinzidenzereignisse verursacht, wodurch der Destillationseffekt verringert wird.

Die Rauschresistenz wurde als ein ganz besonderes Merkmal angesehen, das nur mit korrelationsbasierter Bildgebung erreicht werden kann. Es stellt sich jedoch heraus, dass dies auch ohne die Messung von Korrelationen oder Koinzidenzen in einem Verfahren mit nicht-detektiertem Licht möglich ist.

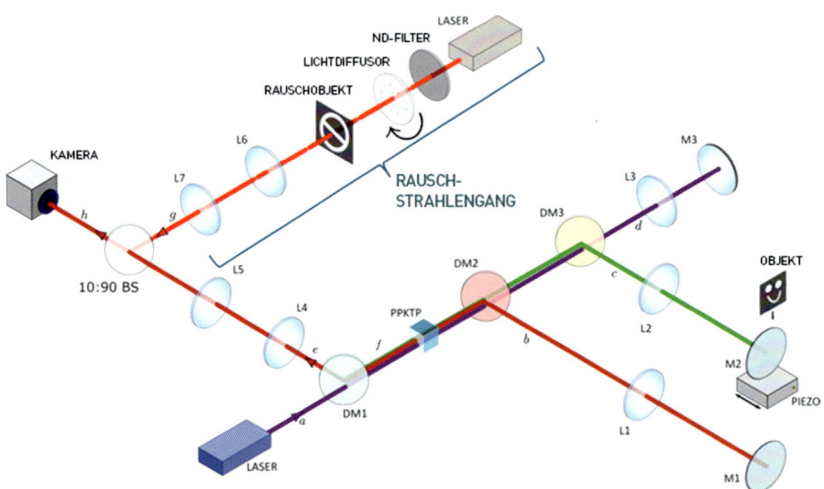

Abbildung 6: Experimentelle Umsetzung zur Beobachtung der Wirkung von zusätzlichem Rauschen und dessen Unterdrückung durch Phasenverschiebungs-Holografie bei der Quantenbildgebung. Zusätzlich zu dem nichtlinearen Interferometer aus Abbildung 2 wird ein zusätzlicher Rauschstrahlengang in die Anordnung eingefügt. Ein Rauschbild wird beleuchtet und mit der gleichen Kamera abgebildet. Es ist möglich, das eigentliche Objekt durch Bilddestillation auch ohne Koinzidenzdetektion zu erkennen. (Quelle: Fraunhofer IOF)

Wie bereits erwähnt, ist die Quantenholografie mit nicht detektiertem Licht eine vorteilhafte Variante der Quantenbildgebung mit nichtlinearen Interferometern. Sie liefert auf effiziente Weise die volle Amplituden- und Phaseninformation eines Objekts bei gleichzeitiger spektraler Trennung der Beleuchtung der Probe von der Detektion durch die Kamera. Unter Anwendung des Phasenverschiebungs-Algorithmus ist es auch möglich, den Einfluss von zusätzlichem Rauschen, das auf den Detektor einwirkt, zu unterdrücken.

Eine Versuchsanordnung für diese Untersuchung ist in Abbildung 6 dargestellt. Es handelt sich um den Aufbau aus dem Quantenholografie-Ansatz mit einem zusätzlichen Rauschstrahlengang. Dort wird ein separates Objekt mit intensivem Licht beleuchtet und ebenfalls auf der Kamera abgebildet.

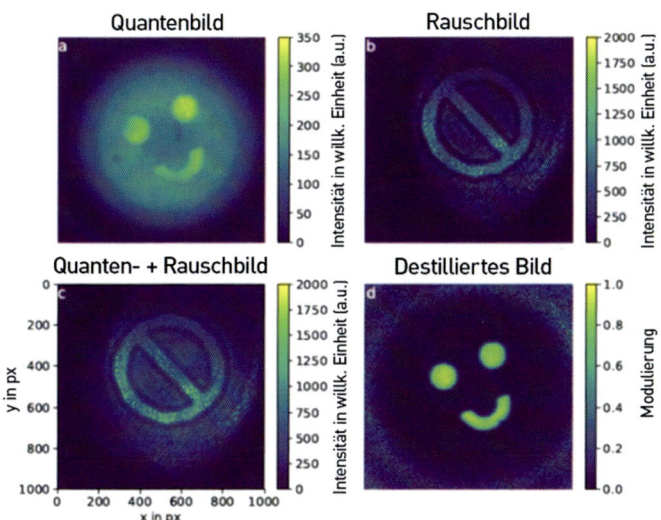

Abbildung 7: Quantenbild-Destillation: Das Bild eines Objekts (mit nicht-detektiertem Licht abgebildet) wird von einem Rauschbild mit größerer Intensität überlagert. Nach Anwendung des Algorithmus der Phasenverschiebungs-Holografie kann die vollständige Amplituden- und Phaseninformation des tatsächlichen Objekts erhalten werden. (Quelle: Fraunhofer IOF)

Durch Anwendung des Algorithmus der Phasenverschiebungs-Holografie kann der Einfluss des Objekts herausgerechnet werden. Dies ist in

Abbildung 7 zu sehen. Dargestellt ist das eigentliche Objekt von Interesse, wenn das Rauschen ausgeschaltet ist, das Rauschobjekt, wenn das nichtlineare Interferometer ausgeschaltet ist, und das überlagerte Intensitätsbild, wenn beide Objekte auf der Kamera abgebildet werden. Aufgrund der viel höheren Intensität des Rauschens dominiert das Rauschbild eindeutig, und es können keine Informationen über das eigentliche Bild von Interesse gewonnen werden. Bei Anwendung der Phasenverschiebungs-Holografie (mit vier Phasenschritten) wird das Rauschen ausgelöscht, und das eigentliche Objekt, d.h. das glückliche Gesicht, wird sichtbar. Da der holografische Ansatz die volle Amplituden- und Phaseninformation liefert, besitzt das destillierte Bild natürlich eine noch bessere Qualität als das direkte Intensitätsbild für einen festen globalen Phasenwert und ohne Rauschen.

Interessanterweise kann die Intensität bei statischem Rauschen im Prinzip beliebig hoch sein, ohne den Destillationsprozess einzuschränken. Schnelle Fluktuationen hingegen schon. Sie lassen sich kontrollieren, z. B. indem man das beleuchtende Laserlicht durch eine rotierende Grundplatte führt. Mit zunehmender Rotationsgeschwindigkeit nimmt die Kohärenz ab, und die Fluktuationen nehmen zu. Wenn die zeitlichen Fluktuationen die Länge der Aufnahmedauer erreichen, beginnen sie die Qualität der Destillation zu beeinträchtigen. Einfach ausgedrückt: Schnelle Fluktuationen lassen sich nicht mehr herausrechnen.

Neben der gesamten Amplituden- und Phaseninformation sowie den verschiedenen Spektralbereichen für Beleuchtung und Detektion bietet die Quantenholografie mit nicht-detektiertem Licht auch die Möglichkeit, in verrauschten Umgebungen zu funktionieren. Dies kann zu einer Schlüsseleigenschaft für Tageslicht-Quantenbildgebungssysteme werden, die außerhalb des Optiklabors eingesetzt werden, z. B. für die biomedizinische Bildgebung im Krankenhaus.

6 Literaturverzeichnis

[1] D. Gabor: A new microscopic principle. Nature 161, 777–778 (1948)
[2] S. Töpfer et al.: Quantum holography with undetected light, Sci. Adv. 8, eabl4301 (2022)

[3] B. Yurke et al.: Su(2) and SU(1,1) interferometers, Phys. Rev. A 33, 4033–4054 (1986)
[4] T. J. Herzog et al.: Frustrated Two-Photon Creation via Interference Phys. Rev. Lett. 72, 629–632 (1994)
[5] M. Gilaberte Basset et al.: Video-Rate Imaging with Undetected Photons, Laser Photon. Rev. 15, 2000327 (2021)
[6] I. Yamaguchi and T. Zhang: Phase-shifting digital holography. Opt. Lett. 22, 1268 (1997)
[7] H. Defienne et al.: Quantum image distillation. Sci. Adv. 5, eaax0307 (2019)

Quanten-Ghost-Imaging mit asynchroner Detektion

Bildgebung mit verschränkten Photonen für die 3-D-Fernerkundung

Dominik Walter, Simon Grosse, Carsten Pitsch

Abstract: Ein fortschrittlicher Aufbau für Quanten-Ghost-Imaging ermöglicht rauscharme 3-D-Bildgebung von entfernten Objekten. Eine wesentliche technische Neuerung liegt in der asynchronen Detektion durch unabhängige SPAD-Detektoren, wodurch sich der Aufbau entscheidend vereinfachen lässt und sich nun für beliebige Entfernungen eignet. Wie jüngste experimentelle Ergebnisse verdeutlichen, besitzt dieser Aufbau das Potenzial, klassische Systeme in vielen Aspekten zu übertreffen.

Keywords: spontane parametrische Abwärtskonvertierung, Quantenbildgebung, Fernerkundung, Einzelphotonen-Lawinenphotodioden

1 Einleitung

Bildgebung unter widrigen Bedingungen, wie z. B. bei Nebel, durch Rauch oder Feuer, erfordert Bildgebungssysteme, die hochauflösende Bilder durch streuende und turbulente Medien ermöglichen. Aktive Systeme, die ihre eigene Lichtquelle zur Beleuchtung nutzen, sind für diese Aufgabe ideal geeignet. Ein wesentlicher Vorteil solcher Systeme ist die direkte Kontrolle über die Lichtquelle, die es ermöglicht, die Laufzeit des Lichts zu nutzen, um unerwünschtes Hintergrundrauschen zu unterdrücken [1]. Mit dieser Technik könnte Bildgebung unter widrigen Bedingungen entscheidend verbessert werden, möglicherweise bis hin zur Bildgebung ohne Sichtverbindung [2].

Aktive Bildgebungssysteme, die klassische Lichtquellen zur Beleuchtung verwenden, bieten ein hohes Signal-Rausch-Verhältnis (SNR) und haben sich in Szenarien, in denen hohe Präzision und Zuverlässigkeit essenziell sind, in den letzten Jahrzehnten fest etabliert.

Die Verwendung von Quantenlichtquellen zur Beleuchtung verspricht jedoch eine Reihe zusätzlicher Vorteile gegenüber klassischen Lichtquellen und hat das Potenzial, die aktive Bildgebung in Zukunft zu revolutionieren, was an späterer Stelle näher erläutert wird. Zunächst ist es wichtig, die Grenzen der klassischen Bildgebungssysteme besser zu verstehen.

Die maximale Reichweite klassischer aktiver Bildgebungssysteme (z. B. Gated Viewing, 3-D-Laserradar oder LiDAR im Allgemeinen) wird durch die verfügbaren Pulsenergien und die spektralen Eigenschaften begrenzt. Wellenlängen im Infrarot-Bereich (IR) eignen sich besonders zur Fernerkundung in der Atmosphäre, aufgrund geringer Verluste während der Propagation und einem reduzierten Einfluss von Turbulenz. Zu höheren IR-Wellenlängen hin nimmt allerdings die Performance kommerziell verfügbarer IR-Kamerasysteme aufgrund des zunehmenden Einflusses des Dunkelrauschens ab. Konventionelle Focal Plane Arrays für den IR-Bereich weisen ein merkliches Sensorrauschen auf, das durch Dunkelströme sowie Signalumwandlungs- und -verstärkungsprozesse verursacht wird und eine zusätzliche Kühlung des Detektormaterials erforderlich macht.

Dieser Bereich ist mit aktiven Systemen mit rauscharmen Einzelelementdetektoren, wie z. B. Laserscannern oder Systemen für Compressive Sensing, leichter zugänglich [3, 4]. Sie ermöglichen eine 2-D- oder sogar 3-D-Bildgebung mit nur einem einzigen Pixel als »Bucket«-Detektor, wodurch das Rauschen stark begrenzt und die dazugehörige Kameraentwicklung erleichtert wird. Dennoch bleibt das Sensorrauschen bei der Messung von schwachen Signalen der vorherrschende Faktor.

Hier bietet die Einzelphotonendetektion eine Lösung. Ist der Detektor darauf ausgelegt, ein einzelnes Lichtquant als Binärsignal zu detektieren, kann die rein digitale Information rauschfrei ausgelesen werden. Die Einzelphotonendetektion setzt sich daher bei der Messung schwacher Signale immer weiter durch und wird aktuell schon erfolgreich bei First-Photon-Imaging zur Bildgebung über sehr große Entfernungen genutzt [5].

Bei näherer Betrachtung der zugrunde liegenden Physik offenbart sich jedoch weiteres Verbesserungspotenzial: Ersetzt man die klassische Lichtquelle durch eine reine Quantenlichtquelle, wird eine Bildgebung mit höherer Genauigkeit und mehr Informationen pro Photon möglich.

Die Quantenbildgebung steckt zwar noch in den Kinderschuhen, besitzt aber ein enormes Entwicklungspotenzial. Bestehende Systeme ermöglichen bereits die Aufnahme von Bildern mit extrem gutem SNR, da sowohl die Beleuchtung als auch die Detektion nicht mehr im analogen Bereich, sondern als rein binäre oder digitale Ereignisse erfolgen. Diese digitale Detektion ermöglicht darüber hinaus eine effiziente Filterung der einzelnen detektierten Rauschphotonen, ohne dabei die Bildqualität zu verschlechtern.

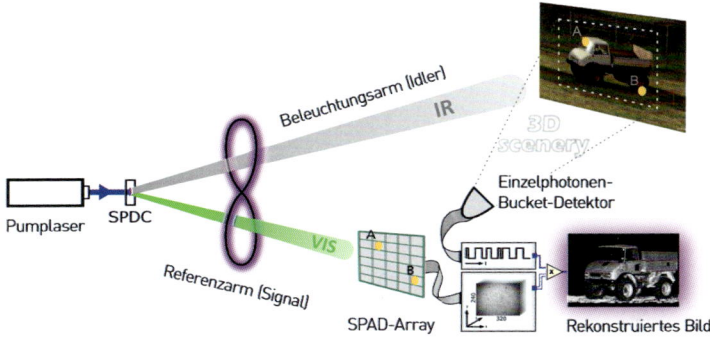

Abbildung 1: Aufbau für das Quanten-Ghost-Imaging mit asynchroner Detektion unter Verwendung verschränkter Photonen. Ein entferntes Objekt wird mit Photonen im Infraroten beleuchtet, während seine räumliche Information mit Photonen im Sichtbaren erfasst wird, die nie mit dem Objekt in Wechselwirkung treten.

2 Quanten-Ghost-Imaging (QGI)

Verschränkte Photonenpaare lassen sich erzeugen, indem man eine klassische Lichtquelle, z. B. einen Dauerstrichlaserstrahl, durch ein nichtlineares Medium, z. B. einen nichtlinearen Kristall, führt. Die verschränkten Photonen werden innerhalb eines solchen Kristalls durch parametrische Fluoreszenz (engl. »Spontaneous Parametical Down Conversion«, SPDC) von einzelnen Laserphotonen erzeugt. Die Parameter des Kristalls können so gewählt werden, dass sie die effiziente Erzeugung verschränkter Photonen in einem bestimmten Wellenlängenbereich unterstützen, solange Energie und Impuls erhalten bleiben. So können beispielsweise durch Pumpen bei einer Wellenlänge von 400 nm zwei verschränkte Photonen mit der Hälfte der Energie bei 800 nm erzeugt werden. Die beiden Photonen müssen jedoch nicht die gleiche Wellenlänge besitzen, und für die Bildgebung in der Atmosphäre ist es sogar von Vorteil, die Photonen in verschiedene Spektralbereiche aufzuteilen, wie noch erläutert werden wird.

Die verschränkten Photonen stammen vom selben Raumpunkt, und die Austrittsebene des nichtlinearen Kristalls kann so abgebildet werden, dass ein Photon (Beleuchtungsphoton) auf einem entfernten Objekt abgebildet wird, während sein verschränkter Partner (Referenzphoton) auf einem Detektor-Array abgebildet wird. Die beiden Photonen sind dabei räumlich korreliert, sodass nach der ortsaufgelösten Detektion des Referenzphotons mit einem Detektor-Array der Ort abgeleitet werden kann, an dem das Beleuchtungsphoton auf das Objekt getroffen ist.[1]

Aus diesem Grund muss das reflektierte Beleuchtungsphoton nicht mit einem ortsauflösenden Detektor erfasst werden. Stattdessen reicht es aus, einen Einzelpixel-Detektor mit großer Fläche, den sogenannten Bucket-Detektor, zu verwenden.

Die verschränkten Photonen sind auch zeitlich korreliert. Folglich kann nach der zeitlichen Detektion des Referenzphotons der Zeitpunkt der Detektion des Beleuchtungsphotons abgeleitet werden und umgekehrt.[2]

---

[1] Neben diesem Aufbau, bei dem die Ortskorrelation ausgenutzt wird (auch »Nahfeldaufbau« genannt), gibt es auch einen »Fernfeldaufbau«, bei dem die Impuls-Antikorrelation ausgenutzt wird [6]. Der Nahfeldaufbau ist derzeit von Nachteil, da seine Auflösung von der Apertur der Photonenquelle abhängig ist. Zurzeit können die effizientesten SPDC-Medien nur mit sehr kleinen Kristallabmessungen von einigen Millimetern hergestellt werden, was die erreichbare Auflösung einschränkt.

[2] Die Genauigkeit dieser zeitlichen Koinzidenz ist von der spektralen Bandbreite der Photonen abhängig. Diese unterliegen der Energie-Zeit-Unschärfe: Je größer ihre spektrale Bandbreite, desto kürzer ist ihre Koinzidenzzeit.

Unter Berücksichtigung fester Zeitverzögerungen des Aufbaus ist es daher möglich, beide Photonen koinzident zu erfassen. Die Koinzidenzdetektion von Quantenlichtquellen mit verschränkten Photonen hat den großen Vorteil, dass das Hintergrundrauschen unterdrückt wird, da zufällige Koinzidenzen aufgrund von Rauschen bei kleinen Zeitfenstern für die Koinzidenz sehr selten sind.

Der erste QGI-Aufbau wurde 1995 von Pittman et al. realisiert [7]. Dabei wurde die Verschränkung von Photonenpaaren ausgenutzt, um ein Objekt mit einem Photon zu beleuchten, dabei aber die räumliche Bildinformation über dessen verschränkten Photonenpartner zu erhalten, der nicht mit dem beleuchteten Objekt wechselwirkt. Die Bildinformation scheint dabei per Geisterhand zwischen den Photonen übertragen zu werden, weshalb schon bald nach den ersten Experimenten der Begriff des Quanten-Ghost-Imaging geprägt wurde.[3]

Ein Abbild eines beleuchteten Objekts kann durch zeitliche Koinzidenzdetektion des verschränkten Photonenpaars und durch Ausnutzung der Orts- oder Impulserhaltung rekonstruiert werden. Im Allgemeinen wird die maximal mögliche Auflösung beim QGI hauptsächlich durch die Qualität der Phasenanpassung des SPDC-Kristalls und der Abmessungen der installierten Optik begrenzt [6, 8].

Die Möglichkeit, die Beleuchtung eines Objekts von der Bildaufnahme mittels Quanten-Ghost-Imaging zu trennen, eröffnet völlig neue Möglichkeiten. Für die Bildgebung in der Atmosphäre ist es vorteilhaft, die Wellenlängen der beiden verschränkten Photonen auf verschiedene Spektralbereiche aufzuteilen. Idealerweise liegt die Wellenlänge des Beleuchtungsphotons in einem Spektralbereich mit geringen Ausbreitungsverlusten (IR-Spektralbereich für die Atmosphäre), während die Wellenlänge des Referenzphotons im Empfindlichkeitsbereich der modernen Siliziumtechnologie (sichtbarer Spektralbereich) gehalten wird,

---

[3] Dem interessierten Leser wird die Lektüre dieser Originalveröffentlichung von Pittman et al. [7] empfohlen, in der die nicht intuitive Natur der Verschränkung aufgezeigt wird: Ein Photon wird in einem Arm des Aufbaus durch eine Sammellinse hindurchgeführt und trifft auf ein Objekt, während im anderen Arm des Aufbaus, der keine Linse enthält, ein skaliertes, scharfes Bild dieses Objekts durch dessen verschränkten Photonenpartner aufgenommen wird. Dabei hängt die Schärfe des Bildes von der Summe der Längen beider Arme des Aufbaus ab.

was eine sehr gute räumliche Detektion ermöglicht. Aufgrund der Verschränkung kann dann aus der gemessenen räumlichen Information des Referenzphotons im sichtbaren Bereich die unbekannte räumliche Information des IR-Beleuchtungsphotons, d. h. der Ort, der beleuchtet wurde, abgeleitet werden, ohne dass diese Information im IR-Spektralbereich separat gemessen werden muss. Es genügt daher, die IR-Photonen mit einem einfachen Bucket-Detektor mit zeitlicher Auflösung zu detektieren.

Bis vor Kurzem war es üblich, intensivierte CCDs (ICCD) oder ähnliche Kameratechnologien als räumlich auflösenden Detektor für den Referenzarm von QGI-Aufbauten zu verwenden, die eine hochauflösende Einzelphotonenabbildung ermöglichen. Diese Detektoren haben keine interne Zeitauflösung und benötigen einen externen Auslöser für die Kamera oder deren Verstärker, um einzelne Ereignisse innerhalb eines kleinen Zeitfensters zu detektieren. Hier wird die Detektion des Beleuchtungsphotons durch den Bucket-Detektor genutzt, um den Detektor des Referenzarms auszulösen und das Eintreffen des bildgebenden Photons sozusagen »anzukündigen«. Da die Reaktionszeit der Elektronik und die Geschwindigkeit elektronischer Signale viel langsamer als die Lichtgeschwindigkeit sind, benötigen diese Systeme eine bilderhaltende optische Verzögerungsstrecke für die Referenzphotonen [9]. Wie in Morris et al. [9] dargestellt, sind bilderhaltende optische Verzögerungsleitungen von über 20 m Länge erforderlich, selbst wenn der Abstand zum abgebildeten Objekt sehr gering ist. Eine solche bilderhaltende Verzögerungsleitung ist für den Betrieb bei größeren Entfernungen schwer auszurichten und muss mindestens doppelt so lang sein wie der Objektabstand, was die praktische Nutzbarkeit des Systems stark einschränkt.

Die Lösung für dieses technologische Hindernis kam durch die Entwicklung einer kostengünstigen Kameratechnologie, die zur Einzelphotonendetektion mit zeitlicher Auflösung fähig ist und leicht auf große 2-D-Arrays mit hoher Pixelzahl skaliert werden kann.

Fortschrittliche Einzelphoton-Avalanche-Dioden (SPADs) arbeiten oberhalb der Durchbruchspannung ihres pn-Übergangs, sodass ein einzelnes einfallendes Photon eine elektrische Lawine auslösen kann, die zu einem messbaren Signal führt [10]. SPADs ermöglichen die direkte

Messung einzelner Photonen mit einer zeitlichen Auflösung im Pikosekunden-Bereich und sehr geringem Rauschen, selbst bei Raumtemperatur. Sie lassen sich über kostengünstige CMOS-Technologie fertigen und benötigen keine Kühlung, was eine sehr gute Energieeffizienz und hohe Kompaktheit ermöglicht. Um eine zeitaufgelöste Kamera mit dieser Technologie zu realisieren, werden für jede Zeile, Spalte oder, abhängig von Anwendung und Einschränkungen, sogar für einzelne Pixel, dedizierte Timing-Schaltungen, sogenannte Time-to-Digital-Converter (TDCs), integriert.

Die neuartige QGI-Kamera, die am Fraunhofer IOSB entwickelt wird, verwendet zwei SPADs in den beiden Armen des QGI-Aufbaus, die völlig unabhängig voneinander arbeiten. Daher wird keine bilderhaltende optische Verzögerungsleitung benötigt. Der neue Aufbau braucht lediglich eine gemeinsame Zeitbasis, die durch den Anschluss beider SPAD-Detektoren an dieselbe Zeitstempel-Elektronik realisiert werden kann. Dieser Aufbau wird daher bewusst als asynchrones QGI bezeichnet.

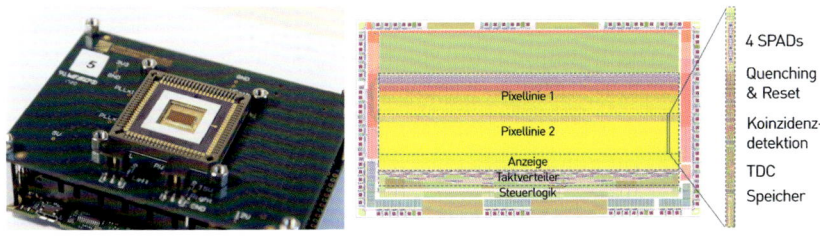

Abbildung 2: a) die SPAD-Array-Kamera des asynchronen QGI-Aufbaus. Der SPAD-Array-Detektor ist auf einer Leiterplatte mit einer darunterliegenden FPGA-Platine für die Signalverarbeitung und Detektorsteuerung montiert. b) Layout des SPAD-Detektors. Der Detektor besteht aus zwei Zeilen mit jeweils 192 Pixeln. Jedes Pixel besteht aus vier vertikal ausgerichteten SPADs, einer Lösch-, Reset- und Pixelelektronik, einer Koinzidenzdetektionselektronik und einer individuellen TDC-Elektronik einschließlich eines dedizierten Speichers. Die Zeitauflösung der einzelnen Pixel beträgt 312,5 ps.

Die QGI-Kamera verwendet einen handelsüblichen IR-SPAD (ID230, ID Quantique) als Bucket-Detektor und einen ortsaufgelösten SPAD-Array-Detektor (SPADeye2, Fraunhofer IMS), der als Sensor für Flash-LiDAR-Anwendungen, z. B. im Automobilbereich, entwickelt wurde [12, 13]. Da er standardmäßig bei direkten ToF-Messungen verwendet wird, ist dieser Sensor nicht dafür ausgelegt, extern getriggert zu werden, sondern sendet zu Beginn jedes Messframes einen Trigger aus, der üblicherweise zum Auslösen eines gepulsten Lasers verwendet wird.

Da der SPAD-Array-Detektor eine wichtige Rolle im Aufbau für asynchrone QGI spielt, werden hier einige zusätzliche technische Details aufgeführt: Der SPADeye2-Detektor kann sowohl im Timing- als auch im Counting-Modus arbeiten und besteht aus zwei Zeilen mit je 192 Pixeln, wobei jedes Pixel vier vertikal ausgerichtete SPADs enthält, die gleichen Abstand zueinander haben. Jedes dieser Pixel verfügt über einen eigenen TDC, der eine Zeitdetektion für einzelne Pixel ermöglicht. Er wurde in einem kundenspezifischen 0,35-μm-CMOS-Prozess hergestellt, der SPADs mit einer niedrigen durchschnittlichen Dunkelzählrate von 0,1 cps/μm^2 und damit geringes Sensorrauschen ermöglicht [14]. Der Füllfaktor ist durch den Platzbedarf der Schaltung begrenzt und beträgt 5,6 % bei einer Pixelgröße von 40,5 × 200 μm und einem SPAD-Durchmesser von 12 μm. Das TDC-Design ermöglicht eine zeitliche Auflösung von 312,5 ps und, in Kombination mit einem 8-Bit-In-Pixel-Counter, eine Framelänge von 1,28 μs.

Weitere Einzelheiten zum Aufbau der QGI-Kamera sind [11] zu entnehmen.

3 Ergebnisse

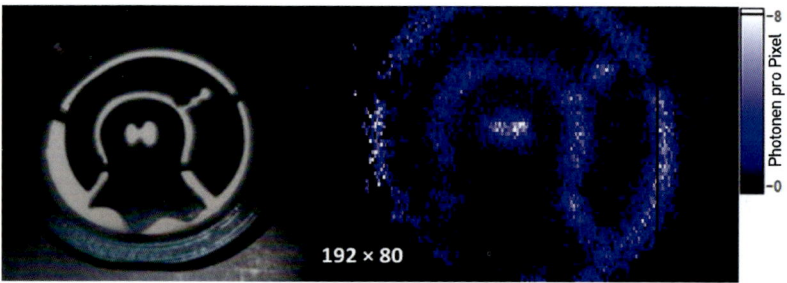

Abbildung 3: a) von der QGI-Kamera beleuchtete Maske, b) in Transmission gemessenes Quanten-Ghost-Bild. Das Bild wurde so nicht direkt erhalten, sondern wurde zur Verbesserung bearbeitet, wie in [11] weiter erläutert.

Für eine 2-D-Messung wurde die SPAD-Zeile schrittweise vertikal im Referenzarm versetzt, sodass eine effektive Auflösung von 192 × 80 Pixeln realisiert werden konnte.

Abbildung 3 zeigt das Ergebnis der Messung einer Objektmaske, die in Transmission im Beleuchtungsarm platziert wurde. Zur Bildaufnahme wurden etwa 15 000 Koinzidenzdetektionen ausgewertet – im Durchschnitt weniger als eine Detektion pro Bildpixel! Die zeitliche Auflösung des Aufbaus betrug dabei etwa 400 ps, was einer Tiefenauflösung von etwa 6 cm entspricht.

Aufgrund des notwendigen vertikalen Scans der SPAD-Zeile wurde der effektive Füllfaktor in der Bildebene des Referenzarms bei dieser Realisation der Kamera allerdings noch stark reduziert (auf ca. 0,05 %), sodass nur ein sehr kleiner Teil der Koinzidenzdetektionen erfasst werden konnte. Dadurch wurde der erforderliche Messaufwand im Bereich von mehreren Stunden gehalten. Deshalb eignet sich die verwendete SPAD-Zeile aus unserer Sicht nicht für kommende 3-D-Messungen in Reflexion, bei denen ein noch lgrößerer Zeitbedarf für die Bildaufnahme zu erwarten ist.

Für zukünftige Messungen soll die QGI-Kamera mit einem 64-×-48-Pixel-SPAD-Array-Detektor aufgerüstet werden, der sich derzeit in der Entwicklung befindet und auf eine 3-D-Integration durch Wafer-Stacking mittels direktem Wafer-Bonding mit rückseitig beleuchteten SPADs zurückgreift. Ein großer Vorteil des künftigen SPAD-Arrays ist die zweidimensionale Anordnung der Pixel, wodurch ein vertikaler Scan überflüssig wird. Der Füllfaktor kann dabei durch ein integriertes Mikrolinsen-Array auf ca. 25 % erhöht werden, was erstmals deutlich kürzere Messzeiten im Sekundenbereich ermöglicht.

4 Bildrekonstruktion

Die QGI-Kamera ermöglicht 3-D-Bildgebung durch Ausnutzung der ToF-Differenzen von Photonenpaaren. Die dafür nötige Information, welche Photonenpaare zueinandergehören, ist jedoch anfangs nicht gegeben. In Situationen mit hohem SNR pro Pixel bleibt die Bildgebung dabei trotzdem ganz unkompliziert, da auch für kleine Mengen an Messdaten ein klar erkennbares Koinzidenzsignal erhalten werden kann, indem man einfach jedes Beleuchtungsphoton mit allen Referenzdetektionen für jeden (x, y)-Koordinatenpunkt paart. Die Tiefeninformation (z) entspricht der zeitlichen Verzögerung dieses Koinzidenzpeaks.

In Situationen mit niedrigem SNR heben sich die Koinzidenzpeaks nicht mehr gut aus dem Rauschen hervor. In diesem Fall ist eine korrekte Zuordnung von Detektorereignissen zu realen Photonenpaaren wichtig; die korrekten Übereinstimmungen zu finden ist aber nicht einfach.

Wenn unbekannte 3-D-Szenen (oder Objekte) gemessen werden, sind die Tiefe des Bildes bzw. die ToF-Differenzen der verschränkten Photonenpaare nicht vorab bekannt, und es ist anfangs unklar, welche Photonendetektionen zum selben verschränkten Photonenpaar gehören könnten. Daher kann die Tiefeninformation (z) für einen gemessenen (x, y)-Koordinatenpunkt nicht direkt erhalten werden, und letztlich kann noch keine 3-D-Szene rekonstruiert werden.

Zum Glück lässt sich dieses Problem automatisch durch einen Optimierungsalgorithmus lösen, der eine erhaltene 3-D-Szene danach bewertet, wie realistisch sie ist.

Da die korrekte Zuordnung der zueinandergehörenden Photonenpartner zu Beginn nicht bekannt ist, wird in dieser Phase eine zufallsbestimmte Zuordnung durchgeführt, um jedem detektierten Beleuchtungsphoton einen zufälligen Referenzphotonenpartner (Paarung) als erste Interpretation der Messdaten zuzuordnen. Jedes dieser zugeordneten Photonenpaare trägt ein (x, y, z)-Voxel bei, sodass diese erste Interpretation der Daten schon zu einer eindeutigen 3-D-Szene führt, die durch eine Untersuchung auf Realismus des Inhalts weiter bewertet werden kann.

Eine zufallsbestimmte Änderung eines Teils der Paarung führt zu einer anderen Interpretation der Daten. Für jede unterschiedliche Interpretation der Daten kann immer eine andere eindeutige 3-D-Szene rekonstruiert und bewertet werden. Falsche Zuordnungen von Photonenpaaren führen in der Regel zu völlig zufallsbestimmten (x, y, z)-Voxelverteilungen in der Szene, während nur korrekte Zuordnungen von Photonenpaaren zu Ansammlungen von (x, y, z)Voxeln führen, die den realen Oberflächen der beleuchteten Objekte in der Szene entsprechen. Daher besitzt der Optimierungsraum ein deutliches globales Maximum und keine dominanten lokalen Maxima. Mit einem evolutionären Algorithmus, der eine Fitnessfunktion verwendet, die 3-D-Oberflächen (bestehend aus akkumulierten Voxeln) gegenüber zufallsbestimmten Voxelverteilungen bevorzugt, kann die reale 3-D-Szene durch schrittweise Optimierung der Paarung rekonstruiert werden.

Die Grundlagen für einen solchen Bildrekonstruktionsalgorithmus für die asynchrone QGI-Kamera wurden am Fraunhofer IOSB bereits entwickelt und in Simulationen getestet [15]. Sie werden in anstehenden 3-D-Messungen in Reflexion unter realen Bedingungen experimentell überprüft.

5 Relevante Quantenvorteile

Die wichtigsten Quantenvorteile der QGI-Kamera wurden zum Teil bereits erwähnt, sollen aber an dieser Stelle erneut zusammengefasst werden – ohne Anspruch auf Vollständigkeit, da verschiedene experimentelle Studien noch anstehen. Die wesentlichsten Vorteile des Aufbaus sind die inhärente Zufälligkeit der verschränkten Photonenquelle und die nichtklassische Beleuchtung durch einzelne Photonen.

5.1 Gleichmäßige Energieverteilung: entspannte Sicherheitsgrenzwerte

Klassische aktive Bildgebungssysteme für die Fernerkundung verwenden Laserpulse, um entfernte Szenen und Objekte zu beleuchten. Da die Spitzenintensitäten von (ultra-)kurzen Laserpulsen sehr hoch sind, ist der Aspekt der Augensicherheit dabei ein ernst zu nehmendes Problem. Bei Laserpulsen ist die Lichtenergie räumlich und zeitlich lokalisiert, was zu einer relativ geringen maximal zulässigen Exposition (MPE) bzw. Augensicherheit im gesamten sichtbaren Spektrum führt [16].

Die größte Sicherheit für die Augen ist durch eine gleichmäßige Energieverteilung in Raum und Zeit gewährleistet, die durch die völlig zufallsbestimmte Verteilung der verschränkten Photonen von SPDC-Quellen gegeben ist.

Dieses hohe Maß an Zufälligkeit und Gleichmäßigkeit kann auf klassischem Wege nicht erreicht werden, da sich die Photonenstatistik von kohärenten und Quantenquellen hier entscheidend unterscheiden. Klassische Quellen (z. B. Pulse aus kohärentem Licht) emittieren kohärente Zustände, die eine Unschärfe in der Photonenzahl aufweisen und starke Fluktuationen zeigen, vor allem bei sehr schwachen Pulsenergien im Bereich von wenigen Photonen [17]. Nur Quantenquellen emittieren Pulse mit einer genau definierten Anzahl von Photonen als Ein- oder Mehrphotonenzustände.

5.2 Inkohärente Quelle: verbesserte Bildqualität

Klassische Laserpulse besitzen eine hohe räumliche Kohärenz, die im Allgemeinen zu durch Interferenz verursachten Artefakten führt, die die Bildqualität beeinträchtigen können, z. B. Turbulenz- und Oberflächen-Speckle [18, 19]. Die Emissionen von SPDC-Lichtquellen sind zeitlich und räumlich völlig zufällig, sodass die Beleuchtungsphotonen der QGI-Kamera inkohärent sind. In diesem Fall haben die Speckle-Muster von aufeinanderfolgenden Photonen einen minimalen Kontrast, die eine bessere Bildqualität im Vergleich zur klassischen Beleuchtung mit kohärenten Quellen ergeben.

5.3 Inhärente Zufälligkeit: Nicht-Detektierbarkeit und besserer Schutz

Die verfügbaren Energie- und Impulsverteilungen der verschränkten Photonen der Quantenquelle werden einerseits durch die Lasereigenschaften und andererseits durch das Kristalldesign und dessen Geometrie festgelegt. Dies kann so gestaltet werden, dass das Beleuchtungsspektrum mit dem Spektrum des Hintergrundlichts übereinstimmt. Die aktive Beleuchtung der QGI-Kamera ist dann für Dritte nicht vom Umgebungsrauschen zu unterscheiden und kann daher nicht detektiert werden. Nur der Systemnutzer selbst hat durch exklusive Zusatzinformationen der Referenzphotonen (= Quantenschlüssel) die Möglichkeit, die eigenen Beleuchtungsphotonen vom Umgebungsrauschen zu trennen [20].

Neben der Widerstandsfähigkeit gegen feindliche Detektion können zufällige Beleuchtungsmuster von SPDC-Lichtquellen auch bei LiDAR-Anwendungen mit mehreren Nutzern von großem Vorteil sein, z. B. bei der Erfassung von Fahrzeugen oder der autonomen Fahrzeugnavigation. Roboternavigation, Schwärme von autonomen Drohnen und automatisierte Industriefahrzeuge sind Beispiele für Szenarien, in denen Interferenzen zwischen LiDAR-Systemen in unmittelbarer Nähe schnell zu einem kritischen Problem werden können, das durch die Verwendung einer vollständig zufälligen Quantenquelle minimiert wird [18, 21].

Darüber hinaus macht die Quantenzufälligkeit der Lichtquelle die QGI-Kamera unempfindlich gegen feindliche Störversuche. Da ein externer Beobachter die zufälligen Beleuchtungsphotonen der Kamera vom Hintergrundrauschen nicht unterscheiden kann, wird ein Angreifer nicht in der Lage sein, manipulierte Photonen zurück zur Kamera zu senden, um die Bildgebung zu stören.

6 Schlussfolgerungen und Ausblick

Die asynchrone Quanten-Ghost-Imaging-Technik hat vielversprechende und innovative Eigenschaften, doch sind weitere technologische Entwicklungen notwendig, um klassische Systeme für die Fernerkundung ersetzen zu können. Die Lichtquelle des Aufbaus kann so gestaltet werden, dass sie eine nahezu freie Wahl der Beleuchtungswellenlänge zulässt, und ihre Quantenzufälligkeit übertrifft die klassischen Möglichkeiten.

Derzeit eignet sich die QGI-Kamera für Anwendungen, bei denen die Vorteile der Quantentechnologie verstärkt zum Tragen kommen, wie z. B. sichere aktive Bildgebung oder Entfernungsmessungen bei sehr geringen Lichtstärken. In Zukunft wird sich das Anwendungsspektrum auf weitere Bereiche ausdehnen, in denen die Beleuchtungsintensität minimiert werden muss, sei es aus Gründen der Phototoxizität, der Augensicherheit oder des Energieverbrauchs.

Insbesondere die Nichtaufklärbarkeit bei Nacht ist technisch jetzt schon gut mit vorhandener Technologie demonstrierbar und kann zum Benchmarking bestehender Technologien und Quantenvorteile genutzt werden, da inzwischen Beleuchtungsstärken erreicht werden können, die an der Schwelle der Detektierbarkeit liegen. An dieser Schwelle sind die maximalen Beleuchtungsstärken für klassische und Quantensysteme auf ähnlichem Niveau begrenzt, wodurch der wesentliche Vorteil klassischer Systeme verloren geht, nämlich die Möglichkeit, viel höhere Beleuchtungsstärken zur Verringerung des SNR auszunutzen. Derzeit wird die Leistung der QGI-Kamera durch die maximale Detektionsrate des SPAD-Arrays begrenzt. In absehbarer Zukunft werden eine höhere Pixelzahl und eine verbesserte zeitliche Auflösung die Systeme so weit voranbringen, dass die maximal erreichbare Datenübertragung und/oder Datenauswertung zum wichtigsten begrenzenden Faktor wird. Danach wird eine effiziente parallele Datenverarbeitung notwendig werden.

7 Literaturverzeichnis

[1] B. Göhler and P. Lutzmann: Review on short-wavelength infrared laser gated-viewing at Fraunhofer IOSB. Optical Engineering 56(3), 031203 (2017)

[2] A. Velten et al.: Recovering three-dimensional shape around a corner using ultrafast time-of-flight imaging. Nat. Commun. 3, 745 (2012)

[3] P. F. McManamon et al.: A history of ladar in the United States. Proc SPIE 7684, 76840T (2010)

[4] E. J. Candès et al.: Robust uncertainty principles: Exact signal reconstruction from highly incomplete frequency information. IEEE Trans. Inf. Theory, Bd. 52, Nr. 2, S. 489–509, Feb. (2006)

[5] Z.-P. Li et al.: Single-photon imaging over 200 km. Optica, Bd. 8, Nr. 3, S. 344–349 (2021)

[6] M. J. Padgett and R. W. Boyd: An introduction to ghost imaging: quantum and classical, Philos. Trans. R. Soc. A 375, 20160233 (2017)

[7] T. B. Pittman et al.: Optical imaging by means of two-photon quantum entanglement, Phys. Rev. A 52, S. R3429–R3432 (1995)

[8] D. R. Guido and A. B. Uren: Study of the effect of pump focusing on the performance of ghost imaging and ghost diffraction, based on spontaneous parametric downconversion. Opt. Commun. 285, S. 1269–1274 (2012)

[9] P. A. Morris et al.: Imaging with a small number of photons, Nat. Commun. 6, 5913 (2015)

[10] S. Cova et al.: Avalanche photodiodes and quenching circuits for single-photon detection, Appl. Opt. 35, S. 1956–1976 (1996)

[11] C. Pitsch et al.: Quantum ghost imaging using asynchronous detection. Applied Optics Bd. 60, Ausgabe 22, S. F66-F70 (2021)

[12] M. Beer et al.: Background light rejection in SPAD-based LiDAR sensors by adaptive photon coincidence detection, Sensors 18, 4338 (2018)

[13] J. Haase et al.: Measurement concept for direct time-of-flight sensors at high ambient light, Proc. SPIE 10926, 109260W (2019)

[14] D. Bronzi et al.: Low-noise and large-area CMOS SPADs with timing response free from slow tails, in Proceedings of the European Solid-State Device Research Conference (ESSDERC) 2012, S. 230–233 (2012)

[15] D. Walter and C. Pitsch: System und Verfahren zur Bildrekonstruktion unter Verwendung eines optischen Aufbaus zur aktiven Beleuchtung mit einzelnen Photonen. Deutsche Patentanmeldung 102020203150.9 (2020)

[16] International Standard IEC 60825-1, Edition 2.0 2007-03, S. 58 (2007)

[17] D. T. Smithey et al.: Measurement of number-phase uncertainty relations of optical fields, Phys. Rev. A 48 3159 (1993)

[18] L. Carrara and A. Fiergolski: An Optical Interference Suppression Scheme for TCSPC Flash LiDAR Imagers. Appl. Sci. 9, 2206 (2019)

[19] X. Yao et al.: Quantum secure ghost imaging, Phys. Rev. A 98 063816 (2018)

[20] S. Frick et al.: Quantum range-finding. Optics Express, Bd. 28, Nr. 25, S. 37118–37128 (2020)

[21] D. Walter et al.: Detection and jamming resistance of quantum ghost imaging for remote sensing. Proc. SPIE 11160, Electro-Optical Remote Sensing XIII 1116002 (2019)

Quanten-Fourier-Transform-Infrarotspektroskopie

Chiara Lindner, Frank Kühnemann

Abstract: Quanteninterferenzeffekte von korrelierten Photonen ermöglichen die Übertragung von Informationen aus dem mittleren Infrarot in den sichtbaren oder nahinfraroten Spektralbereich, für den rauscharme Detektoren ohne Weiteres verfügbar sind. In unserer Arbeit zeigen wir, dass die spektrale Information durch Fourier-Transformationsanalyse in Analogie zu klassischen Fourier-Transform-Infrarotspektrometern gewonnen werden kann. Dies ermöglicht präzise, hochauflösende Spektroskopie mit extrem geringer Lichtexposition.

Keywords: (Mittel-)Infrarotspektroskopie, Fourier-Transformation, spontan-parametrische Abwärtskonversion, undetektierte Photonen

1 Einleitung

Die Beobachtung von Interferenzeffekten hat die Vorstellung von der Natur des Lichts verändert. Im frühen 19. Jahrhundert fanden physikalische Effekte wie Interferenz und Beugung zunehmende Anerkennung als Beweis für die Welleneigenschaften des Lichts. Messgeräte, welche auf Interferenz basieren, trugen nicht nur zum Verständnis der physikalischen Realität bei, sondern erlaubten auch die Erforschung neuer Möglichkeiten für verschiedene Anwendungen und Messverfahren.

Ein bekanntes und bewährtes Beispiel ist die Fourier-Transform-Infrarotspektroskopie (FTIR), bei der spektrale Information anhand von Interferenzeffekten gewonnen wird. Infrarotspektroskopie ist eine der wichtigsten Techniken zur Untersuchung und Identifizierung verschiedenster chemischer Verbindungen, da Moleküle Licht bei Frequenzen absorbieren, die für ihre Struktur charakteristisch sind. Mittelinfrarotspektroskopie kann zur selektiven Analyse der funktionellen Gruppen fester, flüssiger oder gasförmiger Proben eingesetzt werden. Im Vergleich zu dispersiven Spektrometern ermöglichen der Fellgett-Vorteil (Multiplex) und der Jaquinot-Vorteil (Durchsatz) von FTIR-Spektrometern einen günstigen Kompromiss zwischen spektraler Auflösung und Signal-Rausch-Verhältnis. Der in typischen Geräten verwendete Mittelinfrarot-Detektor führt jedoch zu einer grundlegenden Limitierung des erreichbaren Signal-Rausch-Verhältnisses und der Aufnahmegeschwindigkeit [1]. Selbst bei Verwendung von thermoelektrischer oder auf Flüssigstickstoff basierender Kühlung erreichen Detektoren für das mittlere Infrarot nur eine deutlich geringere spezifische Detektivität als Detektoren für sichtbares oder nahinfrarotes Licht[1].

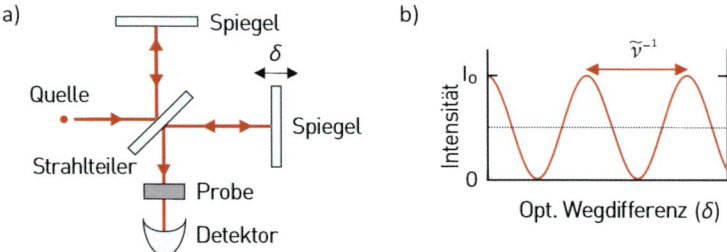

Abbildung 1: Messprinzip eines klassischen Fourier-Transform-Spektrometers: a) Skizze eines einfachen Michelson-Interferometers für die Fourier-Transform-Spektroskopie einer Probe. b) Erfasste Intensitätskurve als Funktion der optischen Wegdifferenz (Bewegung eines Spiegels) für eine monochromatische Quelle. Das Spektrum kann dann aus einer Fourier-Transformation des Interferogramms bestimmt werden.

Vor Kurzem wurde ein neuartiges Messprinzip vorgestellt, das einen Quanteneffekt nutzt und so Spektroskopie im mittleren Infrarotbereich bei Detektion von ausschließlich sichtbarem Licht ermöglicht. Der »Induzierte Kohärenz«-Effekt [2] basiert auf korrelierten Paaren aus einem sichtbaren und einem mittelinfraroten Photon und ermöglicht es, Infor-

---

[1] Zur Vereinfachung bezeichnen wir im Folgenden den sichtbaren und nahinfraroten Spektralbereich unterhalb von 1,1 μm Wellenlänge (den Empfindlichkeitsbereich von Fotodetektoren auf Siliziumbasis) als »sichtbar«.

mationen zwischen den Spektralbereichen zu übertragen. Dabei werden zwei dieser korrelierten Photonenquellen in einem nichtlinearen Interferometer überlagert, sodass das sichtbare und das mittelinfrarote Licht durch Interferenz moduliert werden. Da die sichtbaren und die mittelinfraroten Photonen korreliert sind, ist der Interferenzkontrast gegenseitig voneinander abhängig – jede Absorption von mittelinfrarotem Licht innerhalb des Interferometers verringert auch den Interferenzkontrast des sichtbaren Lichts. Detektion des mittelinfraroten Lichts wird daher überflüssig; eine Messung des sichtbaren Interferenzkontrasts ermöglicht die Bestimmung der Mittelinfrarot-Transmission einer im Interferometer befindlichen Messprobe [3]. Die Interferenzeffekte von korrelierten Photonen ermöglichen es also, die spektroskopische Information aus dem mittleren Infrarotbereich in den sichtbaren Spektralbereich zu übertragen, für den leistungsfähige Detektoren zur Verfügung stehen.

Mehrere neuere Umsetzungen haben die Anwendung dieses Effekts für »Infrarotspektroskopie mit sichtbarem Licht« demonstriert. Bei den ersten Demonstrationen (vgl. [3], [4]) wurde die Transmission im mittleren Infrarot durch Analyse des sichtbaren Interferenzkontrasts gemessen, während die Phase des Interferometers über einige Interferenzmaxima variiert wurde. Die spektrale Information wurde durch Analyse des sichtbaren Lichts mit einem dispersiven Spektrometer oder Monochromator erhalten. Dessen Eigenschaften begrenzten die spektrale Auflösung bei den vorgestellten Anwendungen [4].

Im Rahmen des Fraunhofer-Leitprojekts »QUILT« hat das Fraunhofer IPM das Quanten-Fourier-Transform-Infrarotspektrometer (Q-FTIR) entwickelt, bei dem die spektralen Informationen im mittleren Infrarot durch Detektion ausschließlich mit sichtbarem oder nahinfrarotem Licht gemessen werden, ohne dass ein externes Spektrometer benötigt wird. [5, 6]. Die spektrale Information wird stattdessen aus einer Fourier-Transformation der Interferenzmodulation selbst gewonnen, analog zu ihrem klassischen Namensvetter. Mit diesem neu entwickelten Messansatz können die spektrale Auflösung und die Genauigkeit von nichtlinearen Interferometern deutlich verbessert werden – erstmals wird der Nachweis von rotationslinienauflösender Spektroskopie mit undetektierten Photonen geführt [6].

2 Das Quanten-Fourier-Transform-Spektrometer

2.1 Korrelierte Photonenquelle

Die Schlüsselkomponente des nichtlinearen Interferometers ist die korrelierte Photonenquelle, die durch spontan-parametrische Abwärtskonversion (SPDC) in einem nichtlinearen optischen Medium realisiert wird. Der Effekt kann als spontaner Zerfall von Photonen eines starken Pumplasers innerhalb eines nichtlinearen optischen Mediums beschrieben werden. Dabei wird die Energie des Pumpphotons auf zwei korrelierte Photonen mit niedrigerer Energie aufgeteilt, die als Signal und Idler bezeichnet werden. Die Wellenlänge der SPDC-Emission wird durch die Phasenanpassung von Pumpe, Signal und Idler bestimmt, was die Ausrichtung auf einen bestimmten Spektralbereich ermöglicht. Für die Mittelinfrarotspektroskopie ist eine große spektrale Bandbreite wünschenswert. Eine Technik, um eine möglichst große spektrale Bandbreite zu erzielen, besteht darin, die Spektralbereiche von Signal- und Idler-Licht so zu wählen, dass die jeweiligen Gruppenindizes übereinstimmen [7]. Ein Beispiel: Lithiumniobat, eines der am häufigsten verwendeten nichtlinearen optischen Materialien, hat zueinanderpassende Gruppenindizes bei Wellenlängen von ca. 3,6 µm (Idler) und 1 µm (Signal). Dieses Wellenlängenpaar ist mit handelsüblichen Pumplasern mit einer Wellenlänge von 785 nm zugänglich.

Quanten-Fourier-Transform-Infrarotspektroskopie

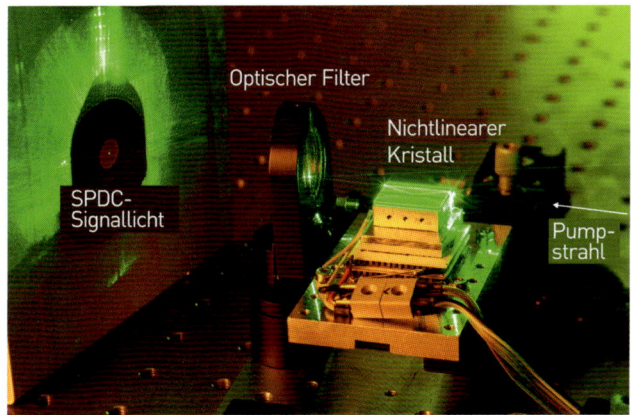

Abbildung 2: Ansicht einer SPDC-Quelle mit grünem Pumplicht: Der Pumplaser beleuchtet den nichtlinearen Kristall und wird an einem optischen Filter (Mitte) reflektiert. Das durch SPDC erzeugte rot-orange Signallicht ist auf einem Schirm zu erkennen (links). Die korrelierten Partnerphotonen liegen im mittelinfraroten Spektralbereich und bleiben unsichtbar. (©Auslöser-Kai Wudtke/Fraunhofer IPM)

2.2 Nichtlineares Interferometer

Ein schematischer Aufbau des nichtlinearen Interferometers ist in Abbildung 3 dargestellt. Als Pumpquelle verwenden wir einen frequenzstabilisierten Laser mit einer Wellenlänge von 785 nm und einer Ausgangsleistung von 700 mW. Der Strahl des Pumplasers durchläuft einen optischen Isolator und wird an einem dichroitischen Spiegel (DM_s) reflektiert. Der Pumpstrahl durchläuft den nichtlinearen Kristall, bei dem es sich um einen periodisch gepolten Lithiumniobat-Kristall (PPLN) mit einer Länge von 10 mm handelt. Die Quasi-Phasenanpassung wird durch eine Polungsperiode von 21,5 µm und eine Kristalltemperatur von 65 °C erreicht. Die SPDC-Quelle emittiert Signallicht mit einer Gesamtleistung von etwa 10 nW (gemessen mit einem Photodioden-Leistungssensor), woraus sich eine effektive Leistung im mittleren Infrarotbereich auf der Probe von etwa 6 nW ableiten lässt.

Die mittels SPDC erzeugten korrelierten Signal- und Idler-Photonen werden dann durch den dichroitischen Spiegel DM_i aufgeteilt. Der Idler-

Strahl im mittleren Infrarot wird mit einer CaF_2-Linse (in Abbildung 3 nicht dargestellt) mit einer Brennweite von f = 100 mm kollimiert. Das Idler-Licht durchläuft die Probenzelle, bei der es sich um einen kleinen Zylinder mit einer Wechselwirkungslänge von 20 mm und antireflexbeschichteten BaF_2-Fenstern handelt. Die Probenzelle kann mit reinem Stickstoff für Referenzmessungen oder mit einem Analyten für Probenmessungen gefüllt werden. Hinter der Probenzelle wird das Idler-Licht an einem ebenen Goldspiegel (M_i) reflektiert. Das Idler-Licht wird zurück zur Mitte des nichtlinearen Kristalls abgebildet. Der Spiegel M_i ist auf einem Voice-Coil-Lineartisch montiert, mit dem die optische Weglänge dieses Interferometerarms um ±10 mm verändert werden kann.

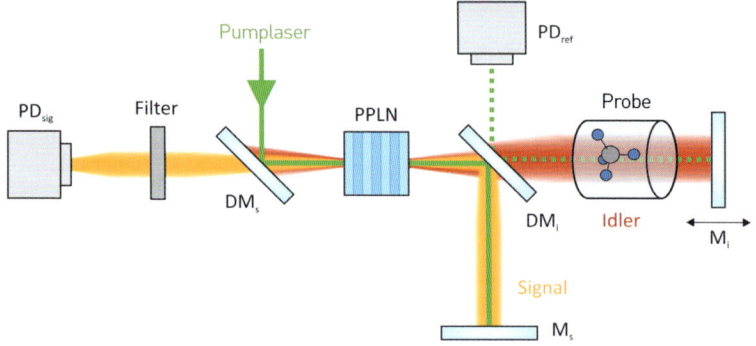

Abbildung 3: Aufbau des Quanten-Fourier-Transform-Infrarotspektrometers (Q-FTIR). (Eigene Arbeit. Abbildung basierend auf Quelle [8])

Der Signal- und der Pumpstrahl, die am dichroitischen Spiegel DM_i reflektiert werden, nehmen einen analogen Weg im zweiten Interferometerarm, der eine feste optische Weglänge besitzt. Der reflektierte Pumpstrahl durchläuft erneut den nichtlinearen Kristall und löst einen zweiten SPDC-Prozess aus. Dabei kann induzierte Emission aufgrund der geringen Emissionswahrscheinlichkeit der SPDC, die in der Größenordnung von $1 \cdot 10^{-8}$ liegt, vernachlässigt werden. Durch sorgfältige Ausrichtung wird die Emission der beiden SPDC-Prozesse (in Vorwärts- und Rückwärtsrichtung) ununterscheidbar, und das Signal- und Idler-Licht werden durch Interferenz moduliert. Nach dem Durchlauf durch den nichtlinearen Kristall wird der Pumpstrahl erneut von DM_s reflektiert und durch den optischen Isolator entfernt.

Das Idler-Licht wird ausgeblendet, und nur das überlagerte Signallicht (des ersten und zweiten SPDC-Prozesses) passiert den dichroitischen Spiegel. Das Signallicht wird kollimiert, passiert einen optischen Langpassfilter und wird auf den Detektor PD_{sig} fokussiert. Als Detektor dient eine Einzelpixel-Avalanche-Photodiode auf Siliziumbasis. Das Detektorsignal durchläuft einen elektronischen Bandpassfilter und wird digitalisiert.

Für eine genaue Fourier-Transformationsspektroskopie muss die Intensitätsmodulation des Signallichts an präzise äquidistanten Positionen des beweglichen Spiegels M_i abgetastet werden. Anstelle eines zusätzlichen Referenzlasers, wie er in klassischen FTIR-Geräten häufig verwendet wird, können wir in diesem Aufbau die Resttransmission (< 1 %) des Pumpstrahls durch den dichroitischen Spiegel DM_i nutzen, was in Abbildung 3 als gestrichelte grüne Linie dargestellt ist. Der dichroitische Spiegel DM_i und die Endspiegel M_s und M_i bilden ein klassisches Michelson-Interferometer für den Pumpstrahl mit hohem Amplitudenkontrast zwischen den Interferometerarmen. Die Verschiebung des Spiegels M_i zwischen den Nulldurchgängen des Pumpinterferogramms entspricht der bekannten Pumpwellenlänge. Das schwache Pumpinterferenzmuster wird mit einer zusätzlichen Photodiode PD_{ref} detektiert, das elektronische Signal durchläuft einen Hochpassfilter und wird digitalisiert.

Zur Messung eines Interferogramms wird die Signalintensität aufgezeichnet, während der Idler-Spiegel mit konstanter Geschwindigkeit bewegt wird. In einer Aufnahmezeit von 9 s wird der Idler-Spiegel um bis zu 9 mm in beide Richtungen bewegt, sodass ein doppelseitiges Interferogramm gemessen wird. Daraus ergibt sich eine maximale optische Weglängendifferenz von 18 mm, was einer theoretischen maximalen spektralen Auflösung von ungefähr 0,56 cm^{-1} entspricht. Das zeitreferenzierte Interferogramm wird unter Verwendung der Nulldurchgänge der Pumpinterferenz in ein ortsreferenziertes Interferogramm umgewandelt. Mehrere Mess-Scans können kohärent aufsummiert werden, um das Signal-Rausch-Verhältnis zu verbessern. Im Folgenden wird ein beispielhaftes Interferogramm analysiert, das mit 100 gemittelten Mess-Scans gemessen wurde, was einer Gesamtmesszeit von 900 s entspricht[2].

---

[2] Weitere Details zur Instrumentierung und Datenanalyse kann der interessierte Leser Literaturhinweis [6] entnehmen.

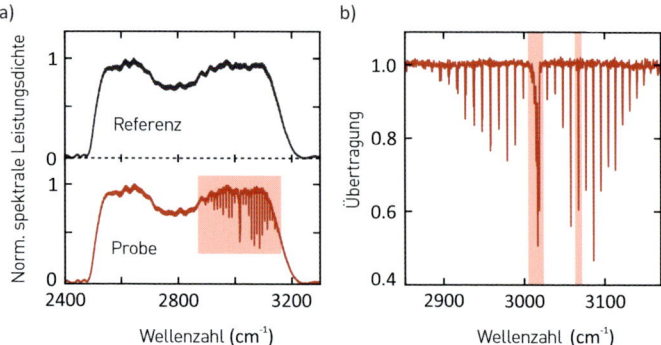

Abbildung 4: a) Spektren des Quanten-Fourier-Transform-Spektrometers für die Referenz- (oben) und Probenmessungen (unten) mit 1 % Methan in Stickstoff.
b) Transmissionsspektrum von Methan, gemessen mit dem Quanten-Fourier-Transform-Spektrometer. Die hervorgehobenen Spektralbereiche sind in Abbildung 5 dargestellt. (Eigene Arbeit, basierend auf Quelle [6])

2.3 Spektralanalyse

Das Verfahren zur Datenanalyse ist sehr ähnlich dem eines klassischen Fourier-Transform-Spektrometers: Die spektrale Information wird aus einer Fourier-Transformation (Fast Fourier Transform, FFT) des gemessenen Interferogramms gewonnen. Das Spektrum des nichtlinearen Interferometers, das in Abbildung 4 a) dargestellt ist, deckt eine Bandbreite von mehr als 700 cm^{-1} ab. Der Wellenlängenbereich von 3,1–4,0 μm ist für die Analyse verschiedener Verbindungen wie Polymere und anderer Kohlenwasserstoffe geeignet. Es wird zuerst eine Referenzmessung durchgeführt und ausgewertet, bei welcher die Probenzelle mit Stickstoff gefüllt ist. Im nächsten Schritt wird die Messung mit dem in die Zelle eingefüllten Analyten wiederholt. Die Fähigkeiten des Quantenspektrometers lassen sich demonstrieren, indem eine Probe mit bekannten spektralen Eigenschaften vermessen wird. In Abbildung 4 a) ist das analysierte Spektrum einer Messung von 1 % Methan in Stickstoff dargestellt. Deutlich sichtbar sind die Absorptionslinien bei ca. 3000 cm^{-1}.

Das Transmissionsspektrum kann direkt als Quotient aus dem Proben- und dem Referenzspektrum berechnet werden. In Abbildung 4 b) ist das

Transmissionsspektrum in der Umgebung der Methan-Absorptionsbande dargestellt. Aufgrund der hohen spektralen Auflösung des Quanten-Fourier-Transform-Infrarotspektrometers sind die Absorptionslinien deutlich aufgelöst. Zur Bestimmung der Qualität des gemessenen Spektrums können wir die gemessene Transmission mit einem Modell-Transmissionsspektrum vergleichen, das aus spektroskopischen Referenzdaten berechnet wird.

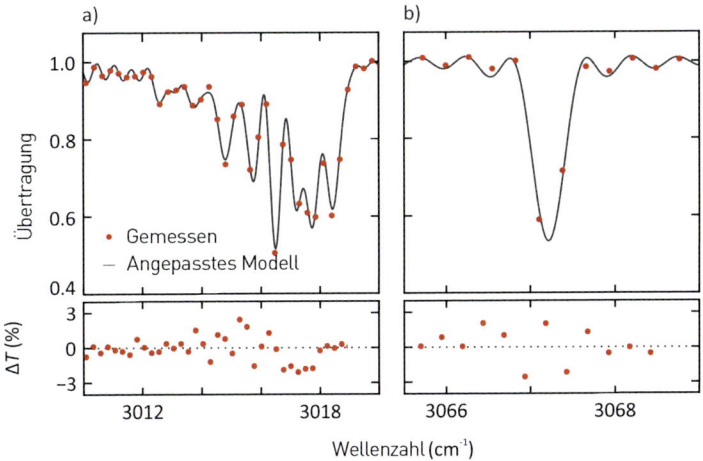

Abbildung 5: Zoom auf die in Abbildung 4 b) hervorgehobenen Spektralbereiche. Der Vergleich mit einem Modell-Transmissionsspektrum (aus spektroskopischen Daten berechnet) verdeutlicht die hohe Genauigkeit des gemessenen Spektrums. (Eigene Arbeit, basierend auf Quelle [6])

In Abbildung 5 ist eine detaillierte Ansicht der in Abbildung 4 b) hervorgehobenen Spektralbereiche dargestellt mit den gemessenen Transmissionswerten als rote Punkte und der Modellfunktion als graue Linie. Die spektrale Auflösung entspricht ihrem theoretischen Maximalwert, welcher nur durch die maximale optische Weglängendifferenz innerhalb des Interferometers begrenzt ist.

Da sich der Analyt innerhalb des Interferometers befindet (vgl. Abbildung 3), wird jede Phasenverzögerung des Lichts im mittleren Infrarotbereich innerhalb der Probe aufgrund ihrer Dispersion als Phasendifferenz zwischen dem Proben- und dem Referenzspektrum sichtbar. Die Phasendifferenz kann analysiert werden, um ein genaues, hochauflösendes Dispersionsspektrum der gasförmigen Probe zu erhalten [8], dargestellt in Abbildung 6.

Für die spektroskopische Analyse in der Praxis ist Apodisierung ein wichtiges Hilfsmittel, um Transmissionsspektren mit einer besser geeigneten Instrumentenlinienfunktion bei reduzierter spektraler Auflösung zu erhalten. In Abbildung 7 ist das mit dem Quanten-Fourier-Transform-Spektrometer gemessene Transmissionsspektrum – berechnet anhand einer Gauß'schen Apodisierungsfunktion – dargestellt. Die spektrale Auflösung ist dabei auf etwa 1 cm^{-1} reduziert, wobei die Rotationslinien immer noch deutlich aufgelöst werden können. Der Vergleich des gemessenen apodisierten Transmissionsspektrums mit der theoretischen Modellfunktion (berechnet mit der modifizierten Instrumentenlinienfunktion) belegt die hohe Genauigkeit der Messung, was an dem geringen Transmissionsresiduum zu erkennen ist.

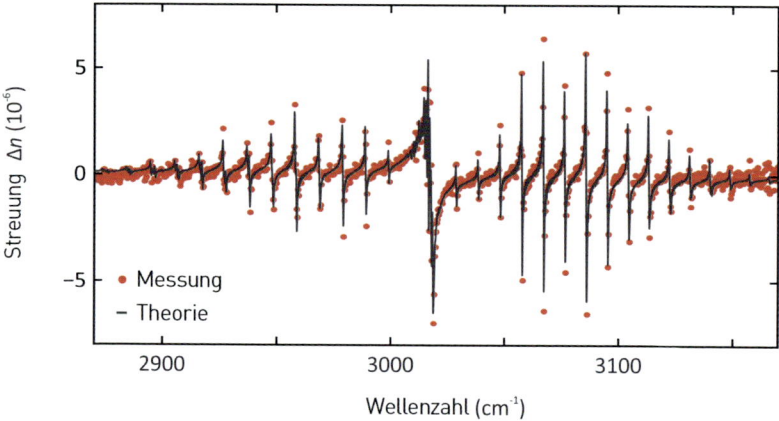

Abbildung 6: Dispersion von Methan, gemessen mit dem Quanten-Fourier-Transform-Spektrometer (rote Punkte) und berechnet aus spektroskopischen Daten (grau). (Eigene Arbeit, basierend auf Quelle [8])

Quanten-Fourier-Transform-Infrarotspektroskopie

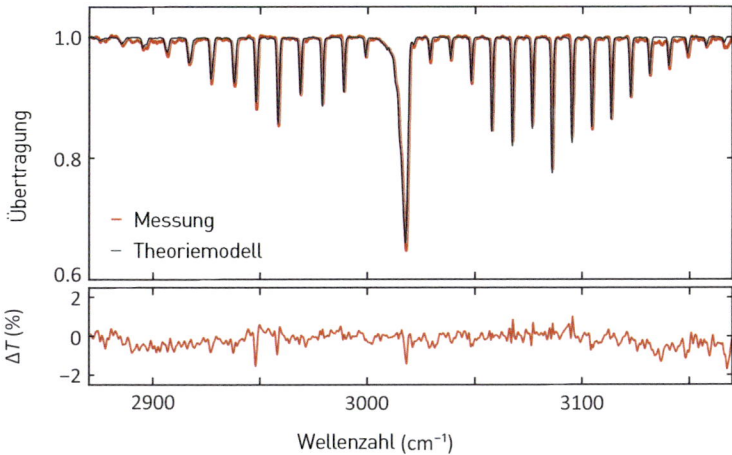

Abbildung 7: Transmissionsspektrum unter Verwendung einer Gauß'schen Apodisierungsfunktion: gemessene Werte (rot) und theoretisches Modell (grau). Das untere Diagramm zeigt das Transmissionsresiduum. Die spektrale Auflösung von etwa 1 cm^{-1} ermöglicht eine klare Auflösung der Rotationslinien, wobei das Spektrum eine hohe Genauigkeit aufweist. (Eigene Arbeit, basierend auf Quelle [6])

Die Empfindlichkeit der spektroskopischen Messungen wird durch das Signal-Rausch-Verhältnis (SNR) bestimmt. Beim Quanten-Fourier-Transform-Spektrometer ist das SNR bekanntlich durch Schrotrauschen begrenzt [6]. Dies ist sowohl auf die hohe Empfindlichkeit und das geringe Rauschen der Siliziumdetektoren als auch auf die geringe Effizienz des Prozesses zur Erzeugung der korrelierten Photonen zurückzuführen. Im Vergleich zu klassischen Geräten verwendet das Quanten-Fourier-Transform-Spektrometer eine extrem geringe Lichtexposition von weniger als 10 nW Infrarotleistung auf der Probe für präzise Spektroskopie. Dies könnte einen wichtigen Vorteil bei der Analyse lichtempfindlicher Proben in der Biologie oder den Biowissenschaften darstellen.

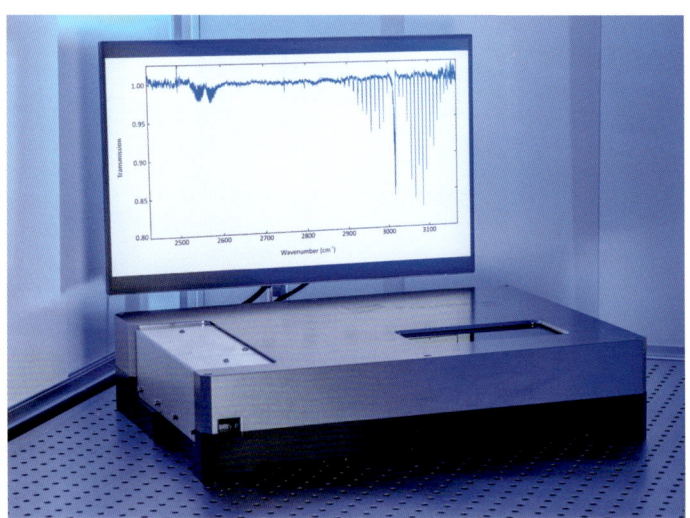

Abbildung 8: Das Q-FTIR wurde zu einem tragbaren Gerät für Vor-Ort-Demonstrationsmessungen entwickelt, um die Erschließung neuer Anwendungsfelder zu unterstützen. (©Fraunhofer IPM)

In künftigen Arbeiten könnte die Spektroskopie mit korrelierten Photonen auf Grundlage des Effekts der induzierten Kohärenz Vorteile in einem breiten Spektrum von Anwendungen bieten, sofern die Emissionsraten von SPDC-Quellen gesteigert werden können. Materialien mit größeren nichtlinearen Koeffizienten und nichtlinear-optische Wellenleiter (die die Emission durch eine verbesserte Überlagerung von Pump-, Signal- und Idler-Moden steigern) sind ein aktives Forschungsthema in vielen Bereichen der angewandten Quantentechnologien, bei denen diese Quantenlichtquellen zur Anwendung kommen. Der besondere Messansatz nichtlinearer Interferometer auf Grundlage der induzierten Kohärenz, der die Messung von Informationen im mittleren Infrarot mit sichtbarem oder nahinfrarotem Licht ermöglicht, wird in Messverfahren Anwendung finden, bei denen Siliziumdetektoren ihre Vorteile voll ausspielen können: geringes Detektorrauschen für Messungen bei geringer Lichtexposition, hohe Aufnahmegeschwindigkeit für bessere Dynamik und hochwertige, kostengünstige Bildsensoren für ortsaufgelöste Messungen. Mit dem Fourier-Transformationsansatz für die spektroskopische Analyse können die spektralen Informationen mit hoher Auflösung effizient erhalten werden, ohne externe dispersive Spektrometer zu benötigen.

3 Schlussfolgerungen und Ausblick

Das Quanten-Fourier-Transform-Infrarotspektrometer basiert auf den Interferenzeffekten von korrelierten Photonenpaaren. Diese Quanteneffekte ermöglichen die Übertragung von Informationen aus dem mittleren Infrarot, welches für die Spektroskopie von Interesse ist, in den nahen Infrarotbereich oder den sichtbaren Spektralbereich, für den bessere Detektoren auf Siliziumbasis zur Verfügung stehen. Das Q-FTIR nimmt das Messprinzip klassischer Fourier-Transform-Spektrometer auf und ermöglicht die Gewinnung von Spektralinformationen aus dem Interferometer selbst ohne ein externes Spektrometer, was die spektrale Auflösung und die Genauigkeit der gemessenen Spektren verbessert. Das Gerät ist in der Lage, bei extrem geringer Lichtexposition der Probe präzise spektroskopische Analysen durchzuführen. Wir sind überzeugt, dass diese Vorteile entscheidend für die Übertragung der neuartigen Quantentechnologie auf vielfältige Anwendungsbereiche in der spektroskopischen Analytik sind.

4 Literaturverzeichnis

[1] P. R. Griffiths and J. A. de Haseth: Fourier transform infrared spectrometry. Wiley-Interscience (2006)
[2] X. Y. Zou, L. J. Wang, and L. Mandel: Induced coherence and indistinguishability in optical interference. Physical Review Letters, 67, Nr. 3, S. 318–321 (1991)
[3] D. A. Kalashnikov et al.: Infrared spectroscopy with visible light. Nature Photonics, 10, no. 2, p. 98–101 (2016)
[4] A. Paterova et al.: Measurement of infrared optical constants with visible photons. New Journal of Physics, 20, no. 4, 043015 (2018)
[5] C. Lindner et al.: Fourier transform infrared spectroscopy with visible light. Optics Express, 28, no. 4, p. 4426–4432 (2020)

[6] C. Lindner et al.: Nonlinear interferometer for Fourier-transform mid-infrared gas spectroscopy using near-infrared detection. Optics Express, 29, no. 3, p. 4035–4047 (2021)

[7] A. Vanselow et al.: Ultra-broadband SPDC for spectrally far separated photon pairs. Optics Letters, 44, no. 19, 4638 (2019)

[8] C. Lindner et al.: Accurate, high-resolution dispersive Fourier-transform spectroscopy with undetected photons. Optics Continuum, 1, no. 2, p. 189–196 (2022)

Quantenbildgebung mit nicht-detektierten Photonen im mittleren Infrarotbereich

Florian Elsen

Abstract: Die Quantenbildgebung nutzt nicht-klassische Photonenzustände, um über die Grenzen der klassischen Bildgebung hinauszugehen. Verschränkte, wellenlängenverschobene Photonenpaare können zur Messung in schwer zugänglichen Wellenlängenbereichen verwendet werden, während die Detektion im sichtbaren Spektralbereich des Lichts erfolgt. Hier stellen wir einige aktuelle Ergebnisse zur Quantenbildgebung im mittleren Infrarotbereich und Ansätze zur Verbesserung der Fähigkeiten dieser Bildgebungssysteme vor.

Keywords: Quantenbildgebung, mittleres Infrarot, nichtlineare Optik, spontane parametrische Abwärtskonvertierung, nichtlineare Interferometer

1 Quantenbildgebung in nichtlinearen Interferometern

Die Quantenbildgebung verspricht die Einschränkungen klassischer Bildgebungssysteme durch die Verwendung nicht-klassischer Photonenzustände zu überwinden. Eine Möglichkeit besteht darin, verschränkte, wellenlängenverschobene Photonenpaare zu verwenden, um die Mess- und die Detektionswellenlängen in bildgebenden Verfahren zu trennen und sie unabhängig voneinander für die speziellen Messanforderungen zu optimieren. Auf diese Weise können Proben in schwer zugänglichen, aber hochinteressanten Spektralbereichen wie dem mittleren Infrarot

(MIR) untersucht werden, während die Bildinformation im leicht erfassbaren sichtbaren Spektralbereich des Lichts erzeugt wird. Eine Methode ist die »Bildgebung mit nicht-detektierten Photonen«, bei der die mit der Probe wechselwirkenden Photonen nicht detektiert werden müssen und die Bildaufnahme interferometrisch nur mit den verschränkten Partnerphotonen erfolgt.

1.1 Parametrische Fluoreszenz. Quellen für korrelierte Photonenpaare

Die spontane parametrische Fluoreszenz (engl.: SPDC – spontaneoues parametric downconversion) Abwärtskonvertierung ist ein weitverbreiteter Standardansatz für die Erzeugung verschränkter Photonenpaare mit breiter Wellenlängenabdeckung, bei dem die beiden Photonen über große Bereiche hinweg wellenlängenverschoben werden können. Die SPDC basiert auf der Frequenzumwandlung in nichtlinearen optischen Medien – in den meisten Fällen handelt es sich dabei um Kristalle. Dabei kann ein Photon aus einem Laserstrahl (Pumpstrahl) spontan in zwei Photonen (Signal- und Idler-Photon) mit längeren Wellenlängen zerfallen. Die drei Photonen müssen die Energie- und Impulserhaltungskriterien erfüllen (siehe Abbildung 1). Die so erzeugten Photonenpaare zeigen Korrelationen bei verschiedenen Eigenschaften wie Energie und Zeit, Polarisation und – wichtig für die hier dargestellten bildgebenden Systeme – Ort und Transversalimpuls.

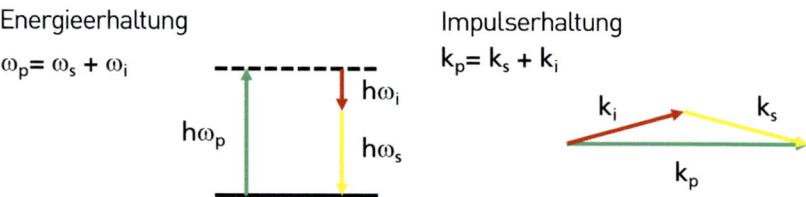

Abbildung 1: Energie- und Impulserhaltung bei der parametrischen Fluoreszenz.

Die Impulserhaltung ist gewährleistet, wenn die sogenannte Phasenanpassungsbedingung erfüllt ist, was mit doppelbrechenden nichtlinearen Materialien erreicht werden kann, deren Brechungsindex sich mit der Polarisation ändert. Eine weitere Möglichkeit, die Phasenanpassung zu erreichen, ist die Verwendung sogenannter periodisch gepolter Kristalle, bei denen die Ausrichtung der ferroelektrischen Domänen in nichtlinearen Kristallen periodisch umgekehrt wird, sodass sich das Vorzeichen des nichtlinearen Koeffizienten ändert. Dies kann dann dazu verwendet werden, die Phasenanpassungseigenschaften des Kristalls zu beeinflussen.

Aufgrund der Impulserhaltung sind die Signal- und Idler-Photonen des Kristalls antikorreliert, wie in Abbildung 1 dargestellt ist, was bei verschiedenen Quantenbildgebungsverfahren genutzt werden kann.

1.2 Bildgebung mit nicht-detektierten Photonen in nichtlinearen Interferometern

Die Eigenschaften der verschränkten und daher korrelierten Photonenpaaredoppelten Photonenstrahlen von SPDC-Quellen können auf verschiedene Weise genutzt werden, um eine Quantenbildgebung zu ermöglichen. Ein sehr bekannter Ansatz ist hier das (Quanten-)Ghost-Imaging, das einige Möglichkeiten für neue Bildgebungsverfahren bietet, z. B. die Bildgebung mit einer sehr niedrigen Anzahl von Photonen. Ein Nachteil des Ghost-Imaging-Verfahrens ist die Tatsache, dass beide Photonen detektiert werden müssen. Liegt ein Photon in einem schwer zu detektierenden Wellenlängenbereich, z. B. im mittleren Infrarot, ist die Leistungsfähigkeit dieser Systeme eingeschränkt.

Überwinden lässt sich diese Einschränkung mit dem Konzept der »Bildgebung mit nichtdetektierten Photonen«, das von der Arbeitsgruppe von Anton Zeilinger im Jahr 2014 vorgeschlagen wurde [2]. Dabei basiert die Bildaufnahme auf einer interferometrischen Messung in einem nichtlinearen Interferometer, bei der lediglich die Detektion des kurzwelligen Signal-Photons notwendig ist. Das Grundkonzept ist in Abbildung 2 dargestellt.

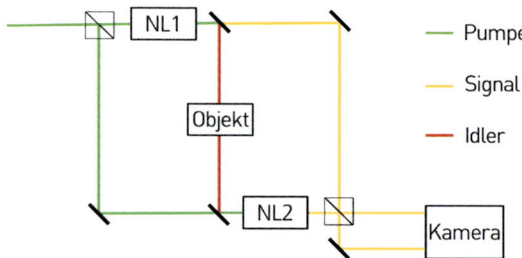

Abbildung 2: Schematischer Bildgebungsaufbau bei der »Bildgebung mit nicht-detektierten Photonen«. (Eigene Abbildung auf Grundlage von [2])[1]

Der Pumpstrahl wird von einem 50/50-Strahlteiler geteilt, um zwei nichtlineare Kristalle in einer nichtlinearen Mach-Zehnder-Interferometer-Konfiguration kohärent zu beleuchten. Beide Kristalle können Photonenpaare erzeugen. Nach dem ersten Kristall NL1 werden die Signal- und Idler-Photonen mit einem dichroitischen Spiegel geteilt. Das Idler-Photon durchläuft das Objekt und wird perfekt mit dem Idler-Mode des Kristalls NL2 überlagert. Über »induzierte Kohärenz ohne Emission« (siehe [3]) werden die ortsabhängige Phasenverschiebung und Transmission des Idler-Photons auf die Signal-Photonen von NL2 übertragen. Die Signal-Photonen von NL1 und NL2 werden dann an einem 50/50-Strahlteiler perfekt kombiniert, wobei das Interferenzmuster Aufschluss über die Phasenverschiebung und die Transmission des Objekts gibt. Es ist darauf hinzuweisen, dass keines der Idler-Photonen detektiert werden muss. Die Interferenzstreifen erscheinen nur in den Signalstrahlen, die nie in Wechselwirkung mit dem Objekt getreten sind. Eine vollständige Diskussion des theoretischen Hintergrunds dieses Verfahrens findet sich in [4].

---

[1] Anmerkung: Aus Gründen der Übersichtlichkeit wurden die strahlformenden Linsen in dieser Zeichnung weggelassen. EineEin vollständige schematische Darstellung ist [2] zu entnehmen.

1.3 Stand der Technik bei der MIR-Quantenbildgebung

Weltweit beschäftigen sich mehrere Arbeitsgruppen mit der quantenbasierten Bildgebung und Sensorik im mittleren Infrarotbereich. Neben der Arbeit an der »Bildgebung mit nicht-detektierten Photonen« in der Gruppe von Anton Zeilinger am IQOQI in Wien sind die Arbeitsgruppen um Anna Paterova und Leonid Krivitsky (A*Star Singapur) und Sven Ramelow (HU Berlin) zu nennen. Diese Arbeitsgruppen haben ihren Fokus in den letzten Jahren auf die Erweiterung des Wellenlängenbereichs dieser Systeme und die Untersuchung von Anwendungen in der Mikroskopie gelegt [5–8]. In diesen Veröffentlichungen wird die Abbildung in Michelson-Interferometern mit einem einzigen nichtlinearen Kristall anstelle der in [2] beschriebenen Mach-Zehnder-Konfiguration mit zwei Kristallen durchgeführt.

In Tabelle 1 ist ein Vergleich einiger Leistungsparameter, die in den letzten Jahren erreicht wurden, dargestellt.

Tabelle 1: Überblick über den Stand der Technik bei der MIR-Quantenbildgebung

Quelle	Wellenlänge	auflösbare Strukturgröße	Bildfeld (FOV)	aufgelöste Elemente
Lemos (2014) [2]	1,55 µm	~ 0,1 mm	4 mm	1600
Paterova (2017) [5]	4,3 µm	Spektroskopie	–	–
Paterova (2021) [6]	2,8–3,3 µm	79 µm	~ 2 mm (geschätzt)	~ 640
Ramelow (2020) [7]	3,4–4,3 µm	322 µm	9,1 mm	800
Ramelow (2020) [7]	3,4–4,3 µm	35 µm	819 µm	550
Ramelow (2021) [8]	3,7 µm	9 µm	161 µm	320
Fraunhofer ILT (QUILT-Projekt)	3,4 µm	~ 70 µm	7,6 mm	11.800

Mit diesen Systemen wurden Austrittswellenlängen im Bereich von 1,5 bis über 4 µm erreicht, während die minimale auflösbare Strukturgröße auf unter 10 µm gedrückt werden konnte. Während die Strukturgröße um viele Größenordnungen verbessert wurde, führte dies auch zu einer Verringerung des BildfeldesBildfelds, also des Bereichs, der in einer einzigen Messung erfasst wird. Zusammenfassend lässt sich sagen, dass die Anzahl der Details in einem einzelnen Bild, die durch die Anzahl der einzelnen aufgelösten Elemente N = (FOV/Mindeststrukturgröße)^2 beschrieben wird, bei all diesen Experimenten im Vergleich zur Originalarbeit von Lemos abnahm. Dabei müssen großflächigere Bilder durch Zusammenfügen mehrerer Einzelmessungen aufgenommen werden.

2 MIR-Quantenbildgebung mit Kristallen mit großer Apertur in einer Langpass-Interferometer-Konfiguration

2.1 Überlegungen zum Aufbau

Ziel der am Fraunhofer ILT im Rahmen des Fraunhofer-Leuchtturmprojekts »QUILT« durchgeführten Arbeiten war es, das Konzept der »Bildgebung mit nicht-detektierten Photonen« auf längere Wellenlängen im mittleren Infrarotbereich auszudehnen und die Anzahl der Details pro Einzelmessung zu erhöhen. Außerdem sollte eine breite Feineinstellbarkeit der Idler-Wellenlänge des Systems erreicht werden, um eine hyperspektrale Bildgebung zu ermöglichen.

Im Vergleich zum Aufbau in Lemos et al. [2] wurde das Interferometer dahingehend angepasst, dass anstelle des kurzwelligen Signalstrahls der langwellige IdlerstrahlIdler-Strahl durch die dichroitischen Strahlteiler geführt wird. Aus diesem Grund müssen die beiden Interferometerarme einmal gefaltet sein (siehe Abbildung 3). Diese Anpassung des Konzepts ermöglicht die Verwendung von Langpass-Dichroiten im Interferometer, die im Vergleich zu Kurzpass-Dichroiten eine viel größere Durchlassbandbreite abdecken können. Dabei kommen Dichroite zum Einsatz, die im Wellenlängenbereich von 2,2 bis 5 µm einen Transmissionsgrad von T > 90 % aufweisen, sodass das interferometrische Abbildungssystem in diesem gesamten Wellenlängenbereich eingesetzt werden kann.

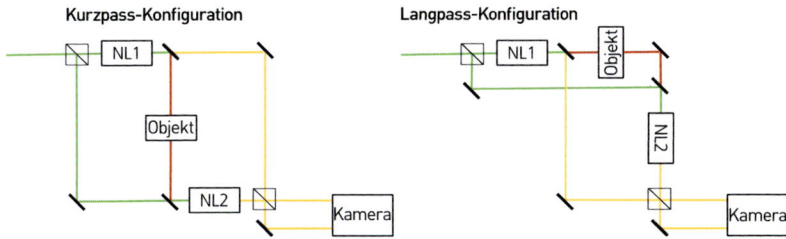

Abbildung 3: »Bildgebung mit nicht-detektierten Photonen« in der Kurzpass-Konfiguration (links) und dem neuen Langpass-Ansatz (rechts) [9].

Über diese Anpassung des Interferometer-Konzepts hinaus wurden die SPDC-Quellen im QUILT-Projekt optimiert, um die räumliche Auflösung und die Abdeckung großer Wellenlängenbereiche im MIR zu verbessern. Dazu wurden vor allem zwei Maßnahmen ergriffen:

- Es wurden Kristalle mit sehr großen Aperturen verwendet, um die räumliche Auflösung zu verbessern.
- Es wurden kurze Kristalle verwendet, um große Wellenlängenbereiche im MIR abzudecken.

Aufgrund der Unschärferelation führt ein großer Pumpstrahl (große Ortsunschärfe) im nichtlinearen Kristall zu einer niedrigen transversalen Impulsunschärfe, sodass die räumliche Auflösung verbessert wird. Eine Beschreibung dieses Sachverhalts findet sich in [10]. Für die vorliegende Konfiguration kann eine abgeleitete Formel aus [7] verwendet werden, um die räumliche Auflösung in Abhängigkeit vom Pumpstrahlradius zu berechnen.

In Abbildung 3 (links) ist die Abhängigkeit der räumlichen Auflösung für das hier verwendete optische System von der Idler-Wellenlänge und dem Pumpstrahlradius aufgetragen. Die üblicherweise für SPDC verwendeten periodisch gepolten Kristallmaterialien wie PPLN oder PPKTP sind hinsichtlich der Größe ihrer Apertur durch den Herstellungsprozess begrenzt. Bei Domänenlängen um 10 µm wird eine gute Polungsqualität nur bei Kristallaperturen bis zu ca. 1 mm erreicht. Daher wurden hier ungepolte Lithiumniobat-Kristalle verwendet. Diese sind im Handel mit Aperturen von über 10 mm erhältlich.

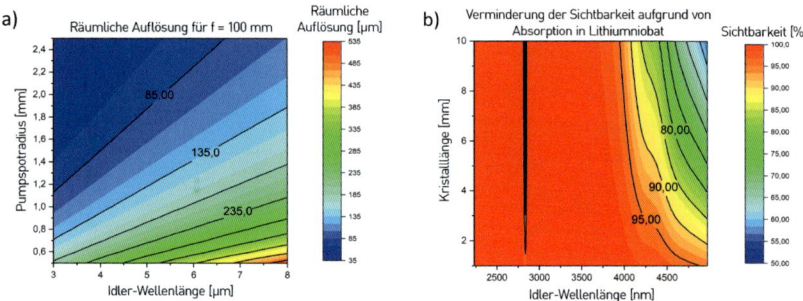

Abbildung 4: a) Untere Grenze der räumlichen Auflösung aufgrund der transversen Impulsunschärfe, b) Verschlechterung der Sichtbarkeit aufgrund der Absorption in LiNbO$_3$.

Um die Wellenlängenabdeckung im MIR weiter zu verbessern, muss die Absorption in den nichtlinearen Materialien berücksichtigt werden. Die Absorption begrenzt die Sichtbarkeit V des Interferenzmusters in den Bildgebungssystemen (V~$\sqrt{T_{Idler}}$) [3]. Diese Einschränkung kann durch die Verwendung kurzer Kristalle überwunden werden, wie in Abbildung 4 b dargestellt wird.

2.2 Aufbau und Ergebnisse

Auf Grundlage dieser Überlegungen wurden am Fraunhofer ILT im Rahmen des QUILT-Projekts verschiedene Generationen von SPDC-Quellen und bildgebenden Interferometern implementiert, untersucht und optimiert.

Beispielsweise können kurze (0,8 mm lange) ungepolte Lithiumniobat-Kristalle verwendet werden, um den gesamten Idler-Wellenlängenbereich von 3 bis > 5,5 µm durch Winkelabstimmung abzudecken. In Abbildung 5 sind die Austrittsspektren für drei verschiedene Kristallorientierungen dargestellt.

Quantenbildgebung mit nicht-detektierten Photonen im mittleren Infrarotbereich 213

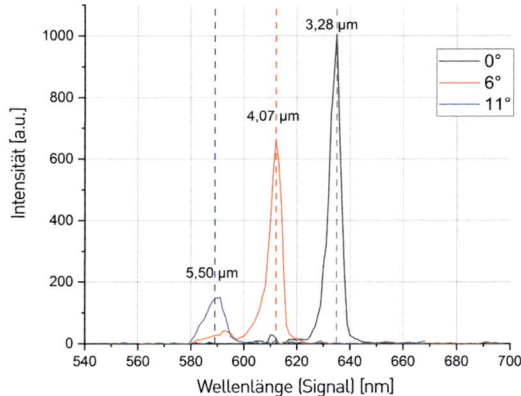

Abbildung 5: Austrittsspektren einer SPDC-Quelle, die auf einem kurzen (0,8 mm) ungepolten LiNBO$_3$-Kristall basiert.

Zusätzlich zur groben Winkelabstimmung kann die Wellenlänge durch die Kristalltemperatur feinabgestimmt werden, sodass der gesamte Wellenlängenbereich zwischen 3 und 5,5 µm abgedeckt ist. Wenn es um Wellenlängen im Bereich von 3–4 µm geht, können längere LiNbO$_3$-Kristalle verwendet werden, um die Anzahl der SPDC-Photonen zu erhöhen. Auf diese Weise kann die Integrationszeit des Bildgebungsaufbaus verkürzt werden. Die Verwendung kurzer Kristalle ist von Vorteil bei Idler-Wellenlängen > 4 µm, bei denen die Absorption von LiNbO$_3$ deutlich zunimmt, was die Sichtbarkeit des Bildgebungsaufbaus beeinträchtigen kann.

Mit den verschiedenen SPDC-Quellen wurden mehrere Generationen von MIR-Quanteninterferometern aufgebaut. In Abbildung 6 ist ein Bild des optimierten Aufbaus im MIR mit den wichtigsten Interferometereigenschaften und verwendeten Komponenten dargestellt.

Mit diesem Aufbau wurden sodann Bildgebungsstudien an Auflösungs-Targets und verschiedenen Messobjekten durchgeführt und die Bildgebungseigenschaften des Aufbaus optimiert. Beispielhaft ist in Abbildung 6 das Abbild von drei laser-mikrostrukturierten Stahlfolien bei einer Messwellenlänge von etwa 3,4 µm dargestellt.

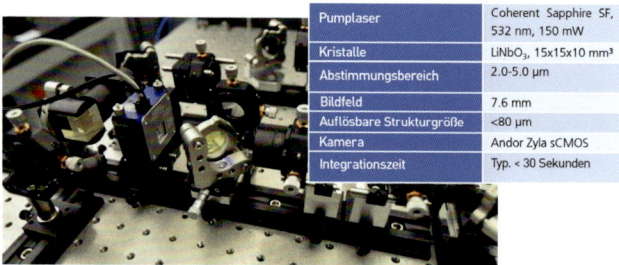

Abbildung 6: Bild des MIR-Interferometers und der wichtigsten Interferometerparameter und -komponenten.

Anhand der dargestellten Bilder lassen sich die maximal auflösbaren Strukturgrößen des MIR-Interferometers identifizieren. Im Auflösungs-Target (erstes Bild) in Abbildung 7 können alle strukturierten Linien einschließlich der 80-μm-Linienstruktur deutlich dargestellt und getrennt werden. Im Bild des Fingerabdrucklogos (drittes Bild) kann der Pfeil mit einer Linienbreite von 70 μm ebenfalls aufgelöst werden.

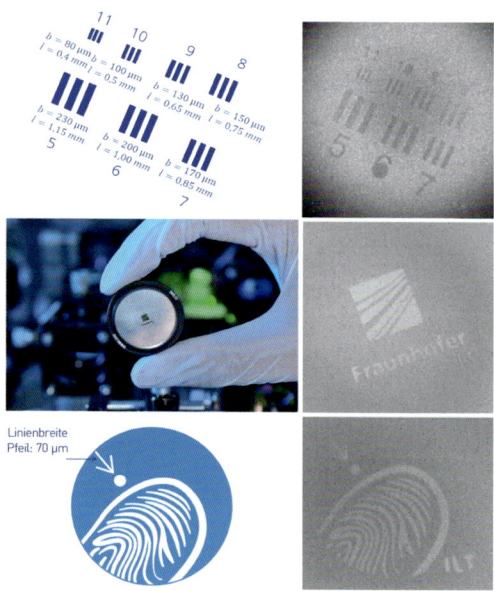

Abbildung 7: Testmessungen bei 3,4 μm Idler-Wellenlänge mit unterschiedlichen Auflösungs- und Testobjekten.

2.3 Schlussfolgerungen und Ausblick

Bei einem Bildfeld von etwa 7,6 mm und einer auflösbaren Strukturgröße von ~ 70 µm ergeben sich etwa 11 800 auflösbare Elemente. Mit diesem Aufbau können derzeit die detailliertesten quantenbasierten Einzelbilder im mittleren Infrarot-Spektralbereich aufgenommen werden (siehe Vergleich mit dem Stand der Technik in Tabelle 1). Durch das Langpass-Design des Interferometers wird es in Zukunft möglich sein, weitere optische Elemente in den Signal- und Idler-Strahlengang einzubringen, sodass der Aufbau zukünftig im Hinblick auf die Erfassung mikroskopischer Strukturen, z. B. mithilfe von Mikroskopobjektiven, erweitert werden kann. Mit diesem Bildgebungsaufbau können nun mögliche Anwendungen in der medizinischen und biologischen Bildgebung oder der Materialprüfung untersucht werden.

Das Konzept der »Bildgebung mit nicht-detektierten Photonen« lässt sich auch auf eine Vielzahl von anderen Messverfahren und Anwendungen ausdehnen. So entwickelt das Fraunhofer ILT zusammen mit Partnern aus der Wissenschaft (S. Ramelow, HU Berlin) und der Industrie Systeme zur optischen Kohärenztomografie für die Inline-Prozessüberwachung.

3 Literaturverzeichnis

[1] J. M. Padgett and R. W. Boyd : An introduction to ghost imaging: quantum and classical. Phil. Trans. R. Soc. A.375: 20160233.20160233 (2017)

[2] G. B. Lemos et al.: Quantum imaging with undetected photons. Nature, Bd. 512, Nr. 7515, S. 409–412 (2014)

[3] X. Y. Zou et al.: Induced coherence and indistinguishability in optical interference. Phys. Rev. Lett. 67, S. 318–321 (1991)

[4] M. Lahiri et al.: Theory of quantum imaging with undetected photons. Phys. Rev. A 92, 013832 (2015)

[5] A. Paterova et al.: Nonlinear infrared spectroscopy free from spectral selection, Scientific Reports, S. 42608 (2017)

[6] A. V. Paterova: Hyperspectral infrared microscopy with visible light. Science Advances, Bd. 6, Nr. 44 (2020)

[7] I. Kviatkovsky et al.: Microscopy with undetected photons in the mid-infrared. Science Advances, Bd. 6, Nr. 42 (2020)

[8] I. Kviatkovsky et al.: Mid-infrared microscopy via position correlations of undetected photons, Opt. Express 30, 5916–5925 (2022)

[9] B. Jungbluth et al.: Long-Pass Type Quantum Imaging Interferometer with Undetected Photons in the Infrared Wavelength Range. In Frontiers in Optics/Laser Science, B. Lee, C. Mazzali, K. Corwin, and R. Jason Jones, Hrsg., OSA Technical Digest (Optica Publishing Group, 2020), Artikel JTh4A.38

[10] P. A. Moreau et al.: Resolution limits of quantum ghost imaging. Opt. Express 26, 7528–7536 (2018)

Terahertz-Spektroskopie mit sichtbaren Photonen

Auf dem Weg zur phasensensitiven Terahertz-Bildgebung

Mirco Kutas, Tobias Pfeiffer, Björn Haase, Daniel Molter, Georg von Freymann

Abstract: Die Terahertz-Technologie wird heute hauptsächlich für An-wendungen im Bereich der zerstörungsfreien Prüfung eingesetzt, deren Schlüsseltechnologie die Schichtdickenmessung ist. Aber auch in wissenschaftlichen oder industriellen Aufgabenstellungen finden sich interessante Anwendungen. Trotz der kontinuierlichen Weiterentwicklung und dem hohen technologischen Niveau ist die direkte Detektion von Terahertz-Strahlung immer noch technologisch aufwendig oder mit hohen Kosten verbunden. Entweder müssen die Detektoren gekühlt werden oder es kommen Ultrakurzpulslaser zum Einsatz, die eine kohärente Detektion ermöglichen. Neuartige quantenbasierte Messprinzipien bieten dagegen eine höchst attraktive Alternative. Diese auf der Korrelation von erzeugten Biphotonenpaaren basierenden Messverfahren haben ein enormes Potenzial, da sie die Möglichkeit bieten, Messinformationen von einem Spektralbereich auf einen anderen zu übertragen. In diesem Kapitel werden die Fortschritte der Terahertz-Detektion auf der Grundlage des Prinzips der »Bildgebung mit nicht-detektierten Photonen« vorgestellt und neben den quantenmechanischen Ansätzen auch deren Einfluss und Potenzial bei klassischen Detektionsprinzipien wie der Summenfrequenzerzeugung beschrieben.

Keywords: Quantenmesstechnik, Terahertz-Strahlung, Terahertz-Biphotonen-Erzeugung, Terahertz-Aufwärtskonversion

1 Einleitung

Der Terahertz-Spektralbereich liegt zwischen dem Mikrowellen- und dem Infrarot-Spektralbereich. Ähnlich wie Mikrowellenstrahlung kann Terahertz-Strahlung viele dielektrische Materialen durchdringen und zeigt charakteristische Absorptionen wie Infrarotstrahlung [1]. Obwohl der Terahertz-Bereich also die Vorteile der benachbarten Frequenzbereiche in sich vereint, wurde diesem Bereich erst spät vermehrt Aufmerksamkeit gewidmet. Im Wesentlichen zeichnet sich die Terahertz-Messtechnik aber vor allem durch die Möglichkeit aus, gleichzeitig die Amplitude und die Phase des elektrischen Feldes messen zu können, ganz im Gegensatz zur optischen Detektion im sichtbaren oder Nahinfrarot-Spektralbereich. Diese Art der Detektion ermöglicht eine Fülle von denkbaren Anwendungen in Industrie und Wissenschaft, allen voran die zerstörungsfreie Messung von Schichtdicken [2].

Obwohl in den letzten Jahrzehnten das Potenzial der Terahertz-Strahlung in zahlreichen Experimenten nachgewiesen wurde, besteht nach wie vor ein Bedarf an kostengünstigen und schnellen Messsystemen. Aufgrund der niedrigen Photonenenergie von nur wenigen meV (siehe Abbildung 1a) ist der Terahertz-Bereich des elektromagnetischen Spektrums nur schwer zugänglich. Inzwischen hat sich die Zeitbereichsspektroskopie (englisch »time-domain spectroscopy«, TDS) zur Methode der Wahl für Terahertz-Messungen entwickelt [3,4]. Obwohl diese Methode bereits etabliert ist, besteht in zwei Bereichen noch ein enormes Entwicklungspotenzial. Zum einen basieren TDS-Systeme auf sehr teuren, gepulsten Lasersystemen. Zum anderen besitzen die verwendeten Detektoren in den meisten Fällen nur einen einzigen Pixel, so dass für die Bildgebung eine langsame Rasterabtastung erforderlich ist.

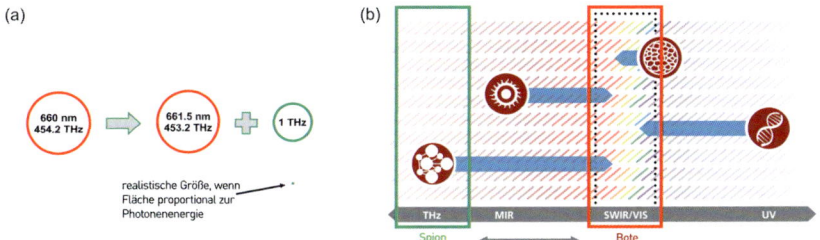

Abbildung 1: a) Vergleich der Photonenenergien für SPDC bei einer Pumpwellenlänge von 660 nm und einer erzeugten Idler-Strahlung von 1 THz. b) Skizze des elektromagnetischen Spektrums. Die Quantenoptik ermöglicht die Übertragung von Eigenschaften aus anderen Spektralbereichen in den sichtbaren Bereich.

Da die Lasersysteme der Hauptkostentreiber von Terahertz-TDS-Systemen sind, wird seit ihrer Entwicklung ständig nach alternativen Pumpquellen gesucht. Mit der Zeit wurden große Festkörperlaser durch kompakte fasergekoppelte Quellen [5,6] oder Superlumineszenzdioden [7] ersetzt. Doch sowohl für industrielle Anwendungen als auch für wissenschaftliche Systeme ist die Bildaufnahme mit TDS-Systemen oft zu langsam. Multipixel-Terahertz-Detektoren sind jedoch technisch komplex und erfordern häufig eine starke Kühlung. Außerdem ist der Vorteil der gleichzeitigen Aufnahme der Phase und des elektrischen Feldes nicht mehr gegeben. Obwohl in den letzten Jahrzehnten Möglichkeiten zur zweidimensionalen Terahertz-Bildgebung entwickelt wurden, wie z. B. die elektro-optische Bildgebung [8], haben diese den Sprung in die breite Anwendung bisher nicht geschafft.

Daher ist die Anwendung der Bildgebung mit nicht-detektierten Photonen in diesem Frequenzbereich von großem Interesse. Indem Terahertz-Strahlung nur als Spion eingesetzt wird, während sichtbare Photonen als Boten die Informationen liefern, können teure gepulste Laserquellen oder technisch aufwendige und gekühlte Detektoren durch kostengünstige Komponenten für den sichtbaren Spektralbereich ersetzt werden. In diesem Sinne können leicht verfügbare hocheffiziente Mehrpixel-Detektoren unmittelbar für Messungen im Terahertz-Bereich eingesetzt werden, wo solche Detektoren mit vergleichbarer Empfindlichkeit noch fehlen.

2 Erzeugung von korrelierten Terahertz-Photonenpaaren im sichtbaren Bereich

Im Vergleich zum infraroten Spektralbereich ist die Anwendung der nichtlinearen Interferometrie im Terahertz-Spektralbereich mit deutlich größeren Herausforderungen verbunden. Um die benötigten korrelierten Photonenpaare erzeugen und nutzen zu können, sind drei Hauptkomponenten von besonderer Bedeutung. Dabei handelt es sich zum einen um eine geeignete Laserquelle und nichtlineares Material zur Erzeugung des Photonenpaars und zum anderen um ein geeignetes Filtersystem zur spektralen Unterscheidung.

Im Gegensatz zur gängigen nichtlinearen Erzeugung von Terahertz-Strahlung werden zur Erzeugung von korrelierten Photonenpaaren durch spontane parametrische Abwärtskonvertierung (englisch »spontaneous parametric down-conversion«, SPDC) in der Regel Dauerstrichlaser eingesetzt. Diese sind preisgünstiger als ihre gepulsten Pendants, selbst wenn sie hohen Anforderungen unterliegen. Die zentrale Wellenlänge der Lasersysteme kann im Gegensatz zu anderen Spektralbereichen für die Erzeugung von Terahertz-Strahlung nahezu frei gewählt werden. Gleichzeitig ergibt sich aber auch keine Möglichkeit, die erzeugten Spektren durch eine geschickte Wahl der Pumpwellenlänge zu verbreitern, wie dies beispielsweise im Infraroten der Fall ist [9].

Als Kristallmaterial für nichtlineare Interferometer im Terahertz-Frequenzbereich wird bisher ausschließlich Lithiumniobat ($LiNbO_3$) verwendet [10–13]. Dieses Material ist bereits aus seiner Anwendung bei der nichtlinearen Erzeugung von Terahertz-Strahlung bekannt und bietet einen vergleichsweise hohen nichtlinearen Koeffizienten sowie eine einfache Handhabung, sowohl in Bezug auf die Herstellung als auch auf die periodische Strukturierung. Im Gegensatz dazu bieten andere Materialien wie Galliumphosphid (GaP) oder Galliumarsenid (GaAs) zwar ebenfalls ausreichende nichtlineare Koeffizienten, sind aber wesentlich schwieriger zu handhaben, insbesondere im Hinblick auf die periodische Strukturierung.

Allerdings weist $LiNbO_3$ beim Einsatz als nichtlineares Material vor allem im Terahertz-Frequenzbereich auch erhebliche Nachteile auf. Zum einen besitzt das Material eine vergleichsweise hohe Absorption von Terahertz-Strahlung von mehr als 20 cm^{-1} [14] (siehe Abbildung 2 a). Somit werden große Teile der erzeugten Terahertz-Photonen bereits im Kristall absorbiert. Zum anderen besitzt das Material hier einen hohen Brechungsindex von mehr als 5 [14]. Dies hat zur Folge, dass ein Großteil der Terahertz-Photonen total reflektiert wird, selbst wenn sie nur unter kleinen Winkeln zur Pumpstrahlung emittiert werden. Somit verlässt ein Großteil der erzeugten Terahertz-Strahlung den Kristall überhaupt nicht. Darüber hinaus erschwert der große Emissionswinkel der Terahertz-Photonen außerhalb des Kristalls die experimentelle Nutzung.

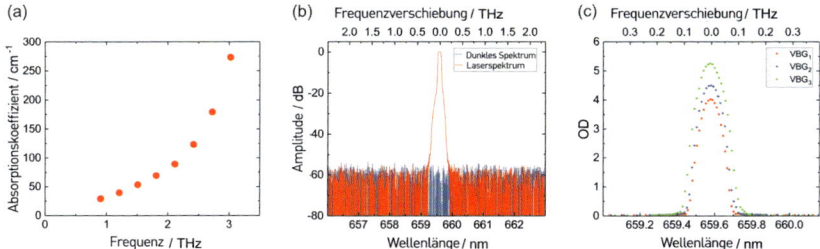

Abbildung 2: a) Absorptionskoeffizient von 4,4 mol% Magnesiumoxid-dotiertem LiNbO$_3$. Daten stammen aus [14]. b) Spektrum eines Einfrequenz-Pumplasers bei 660 nm. c) Filtereigenschaften von Volumen-Bragg-Gittern, die für 660 nm ausgelegt sind. (Nachdruck mit Genehmigung von: [15]; Copyright 2019, The Optical Society.)

Für die Anwendung spielt auch die spektrale Trennung der Pumpstrahlung von den Signal-Photonen eine entscheidende Rolle, sobald niedrigenergetische Terahertz-Photonen involviert sind. Bei derartigen Photonenpaaren sind die Signal-Photonen aufgrund der Energieerhaltung nur geringfügig gegenüber der Pumpstrahlung frequenzverschoben (siehe Abbildung 1 a). Dies stellt hohe Anforderungen an die spektrale Breite der verwendeten Filter- und Lasersysteme, damit die Pumpstrahlung vollständig herausgefiltert werden kann, diese das Signal jedoch nicht bereits überbelichtet. Die eingesetzten Filter und Pumpquellen dürfen daher jeweils nur eine geringe Bandbreite aufweisen (siehe Abbildungen 2 b und 2 c). Die spektrale Grenze leicht verfügbarer und praktikabler Filter liegt heute am unteren Rand des Terahertz-Frequenzbereichs bei etwa 200 GHz [15].

In experimentellen Umsetzungen werden bisher entweder beheizte Gaszellen [10,11] oder Volumen-Bragg-Gitter (VBG) [12,13] als schmalbandige Filter eingesetzt. Während filternde Gaszellen eine starke atomare Absorption bei der Laserwellenlänge aufweisen, bestehen VBG aus periodischen dielektrischen Schichten, bei denen in Abhängigkeit von der genutzten Wellenlänge und deren Einfallswinkel konstruktive Interferenz in Reflexion auftritt. Somit können VBG genau auf die Laserwellenlänge abgestimmt werden. Im Gegensatz dazu lässt sich die Absorption von Gaszellen durch Temperatur- oder Druckschwankungen nur geringfügig verändern, was zu einer Verbreiterung der spektralen Absorption führen kann.

Insgesamt stellt also bereits die Erzeugung korrelierter Terahertz-sichtbarer Photonenpaare eine Herausforderung dar, so dass auch die Beobachtung von SPDC mit Photonen im Terahertz-Frequenzbereich ein Teilthema der wissenschaftlichen Untersuchung ist [15–17].

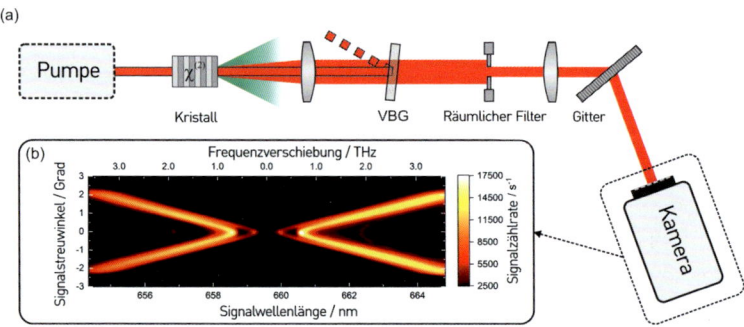

Abbildung 3: a) Beispielhafter Versuchsaufbau zur Beobachtung des durch SPDC erzeugten Signals mit dem Verfahren der gekreuzten Dispersion. b) Abbild des Frequenz-Winkel-Spektrums des Signals mit entsprechender Idler-Strahlung im Terahertz-Frequenzbereich für einen periodisch gepolten $LiNbO_3$-Kristall.

Die über SPDC erzeugte Signalstrahlung wird meist als Frequenz-Winkelspektrum dargestellt. In Abbildung 3b ist ein Frequenz-Winkelspektrum der erzeugten sichtbaren Signalstrahlung mit entsprechenden Idler-Photonen im Terahertz-Frequenzbereich dargestellt. Da diese Art der Darstellung in anderen Frequenzbereichen unüblich ist, wird diese im Folgenden kurz eingeführt.

Um nicht nur die Winkelabhängigkeit der Signalstrahlung, sondern auch die Abhängigkeit von der Frequenz zu erhalten, wird das Verfahren der gekreuzten Dispersion verwendet (skizziert in Abbildung 3a). Dazu wird ein nichtlinearer Kristall von einer Pumpquelle bestrahlt, die mittels SPDC sowohl in Signal- als auch Idler-Photonen zerfällt. Nach Kollimation und Filterung wird die verbleibende Signalstrahlung durch einen Spektrografen, z. B. ein Gitter, direkt auf die Kamera abgebildet. Der Spektrograf führt zu einer spektralen Verteilung der Signalkomponenten entlang einer Achse, während die andere Achse unverändert bleibt und somit die Winkelverteilung der generierten Strahlung beibehält. Dadurch ergibt sich die typische V-förmige Darstellung der Signalschweife. Um eine schärfere Abbildung zu erhalten, wird in der Regel ein zusätzlicher Spalt in den kollimierten Strahlengang eingebracht, um die Übertragung von Strahlen mit großen horizontalen Wellenvektoren zu begrenzen.

Zur Festlegung der Frequenz der kollinear erzeugten Terahertz-Strahlung kann das Verfahren der Quasi-Phasenanpassung dienen. Zu diesem Zweck wird der Kristall periodisch strukturiert, um eine kontinuierliche konstruktive Interferenz bestimmter Wellenlängen zu erreichen. Aufgrund dieser periodischen Polung muss ein zusätzlicher Gittervektor für die Berechnung der Phasenanpassungsbedingungen berücksichtigt werden. Da dieser Vektor nur eine definierte Ausrichtung senkrecht zu den Polungsebenen, aber keine Orientierung besitzt, kommt es auch zur Erzeugung von Terahertz-Photonen, die sich entgegen der Pumpstrahlung ausbreiten. Daher können bei niedrigen und höheren Frequenzen als der Pumpfrequenz mehrere Signalschweife beobachtet werden.

In Abbildung 3b ist jedoch auch hochkonvertierte Signalstrahlung zu erkennen. Dies stellt einen wesentlichen Unterschied zu Experimenten im Infraroten dar und beruht auf der Konvertierung der bei Raumtemperatur vorhandenen thermischen Terahertz-Strahlung. In Anlehnung an die Raman-Spektroskopie wird die abwärts konvertierte Signalstrahlung als Stokes-Strahlung (positive Wellenzahl) bezeichnet. Während die abwärts konvertierte Strahlung aus Signalstrahlung besteht, die sowohl durch SPDC als auch durch Konvertierung von thermischer Terahertz-Strahlung erzeugt wird, entsteht die aufwärts konvertierte Signalstrahlung ausschließlich durch die Konvertierung von thermischer

Terahertz-Strahlung. Da die Wahrscheinlichkeiten für die Aufwärts- und Abwärtskonvertierung von thermischer Terahertz-Strahlung nahezu gleich sind, beruhen die Unterschiede zwischen diesen Bereichen nur auf der Menge der durch SPDC erzeugten Signal-Photonen. Wird das Experiment unter starker Kühlung durchgeführt, trägt die Wärmestrahlung nicht mehr zur Konvertierung bei und es wird ausschließlich mittels SPDC erzeugte Strahlung beobachtet. Novikova et al. konnten dies experimentell beobachten, indem sie den Kristall bis auf 4,2 K kühlten [18].

3 Terahertz-Spektroskopie mit sichtbarem Licht

In Anbetracht der Hürden, die bei der Erzeugung von korrelierten Terahertz-Photonenpaaren im sichtbaren Bereich zu überwinden sind, wird verständlich, dass die Realisierung nichtlinearer Interferometer mit Idlerphotonen im Terahertz-Spektralbereich im Vergleich zu anderen Spektralbereichen verzögert ist. Die Entwicklung im Terahertz-Bereich verlief jedoch ähnlich wie in anderen Spektralbereichen. In den ersten Umsetzungen wurde vor allem das Kristallmaterial selbst untersucht [10], während dieses Verfahren in späteren Umsetzungen auch zur Untersuchung von externen Proben genutzt wurde [11–13]. Die größte Herausforderung für Anwendungen ist das nichtlineare Material selbst. Der hohe Brechungsindex von $LiNbO_3$ im Terahertz-Frequenzbereich führt zu hohen Verlusten und großen Abstrahlwinkeln der erzeugten Terahertz-Strahlung außerhalb des Kristalls.

Die erste nichtlineare Interferometrie mit Terahertz-Photonen wurde bereits im Jahr 2011 von Kitaeva et al. umgesetzt [10], wobei die Absorption von undotiertem und MgO-dotiertem $LiNbO_3$ gemessen wurde. Auch wenn die Messung nicht an die Genauigkeit zuvor entwickelter Techniken heranreichte, konnte das Potenzial dieses Verfahrens verdeutlicht werden. Erst im Jahr 2020 konnte die nichtlineare Interferometrie mit Terahertz-Photonen auch in Mach-Zehnder-Geometrie umgesetzt werden, die eine Untersuchung externer Proben erlauben würde. Allerdings beschränkten sich die die Untersuchungen von Kuznetsov et al.

auf das verwendete Kristallmaterial, da der hohe Brechungsindex von $LiNbO_3$ die Probenauswahl stark limitierte [11].

Insbesondere für Anwendungen im Terahertz-Bereich ist es jedoch sinnvoll, die Strahlung für externe Proben zugänglich zu machen. Bei derartigen Versuchsaufbauten für die Spektroskopie nach dem Prinzip der nicht-detektierten Photonen liegt der Fokus daher vor allem darauf, die erzeugte Terahertz-Strahlung möglichst vollständig aus dem nichtlinearen Kristall in das zu untersuchende Objekt einzukoppeln. Außerdem soll nur die Terahertz-Strahlung auf das Objekt treffen, so dass auf diese Weise Streueffekte oder die Absorption der korrelierten Signalstrahlung durch das Objekt vermieden werden können.

Sowohl das effiziente Aufsammeln der Terahertz-Strahlung nach dem nichtlinearen Kristall als auch die Trennung der Strahlengänge stellen weitere Herausforderungen dar, da diese jeweils mit weiteren Verlusten verbunden sind. Zur Kollimation der unter großen Winkeln emittierten Terahertz-Strahlung in den Experimenten werden große (zwei Zoll) Parabolspiegel eingesetzt. Doch selbst mit vergleichsweise großen Optiken kann nur ein kleiner Teil der erzeugten Terahertz-Strahlung erfasst werden, da der größte Teil aufgrund interner Reflexionen den Kristall gar nicht verlässt. Aber auch der Einsatz teurer Spezialoptiken würde nur einen kleinen Vorteil bringen, da die Dichte der erzeugten Strahlung mit größeren Emissionswinkeln abnimmt.

Bisher wurde die Trennung von sichtbaren Terahertz-Photonenpaaren auf zwei verschiedene Arten durchgeführt. Zum einen wurden dichroitische Optiken, z. B. ein mit Indiumzinnoxid (ITO) beschichtetes Glas, verwendet. Aufgrund der Beschichtung werden die Terahertz-Photonen reflektiert, während Signal- und Pump-Photonen im Sichtbaren transmittiert werden [12]. Andererseits erlaubt der große Emissionswinkel der Terahertz-Strahlung im Gegensatz zur Signal- oder Pumpstrahlung eine rein winkelabhängige Trennung durch Verwendung eines Parabolspiegels mit Durchgangsloch [13]. Daher bietet die letztgenannte Möglichkeit den Vorteil, dass keine Signal- oder Pumpphotonen an der Oberfläche des dichroitischen Elements reflektiert werden und somit nur geringe bis gar keine Verluste erfahren. Obwohl ein Teil der erzeugten Terahertz-Strahlung durch das Loch im Spiegel verloren geht, erweist sich dieses Verfahren bei Aufsummierung aller Verluste als effizienter und weist daher einen höheren Interferenzkontrast auf.

Die Umsetzung von nichtlinearen Interferenzexperimenten mit Terahertz-Photonen an externen Proben wurde bisher ausschließlich in Michelson-Geometrie durchgeführt [12,13]. Der Vorteil dieser Geometrie ist, dass nur ein einziger nichtlinearer Kristall verwendet wird. Nach einem ersten Durchgang werden alle beteiligten Strahlen reflektiert und treten erneut in den Kristall ein. Zuvor werden die Terahertz-Photonen von den restlichen Strahlkomponenten getrennt, um das Objekt zu beleuchten. Im Vergleich zur Mach-Zehnder-Geometrie, bei der Signal- und Idler-Strahlung ebenfalls getrennt werden, ist diese Geometrie wesentlich einfacher zu justieren, zumal sich Weglängenunterschiede der Interferometerarme durch axiale Verschiebung leicht ausgleichen lassen. Darüber hinaus ist diese Geometrie robuster, benötigt eine geringere Anzahl optischer Komponenten und bietet somit ein kompakteres Design.

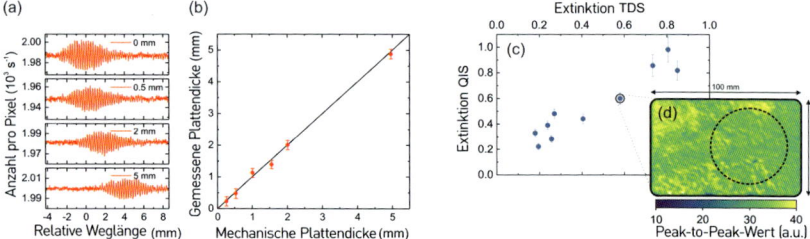

Abbildung 4: Terahertz-Sensorik und -Spektroskopie mit nicht-detektierten Photonen. a) Schichtdickenmessung von PTFE-Platten im Stokes-Bereich. b) Vergleich der gemessenen Dicken. (Abgeändert mit Genehmigung der Autoren: [12].) c) Vergleich der gemessenen Extinktion von α-Lactose-Monohydrat. d) Terahertz-Rasterbild einer Probenplatte. (Nachdruck mit Genehmigung von: [13]; Copyright 2021, The Optical Society.)

Die erste Umsetzung der nichtlinearen Interferometrie mit externen Proben unter Verwendung von Terahertz-Strahlung erfolgte im Jahr 2020. In einem Proof-of-Concept-Experiment konnten Kutas et al. erstmals die nichtlineare Interferenz mit sich im freien Raum ausbreitenden Terahertz-Photonen nachweisen und nutzbar machen [12]. In dieser Arbeit wurden die Dicken verschiedener Polytetrafluorethylen (PTFE)-Folien im Bereich von einigen Millimetern untersucht. In Abbildung 4b ist eine gute Übereinstimmung der interferometrischen Messung mit den tatsächlichen Dicken zu erkennen. Allerdings konnte Interferenz nur in den kollinearen Vorwärtsbereichen des Frequenz-Winkel-Spektrums beobachtet werden, da die Terahertz-Photonen kleine Winkel haben müssen, um erfasst zu werden. Dies gilt daher umso mehr für die entsprechenden Signal-Photonen.

In einem weiteren Experiment berichteten Kutas et al. auch über erste Messungen der Absorption von Materialien im Terahertz-Spektralbereich. Dazu wurde die Absorption von α-Lactose-Monohydrat und para-Aminobenzoesäure an bekannten Absorptionslinien gemessen [13]. Im Experiment wurde zu diesem Zweck eine zugängliche Bandbreite von mehr als 100 GHz erreicht. Beim Vergleich mit einer konventionellen TDS-Messung wurde für beide Substanzen gute Übereinstimmung festgestellt. In Abbildung 4 d ist ein gerastertes Bild der Probe dargestellt, das von einem TDS-System aufgenommen wurde, wobei der gestrichelte Kreis den beleuchteten Bereich im Experiment zeigt.

Bei beiden Umsetzungen handelt es sich lediglich um Machbarkeitsstudien, die in Bezug auf Messzeit und Auflösung den herkömmlichen Techniken noch weit hinterherhinken. Dies ist hauptsächlich auf den geringen Kontrast der beobachteten Interferenz zurückzuführen. Im Vergleich zu Experimenten im MIR, bei denen Kontraste von bis zu 40 % erreicht werden [19], ist der Kontrast im Terahertz-Bereich sehr gering und liegt bei nur 1 %. Dies liegt zum einen an den hohen Verlusten im Innern und beim Verlassen des Kristallmaterials. Zum anderen wird ein Teil der Strahlung unter zu großen Winkeln abgestrahlt und kann vom Parabolspiegel nicht erfasst werden. Dies führt dazu, dass die restlichen zugehörigen Signal-Photonen nur noch einen Untergrund der detektierten Signalstrahlung bilden. Insgesamt führt der geringe Interferenzkontrast also zu drastisch längeren Messzeiten bei Low-Gain-Experimenten im Vergleich zu Experimenten im MIR.

4 Quanteninspirierte Terahertz-Spektroskopie mit gepulsten Quellen

Obwohl nichtlineare Interferometer im reinen Quantenbereich beeindruckende Ergebnisse zeigen, ist die Signalstärke bisher sehr gering, was zu langen Messzeiten führt. Zur Verkürzung der Messzeiten bieten sich verschiedene Ansätze an. Wenn verfügbar, kann das Interferometer zusätzlich mit einer externen Quelle bestrahlt werden (Seed), die Strahlung im gewünschten Spektralbereich aussendet. Die Seed-Photonen bewirken im nichtlinearen Medium zusätzlich zum spontanen Signal eine Frequenzkonvertierung, die dieses oft um Größenordnungen übertrifft. Die Realisierbarkeit des Konzepts des kohärenten Seedens von nichtlinearen Interferometern wurde bereits nachgewiesen [20] und das große Potenzial aufgezeigt, wobei das Konzept eine höhere Empfindlichkeit zu besitzen verspricht [21].

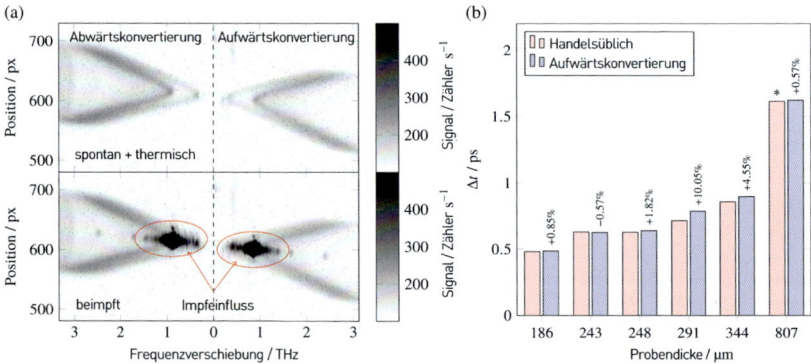

Abbildung 5: Terahertz-Aufwärtskonvertierungs-Detektion. In a) sind die verschiedenen am Prozess beteiligten Kamerasignale dargestellt. (Abgeändert mit Genehmigung von: [24]; Copyright 2020, The Optical Society.) In b) sind die Messergebnisse im Vergleich zu TDS-Messungen aufgetragen. (Nachdruck mit Genehmigung von: [13]; Copyright 2022, The Optical Society.)

Im Terahertz-Bereich führt die Suche nach einer hochintensiven Detektion mit Photonen im Sichtbaren oft zu dem Ansatz der Aufwärtskonvertierung, bei dem nur ein einziges nichtlineares Medium und eine externe Terahertz-Quelle verwendet werden, um eine hohe Signalstärke zu erreichen, während die Phaseninformation weggelassen wird [22,23]. Ein solcher Ansatz wurde von Pfeiffer et al. vorgestellt, wobei, um die Effizienz des nichtlinearen Prozesses zu maximieren, gepulste Quellen sowohl für die optische Pumpe als auch für den Terahertz-Seed verwendet werden, und dabei Standard-sCMOS-Geräte zur Signaldetektion Anwendung finden [24]. Der Aufbau basiert auf einem $LiNbO_3$-Kristall, der mit einem Femtosekundenlaser gepumpt und mit Terahertz-Pulsen geseedet wird. In Abbildung 5a ist das mit einer sCMOS-Kamera aufgezeichnete Auf- und Abwärtskonvertierungssignal dargestellt. Die Signalfrequenz ist in horizontaler Richtung auf der Kamera aufgelöst, während die vertikale Achse den Emissionswinkel anzeigt. Im oberen Bild ist nur das spontane Signal ohne aktiven Seed, vergleichbar mit dem in Abbildung 3b dargestellten Signal, zu sehen. Im unteren Bild ist der Seed aktiv, wodurch die hochintensiven Bereiche hinzugefügt werden. Das Bild weist darauf hin, dass das geseedete Signal das spontane Signal um mehrere Größenordnungen übertrifft, was für Messaufgaben vorteilhaft ist.

Die in [25] vorgestellte Arbeit übertrifft dieses Ergebnis, indem die Vorteile des klassischen Aufwärtskonvertierungs-Ansatzes mit der Möglichkeit, sowohl die Phase als auch die Intensität mittels Interferenz zu detektieren, kombiniert werden. Damit ist dies das klassische Pendant zur zuvor erörterten Quanteninterferometrie. Der Aufbau erweitert den in [24] vorgestellten Aufbau und nutzt spektrale Komponenten des Pumplasers, die zuvor verworfen wurden, um die Interferenz mit dem Konversionssignal zu erzeugen. Auf diese Weise steht die volle nutzbare Pumpleistung für den Aufwärtskonvertierungsprozess zur Verfügung. Die Phase des sich ergebenden Interferenzsignals kann vor und nach dem Einbringen einer Probe in den Terahertz-Strahl ausgewertet werden, so dass die zusätzliche Propagationszeit bestimmt werden kann. In Abbildung 5b ist ein Vergleich zwischen den Messergebnissen eines kommerziellen Terahertz-Messsystems und dem phasenauflösenden Aufwärtskonvertierungs-Verfahren dargestellt. Darüber hinaus ermöglicht die Verwendung eines 2D-Sensors in Zukunft eine Vielzahl von theoretischen Anwendungsfällen, einschließlich Terahertz-Bildgebung, was diesen Ansatz noch attraktiver macht.

5 Schlussfolgerungen und Ausblick

Bislang wurde unserer Kenntnis nach im Terahertz-Spektralbereich noch keine Bildgebung auf Grundlage des Prinzips der nicht-detektierten Photonen durchgeführt. Dies liegt vor allem an der geringen Anzahl von Moden, die bei Terahertz-Strahlung generiert werden [26]. Berechnungen von Kviatkovsky et al. haben gezeigt, dass für längere Wellenlängen die Anzahl der auflösbaren Moden abnimmt und somit eine ausreichende räumliche Auflösung in diesen Spektralbereichen nur sehr schwer zu erreichen ist. Um die Anzahl der räumlichen Moden zu maximieren, kann entweder der Durchmesser des Pumpstrahls vergrößert oder die Länge des nichtlinearen Mediums verkürzt werden. In beiden Fällen sinkt die Gesamtzahl der detektierbaren Signal-Photonen pro Winkel, was die Messzeit noch mehr verlängert. Mit quanteninspirierten Messtechniken, die auf Frequenzumwandlung mit gepulsten Quellen basieren, könnten diese Einschränkungen jedoch in Zukunft überwunden werden, da wesentlich höhere Umwandlungsraten erzielt werden können.

Angesichts der hohen Dynamik des immer noch im Wachstum befindlichen Gebiets der Quantenmesstechnik werden die Grenzen in Zukunft weiter verschoben werden, z. B. durch die Entwicklung noch schmalerer Filter, und selbst der Übergang in den Gigahertz-Frequenzbereich ist in Reichweite. Außerdem ist die Bildgebung mit nicht-detektierten Photonen im Terahertz-Frequenzbereich nicht durch physikalische Gesetze verboten und wird daher höchstwahrscheinlich in den nächsten Jahren demonstriert werden. Andererseits stehen die quantenoptischen Konzepte und ihr Potenzial im Wettbewerb mit etablierten Techniken, die sich ebenfalls weiterentwickeln werden. Je nach den Anforderungen der betrachteten Anwendung kann das Ergebnis dieses Wettbewerbs zugunsten einer klassischen, einer quantenoptischen oder auch einer gemischten Technik ausfallen.

6 Literaturverzeichnis

[1] M. Theuer et al.: Terahertz time-domain spectroscopy of gases, liquids, and solids. ChemPhysChem, 12 (2011), Nr. 15, S. 2695–2705

[2] S. Weber et al.: Influence of system performance on layer thickness determination using terahertz time-domain spectroscopy. J. Infrared Millim. Terahertz Waves, 41, Nr. 4, S. 438–449 (2020)

[3] B. B. Hu and M. C. Nuss: Imaging with terahertz waves. Opt. Lett., 20, Nr. 16, S. 1716–1718 (1995)

[4] T. Pfeiffer et al.: Terahertz thickness determination with interferometric vibration correction for industrial applications. Opt. Express, 26, Nr. 10, S. 12 558–12 568 (2018)

[5] F. Ellrich et al.: Compact fiber-coupled terahertz spectroscopy system pumped at 800 nm wavelength. Rev. Sci. Instrum., 5, Nr. 82, S. 053 102 (2011)

[6] M. Kolano et al.: Single-laser, polarization-controlled optical sampling system. Opt. Express, 26 (2018), Nr. 23, S. 30 338–30 346

[7] D. Molter et al.: Terahertz cross-correlation spectroscopy driven by incoherent light from a superluminescent diode. Opt. Express, 27, Nr. 9, S. 12 659–12 665 (2019)

[8] Q. Wu: Two-dimensional electro-optic imaging of THz beams. Appl. Phys. Lett., 69, Nr. 8, S. 1026–1028 (1996)

[9] A. Vanselow et al.: Ultra-broadband SPDC for spectrally far separated photon pairs. Opt. Lett., 44, Nr. 19, S. 4638–4641 (2019)

[10] G. Kitaeva et al.: A method of calibration of terahertz wave brightness under nonlinear-optical detection. J. Infrared Millim. Terahertz Waves, 32, Nr. 10, S. 1144–1156 (2011)

[11] K. A. Kuznetsov et al.: Nonlinear interference in the strongly nondegenerate regime and Schmidt mode analysis. Phys. Rev. A, 101, Nr. 5, S. 053 843 (2020)

[12] M. Kutas et al.: Terahertz quantum sensing. Sci. Adv., 6, Nr. 11, S. eaaz8065 (2020)

[13] M. Kutas et al.: Quantum-inspired terahertz spectroscopy with visible photons. Optica, 8, Nr. 4, S. 438–441 (2021)

[14] X. Wu et al.: Temperature dependent refractive index and absorption coefficient of congruent lithium niobate crystals in the terahertz range. Opt. Express, 23, Nr. 23, S. 29 729–29 737 (2015)

[15] B. Haase et al.: Spontaneous parametric down-conversion of photons at 660 nm to the terahertz and sub-terahertz frequency range. Opt. Express, 27, Nr. 5, S. 7458–7468 (2019)

[16] G. Kitaeva et al.: Absolute brightness measurements in the terahertz frequency range using vacuum and thermal fluctuations as references. Appl. Phys. B, 116, Nr. 4, S. 929–937 (2014)

[17] V. V. Kornienko et al.: Towards terahertz detection and calibration through spontaneous parametric down-conversion in the terahertz idler frequency range

generated by a 795 nm diode laser system. APL Photonics, 3, Nr. 5, S. 051704 (2018)
[18] T. I. Novikova et al.: Study of spdc spectra to reveal temperature dependences for optical-terahertz biphotons. Appl. Phys. Lett., 116, Nr. 26, S. 264003 (2020)
[19] P. Kaufmann et al.: Mid-IR spectroscopy with NIR grating spectrometers. Opt. Express, 30, Nr. 4, S. 5926–5936 (2022)
[20] A. Heuer et al.: Complementarity in biphoton generation with stimulated or induced coherence. Phys. Rev. A, 92, Nr. 3, S. 033834 (2015)
[21] N. R. Miller et al.: Versatile super-sensitive metrology using induced coherence. Quantum, Nr. 5, S. 458 (2021)
[22] Y. J. Ding et al.: Observation of THz to near-infrared parametric conversion in ZnGeP2 crystal. Opt. Express, 14, Nr. 18, S. 8311–8316 (2006)
[23] Y. Takida et al. Nonlinear optical detection of terahertz-wave radiation from resonant tunneling diodes. Opt. Express 25, Nr. 5, S. 5389–5396 (2017)
[24] T. Pfeiffer et al.: Terahertz detection by upconversion to the near-infrared using picosecond pulses. Opt. Express, 28, Nr. 20, S. 29419–29429 (2020)
[25] T. Pfeiffer et al.: Phase-sensitive terahertz upconversion detection. Opt. Express, 30, Nr. 15, S. 27572–27582 (2022)
[26] I. Kviatkovsky et al.: Mid-infrared microscopy via position correlations of undetected photons. Opt. Express, 30, Nr. 4, S. 5916–5925 (2022)

3 Quanten-kommunikation

Quantenkommunikation: sichere Kommunikation durch Quantenschlüsselaustausch

3

Einleitung

Ronald Freund

Quantenkommunikation ist ein Gebiet der angewandten Quantenphysik, das eng mit den Gebieten der Quanteninformationsverarbeitung und Quantenteleportation verwandt ist. Ein Anwendungsgebiet ist der Einsatz von Quantenkryptografie zum Schutz von Informationskanälen gegen Lauschangriffe.

In der modernen, vernetzten Welt wird die sichere Kommunikation immer wichtiger. Heute wird die sichere Kommunikation meist durch kryptografische Algorithmen gewährleistet, die sich auf bestimmte Problemstellungen stützen, die mit bekannten Algorithmen auf klassischen Computern nur sehr schwer zu lösen sind. Neue Algorithmen, schnellere Computer oder Quantencomputer stellen jedoch eine unmittelbare Bedrohung für diese kryptografischen Algorithmen dar.

Hier bietet die Quantenkommunikation einen vielversprechenden Ansatz: Ihr Informationsmedium basiert auf Quantenzuständen, die aufgrund bekannter physikalischer Gesetzmäßigkeiten weder kopiert noch abgehört werden können, ohne dass dies bemerkt wird. Die am weitesten entwickelte Anwendung ist der Quantenschlüsselaustausch (Quantum Key Distribution, QKD), die das Problem des sicheren Schlüsselaustauschs, basierend auf den Gesetzen der Quantenphysik, löst.

Das erste QKD-Protokoll, BB84, wurde 1984 von Bennet und Brassard vorgeschlagen. Es verwendet verschiedene Polarisationszustände als sogenannte Basen zur Erstellung der Schlüssel. Generell ist es möglich, andere Basen (z. B. Zeit und Frequenz) zu verwenden, um integrierte QKD-Sender und -Empfänger auf der Basis von standardisierten Telekommunikationskomponenten bei Raumtemperatur nutzen zu können. Das BB84-Protokoll ist ein Protokoll mit diskreten Variablen (sog. DV-Protokoll). Licht wird hier als ein Strom von Partikeln betrachtet, die mit Einzelphotonen-Detektoren gemessen werden. In Protokollen mit kontinuierlichen Variablen (sog. CV-Protokollen) wird das Licht als Welle betrachtet und kohärent detektiert.

Wer Quantenkommunikation vom Labor auf Anwendungen in der realen Welt übertragen möchte, sieht sich mit diversen Herausforderungen konfrontiert. Eine entscheidende Rolle spielt die Entwicklung von photonischen integrierten Schaltkreisen, die eine kosteneffiziente Integration dieser Technik in die heutigen Glasfaser-, Mobilfunk- und Satellitenkommunikationsnetze ermöglichen.

Dieses Kapitel bietet einen Überblick über die Technologien und Ansätze, an denen Fraunhofer-Institute arbeiten, um Quantenkommunikation in der Praxis umzusetzen:

- Quantenkommunikationssysteme und -protokolle (HHI),
- satellitengestützte Kommunikation auf Basis von Quantenverschränkung (IOF),
- photonische integrierte Schaltkreise (HHI),
- modulare Nanoelektronik (IIS),
- Quantenfrequenzkonverter (ILT).

Quantenschlüsselaustausch ist inzwischen eine der anwendungsnahen Quantentechnologien und wird die Sicherheit unserer täglichen Kommunikation zukünftig garantieren.

Quantenkommunikationssysteme und -protokolle

Nino Walenta, Jan Krause, Jonas Hilt, Stefan Weide, Nicolas Perlot, Ronald Freund

Abstract: Dieses Kapitel betrachtet Quantenkommunikationssysteme, die abhörsichere Bits zwischen zwei Knoten eines optischen Netzes verteilen. Der Fokus liegt auf Quantenschlüsselaustausch-Systemen (Quantum Key Distribution, QKD), die für standardmäßige Singlemode-Fasern im Wellenlängenbereich um 1550 nm entwickelt wurden. Das Prepare-and-Measure-Protokoll BB84 mit Time-Bin-Kodierung der Qubits hat sich als sehr leistungsfähig erwiesen (d.h., es liefert eine hohe Schlüsselrate) bei gleichzeitig geringer Komplexität. Wir berichten des Weiteren über die interessante Möglichkeit des spektralen Multiplexens von Quantensignalen mit anderen Quantensignalen oder mit klassischen Signalen. Gekoppelt mit optischen Antennen, hat sich ein QKD-Demonstrator des Fraunhofer HHI im Vergleich zur optischen Freistrahl-Übertragung als äußerst robust und stabil erwiesen. Letztlich wird ein Ausblick auf die Notwendigkeit der Standardisierung und der Integration photonischer Chips gegeben.

Keywords: QKD, optische Kommunikationsnetze, DWDM, Detektoren

1 Motivation

Der Quantenschlüsselaustausch ermöglicht die Verteilung von gemeinsamen kryptographischen Schlüsseln zwischen weit entfernten Parteien, die selbst gegenüber Quantencomputerangriffen äußerst sicher sind. Im Gegensatz zu algorithmischen Schlüsselverteilungsmethoden erlaubt das Prinzip des Quantenschlüsselaustauschs den informationstheoretischen Nachweis der Sicherheit auch gegenüber beliebig starken Lauschern. Ein wesentlicher Faktor für die großflächige Nutzung von QKD ist eine nahtlose Integration in bestehende Netzwerkinfrastrukturen. Bedingt durch die Gesetze der Quantenphysik, gibt es bei allen QKD-Ansätzen einige grundsätzliche Anforderungen an die Zielinfrastruktur. So dürfen insbesondere keine Verstärker oder Repeater im Quantenkanal eingesetzt werden; diese müssen also umgangen werden. Außerdem hat die maximal tolerierbare Dämpfung zwischen zwei benachbarten QKD-Knoten einen direkten Einfluss auf die generierte Geheimschlüsselrate und limitiert die maximale Übertragungsdistanz.

Generell ist ein wichtiger Aspekt bei der Konzeption und dem Entwurf eines Quantenschlüsselaustausch-Systems für ein spezielles Anwendungsszenario die Optimierung der Kosten pro Geheimschlüssel und pro Anwender. Dabei helfen vor allem die folgenden beiden Ansätze. Der erste Ansatz ist die Minimierung der Kosten für die Komponenten und die Systemimplementierung selbst sowie für Einführung, Betrieb und Wartung. Der zweite Ansatz zielt darauf, die Geheimschlüsselrate zu maximieren, die ein QKD-System bereitstellen oder die über eine einzelne Glasfaserleitung für die jeweilige Anwendungsumgebung übertragen werden kann.

Der Fokus auf den jeweiligen Ansatz hängt dabei vom einzelnen Anwendungsfall ab. Verbindungen auf der sogenannten letzten Meile und Endnutzeranbindungen würden dabei nur eine geringe Geheimschlüsselrate benötigen, da nur eine geringe Anzahl an Nutzern über solche Anbindungen bedient würden. Dabei müssen die Kosten für die jeweiligen QKD-Systeme jedoch so niedrig wie möglich gehalten werden, um eine große Anzahl an Verbindungen und Geräten zu ermöglichen. Auf der anderen Seite müssen Langstrecken- oder Städteverbindungen sehr hohe Geheimschlüsselraten bereitstellen, dürfen dafür aber kostspieliger sein, da sie eine große Anzahl an Nutzern verbinden.

Seit der ersten Konzeption des Quantenschlüsselaustauschs im Jahr 1984 sind eine Vielzahl von QKD-Protokollen und Implementierungsvarianten entstanden [1], [2]. Der am weitesten verbreitete Ansatz gehört zur Kategorie der Prepare-and-Measure-QKD-Protokolle mit diskreten Variablen, auf die im Folgenden eingegangen wird. Ein alternativer Ansatz ist das QKD-Protokoll mit kontinuierlichen Variablen (continuous-variable QKD, CV-QKD) [3], [4]. Statt diskrete Qubits zu verwenden, verschlüsseln CV-QKD-Verfahren Quanteninformationen in kontinuierlichen Variablen, wobei Messungen auf homodyner Detektion basieren statt auf Einzelphotonenzählungstechniken. Der homodyne Detektor kann als Spektralmodusfilter agieren, der das typischerweise bei DWDM-Konfigurationen (Dense-Wavelength Division Multiplexing) auftretende Rauschen unterdrückt.

Eine weitere wichtige Kategorie an QKD-Protokollen nutzt nichtklassische Korrelationen verschränkter Quantenzustände [5–8]. Diese ermöglichen es, die Sicherheitsanforderungen an Quantenzustandspräparationsgeräte (sogenannte geräteunabhängige QKD – device-independent QKD oder DI-QKD) oder an Messgeräte (sogenannte messgeräteunabhängige QKD – measurement device-independent QKD oder MDI-QKD) zu reduzieren.

2 Quantenkommunikationssysteme für optische Netze

In einem typischen QKD-System werden Quantenzustände über eine dedizierte private Glasfaserverbindung (Dark Fiber) übertragen, die ausschließlich Quantensignale transportiert. Daher werden zusätzliche Glasfasern zur Übertragung der Informationen für das QKD-Postprocessing oder eine zusätzliche Datenkommunikation benötigt. Falls statt einem dedizierten Link für jeden Quantenkanal ein einzelner Link in der Lage wäre, gleichzeitig mehrere Quantenkanäle oder eine Kombination von Quanten- und klassischen Kanälen zu transportieren, ergäben sich daraus zahlreiche Kostenvorteile.

2.1 Massiv gebündelte Quantenkanäle

Moderne Glasfasernetze ermöglichen die simultane Übertragung einer großen Anzahl an Kommunikationskanälen über eine gemeinsame Glasfaserleitung durch das Wellenlängenmultiplexverfahren (Wavelength Division Multiplexing, WDM). Jeder Kommunikationskanal hat dabei eine dedizierte Wellenlänge. Für den Quantenschlüsselaustausch eröffnet sich dadurch die Möglichkeit, die Quantenkommunikationsrate eines Netzes massiv zu erhöhen. Hierbei werden mehrere Quantenkanäle (jeweils mit unterschiedlicher Wellenlänge) in der gleichen Glasfaserleitung gebündelt, siehe Abbildung 1.

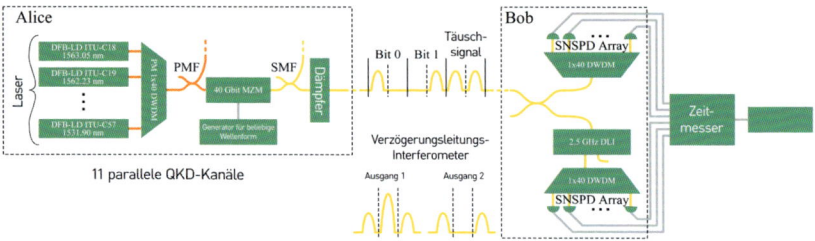

Abbildung 1: Schematische Darstellung eines Quantenschlüsselaustauschs über eine einzelne Glasfaserleitung mit massiv parallelisierten Quantenkanälen.

Wenn alle Quantenkommunikationskanäle in einem solchen Szenario die gleiche Qubit-Verschlüsselung verwenden, ergeben sich weitere Möglichkeiten, gemeinsam verwendete Komponenten zwischen allen Kanälen zu teilen und dabei Komplexität und Kosten zu reduzieren.

QKD-Systeme, die auf Time-Phase-Qubits basieren, umfassen zum Beispiel typischerweise ein Interferometer mit Verzögerungsleitung (Delay Line Interferometer, DLI) zur Messung der Qubits im Phasenzustand. Simples Multiplexen mehrfacher Quantenkanäle über WDM würde daher zu einer enormen Anzahl solcher DLIs führen. Ein Ansatz zur Reduzierung der Anzahl an Interferometern ist die Anwendung der sogenannten farblosen Interferometrie-Methode [9], bei der für alle Quantenkanäle nur je ein DLI auf der Sende- und Empfangsseite benötigt wird. Ein Nachteil dieser Methode sind die wellenlängenabhängigen Interferenzeffekte durch eine Phasenfehlanpassung zwischen Sender- und Empfänger-DLI durch kleine Differenzen in der Geometrie und dem Brechungsindex. Bei diesem Ansatz muss eine individuelle, präzise Feinabstimmung der Phasenfehlanpassung jedes Quantenkanals erfolgen. Dafür ist eine zusätzliche Hochfrequenz-Phasenmodulation auf der Senderseite erforderlich.

An dieser Stelle demonstrieren wir, dass ein einziges DLI auf der Empfängerseite für mehrere Quantenkommunikationskanäle ausreicht. Wir zeigen außerdem, dass anstelle von Hochfrequenzmodulatoren zur Phasenstabilisierung die Feinabstimmungsauflösung, Stabilität und Reichweite handelsüblicher Laser mit verteilter Rückkopplung (Distributed Feedback Laser, DFB – üblicherweise für das Wellenlängenmultiplexverfahren in der klassischen Kommunikation eingesetzt) es ermöglichen, hohe Interferenzkontraste aufrechtzuerhalten, um Quantenkommunikation zu realisieren.

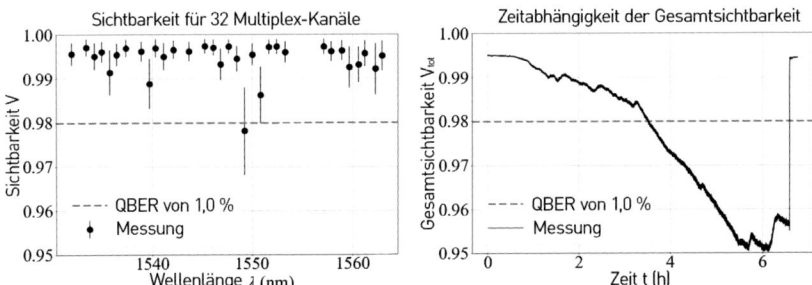

Abbildung 2 links: Sichtbarkeit für alle Quantenkanäle, gemessen mit einem gemeinsamen DLI. Für alle Kanäle ist die individuelle Sichtbarkeit besser als 0,98 und entspricht damit einer Quantenbitfehlerrate (QBER) von weniger als 1,0 %. Rechts: Zeitabhängigkeit totaler Sichtbarkeit mit und ohne aktive Regulierung. Durch einfaches Abstimmen der DLI-Phase wird der Ursprungswert wieder erreicht, wie an der 7-Stunden-Marke zu erkennen ist.

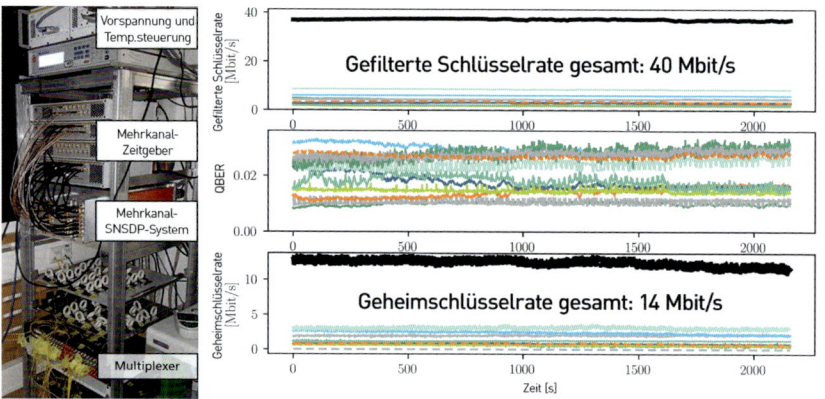

Abbildung 3 links: Foto des Multikanal-Detektionssystems. Rechts: Fortlaufend gemessene QKD-Übertragungsergebnisse. Für jeden Quantenkanal werden die Quantenbitfehlerrate QBER, die Sichtbarkeit und die Geheimschlüsselrate gezeigt. Insgesamt könnte eine Geheimschlüsselrate von 14 MBit/s erreicht werden.[1]

2.2 Gleichzeitige Übertragung von Quanten- und klassischen Kanälen

Um die Einführungs- und Betriebskosten für den Quantenschlüsselaustausch (QKD) zu minimieren, besteht große Nachfrage nach einer nahtlosen Integration in schon vorhandene Glasfaserleitungen, die gleichzeitig konventionelle Datensignale übertragen. In den gängigen Glasfasernetzen werden konventionelle optische Kommunikationssignale im optischen C-Band zwischen 1530 nm und 1565 nm auf einem dichten Wellenlängenmultiplex-Raster (Dense WDM) übertragen, wobei die einzelnen Kanäle jeweils durch 100 Ghz (oder 0,8 nm) getrennt sind. Durch nichtlineare Prozesse wie Raman-Streuung sowie Vierwellenmischen (Four-Wave Mixing, FWM) und andere Effekte können diese konventionellen Kanäle gleichzeitig bestehende Quantenkommunikations-

---

[1] Abbildung mit freundlicher Genehmigung der Universität Münster.

kanäle beeinträchtigen, indem sie Rauschphotonen erzeugen, die in den Wellenlängenbereich des Quantenkanals fallen. Dadurch werden die maximal mögliche Übertragungsdistanz der Glasfaserleitung und die Gesamtleistung der Quantenkommunikation in einer solchen WDM-Konfiguration erheblich eingeschränkt.

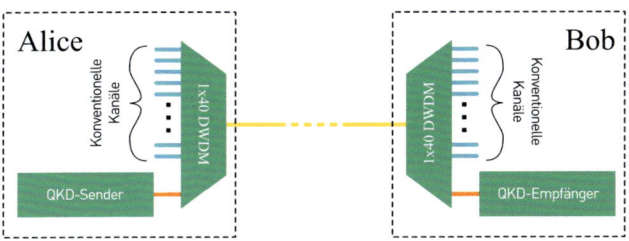

Abbildung 4: Schematische Darstellung des Multiplexens eines Quantenkommunikationskanals zusammen mit mehreren klassischen Kommunikationskanälen über eine einzige Glasfaserleitung.

Tatsächlich haben frühere Experimente demonstriert, dass es durch den Einsatz von WDM möglich ist, einen oder mehrere Quantenkanäle zusammen mit konventionellen Datenkommunikationskanälen über dieselbe Glasfaserleitung zu übertragen [9–14]. In [11] wurde beispielhaft ein Quantenschlüsselaustausch über eine Glasfaserleitung bis zu 50 km demonstriert, indem ein Quantenkanal im C-Band sehr nah an den konventionellen Signalen betrieben wurde. Dabei wurde die Raman-Streuung als ein wesentlicher limitierender Faktor für längere Leitungsdistanzen oder eine höhere Anzahl gleichzeitiger konventioneller Kanäle identifiziert. Um diese Einschränkungen, speziell auch durch die Raman-Streuung, zu überwinden, ergaben numerische Schätzungen, dass längere Distanzen und eine höhere Anzahl an konventionellen Kanälen realisiert werden konnten, wenn der Quantenkanal anstelle des C-Bands im O-Band zwischen 1260 nm und 1360 nm betrieben wird. Vor Kurzem durchgeführte Experimente mit unserer QKD-Versuchsplattform haben dies in der Tat bestätigt. Dabei wurde ein gleichzeitiger Betrieb eines QKD-Kanals im O-Band und zehn konventioneller Kanäle mit insgesamt 8 mW Sendeleistung im C-Band über eine Leitungslänge von 70 km erreicht.

2.3 Eine Echtzeit-QKD-Versuchsplattform für quantensichere Telekom-Infrastrukturen

Um die Untersuchung von Optimierungsansätzen für unterschiedliche Anwendungsszenarien zu vereinfachen, wurde im Rahmen der QuNET-Initiative [17] eine modulare, experimentelle Echtzeit-QKD-Plattform entworfen und entwickelt. Sie ist mit Schnittstellen für den Betrieb in einer ganzheitlichen Netzwerkarchitektur ausgestattet, die auf Interoperabilität verschiedener Systeme und Protokolle zum Quantenschlüsselaustausch (mit diskreten oder kontinuierlichen Variablen, auf Basis von Quantenverschränkung) und Transportmedien (Glasfaser, Freistrahl, hybrid) ausgerichtet ist. Zur flexiblen Anpassung neuer oder alternativer QKD-Protokolle ist die Zustandsvorbereitung um ein Hochgeschwindigkeits-FPGA (Field Programmable Gate Array) herum aufgebaut, das verschiedene elektrooptische Modulationsformate mit 625 Mbit/s unterstützen kann. Das FPGA führt auch die Zufallszahlenerweiterung auf Basis von Seeds durch, die von einem Quantenzufallszahlengenerator bereitgestellt werden.

Für erste Versuche wird das 1-Decoy-Time-Bin-Phasen-Protokoll BB84 angewendet [18]. Es sorgt für hohe Geheimschlüsselraten und senkt gleichzeitig die Komplexität des Systems. Das Modulator-Extinktionsverhältnis, die interferometrische Sichtbarkeit und die mittlere Photonenzahl der Qubits werden fortlaufend über Software-Feedbackloops überwacht und optimiert. Alle anderen Systemkomponenten sind außerdem mit Live-Überwachungs- und Steuerungsschnittstellen ausgestattet. Ein innovatives Synchronisationsverfahren ermöglicht die Erkennung von Taktverschiebungen in weniger als einer Sekunde und unterstützt dadurch den kontinuierlichen Systembetrieb auch bei einer Unterbrechung oder geändertem Routing des Synchronisationskanals, zum Beispiel in rekonfigurierbaren Netzwerken.

Das ganze System ist in 19-Zoll-Racks realisiert (Abbildung 2). Durch das modulare Konzept können verschiedene Detektionssysteme eingesetzt und validiert werden inklusive Einzelphotonen-Lawinendioden auf Halbleiterbasis oder supraleitende Nanodraht-Detektoren.

Beim Einsatz von supraleitenden Nanodraht-Einzelphotonendetektoren und einer Quantenkanaldämpfung von 27,7 dB (d. h. einer Verbindungsdistanz von 138 km) erzielte das System eine ausgezeichnete Verbindungsstabilität mit einer Quantenbitfehlerrate (QBER) von 2,46 % und einer sicheren Schlüsselrate (Secure Key Rate, SKR) von 168 kbit/s (ein Geheimschlüsselblock von ca. 427 kbit alle 2,5 Sekunden), wie in Abbildung 2a) dargestellt. Die Verschlüsseler aktualisierten ihre 256-Bit-Schlüssel einmal in der Minute, was nur 0,0025 % der insgesamt generierten Schlüssel entspricht. Wie bei der ganzheitlichen QuNET-Architektur vorgesehen, konnte auch demonstriert werden, dass das System in Kombination mit einem CF-QKD-Quantenkanal mit Wellenlängenmultiplexing über die gesamte Glasfaserleitung funktioniert.

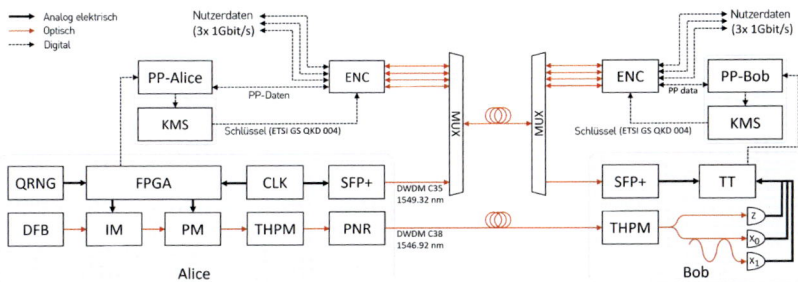

Abbildung 5: Design der modularen QKD-Plattform. Die vielseitige Architektur erlaubt den flexiblen Einsatz verschiedener Protokolle und die Austauschbarkeit der kommerziellen Verschlüsseler über das Protokoll ETSI GS QKD 004. Alle klassischen Kanäle können mithilfe von DWDM-Multiplexern (Dense Wavelength Division Multiplexing) über eine Glasfaserleitung übertragen werden. QRNG: Quantum Random Number Generator Chip (Quantenzufallszahlengenerator-Chip), FPGA: Field-Programmable Gate Array, CLK: clock (Takt), DFB: Distributed Feedback Laser (Laser mit verteilter Rückkopplung), IM: Intensitätsmodulator, PM: Phasenmodulator, THPM: Trojan Horse Protection Module (Modul zum Schutz gegen trojanische Pferde), SFP+: erweiterter Small Form-factor Pluggable Transceiver, PNR: Active Photon Number Regulation, TT: Time Tagger, PP: Post-Processing, KMS: Key Management Service, ENC: Layer-2 AES-Verschlüsselung.

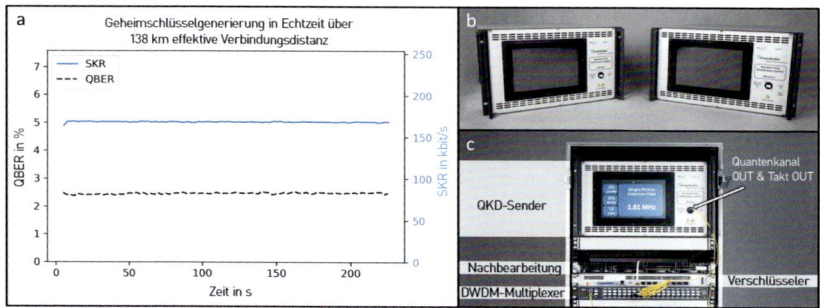

Abbildung 6: a) Ergebnisse der Echtzeitmessung von QBER und Geheimschlüsselrate (SKR) mit Durchschnittswerten von 2,46 % und 168 kbit/s. b) 19-Zoll-Racks für Sender und Empfänger. c) 19-Zoll-Senderaufbau inklusive QKD-Sender, Postprocessing-Server, kommerziellem Verschlüsseler und DWDM-Multiplexer.

Die Eignung des Echtzeitsystems von Fraunhofer HHI für den atmosphärischen Kanal wurde auch über Freiraum-Teststrecken in Berlin demonstriert. Fraunhofer HHI hat optische Antennen entwickelt, die mit Telekom-Singlemode-Fasern gekoppelt werden und dadurch Quantensignale auf Telekomwellenlängen übertragen können. Die Antennen senden immer bidirektionale klassische Lasersignale zur optischen Verfolgung ihrer jeweiligen Ausrichtungsrichtung. Diese klassischen Strahlen müssen mit dem/den Quantenstrahl(en) auf verschiedenen Wellenlängen im Multiplex-Verfahren gebündelt und vollständig spektral isoliert werden.

Ein problematischer Aspekt des Freistrahlkanals ist der Leistungsschwund, der durch optische atmosphärische Turbulenzen verursacht wird. Eine innovative, robuste Umsetzung der Signalsynchronisierung zwischen Alice und Bob sorgt für eine geringere Instabilität des Freistrahlkanals. Abbildung 7 zeigt den erfolgreichen Test des BB84-Time-Bin-QKD-Systems über eine optische Freiraum-»Brücke« in Berlin.

Quantenkommunikationssysteme und -protokolle 249

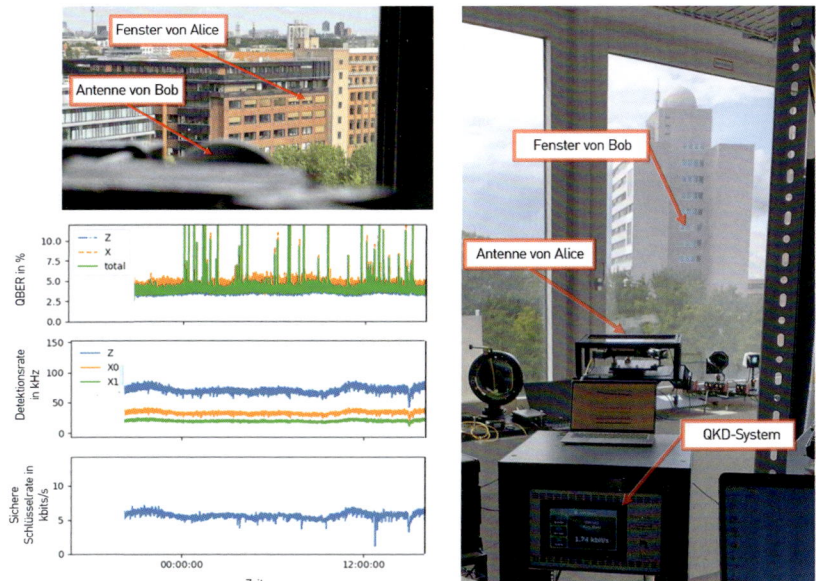

Abbildung 7: Quantenschlüsselaustausch in Echtzeit im freien Raum zwischen zwei Gebäuden des Fraunhofer HHI. Dank einer schnellen automatischen Neusynchronisierung des Qubit-Stroms nach tiefem Schwund der Szintillationsleistung konnte ein mehrtägiger Dauerbetrieb (d. h. auch tagsüber) erreicht werden. Während an den gemessenen QBER-Anstiegen Signalabfälle zu erkennen sind, werden die registrierten Schlüsselraten stabil gehalten.

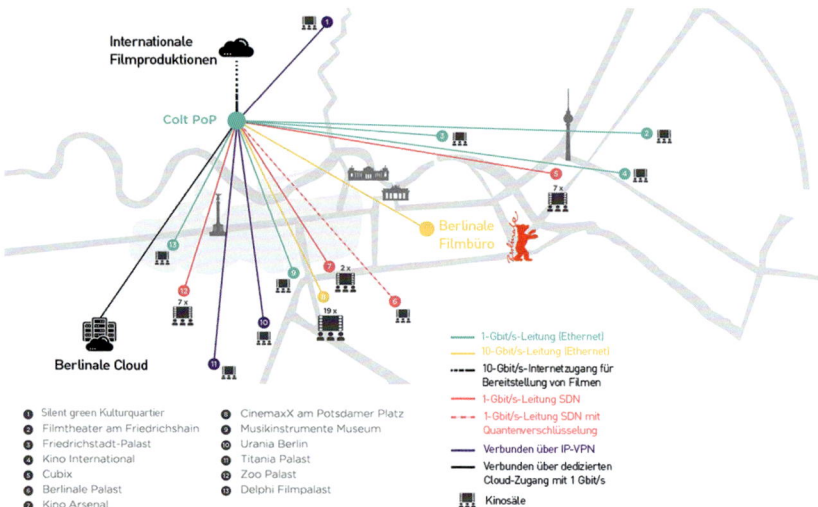

Abbildung 8: Glasfasernetz der 72. Internationalen Filmfestspiele Berlinale in Berlin mit dem ersten QKD-gesicherten Filmverleih-Link (dargestellt als gestrichelte rote Linie). (Abbildung mit freundlicher Genehmigung von © Colt Technology Services)

Um die nahtlose Integration des Quantenschlüsselaustauschs in bestehende betriebliche Telekom-Fasernetz-Infrastrukturen und seine Anwendung für hochsichere Datenübertragung zu demonstrieren, kooperierte Fraunhofer HHI mit seinen Partnern Colt, ADVA und ID Quantique während der Berlinale, den 72. Internationalen Filmfestspielen in Berlin, im Frühjahr 2022.

Wie schon in den Vorjahren wurden die hochwertigen digitalen Premierenfilmdaten des Festivals von einem zentralen Verteilerknoten aus über das Glasfasernetz von Colt zu den Filmtheatern in der Stadt Berlin verteilt und dabei von ADVA-Netzwerkgeräten verschlüsselt. Ein paralleler, kommerzieller QKD-Point-to-Point-Link expandierte diese bestehende Architektur nahtlos und transparent und stellte den Netzwerk-Verschlüsselern hochsichere Schlüssel über eine standardisierte Schlüsselschnittstelle zur Verfügung, um die Filmverteilung vom Verteilerzentrum zum Filmtheater »Berlinale Palace« des Festivals zu schützen – ein hervorragendes Beispiel für neuartige, innovative Anwendungen für den Quantenschlüsselaustausch. Über diesen Link wurden während des Festivals 37 Premiere-Filme mit über 6 TB Daten verteilt und dabei über

QKD geschützt. Und das dient nicht nur Filmverleihern und Produzenten: Diese Demonstration illustriert die Vorteile, die der Quantenschlüsselaustausch für eine große Bandbreite an sensitiven Daten und kritischen Infrastrukturen bieten kann.

3 Fazit und Ausblick

Mit seinen verschiedenen Prototypen und Demonstrationen hat Fraunhofer HHI gezeigt, wie die erwartete Leistung des Quantenschlüsselaustauschs (QKD) erreicht werden kann, unabhängig davon, ob es um Sicherheit, Schlüsselraten oder die Kompatibilität der Schlüsselübermittlung mit aktuellen Verschlüsselungsgeräten geht.

Um die Einführung der Technik in bestehende Telekommunikationsnetze zu erleichtern, sind einige weitere Schritte erforderlich. Größe und Kosten müssen reduziert werden. Ähnlich wie bei optischen Telekommunikations-Transceivern ist die Integration aller optischen Komponenten auf den photonischen Chips ein Schlüsselprozess bei der Kommerzialisierung der Quantenkommunikation. Die Standardisierung der Qubit-Übertragungsprotokolle ist eine Grundvoraussetzung für die Akzeptanz der Technologie durch nationale Behörden und damit einen breiten Einsatz der Systeme. Während schon eine Reihe detaillierter Whitepaper erstellt wurden, z. B. durch ETSI, sind weitere Anstrengungen und eine Annäherung in wissenschaftlichen Kreisen erforderlich, um Standards für komplette QKD-Systeme festzulegen.

4 Literaturverzeichnis

[1] C. H. Bennett and G. Brassard: Quantum Cryptography: Public Key Distribution and Coin Tossing. Proc. IEEE International Conference on Computers, Systems, and Signal Processing, pp. 175–179 (1984)

[2] E. Diamanti et al.: Practical challenges in quantum key distribution. npj Quantum Inf 2, 16025 (2016)

[3] F. Grosshans and P. Grangier: Continuous Variable Quantum Cryptography Using Coherent States. Phys. Rev. Lett. 88, 057902 (2002)
[4] C. Weedbrook, et al.: Gaussian quantum information. Rev. Mod. Phys. 84, 621 (2012)
[5] A. K. Ekert: Quantum cryptography based on Bell's theorem: Phys. Rev. Lett. 67, 661 (1991)
[6] A. Acín et al.: Device-Independent Security of Quantum Cryptography against Collective Attacks. Phys. Rev. Lett. 98, 230501 (2007)
[7] H. K. Lo et al.: Measurement-Device-Independent Quantum Key Distribution. Phys. Rev. Lett. 108, 130503 (2012)
[8] C. W. Lim et al.: Device-Independent Quantum Key Distribution with Local Bell Test. Phys. Rev. X 3, 031006 (2013)
[9] A. Tanaka et al.: Colourless interferometric technique for large capacity quantum key distribution systems by use of wavelength division multiplexing. 35th European Conference on Optical Communication, Vienna, pp. 1–2 (2009)
[10] P. D. Townsend: Simultaneous quantum cryptographic key distribution and conventional data transmission over installed fibre using wavelength-division multiplexing. Electron. Lett. 33, 188–190 (1997)
[11] P. Eraerds et al.: Quantum key distribution and 1 Gbps data encryption over a single fibre. New J. Phys. 12, 063027 (2010)
[12] S. Aleksic et al.: Perspectives and limitations of QKD integration in metropolitan area networks. Opt. Exp. 23 (8), 10359 (2015)
[13] Y. Mao et al.: Integrating quantum key distribution with classical communications in backbone fiber network. Opt. Exp. 26 (5), 6010–6020 (2018)
[14] F. Grünenfelder et al.: The limits of multiplexing quantum and classical channels: Case study of a 2.5 GHz discrete variable quantum key distribution system. Appl. Phys. Lett. 119, 124001 (2021)
[15] ITU-T REC Y.3802 (12/20) Quantum key distribution networks – Functional architecture
[16] F. Moll et al.: Link technology for all-optical satellite-based quantum key distribution system in C-/L-band. 2022 IEEE ICSOS, 275–280 (2022)
[17] www.qunet-initiative.de
[18] D. Rusca et al.: Finite-key analysis for the 1-decoy state QKD protocol. Appl. Phys. Lett. 112, 171104 (2018)

Satellitengestützte Kommunikation auf Basis von Quantenverschränkung am Fraunhofer IOF

Erik Beckert, Fabian Steinlechner

Abstract: Die Quantenverschränkung ist eine wesentliche Ressource in der Quanteninformationsverarbeitung, und ihre Übertragung zwischen weit entfernten Parteien ist eine zentrale Herausforderung in der Quantenkommunikation. In diesem Kapitel betrachten wir Designüberlegungen und fortlaufende Entwicklungen der Technologie zu verschränkten Photonenquellen und zur Integration von raumfahrttauglicher Quanten-Hardware in satellitengestützte Quantenkommunikationssysteme.

Keywords: QKD, Quantenschlüsselaustausch, Satellit, Quantenkommunikation, Quantenoptik, optische Kommunikation, Systemintegration, Quanten-Hardware, Quantennetzwerke

1 Kommunikation im Weltall auf Basis von Quantenverschränkung

Die Übertragung verschränkter Photonen an weit entfernte Kommunikationspartner ermöglicht eine sichere Kommunikation über einen physikalisch untermauerten sicheren Quantenschlüsselaustausch (Quantum Key Distribution, QKD). Optische Satellitenverbindungen können die beschränkte Reichweite der repeaterfreien Faserübertragung in bodengestützten QKD-Netzen überwinden und damit den Weg zu globaler Quantenkommunikation ebnen. Diverse Experimente mit Satelliten in niedriger Erdumlaufbahn (Low Earth Orbit, LEO) haben die Machbarkeit dieses Ansatzes belegt. Dabei konnten der Quantenschlüsselaustausch im Decoy-State mit Trusted-Nodes [1], die Verschränkungsverteilung über simultane Downlinks sowie verschränkungsbasierter Quantenschlüsselaustausch [2] demonstriert werden. Inspiriert von diesen Erfolgen, arbeiten Wissenschaftlerinnen und Wissenschaftler nun an der Entwicklung des Quantenschlüsselaustauschs auf noch größeren Distanzen mit Verbindungen zu und von Satelliten in mittleren Erdumlaufbahnen (Middle Earth Orbit, MEO) oder geostationären Satelliten (GEO) [3]. Abbildung 1 zeigt das geplante Szenario für die Verteilung der Quantenverschränkung von einem Sender im Weltall zu zwei weit entfernten Empfängerstationen am Boden (Alice und Bob). Eine verschränkte Photonenquelle (Entangled Photon Source, EPS) sendet verschränkte Paare über Quanten-Links an zwei entfernte Bodenstationen, wo die Photonen entweder direkt detektiert oder über Glasfaserverbindungen noch an Endnutzer weitergeleitet werden. Alice und Bob führen Quantenmessungen durch und identifizieren anhand der zeitlichen Korrelationen der Photonen zwei Detektionsereignisse, die ein verschränktes Paar bilden. Sobald die gepaarten Detektionsereignisse identifiziert sind, können Alice und Bob verschränkte Korrelationen überprüfen, indem sie die Messergebnisse vergleichen und weitere Detektionen dazu verwenden, einen quantensicheren Schlüssel über verschränkungsbasierte Standard-QKD-Protokolle wie zum Beispiel E91 oder BBM92 zu generieren.

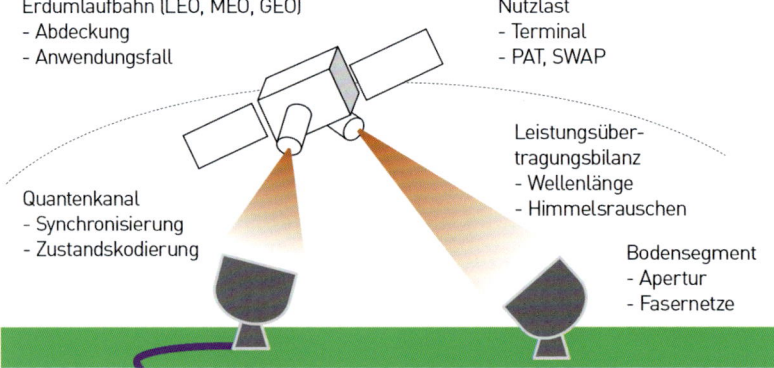

Abbildung 1: Darstellung eines Dual-Downlink-QKD-Szenarios sowie einiger der für die Berechnung der Verbindungsleistung zu beachtenden Faktoren.

Der im Dual-Downlink-QKD-Szenario beobachtete erhebliche Verlust ist eine der grundsätzlichen Herausforderungen, die es zu meistern gilt. Damit im Versuch am Boden eine ausreichende Paar-Detektionsrate erzielt werden kann, muss der Sender eine hohe Anzahl an Photonenpaaren in maximal verschränktem Quantenzustand aussenden. Zudem unterliegen die Quantenkorrelationen der gedämpften Photonenströme, die an den Empfängermodulen ankommen, Störungen durch Hintergrundrauschen und Detektorrauschen. Folglich ist für eine niedrige Quantenbitfehlerrate (Quantum Bit Error Rate, QBER) eine gute Isolierung gegenüber störendem Rauschen erforderlich. Um dies zu erreichen, können schmalbandige spektrale, räumliche und zeitliche Filtertechniken eingesetzt werden. Das sind die Rahmenbedingungen für Forschungs- und Entwicklungstätigkeiten am Fraunhofer IOF zur Entwicklung von hochleistungsfähigen, raumfahrttauglichen verschränkten Photonenquellen für satellitengestützten Quantenschlüsselaustausch.

2 Grundsätzliche Überlegungen zu QKD-Links

Der satellitengestützte QKD-Link durchquert die Atmosphäre von einer Umlaufbahn zu den Bodenstationen. Die Link-Leistung wird dabei von mehreren Faktoren beeinflusst. Zunächst muss die optimale Wellenlänge eines solchen Downlink-QKD diverse Faktoren berücksichtigen, zum Beispiel die Leistungsübertragungsbilanz (inkl. atmosphärische Transmission, Freiraumdämpfung durch Diffraktion, Himmelsrauschen), die Photonenquellentechnik (Leistung, Komplexität, kommerzielle Verfügbarkeit der Komponenten), die zugrunde liegenden Technologien zur Detektion des Quantenzustands (Zustandsanalysator, Einzelphotonen-Detektorensysteme), wie raumfahrterprobt die Photonenquelle und die dazugehörige Technologie sind, und potenzielle Synergien mit klassischen Kommunikationstechnologien (Laserterminals, optische Bodenstationen). Dabei lassen sich gewisse Kompromisse zwischen den einzelnen Faktoren nicht vermeiden, und die Wahl der optimalen Wellenlänge kann je nach dem betrachteten Szenario der Mission unterschiedlich ausfallen. Des Weiteren muss die Eignung zur Integration in zukünftige Quantennetzwerke mit Freistrahl- und Fasernetzen betrachtet werden (zum Beispiel durch Fortschritte in der Technik der adaptiven Optik).

Die Gesamtleistungsbilanz eines Quantenschlüsselaustauschs von Satelliten zur Erde ist ein Hauptfaktor für die Ermittlung der Gesamtleistung einer QKD-Mission mit Satelliten-Links. Verschiedene Parameter der Leistungsbilanz hängen von der Wellenlänge ab, zum Beispiel Freiraumdämpfung, atmosphärische Transmission und Faserkopplungsverluste (durch atmosphärische Verzerrungen). Die gewählte Wellenlänge wirkt sich somit auf die Schlüsselrate aus. Außerdem kann das wellenlängenabhängige atmosphärische Hintergrundlicht die Quantenbitfehlerrate (QBER) und damit auch die Schlüsselrate stark beeinflussen. Zu den allgemeinen Gestaltungsprinzipien für die Arbeitswellenlänge gehören folgende Punkte:

- Apertur der Sender- und Empfängerterminals,
- Implementierungsverlust durch Strahlqualität und Wellenfrontfehler,
- Verlust durch diffraktive Strahlverbreiterung, d. h. Freiraumdämpfung,
- Verlust durch Ausrichtungsfehler,
- atmosphärische Transmission und Himmelsrauschen.

Insgesamt ist die Frage der optimalen Wellenlänge für den jeweiligen Betrieb noch nicht abschließend geklärt. Typischerweise werden Wellenlängenbereiche von 800 nm und 1550 nm in Betracht gezogen. Im Bereich von 800 nm können kostengünstige Einzelphotonen-Lawinendioden (Single Photon Avalanche Diodes, SPAD) eingesetzt werden, während für die hocheffiziente Detektion bei 1550 nm aktuell supraleitende Detektionsverfahren eingesetzt werden, die unter kryogenen Bedingungen arbeiten. Umgekehrt kann für den Betrieb im Telekom-Wellenlängenbereich schon auf ein größeres Angebot an raumfahrttauglichen Komponenten zurückgegriffen werden. Während die Freiraumdämpfung aufgrund der geringeren Strahlenbeugungswerte für kürzere Wellenlängen spricht, begünstigt atmosphärische Transmission durch den geringeren Einfluss von Rayleigh-Streuung längere Wellenlängen. Abbildung 2 betrachtet die atmosphärische Transmission im fraglichen Wellenlängenbereich in Abhängigkeit von der Wellenlänge und der Höhe der Verbindung.

Satellitengestützte Kommunikation auf Basis von Quantenverschränkung 257

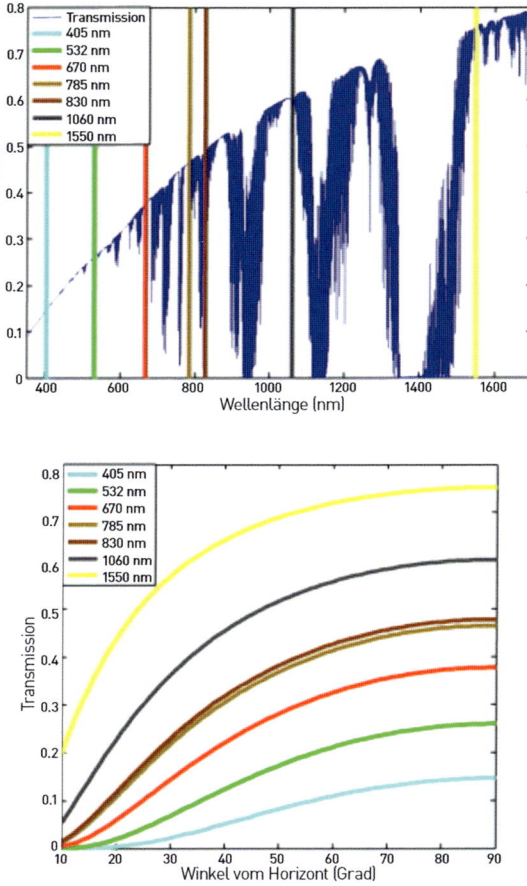

Abbildung 2: Simulierter Transmissionsgrad bei atmosphärischen Standardbedingungen und verschiedenen Wellenlängen, im Zenit (links) und als Funktion des Elevationswinkels (rechts). (Quelle: [4]; diese Abbildung ist lizenziert unter einer Creative-Commons-Lizenz 3.0[1])

Für die Wahl des Quantenkanals können hier mehrere günstige atmosphärische Fenster identifiziert werden. Die rechte Grafik zeigt die Abhängigkeit von der Verbindungshöhe. Wenn man Verbindungshöhe ver-

---
[1] https://creativecommons.org/licenses/by/3.0/

ändert, hat dies eine signifikante Auswirkung auf die atmosphärische Transmission. Wegen des charakteristischen Sonnenspektrums und Hintergrundzählungen ist atmosphärisches Hintergrundlicht ein weiteres Argument zugunsten von längeren operativen Wellenlängen. Der relevante Spektralbereich der Himmelsstrahlung ist in Abbildung 3 dargestellt. Das Sonnenspektrum weist in etwa die Eigenschaften der Schwarzkörperstrahlung auf. Die Strahlungsdichte nimmt also monoton hin zu längeren Wellenlängen ab (relativ zur Spitze des Sonnenspektrums). Die Abbildung zeigt unterschiedliche Situationen für die Himmelsstrahlung bei unterschiedlichen Zenitwinkeln des Beobachters.

3 Hochperformante Quellen für verschränkte Photonen

Abbildung 3 zeigt die geschätzte sichere Schlüsselrate im asymptotischen Limit als Funktion des entlang des Übertragungskanals akkumulierten 2-Photonen-Verlustes. Der Berechnung liegen folgende Annahmen zugrunde: Es besteht ein 2-Link-Szenario mit einem symmetrisch zwischen den beiden Empfängern so angeordneten Sender, dass beide Photonen ungefähr gleichen Dämpfungsfaktoren unterliegen, sowie eine Einzelphotonen-Detektionseffizienz von 60 %, Dunkelzählraten von 1 kHz und ein Koinzidenzzeitfenster von 100 ps. Diese Berechnungen zeigen, dass ein offensichtlicher Bedarf für eine verschränkte Photonenquelle (EPS) mit einer Emissionsrate im Gpair/s-Bereich besteht.

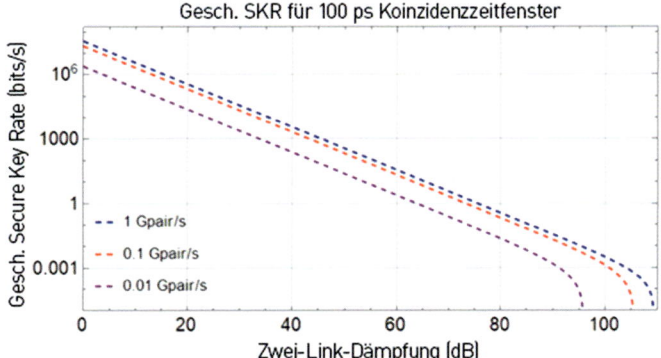

Abbildung 3: Sichere Schlüsselrate (asymptotisches Limit) für Dual-Downlink-QKD-Szenario als Funktion der 2-Link-Dämpfung (unter der Annahme eines symmetrischen Verlusts für Photon A und Photon B und Detektordunkelzählraten von 1 kHz). Eine Rate von 0,01 Gpair/s ist vergleichbar mit der Rate der EPS des Micius-Satelliten.

2020 wurde eine umfassende Betrachtung veröffentlicht, die alle Leistungsmerkmale von über 200 Publikationen zu technisch aktuellen EPS umfasst [6]. In Tabelle 1 wird die hellste der dort berichteten EPS zusammengefasst und mit den durch das Fraunhofer IOF bis 2021 erzielten Ergebnissen verglichen. Die Paar-Emissionsraten zeigen, dass eine Photonenemission von > 1 Gpair/s für Quellen mit parametrischer Fluoreszenz (Spontaneous Parametric Downconversion, SPDC), die mit Laserleistungen von < 100 mW gepumpt werden, im Bereich des Möglichen liegt. Ein konkretes Beispiel: Die ultrahelle EPS von Fraunhofer IOF (Nr. 2 in Tabelle 1) übertrifft die Paar-Rate der EPS am chinesischen Micius-Satelliten (5,9 Mpair/s bei 30 mW Pumpleistung), die dazu diente, einen sicheren Schlüsselaustausch von 0,12 Bits pro Sekunde [2] zu demonstrieren, um ein Vielfaches.

Tabelle 1: Modernste polarisationsverschränkte Photonenquellen auf SPDC-Basis

Nr.	Vorgehensweise	Ref.	Zentrale Wellenlänge (Halbwertsbreite – Full Width at Half Maximum, FWHM)	Paar-Detektionsrate/ mW	Ankündigungseffizienz	Emissionsrate/mW	Fidelität
1	PPKTP-Kristall in Sagnac-Loop	[7]	783 nm, 839 nm (2,3 nm)	10^6	40 %	6 × 10^6	99 %
2	PPKTP-Kristall in Sagnac-Loop	–	810 nm (10 nm)	6 × 10^6	25 %	**4 × 10^7**	98 %
3	Gekreuzte PPKTP-Kristalle *AO/1–5942/08/NL/EM	[8]	780 nm, 840 nm (3 nm)	2,7 × 10^5	17 %	6 × 10^6	98 %
4	PPLN in Mach-Zehnder-Aufbau	[9]	1552 nm	–	15 %	3,0 × 10^6	98 %
5	Doppel-Pass-PPKTP-Kristall	[10]	783 nm, 839 nm (3 nm)	10^6	18 %, 9 %	**10^7**	98,9 %
6	PPLN-Wellenleiter in Mach-Zehnder-Aufbau	[11]	1560 nm, 1560 nm (32 nm)	3.0 × 10^3	–	9,0 × 10^6	99,8 %
7	PPKTP-Wellenleiter in Sagnac-Aufbau	[12]	1550 nm, 1550 nm (2 nm)	5 × 10^5	27 %	5,6 × 10^6	98,9 %
8	gekreuzte BBO-Kristalle	[13]	776 nm, 847 nm	6,5 × 10^4	25 %	10^6	99,6 %

PPLN: periodisch gepoltes Lithiumniobat, PPKTP: periodisch gepoltes Kaliumtitanylphosphat, BBO: Bariumborat

Die Entwicklung verschränkter Photonenquellen am Fraunhofer IOF begann 2014 (Abbildung 4) durch den Vertrag 4 000 112 591/14/NL/US mit der Europäischen Weltraumorganisation (ESA) über einen »Photonic Transceiver for Secure Space Communications: New Space Suitable Entangled Photon Source« (Photonischer Transceiver für sichere Weltraumkommunikation: neue raumfahrttaugliche verschränkte Photonenquelle) als Antwort auf den ARTES 5.2 Call AO/1–6000/09/NL/US, rev. 7. Inzwischen sind bei Fraunhofer IOF mehrere Quellen in Betrieb oder in Entwicklung, von denen viele in puncto EPS-Leistungsparameter über den derzeitigen Stand der Technik hinausgehen. Diese Parameter sprechen dafür, dass eine Zielleistung von ~ 1 Gpair/s erreicht werden kann. Beispiele sind eine ultrahelle EPS, die Photonenpaare erzeugt, z. B. im Bereich um 810 nm über SPDC vom Typ 0 in PPKTP-Volumenkristallen. Eine Polarisationsverschränkung mit hoher Fidelität (> 99 %) wird über verschiedene Ansätze erreicht, z. B. durch bidirektionales Pumpen des Kristalls mit einem 405-nm-CW-Laser in einem Sagnac-Loop-System. Aufgrund der Entwicklung von ultrahellen EPS war es in jüngster Zeit möglich, verschränkte Photonen bei 810 nm mit einer Koinzidenzrate von 160 kpair/s bei einer Pumpleistung von nur 25 μW zu detektieren. Dies entspricht einer angenommenen »Back-to-Back«-Detektionsrate von sieben Millionen detektierten Paaren pro mW Pumpleistung. Die experimentelle Ankündigungseffizienz (Verhältnis von Koinzidenz zu Singles) liegt bei dieser Quelle in der Größenordnung von 20 % und wird hauptsächlich durch Verluste im Detektionssystem und in den Analysemodulen limitiert. Die Verbesserung der Photonen-Detektionseffizienz und anderer Verlustquellen zeigt, dass die Paar-Emissionsrate für diese EPS bereits im Bereich von 0,04 Gpair/s/mW liegt.

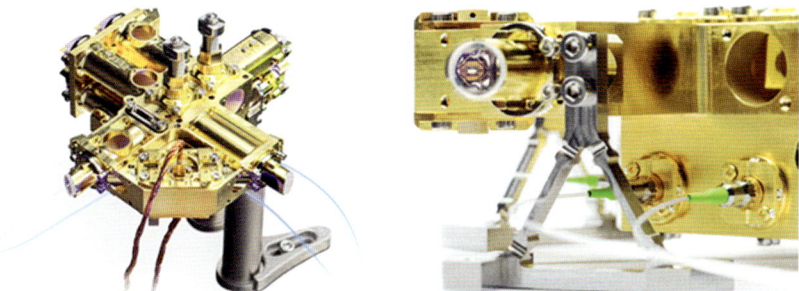

Abbildung 4: Engineering-Qualifikationsmodell einer hochperformanten raumfahrttauglichen [14] verschränkten Photonenquelle (links); vergrößerte Seitenansicht des Sagnac-Loops und des nichtlinearen Kristalls (rechts).

4 Fazit und Ausblick

Von Verschränkungsquellen bis hin zu kompletten Links: Sende- und Empfangsteleskope, Freiraumoptische- und Singlemode-Faser-Kopplung sowie Zustandsanalysatoren und schnelle Korrelationselektronik sind alles Bestandteile der Entwicklungsroadmap. Seit 2019 unterstützt das Bundesministerium für Bildung und Forschung (BMBF) die Initiative QuNET. An diesem Kooperationsprojekt beteiligen sich das Fraunhofer-Institut für Angewandte Optik und Feinmechanik IOF, das Fraunhofer-Institut für Nachrichtentechnik, Heinrich-Hertz-Institut, HHI, das Max-Planck-Institut für die Physik des Lichts (MPG-MPL) und das Deutsche Zentrum für Luft- und Raumfahrt, Institut für Kommunikation und Navigation (DLR-IKN). Das Ziel des Konsortiums ist es, Glasfaser- und Mobilfunk-Demonstratoren für den Quantenschlüsselaustausch einzurichten und dabei eine Pilotinfrastruktur für im Rahmen der QKD-Wertschöpfungskette zu bewertende Komponenten und Systeme zu schaffen. Auf Basis der bisherigen QuNET-Errungenschaften fand 2021 eine erste quantenverschlüsselte Videokonferenz statt. Weitere Projekte in der aktuellen Pipeline der deutschen und europäischen Forschung und Entwicklung sind das Ausrollen eines faserbasierten terrestrischen Kurzstreckennetzes und die Entwicklung und Planung einer Mission für satellitengestützten Langstrecken-QKD, zum Beispiel unter Verwendung von CubeSats oder Nanosatelliten-Plattformen. Eine erste deutsche Verschränkungssatelliten-Demo-Mission ist für das Jahr 2025 geplant.

5 Literaturverzeichnis

[1] S. K. Liao et al.: Satellite-to-ground quantum key distribution. Nature, 549(7670), 43–47 (2017)

[2] J. Yin et al.: Entanglement-based secure quantum cryptography over 1,120 kilometers. Nature, 1–5 (2020)

[3] E. Wille et al.: A mission concept for a GEO based quantum key distribution services using entangled photons. Proc. SPIE 11 272, Free-Space Laser Communications XXXII, 112720M (2 March 2020); doi: 10.1117/12.2 545 706

[4] J. P. Bourgoin, J. P et al.: A comprehensive design and performance analysis of low Earth orbit satellite quantum communication. New J. Phys, 15(2), 023006 (2013)
[5] Anwar et al.: Entangled Photon-Pair Sources based on three-wave mixing in bulk crystals, arXiv preprint arXiv:2007.15364 (2020)
[6] F. Steinlechner et al.: Efficient heralding of polarization-entangled photons from type-0 and type-II spontaneous parametric downconversion in periodically poled KTiOPO4. J. Opt. Soc. Am. B 31, 2068–2076 (2014)
[7] F. Steinlechner et al.: A high-brightness source of polarization-entangled photons optimized for applications in free space. Opt. Express 20, 9640–9649 (2012)
[8] R. Horn and T. Jennewein: Auto-balancing and robust interferometer designs for polarization entangled photon sources. Optics express, 27(12), 17369–17376 (2019)
[9] F. Steinlechner et al.: Phase-stable source of polarization-entangled photons in a linear double-pass configuration. Opt. Express 21, 11943–11951 (2013)
[10] F. Kaiser et al.: Polarization entangled photon-pair source based on quantum nonlinear photonics and interferometry, Optics Communications, Volume 327, S. 7–16 (2014)
[11] E. Meyer-Scott et al.: High-performance source of spectrally pure, polarization entangled photon pairs based on hybrid integrated-bulk optics, Opt. Express 26, 32475–32490 (2018)
[12] A. Villar et al.: Experimental entangled photon pair generation using crystals with parallel optical axes. Optics express 26.10: 12396–12402 (2018)
[13] E. Beckert et al.: A space-suitable, high brilliant entangled photon source for satellite based quantum key distribution. Free-Space Laser Communications XXXI. Bd. 1

Photonische Komponenten für Quantentechnologien

Moritz Kleinert, Patrick Runge

Abstract: Photonische Komponenten und photonische integrierte Schaltkreise sind der Schlüssel zur Miniaturisierung von Versuchsaufbauten im Labormaßstab und zur Kommerzialisierung von Quantentechnologien. Es gibt zwar eine breite Palette ausgereifter photonischer Technologien, doch die hohen Anforderungen der Quantentechnologien machen spezielle Entwicklungen erforderlich. Im Bereich der Quantenkommunikation stellt sich Fraunhofer HHI mit seinen InP- und Poly-Board-Plattformen dieser Herausforderung gemeinsam mit Partnern in deutschen und europäischen Projekten.

Keywords: photonische Komponenten, Quantenkommunikation, InP, SPAD, photonische Integration

1 Einleitung

Die Photonik durchdringt einen weiten Bereich von Anwendungen, die von der Hochgeschwindigkeitsübertragung riesiger Datenmengen bis zur optischen Erfassung kleinster Signale reichen. Die unterschiedlichen Bedürfnisse dieser Anwendungen werden durch photonische Komponenten abgedeckt. In jüngster Zeit stellen die aufkommenden Quantentechnologien, insbesondere die Quantenkommunikation, noch höhere Anforderungen, die nur durch die Entwicklung spezieller, für die jeweilige Anwendung optimierter Bauelemente erfüllt werden können. Diese Bauelemente reichen von einzelnen aktiven Komponenten wie Einzelphotonendetektoren bis hin zu komplexen photonischen integrierten Schaltkreisen (PIC). Sie erlauben die Miniaturisierung von Versuchsaufbauten im Labormaßstab zu kompakten Modulen und ermöglichen so die Kommerzialisierung von Quantentechnologien.

In den vergangenen Jahren hat Fraunhofer HHI seine langjährige Erfahrung auf dem Gebiet der photonischen Komponenten für die klassische Telekommunikation auf den Bereich der Quantentechnologien übertragen, um diesen Vorstoß in Richtung miniaturisierter Quantenphotonik zu ermöglichen: In mehreren deutschen und europäischen Projekten, namentlich den EU-Leuchtturmprojekten CiViQ und UNIQORN sowie der deutschen QuNET-Initiative, wurden Einzelphotonen-Lawinendioden (SPADs), InP-basierte monolithische PICs und hybride PolyBoard-PICs für neuartige Continuous-Variable(CV)- und Discrete-Variable(DV)-Quantenschlüsselaustausch-Systeme (QKD) entwickelt.

2 Aktive Komponenten für die Integration

Neben passiven optischen Komponenten wie Glasfasern oder Wellenleiterschaltungen in photonischen Lichtwellenleiterschaltungen (PLC) sind aktive optische Komponenten für Sender und Empfänger unerlässlich. Typische aktive Komponenten in Sendern und Empfängern sind Laser, Modulatoren und Photodioden.

Bei der faserbasierten QKD-Übertragung werden in der Regel Wellenlängen von 1550 nm verwendet, da hierbei die Absorption von Fasern wie der SMF-28 am geringsten ist, die für Daten- und Telekommunikationsanwendungen etabliert ist. Aus diesem Grund sind aktive Halbleiterbauelemente aus dem InP-Materialsystem mit einer direkten Bandlückenenergie, die den Wellenlängen von 1550 nm entspricht, für die klassische und Quantenkommunikation prädestiniert. Aufgrund der dem Wellenlängenbereich entsprechenden Bandlücke ermöglichen InP-basierte Halbleiter die Absorption und Emission von Licht bei der Wellenlänge von 1550 nm.

Auf der Senderseite können aktive Komponenten ähnlich denen der klassischen Kommunikation verwendet werden, wobei das modulierte Signal zusätzlich auf wenige Photonen abgeschwächt wird. Auf der

Empfängerseite werden spezielle aktive Komponenten für den Nachweis einzelner Photonen benötigt.

2.1 Einzelphotonen-Lawinendioden

Die Erkennung einzelner Photonen stellt in DV-QKD-Übertragungssystemen immer noch eine Herausforderung dar. Bei nicht integrierten Lösungen werden voluminöse und langsame Photomultiplier-Röhren verwendet, die für den Betrieb hohe Spannungen benötigen. Eine integrierte Lösung ist der supraleitende Nanodraht-Einzelphotonendetektor (Superconducting Nanowire Single-Photon Detector, SNSPD), der hauptsächlich im akademischen Umfeld eingesetzt wird. Der Grund, warum SNSPDs nicht in der Industrie eingesetzt werden, liegt an der kryogenen Kühlung auf unter 4 K. Für Industrieanwendungen ist die kryogene Kühlung ein Problem in Bezug auf die Zuverlässigkeit. Daher werden für kommerzielle Anwendungen hauptsächlich Einzelphotonen-Lawinendioden (Single-Photon Avalanche Photodiodes, SPAD) bei annähernd Raumtemperatur verwendet.

Eine InP-basierte SPAD ist eine Photodiode mit einem Absorberbereich und einem separaten, aber angrenzenden Vervielfacherbereich. Im Vervielfacherbereich liegt das elektrische Feld über dem Ionisierungsniveau, sodass eine Stoßionisation stattfinden kann. Im Absorberbereich werden die Photonen absorbiert und erzeugen Elektron-Loch-Paare, die zu den Rändern driften. Im Vervielfacherbereich werden die Ladungsträger aufgrund des starken elektrischen Feldes durch einen Lawinenprozess auf Basis der Stoßionisation verstärkt.

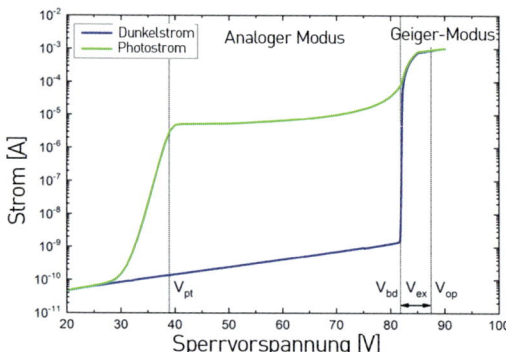

Abbildung 1: Typische Eigenschaften einer SPAD in Abhängigkeit von der Vorspannung; unterhalb der Durchbruchspannung im Geiger-Modus (V_{br})

Abbildung 1 zeigt eine typische Charakteristik einer SPAD. Bei einer Vorspannung oberhalb der Durchbruchspannung (V_{br}) verhält sich die SPAD wie eine typische Lawinen-Photodiode mit eingebauter Verstärkung der detektierten Signale im Analogbetrieb. Unterhalb von V_{br} arbeitet die SPAD im Geiger-Modus, in dem einzelne Photonen detektiert werden, da die Wahrscheinlichkeit, einen Lawinenprozess auszulösen, enorm erhöht ist. Unglücklicherweise erzeugt die SPAD im Geiger-Modus auch Fehldetektionen, sogenannte Dark Counts, die durch interne Rauschprozesse ausgelöst werden und ihren Ursprung in Gitterdefekten im Absorber mit niedriger Bandlücke haben [1]. Nachdem eine Lawine ausgelöst wurde und sich wieder abbaut, werden einige der Ladungsträger im Multiplikator gefangen. Aus diesen tiefen Fangstellen entweichen die Ladungsträger nach einer Weile und lösen weitere Lawinen aus [2]. Diese sogenannten Nachimpulse verlängern die Zeit, um die SPAD wieder in den Zustand zu bringen, in dem sie weitere Einzelphotonen nachweisen kann. Aus diesem Grund sind die Leistungskennzahlen für SPADs die Photonendetektionseffizienz (PDE), die Dunkelzählrate (Dark Count Rate, DCR), die Nachimpulswahrscheinlichkeit (After-Pulsing Probability, APP) und der Jitter.

Um die Leistung zu verbessern und die Zeit für die Detektion weiterer Photonen zu verkürzen, wird elektrisches Quenching durchgeführt. Bei einem typischen Quenching-Prozess wird im ersten Teil des Verfahrens die Vorspannung über die Durchbruchspannung erhöht, nachdem ein

Photon nachgewiesen wurde. Dies geschieht, um den Prozess selbsterhaltender Lawinen zu unterbrechen. Im zweiten Teil des Verfahrens wird die Vorspannung wieder auf die Arbeitspunktspannung (V_{op}) gesenkt, sodass die SPAD wieder für die Detektion weiterer Photonen bereit ist. Durch die sogenannte Überschussvorspannung ($V_{ex} = V_{br} - V_{op}$) wird V_{op} in Bezug auf V_{br} definiert. Die Überschussvorspannung wird zum optimalen Betrieb für jede Anwendung gewählt.

Zur Verringerung der DCR werden standardmäßig SPADs gekühlt. Bislang wurden bei den meisten QKD-Experimenten SPADs verwendet, die auf unter −100 °C gekühlt wurden. Im Rahmen der QuNET-Initiative hat sich das Fraunhofer HHI von Anfang an den Betrieb bei Quasi-Raumtemperatur zum Ziel gesetzt. Dies ist nicht nur eine Voraussetzung für den regulären Feldbetrieb, sondern auch für einen geringeren Wartungsaufwand und eine deutlich höhere Lebensdauer der Komponenten.

Im Rahmen des QuNET-Projekts werden zwei Arten von Einzelphotonen-Lawinenphotodioden (SPADs) entwickelt. Die eine ist der klassische Ansatz mit von oben beleuchteten SPADs. Die Ergebnisse einer Zwischenentwicklungsstufe für die vertikal beleuchtete SPAD werden in Abbildung 2 dargestellt und zeigen deutlich die Fähigkeit zur Einzelphotonendetektion bei Raumtemperatur [3].

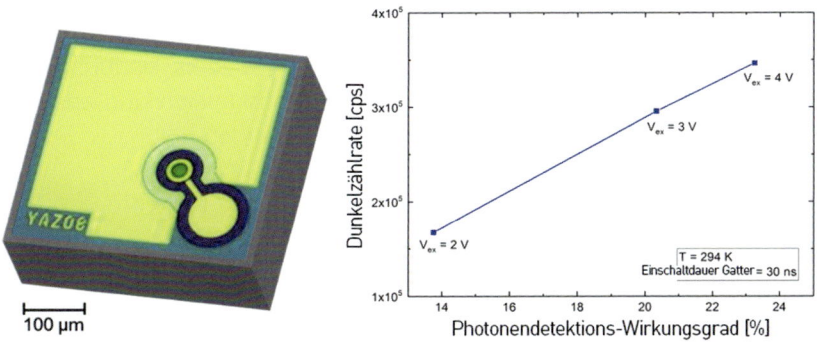

Abbildung 2: Darstellung einer gefertigen SPAD (links) und deren Leistungsfähigkeit bei Raumtemperatur (rechts).

Der zweite SPAD-Typ, der in QuNET entwickelt wird, ist eine wellenleiterintegrierte Photodiode. Dieser Ansatz hat dank kleinerer Photodiodenvolumina das Potenzial, das Rauschen zu reduzieren. Darüber hinaus ermöglichen wellenleiterintegrierte SPADs die monolithische Integration mit passiven Wellenleiterkomponenten. Durch die Anordnung zusätzlicher passiver Wellenleiterkomponenten werden weitere signalverarbeitende Funktionalitäten realisiert.

2.2 InP-basierte photonische integrierte Schaltkreise

Im Gegensatz zu rein passiven PLCs erlauben PICs auch die monolithische Integration von aktiven optischen Komponenten. Im Falle der InP-basierten PICs können Bauelemente wie Laser, Modulatoren und Photodetektoren auf demselben Chip realisiert werden. Die monolithische Integration bietet das Potenzial, die wichtigsten Funktionalitäten auf einem Chip zu kombinieren. In einigen Fällen kann der monolithische PIC-Ansatz einen Leistungskompromiss zwischen den Einzelbauelementen darstellen. Er ermöglicht jedoch eine Miniaturisierung der optischen Frontends, was für viele industrielle Anwendungen wichtiger ist als eine optimale Leistung.

Im Rahmen des EU-Leuchtturmprojekts CiViQ wurden CV-QKD-Übertragungssysteme für bestehende Telekommunikationsinfrastrukturen entwickelt. Aufgrund des kohärenten Detektionsschemas in CV-QKD-Systemen sind Verstärkung sowie die Auswahl eines einzelnen Kanals eines WDM-Spektrums inhärente Merkmale des Systems. Dadurch kann CV-QKD parallel zu klassischen Kommunikationskanälen und anderen QKD-Kanälen auf derselben Faser übertragen werden.

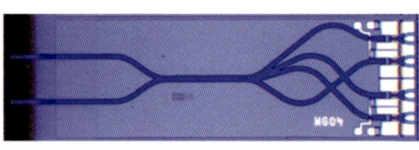 

Abbildung 3: Entwicklung eines kohärenten Empfängers im EU-Projekt CiViQ mit Darstellung eines kohärenten Photodetektors PIC (oben links), eines kohärenten Empfängermoduls (oben rechts) und von Messungen (unten).

Im Rahmen des CiViQ-Projekts entwickelte Fraunhofer HHI kohärente Empfänger für CV-QKD. Aufgrund der Erfahrung mit der Entwicklung von kohärenten Photodetektorchips für die Telekommunikation und der Überführung dieser PICs in die Produktion [4] konnte das CiViQ-Projekt mit dem Wissen über die einzelnen Schritte der gesamten TRL-Wertschöpfungskette unterstützt werden. Der kohärente Photodetektor-PIC besteht aus optischen Modenfeldkonvertern (Faser zu Wellenleiter), einem optischen 90°-Hybrid und vier wellenleiterintegrierten Photodioden [5]. Abbildung 3 zeigt die Entwicklungsergebnisse für das gesamte Empfängermodul im Projekt. Neben den typischen Parametern wie Empfindlichkeit und Dunkelstrom ist ein weiterer wichtiger Parameter für kohärente Empfänger die Linearität für Leistungspegel bei hohen optischen Eingangsleistungen. Hohe optische Leistungspegel aus dem Lokaloszillator auf der Empfängerseite werden benötigt, um die leistungsschwachen Datensignale zu verstärken. Die Signale müssen jedoch bei der Rekonstruktion der Quantenschlüssel unverfälscht bleiben. In Bezug auf die Linearität muss nicht nur die Linearität des kohärenten Photodetektor-PICs, sondern auch die des Transimpedanzverstärkers berücksichtigt werden.

Die zunehmenden Aktivitäten im Bereich der quantenphotonischen integrierten Schaltkreise (QPIC) spiegeln sich auf den InP-basierten Multiprojekt-Waferläufen wider, bei denen Fabless-Kunden am Fraunhofer HHI Schaltungsentwürfe fertigen lassen. Derzeit sind ca. 20 % aller hergestellten Designs QKD-bezogene Entwürfe von Unternehmen oder Forschungseinrichtungen. Die PICs basieren auf ausgereifter InP-Technologie und werden komplett in der Wafer-Prozesslinie bei Fraunhofer HHI gefertigt.

3 Hybride Integration

Der Ansatz der hybriden photonischen Integration beinhaltet die Kombination von aktiven und passiven Komponenten aus unterschiedlichen Materialsystemen, die zu einem kompletten PIC zusammengefügt werden. Neben einzelnen aktiven Komponenten und monolithisch integrierten PICs werden hybride PICs zunehmend in der Quantentechnologie, insbesondere in der Quantenkommunikation, eingesetzt [6–8]. Bei diesem Ansatz werden typischerweise passive Materialsysteme als wellenleitende Plattformen verwendet. Prominente Beispiele sind Siliziumnitrid, Siliziumdioxid und Polymere [9, 10]. Für die Realisierung aktiver Funktionalitäten können alle elektrooptisch aktiven Materialsysteme eingesetzt werden, z. B. Halbleiter wie Si und InP sowie Lithiumniobat.

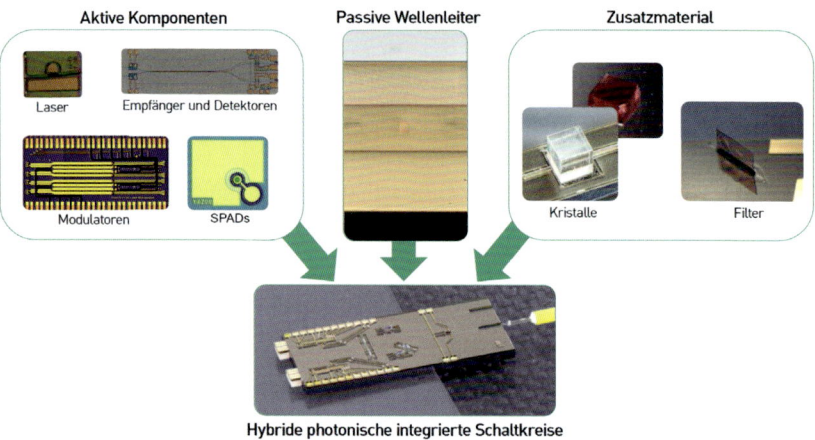

Abbildung 4: Kombination von passiven Wellenleitern, aktiven Komponenten und Zusatzmaterialien zu hybriden photonischen integrierten Schaltungen.

Der hybride Ansatz erlaubt es, das optimale Materialsystem für die jeweilige Funktion auszuwählen, was besonders für die Quantenkommunikation interessant ist, bei der hohe Leistungsanforderungen gestellt werden. Darüber hinaus ermöglicht die breite spektrale Transparenz der passiven Wellenleiter (typischerweise vom sichtbaren bis zum infraroten Bereich) PICs, die aufgrund der Absorption an der Bandkante des Halbleiters monolithisch nicht zu realisieren wären. Dies wird beispielsweise in PICs eingesetzt, die die spontane parametrische Abwärtskonvertierung (SPDC) eines kurzwelligen Pump-Photons zu Signal- und Idler-Photonen bei längeren Wellenlängen verwenden.

Neben der Kombination von passiven Wellenleitern mit aktiven Bauelementen ermöglichen einige Arten der Hybridintegration auch die Integration von Zusatzmaterialien wie Dünnschichtfiltern (Thin-Film Filters, TFFs) und Kristallen (vgl. Abbildung 4). Auf diese Weise wäre die Integration eines kurzwelligen GaAs-Pumplasers, der bei 775 nm emittiert, mit einem nichtlinearen Kristall für die SPDC-Konvertierung zu 1550 nm, TFFs zur Unterdrückung des Pumplichts und InP-SPADs für die Einzelphotonendetektion über eine passive Wellenleiterplattform möglich, die sowohl bei 775 nm als auch bei 1550 nm transparent ist. Ein herausragendes Beispiel für die Realisierung solcher hybriden PICs für Quantentechnologien ist die PolyBoard-Plattform des Fraunhofer HHI.

3.1 PolyBoard-Plattform

Im Gegensatz zu kristallinen Halbleitern und anorganischen Dielektrika kommen bei der PolyBoard-Plattform organische Polymere zur Realisierung der passiven Wellenleiter der hybriden PICs zum Einsatz.

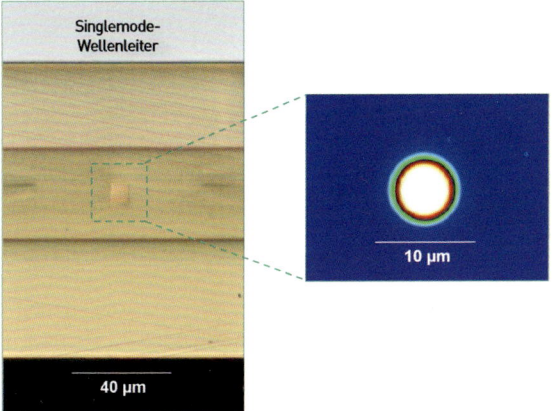

Abbildung 5: Aufgeschnittene Facette eines PolyBoard-Singlemode-Wellenleiters (links) und farbkodierte Gauß'sche Intensitätsverteilung im Inneren des Wellenleiters (rechts). (Nachdruck mit freundlicher Genehmigung, Quelle: [11]; © 2019 IEEE)

Abbildung 5 zeigt eine aufgeschnittene Facette eines typischen PolyBoard-Chips. Der Polymer-Wellenleiter ist in ein Polymer-Mantelmaterial eingebettet; beide sind aus der ZPU12-Serie von ChemOptics hergestellt. Unten in der Abbildung ist ein Teil des Siliziumwafers zu sehen, der als mechanisches Substrat für die Waferherstellung dient.

Obwohl nicht elektrooptisch aktiv, ermöglichen der hohe thermooptische Koeffizient (1,14 · $10^4 K^{-1}$) und die niedrige Wärmeleitfähigkeit (0,025 $Wm^{-1} K^{-1}$) der Polymere in Kombination mit den hohen Schichtdicken die Realisierung effizienter thermo-optischer Funktionalitäten [12], z. B. variable optische Dämpfungsglieder (VOAs) mit einem Extinktionsverhältnis von > 70 dB [13]. In der Quantenkommunikation werden sie für die kontrollierte Dämpfung von Laserquellen auf Einzelphotonen-Niveau eingesetzt.

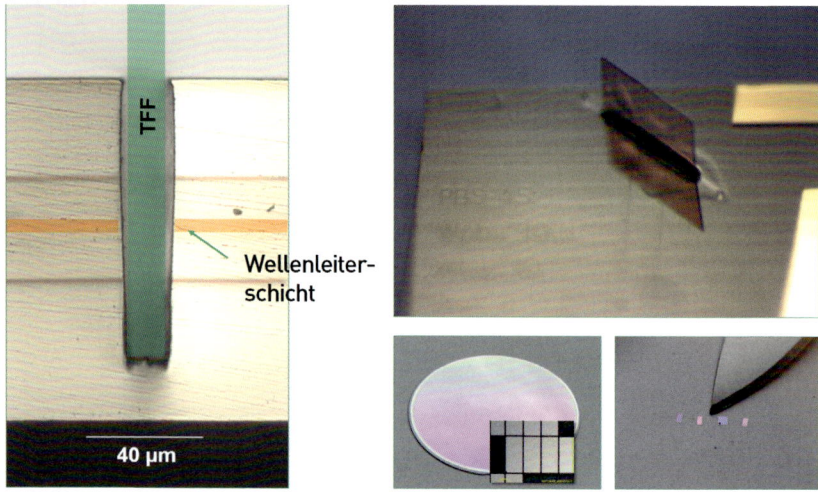

Abbildung 6: Querschnitt einer geätzten Nut für das Einsetzen eines TFF (links), Poly-Board-PIC mit eingesetztem TFF (oben rechts) und TFFs vor und nach dem Herausnehmen aus dem Wafer. (Nachdruck mit freundlicher Genehmigung, Quelle: [11]; © 2019 IEEE)

Zusätzlich zu den abstimmbaren Funktionalitäten ist für viele Anwendungen eine effiziente passive Filterung erforderlich. Während dies bei optischen Konstruktionen im freien Raum in der Regel durch dielektrische Beschichtung optischer Oberflächen realisiert wird, beruht die integrierte Optik in der Regel auf interferometrischen Effekten. Diese sind phasenempfindlich und daher anfällig für Drifts durch Umwelteinflüsse.

Die PolyBoard-Plattform kombiniert dielektrische Schichten mit PICs, indem Dünnfilmfilter (TFFs) in geätzte Nuten eingesetzt werden, wie in Abbildung 6 dargestellt. Die TFFs bestehen aus einer Polymerschicht, auf die ein Stapel dielektrischer Schichten aufgebracht wird. Die Gesamtdicke liegt je nach den Filtereigenschaften zwischen 10 μm und 20 μm. Die dicke Polymerummantelung über und unter der Wellenleiterschicht hält den TFF in einer vertikalen Position, wenn er in geätzte Nuten im PolyBoard-Chip eingesetzt wird.

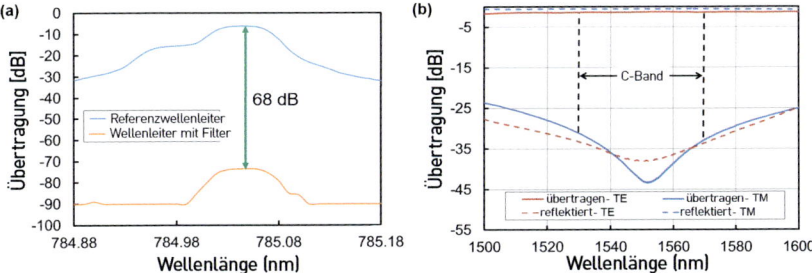

Abbildung 7: Beispiele für Filtereigenschaften in PolyBoard mit einem Pumplicht-Filter a) (Nachdruck mit freundlicher Genehmigung, Quelle: [14]; © 2019 IEEE) und einem polarisierenden Strahlteiler b) [13].

Dieser Ansatz ermöglicht es, bewährte Filterdesigns aus Freiraum-Experimenten auf PICs zu übertragen. Zwei Beispiele, die für die Quantenkommunikation von großer Bedeutung sind, sind in Abbildung 7 dargestellt. Links ist die Übertragung durch einen PolyBoard-Wellenleiter mit einem eingefügten Pumplicht-Filter dargestellt. Dieser Filter ist für On-Chip-SPDC-Prozesse konzipiert, indem er Licht im Telekom-C-Band überträgt und Licht der halben Wellenlänge im Bereich um 785 nm unterdrückt. Am Ausgang des PIC wird eine Unterdrückung von bis zu 68 dB beobachtet, was bedeutet, dass nur 1 von 6 Millionen Pump-Photonen übertragen wird. Dieser Wert schließt sowohl das restliche Pumplicht im Wellenleiter als auch potenzielles Streulicht auf dem Chip ein.

Der TFF-Ansatz ermöglicht auch die Handhabung der Polarisation in PICs. Abbildung 7 b zeigt das Spektrum eines in PolyBoard realisierten polarisierenden Strahlteilers (Polarizing Beam Splitter, PBS), bei dem die TE-Polarisation durch den TFF weitergeleitet und die TM-Polarisation reflektiert wird. Beide Polarisationen werden von entsprechend platzierten Ausgangswellenleitern aufgefangen. Ein Polarisations-Extinktionsverhältnis von > 30 dB ermöglicht effiziente PICs für die Aufteilung von Photonen, die durch SPDC-Prozesse vom Typ II erzeugt werden, oder für die Polarisationscodierung in BB84-Sendern, wie in Abbildung 8 dargestellt.

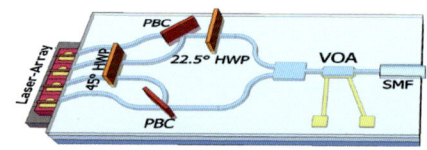

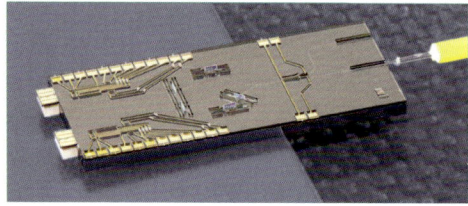

Abbildung 8: Schema (oben) und Bild (unten) eines PIC mit BB84-Sender.

Dieser hybride PIC wurde im Rahmen der deutschen QuNET-Initiative entwickelt. Er erzeugt Qubits in der linearen (horizontal |H⟩ und vertikal |V⟩) und diagonalen (diagonal |D⟩ und antidiagonal |A⟩) Basis. Die Lichtpulse werden von vier hybriden abstimmbaren Lasern erzeugt, die aus einem InP-Verstärkungselement und einem abstimmbaren Bragg-Gitter im Polymerwellenleiter bestehen [15]. Die vier Laser können aufgrund ihrer Wellenlängendurchstimmbarkeit spektral überlagert werden. Alle Laser emittieren horizontal polarisierte Photonen (TE-Polarisation). Das von den beiden inneren Lasern emittierte Licht wird durch ein 45°-Halbwellenplättchen (HWP), das als doppelbrechender Polyimid-TFF ausgeführt ist, von der horizontalen zur vertikalen Polarisation (TM) gedreht. Das orthogonal polarisierte Licht des oberen und unteren Paares wird durch PBS-TFFs kombiniert. Die Polarisationsbasis des oberen Paares wird durch ein 22,5°-Halbwellenplättchen um 45° gedreht, um die diagonale Basis zu erzeugen. Schließlich werden die Lichtwege in einem 3-dB-Koppler zusammengeführt, mit einem variablen optischen Dämpfungsglied auf Einzelphotonen-Niveau abgeschwächt und in eine Singlemode-Faser eingekoppelt, wo ein fasergekoppelter optischer Isolator den PIC vor Angriffen schützt. In einer nächsten Iteration erfolgt die Integration dieses optischen Isolators in den PIC mithilfe des mikrooptischen Bankverfahrens der PolyBoard-Plattform.

3.2 Mikrooptische Bank

Die mikrooptische Bank ist eine Möglichkeit, optische Freiraumabschnitte von mehreren Millimeter Länge auf PICs zu realisieren und so integrierte und Freiraum-Optik zu kombinieren. Bei diesem Ansatz formen Linsen mit abgestuftem Brechungsindex (GRIN) das stark divergente Licht, das aus den integrierten Wellenleitern austritt.

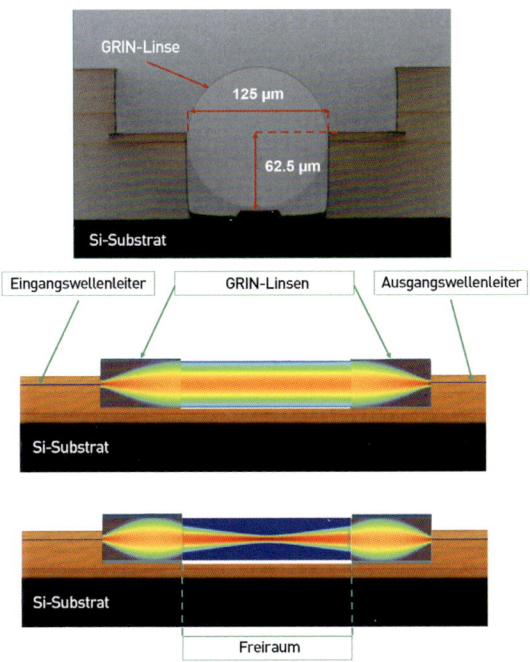

Abbildung 9: Querschnitt einer U-Nut auf dem Chip zum Einsetzen einer GRIN-Linse (oben) [13]. Intensitätsprofil für kollimierte und fokussierte Strahlen im Freiraumbereich auf dem Chip (unten).

Die GRIN-Linsen haben einen Durchmesser von 125 µm und sind in geätzte U-Nut-Strukturen auf dem PolyBoard-PIC eingesetzt. Abbildung 9 (oben) zeigt einen Querschnitt einer solchen Struktur. Die GRIN-Linse wird von den Seitenwänden der geätzten Rille gehalten, die die Mitte der GRIN-Linse und des integrierten Wellenleiters horizontal aufeinander ausrichten. In vertikaler Richtung wird die Ausrichtung durch eine präzise Steuerung der Ätztiefen gewährleistet. Daher wird sowohl die erforderliche horizontale als auch die vertikale Ausrichtungspräzision durch Prozesse im Wafermaßstab erreicht, was die Anforderungen an die Montage erheblich vereinfacht. Kollimierte und fokussierte Strahlprofile im Freiraum, wie in Abbildung 9 (unten) dargestellt, können durch die Wahl von GRIN-Linsen geeigneter Länge realisiert werden.

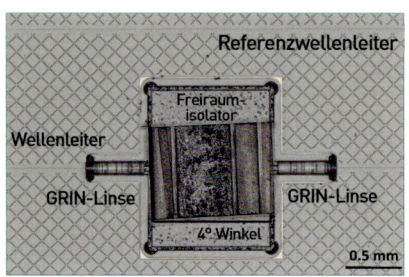

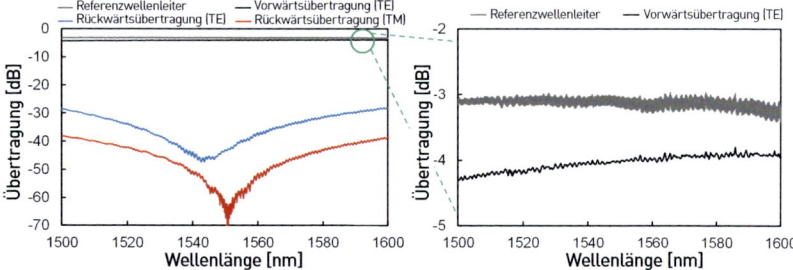

Abbildung 10: Foto eines integrierten optischen Isolators (oben) und gemessene optische Spektren (unten). (Nachdruck mit freundlicher Genehmigung, Quelle: [14]; © 2019 IEEE)

Innerhalb des Freiraums auf dem Chip können Bulk-Elemente platziert werden. Dies ermöglicht die Aufrüstung von PICs mit Elementen, die in integrierter Optik nicht effizient realisiert werden können. Ein Beispiel hierfür ist der in Abbildung 10 dargestellte integrierte optische Isolator. Der Isolator wird durch Verbinden eines nicht reziproken Kristalls mit entsprechend ausgerichteten HWPs und Polarisationsfiltern gebildet. Dieser Ansatz ermöglicht hocheffiziente integrierte optische Isolatoren mit 0,7 dB On-Chip-Verlust bei der Übertragung und > 32 dB optischer Isolation über das gesamte C-Band [14].

Neben optischen Isolatoren zum Schutz von QKD-PICs vor Angriffen ermöglicht die mikrooptische Bank auch die Erzeugung von Photonen. In optischen Freiraum-Quantenkommunikations-Szenarien werden häufig nichtlineare optische Kristalle für die Erzeugung von Photonenpaaren durch SPDC verwendet. Der On-Chip-Freiraumbereich auf dem Poly-Board ermöglicht die Integration dieser Kristalle in einen PIC.

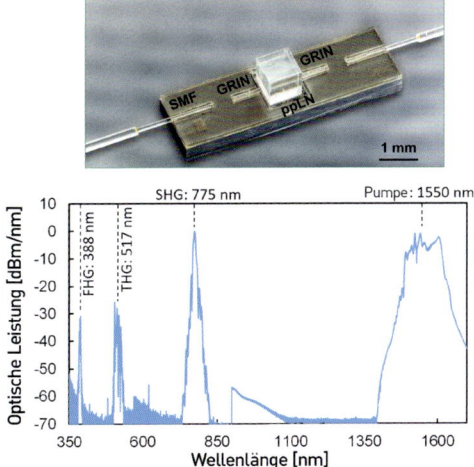

Abbildung 11: Foto eines PPLN-Kristalls in einem PolyBoard-PIC (oben) und gemessenes Spektrum beim Pumpen mit 1550 nm [16].

Abbildung 11 zeigt einen PIC mit integriertem PPLN-Wellenleiter. Das fokussierte Strahlprofil im Freiraumbereich ermöglicht nicht nur SPDC, sondern auch den umgekehrten Prozess der Erzeugung der zweiten Harmonischen (Second Harmonic Generation, SHG), der stark von der optischen Leistungsdichte abhängt. In diesem Fall erzeugen zwei Pump-Photonen mit einer Wellenlänge im Bereich von 1550 nm ein Photon mit 775 nm. Aufgrund der breiten spektralen Transparenz des PolyBoards sind auch die dritte Harmonische bei 517 nm und die vierte Harmonische bei 338 nm im Spektrum sichtbar [16].

Die Integration nichtlinearer Kristalle und die spektrale Transparenz sind Schlüsselfunktionalitäten in den miniaturisierten polarisationsverschränkten Photonenquellen, die für das EU-Leuchtturmprojekt UNIQORN entwickelt werden. Dort wird ein chipintegrierter PPKTP-Kristall bei einer Wellenlänge von 510 nm gepumpt und erzeugt polarisationsverschränkte Signal- und Leerlaufphotonen bei 781 nm bzw. 1510 nm.

4 Fazit und Ausblick

Mit seiner InP- und PolyBoard-Technologieplattform versetzt das Fraunhofer HHI akademische Partner in die Lage, Forschung und Entwicklung auf dem neuesten Stand der Technik zu betreiben, und bereitet gleichzeitig die Übertragung auf kommerzielle Anwendungen in Zusammenarbeit mit der Industrie vor. Die Arbeit basiert auf umfangreichen Erfahrungen mit photonischen Komponenten für klassische Anwendungen. Die Quantentechnologien stellen jedoch besondere Anforderungen, z. B. in Bezug auf die Leistungspegel (Einzelphotonensignale und Dutzende von mW Pumpleistung auf demselben Chip) und das Rauschverhalten (Erkennung von CV-QKD-Signalen). In den vergangenen Jahren wurden diese Herausforderungen durch die Entwicklung spezieller Komponenten unter Verwendung bestehender Technologien bewältigt. Heutzutage ist ein deutlicher Trend zur Optimierung der zugrunde liegenden Technologie zu beobachten. Dadurch können die Komponenten die immer anspruchsvolleren Anforderungen der Anwendungen erfüllen. Dies wird auch die Realisierung von PICs erleichtern, die aufgrund technologischer Beschränkungen noch nicht möglich sind, und damit eine noch breitere Palette von Quantentechnologien für die Miniaturisierung und Kommerzialisierung durch PIC-Integration erschließen.

5 Literaturverzeichnis

[1] M. A. Itzler et al.: Advances in InGaAsP-based avalanche diode single photon detectors. Journal of Modern Optics 58.3–4: 174–200 (2011)
[2] F. Acerbi et al.: Design criteria for InGaAs/InP single-photon avalanche diode. IEEE Photonics Journal 5.2: 6800209–6800209 (2013)

[3] P. Rustige et al.: SPAD for QKD at Room-Temperature; submitted to IEEE IPC 2022
[4] P. Runge et al.: Monolithic InP receiver chip with a 90° hybrid and 56 GHz balanced photodiodes. Optics Express, 20(26), B250–B255 (2012)
[5] T. Beckerwerth et al.: Photodetectors for Classic and Quantum Communication with 39 GHz Bandwidth and 66 % Quantum Efficiency; submitted to ECOC 2022
[6] A. W. Elshaari et al.: Hybrid integrated quantum photonic circuits. Nature photonics 14.5: 285–298 (2020)
[7] J.-H. Kim et al.: Hybrid integration methods for on-chip quantum photonics. Optica 7.4: 291–308 (2020)
[8] A. Orieux and E. Diamanti.: Recent advances on integrated quantum communications. Journal of Optics 18.8: 083002 (2016)
[9] C. Roeloffzen et al.: Low-loss Si3N4 TriPleX optical waveguides: Technology and applications overview. IEEE journal of selected topics in quantum electronics 24.4: 1–21 (2018)
[10] M. Kleinert et al.: Photonic integrated devices and functions on hybrid polymer platform. Physics and Simulation of Optoelectronic Devices XXV. Vol. 10098. International Society for Optics and Photonics (2017)
[11] M. Kleinert et al.: A platform approach towards hybrid photonic integration and assembly for communications, sensing, and quantum technologies based on a polymer waveguide technology. 2019 IEEE CPMT Symposium Japan (ICSJ). IEEE (2019)
[12] A. Maese-Novo et al.: Thermally optimized variable optical attenuators on a polymer platform. Applied optics 54.3: 569–575 (2015)
[13] M. Kleinert et al.: Recent progress in InP/polymer-based devices for telecom and data center applications. Integrated Optics: Devices, Materials and Technologies XIX 9365: 92–105 (2015)
[14] M. Kleinert et al.: Hybrid Polymer Integration for Communications, Sensing and Quantum Technologies from the Visible to the Infrared. 2021 European Conference on Optical Communication (ECOC). IEEE (2021)
[15] D. de Felipe et al.: Polymer-based external cavity lasers: Tuning efficiency, reliability, and polarization diversity. IEEE Photonics Technology Letters 26.14: 1391–1394 (2014)
[16] H. Conradi et al.: Second Harmonic Generation in Polymer Photonic Integrated Circuits. Journal of Lightwave Technology 39.7: 2123–2129 (2020)

Modulare Nanoelektronik für die Quantenkommunikation

Kay-Uwe Giering, Fabian Hopsch, Björn Zeugmann, Stefan Krause, Christian Skubich, Roland Jancke, Andy Heinig, Peter Schneider

Abstract: Mikroelektronische Schaltungen sind ein wesentlicher Bestandteil von Quantenkommunikationssystemen. Ihre Anwendung reicht von der Steuerung des quantenoptischen Aufbaus bis hin zur Verarbeitung der optischen Informationen und der Extraktion eines kryptografischen Schlüssels. Im allgemeinen Trend geht die Nanoelektronik von anwendungsspezifischen integrierten Schaltkreisen zu flexiblen modularen Komponenten über. Dieser Ansatz kombiniert die Vorteile spezifischer Halbleitertechnologieknoten und bietet gleichzeitig eine gute Kontrolle über die Design- und Produktionskosten auch für kleine bis mittlere Produktionsmengen. Wir stellen hier eine modulare Elektronikplattform vor, die die Anforderungen des Quantenschlüsselaustauschs erfüllt. Diese Plattform basiert auf dem Chiplet-Konzept und wird derzeit in einer Testumgebung für die Quantenkommunikation entwickelt und angepasst. Sie zielt darauf ab, die Leistungs- und Miniaturisierungsmöglichkeiten moderner Halbleitertechnologien für den Bereich der Quantenkommunikation nutzbar zu machen.

Keywords: Nanoelektronik, QKD, Miniaturisierung, Modularität, Chiplets, ADC, DAC, TDC, DSP

1 Motivation

Die Forschung im Bereich des Quantenschlüsselaustauschs (QKD) wird vor allem durch die Fortschritte in der Quantenoptik vorangetrieben. Gleichzeitig hat sich die Halbleitertechnologie in Richtung siliziumbasierter Knoten im tiefen Submikronbereich entwickelt und bietet darüber hinaus fortgeschrittene Spezialtechnologien für analoge Hochfrequenz- oder Hochspannungsanwendungen. Die Ausschöpfung des gesamten Potenzials der derzeitigen Nanoelektronik-Technologie kann wesentlich zur Entwicklung hochleistungsfähiger optoelektronischer Komponenten und Quantenkommunikationssysteme beitragen.

Abhängig vom jeweiligen QKD-Paradigma sind die Anwendungsgebiete in der Elektronik zahlreich und umfassen z. B.:

- Laserdiodentreiber und Laserstabilisierung,
- Steuerung von elektrooptischen Modulatoren für die Phase/Polarisation/Intensität des Lichts,
- Steuerung von optomechanischen Geräten,
- Präparation und Analyse von kohärenten Lichtzuständen in QKD-Systemen,
- Erzeugung von hochpräzisen Zeitstempeln für Detektionsereignisse, evtl. inklusive einer ersten Verarbeitung von Zeitstempeln,
- digitale Verarbeitung optischer Informationen (Plattform für QKD-Protokoll und Nachbearbeitung),
- symmetrische Verschlüsselung.

Im selben Maß, wie die Miniaturisierung ein Ziel bei der Entwicklung von optischen und QKD-Komponenten ist, ist sie auch ein langjähriges Ziel in der Mikroelektronik-Entwicklung. Neben der Möglichkeit, immer mehr Funktionen in einen einzigen elektronischen Chip zu integrieren, bedeutet die Verkleinerung der Transistor- und Interconnect-Größen vor allem einen erheblichen Gewinn an Leistung und Energieeffizienz. Das Moore'sche Gesetz beschreibt das exponentielle Wachstum der Anzahl von Transistoren, die in einen Chip integriert werden können. Sie erreicht bei den heutigen Chips mehr als 100 Milliarden Transistoren.

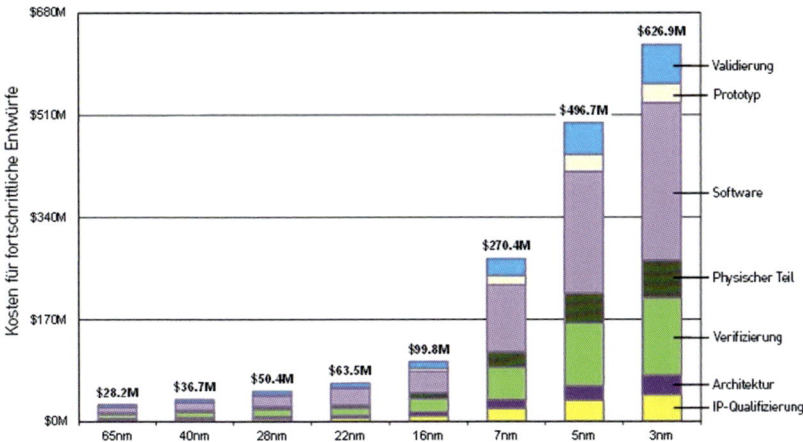

Abbildung 1: Anstieg der Kosten für den digitalen Entwicklungsprozess bei den neuesten Halbleiterknoten. Die Grafik stellt den Aufwand im Prozessor- und Mobilprozessordesign in der jeweiligen Integrationsdichte bei annähernd konstanter Chipfläche gegenüber. (Verwendung mit freundlicher Genehmigung von IBS, Inc.; Quelle: [1])

Der technische Fortschritt bei der Integration der Nanoelektronik geht jedoch mit einem dramatischen Anstieg der Konstruktions- und Produktionskosten in den neuesten Technologieknoten einher. Abbildung 1 zeigt das Wachstum der digitalen Konstruktionskosten für einige Technologien bis hin zum derzeitigen 3-nm-Knoten.

Folglich erfordern anwendungsspezifische integrierte Schaltungen (ASICs) in fortgeschrittenen Halbleitertechnologien höchste Produktionsmengen. Demgegenüber sind modulare Nanoelektronikkonzepte die Lösung, um die hohe Performance der neuen Technologien auch für kleinere Märkte bereitzustellen. Das Chiplet-Konzept bietet eine neuartige Standardisierung für diese Modularität. Wir stellen hier eine nanoelektronische Toolbox bereit, die auf Chiplets basiert und an die Bedürfnisse der Quantenkommunikation angepasst ist. Auf diese Weise wird die Toolbox auch eine Miniaturisierung elektronischer QKD-Komponenten ermöglichen, z.B. vom 19-Zoll-Rack-Format hin zur Mobiltelefon-Größe.

2 Modulare Elektronikplattform

Für eine modulare Elektronikplattform gibt es verschiedene Möglichkeiten. Ein vielversprechender Ansatz ist die in Abschnitt 2.1 behandelte Chiplet-Technologie. Um den Chiplet-Ansatz zu nutzen, sind mehrere elektronische Bausteine erforderlich. Dies wird in Abschnitt 2.2 und den nachfolgenden Abschnitten behandelt.

2.1 Chiplet-Technologie

Die Chiplet-Technologie ist ein neues Konzept für den Aufbau elektronischer Systeme auf der Grundlage von Chiplets aus elektronischen Bauteilen. Das Konzept ist vergleichbar mit einem System-in-Package-Ansatz (SiP). Ein SiP integriert verschiedene Komponenten als verpackte elektronische Bauteile auf einem gemeinsamen Package-Substrat und verbindet die verschiedenen Funktionalitäten miteinander [2]. In der Regel handelt es sich dabei um eine Verarbeitungseinheit in Verbindung mit speziellen integrierten Schaltkreisen (Integrated Circuits, IC) oder anderen elektronischen Schaltungen, um die erforderlichen Systemspezifikationen zu erfüllen.

Das Konzept der Chiplets geht noch einen Schritt weiter. Es beinhaltet die Aufteilung der Funktionalität in kleinere Basisblöcke. Eine Voraussetzung für die Einbindung verschiedener Chiplets in ein System ist die Entwicklung einer standardisierten Schnittstelle, die die Kombination verschiedener Funktionen ermöglicht. Ein vielversprechender Standard ist der Bunch-of-Wire-Standard (BoW) [3]. Verschiedene große Akteure wie Meta, Alphabet und Microsoft arbeiten ebenfalls daran.

Es gibt bereits ein etabliertes Konzept mit einem System-on-Chip (SoC), d.h. die monolithische Integration aller Teile, wie z.B. digitale, analoge und HF-Funktionen, in einem Chip. Der Vorteil liegt auf der Hand: Die gesamte Funktionalität ist in einem einzigen Chip integriert. Dies bringt jedoch auch eine Menge Nachteile mit sich. Es besteht ein Kompromiss zwischen allen Anforderungen wie hohe Geschwindigkeit, hohe digitale Leistung, hohe Spannung und Variationen für analoge

Schaltungen. Außerdem ist dies auch sehr teuer, da neuere Technologien erforderlich sind, um die nötige Rechenleistung abzudecken und den Marktanforderungen gerecht zu werden. Das bedeutet aber auch, dass analoge Schaltungen in diesem Knotenpunkt entwickelt werden müssen, und in vielen Fällen sind analoge Schaltungen nicht sehr gut skalierbar.

Mit dem Konzept eines chipletbasierten Systems kann für jeden Grundbaustein des Systems die optimale Technologie gewählt werden. Das bedeutet, dass man SiGe- oder GaN-Prozesse für analoge Hochgeschwindigkeitsblöcke, Bipolar-CMOS-DMOS-Technologien (BCD) für analoge Hochspannungsbauteile und modernste Prozessknoten bis hinunter zu 3-nm-FinFets für hochleistungsfähige und stromsparende digitale Schaltungen einsetzt. Eine standardisierte Chiplet-Schnittstelle wird verwendet, um die Grundbausteine aus verschiedenen Technologien zu verbinden.

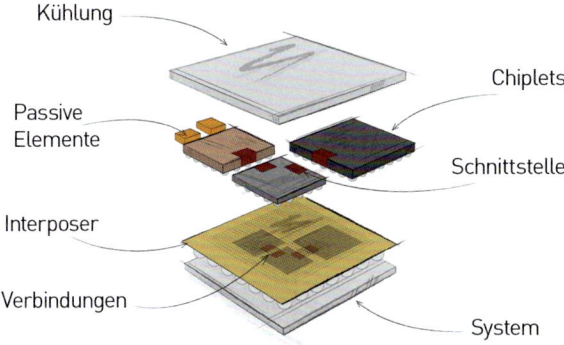

Abbildung 2: Schema des Chiplet-Ansatzes mit verschiedenen Chiplets, die zur Systemintegration auf einem Interposer integriert sind.

In Abbildung 2 ist das Grundprinzip der Chiplets dargestellt. Die Basis ist ein Interposer zur Aufnahme und Verbindung der Komponenten. Auf dem Interposer werden die Chiplets nach dem Flip-Chip-Prinzip mit Kupferstiften oder Micro-Bumps als physikalische Schnittstelle zusammengesetzt. Der rot markierte Teil jedes Chiplets stellt die standardisierte Schnittstelle für die Kommunikation zwischen den verschiedenen Teilen dar. An der Oberseite des Chiplets kann optional eine Kühlung angebracht werden, und die Unterseite bietet die Schnittstelle zur Integration des Chiplet-Interposers in ein größeres System. Ein Beispiel für ein Chiplet-System ist in Abbildung 3 dargestellt.

Dieser Ansatz ermöglicht eine hohe Wiederverwendbarkeit von Blöcken, da für neue Systeme nur ein Interposer konzipiert und analysiert werden muss, um alle erforderlichen Blöcke miteinander zu verbinden.

Die Integration aller Blöcke in einen monolithischen IC ist auch eine Frage der Ausbeute. Bei der Herstellung von ICs treten Fehler auf, die im Allgemeinen eine bestimmte Wahrscheinlichkeit pro Quadratmillimeter haben. Je größer der ASIC ist, desto höher ist die Wahrscheinlichkeit von Fertigungsfehlern, und desto höher ist der potenzielle Aufwand für das Design-for-Manufacturing zur Steigerung der Ausbeute. Kleinere Bausteine, wie z. B. Chiplets, erhöhen daher die Ausbeute und senken die Kosten.

Abbildung 3: Beispiel eines Chiplet-Systems: Hochgeschwindigkeits-Chiplet-Verbindung zwischen einem Mikroprozessor und Speicherbausteinen (oberer Teil). Der untere Teil des Bildes zeigt die Unterseite des Chiplet-Systems für die Verbindung mit einer Leiterplatte (Printed Circuit Board, PCB).

Aufgrund der Wiederverwendung von Bausteinen eignet sich der Chiplet-Ansatz für kleinere Systemvolumina. Dies macht den Chiplet-Ansatz zu einer vielversprechenden Technologie insbesondere für die Quantenkommunikation. Außerdem kann ein bestehendes QKD-Chiplet-System leicht an verwandte Systeme angepasst werden, indem Änderungen entsprechend den jeweiligen Anforderungen vorgenommen werden. So reicht beispielsweise ein Austausch von Blöcken aus, um die zusätzlichen Anforderungen eines neuen Kunden an ein QKD-System zu erfüllen.

Unsere Chiplet-Toolbox ist ein flexibles Konstrukt mit einer wachsenden Anzahl an bereitgestellten Funktionen. Derzeit sind in der Toolbox ein Digital-Analog-Wandler (DAC) mit 25 GS/s und einer 8-Bit-Auflösung und ein Analog-Digital-Wandler (ADC) mit 25 GS/s und einer 8-Bit-Auflösung verfügbar. Darüber hinaus ist ein hochleistungsfähiger digitaler Signalprozessor (DSP) auf Basis der Globalfoundries-Technologie CMOS 22 nm SOI (22Fdx) enthalten, und ein Field-Programmable Gate Array (FPGA) in 16 nm ist in Vorbereitung.

Künftige Entwicklungen betreffen Chiplets wie Hochgeschwindigkeits- und Hochspannungstreiber in SiGe- oder GaN-Technologien sowie ADC/DAC über 40 GHz und mit höherer Auflösung. Je nach den künftigen Anforderungen kann auch ein Transimpedanzverstärker (TIA) vorgesehen werden.

2.2 Digitale Signalprozessoren

Verbesserte DSPs ermöglichen eine leistungsstarke und stromsparende Signalverarbeitung und eignen sich besonders für Radar, LiDAR und Kommunikationsverarbeitung. Ein verfügbarer DSP ist in 22FDx-Technologie ausgeführt und bietet VLIW-Parallelität (Very-Long-Instruction-Word) sowie die Möglichkeit, mehrere Befehle pro Zyklus gleichzeitig auszuführen. Der integrierte Speicher und die umfangreichen externen Schnittstellen ermöglichen eine hochpräzise optimierte Verarbeitung für verschiedene Standardfunktionen wie Polynomberechnungen, Matrixmultiplikation oder schnelle Fourier-Transformation (FFT). Der DSP bietet die Möglichkeit, seine Funktionalität über eine definierte Schnittstelle zu erweitern, die die Implementierung spezieller Funktionen über eine Hardware-Implementierung ermöglicht und die Anforderungen bestimmter Anwendungen abdeckt.

Abbildung 4 zeigt Mikroskopbilder des in 22FDx-Technologie realisierten DSP. Die linke Seite des Bildes zeigt einen Teil des DSP mit einem regelmäßigen Gitter aus Kupfersäulen mit einem Raster von 100 µm. Die rechte Seite zeigt eine Vergrößerung der Kupfersäulen. Diese werden auf der Oberseite des ICs durch Verkupferung erzeugt und haben eine Lötbeschichtung, die die Montage auf einem Interposer ermöglicht.

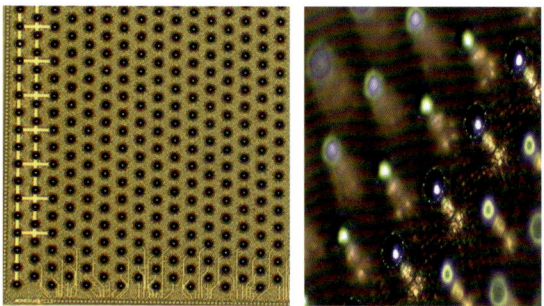

Abbildung 4: Mikroskopbilder eines Chiplet-DSP.

2.3 Analog-Digital-Wandler

Eine Schlüsselkomponente im Chiplet-Werkzeugkasten ist ein Hochgeschwindigkeits-ADC [4], [5]. Er unterstützt die QKD-Anforderungen hinsichtlich sehr schneller Datenumwandlungsraten von bis zu 25 GS/s bei 8-Bit-Auflösung (in Zukunft > 40 GS/s). Das Design ist in der Technologie 22FDx implementiert, welche die benötigten Hochgeschwindigkeitsbauelemente in Kombination mit einem sehr niedrigen Stromverbrauch bietet [6], [7]. Die hohe Wandlungsrate wurde erreicht durch die Kombination zweier bekannter ADC-Topologien zu einem Sub-ADC und die Verknüpfung dieser Sub-ADCs in einem Interleaving-Netzwerk [8]. Die Architektur des Sub-ADC kombiniert zwei 6-Bit-ADCs auf Grundlage eines sukzessiven Approximationsregisters (SAR) in einer Pipeline, um die 8-Bit-Auflösung bei einer niedrigeren Abtastrate von 500 MS/s zu erreichen [9]. Abbildung 5 zeigt die Architektur des Sub-ADC einschließlich wichtiger Blöcke innerhalb der SAR-Topologie.

Eine Verringerung der Abtastrate des Sub-ADC führt zu niedrigeren internen Taktraten, auch wenn die SAR-Topologie selbst intern mit einer Überabtastung arbeitet [10]. Der einzelne Sub-ADC wird mehrmals in ein Interleaving-Netzwerk integriert, um den Hochgeschwindigkeits-ADC aufzubauen. Die auf diese Weise erfolgte Aufteilung der Hochgeschwindigkeitsanforderungen ermöglicht es, insbesondere die hohe Geschwindigkeit im Systemdesign zu erreichen, indem die Komplexität des Systems auf einem hohen, aber umsetzbaren Niveau gehalten wird. Der Ansatz, ein Interleaving-Netzwerk zu verwenden, führt zu verschiedenen Herausforderungen beim Systemdesign. Die Fertigung der Sub-ADCs erfordert ein sehr gutes Matching der Bauteile und eine hohe Anpassung. Die zentrale Herausforderung beim Systemdesign des Interleaving-Netzwerks liegt im Layout.

Ein derartiger Hochgeschwindigkeits-ADC mit sehr geringem Stromverbrauch wird einen flexiblen Einsatz in vielen verschiedenen Hochgeschwindigkeitsanwendungen, auch in anderen Bereichen der Quantentechnologie über QKD hinaus, ermöglichen.

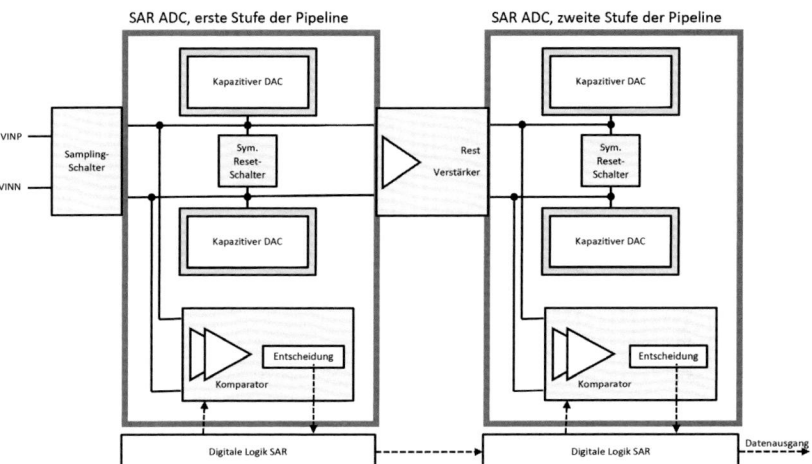

Abbildung 5: Architektur des Sub-ADC mit zwei SAR-ADCs in Pipeline.

2.4 Digital-Analog-Wandler

Das Gegenstück zum ADC ist ein entsprechender Digital-Analog-Wandler (DAC) mit der gleichen Hochgeschwindigkeits-Datenwandlungsrate von 25 GS/s und 8-Bit-Auflösung. Auch hier wurden für die Chiplet-Toolbox verschiedene etablierte Ansätze zu einer Lösung kombiniert, die die Anforderungen von QKD erfüllt [11–13]. Ähnlich wie beim ADC wurde die Topologie des DAC in mehrere gleichartige Sub-DACs aufgeteilt, die in einem Interleaving-Netzwerk verbunden sind [14]. Der Sub-DAC arbeitet mit binär gewichteten geschalteten Stromquellen als stromgesteuerter DAC [15]. Die einzelnen Ausgänge werden mit verschiedenen asynchronen Multiplexern kombiniert, um einen Ausgangstreiber zu speisen, der das analoge Signal am Ende der Signalkette bereitstellt.

2.5 Zeit-Digital-Wandler

Zeit-Digital-Wandler (TDCs) sind ein wichtiger Baustein für QKD-Systeme, die hohen Leistungsanforderungen genügen müssen. Während ein Photon beispielsweise mehr als 300 µs benötigt, um eine Strecke von 100 km zurückzulegen, muss bei typischen QKD-Systemen die (relative) Ankunftszeit mit einer Genauigkeit im zweistelligen Pikosekundenbereich gemessen werden – ein Unterschied von etwa sieben Größenordnungen. Eine Möglichkeit, diese Präzision zu erreichen, ist die Messung der Ausbreitungsgeschwindigkeit eines Signals in einem Chip. Vereinfacht ausgedrückt, misst man, wie viele Verzögerungselemente das Signal relativ zu einem Takt passieren kann. Diese TDC-Architektur wird als Tapped Delay Line bezeichnet und kann sowohl auf ASICs als auch auf FPGAs implementiert werden. Andere Architekturen beruhen auf Oszillatoren oder differenziellen Messungen. Ein gemeinsames Problem aller hochpräzisen TDCs besteht in von Prozessschwankungen oder Temperaturänderungen verursachten Effekten. Das Ergebnis sind nichtlineare Übertragungsfunktionen, wobei integrale Nichtlinearität (INL) und differenzielle Nichtlinearität (DNL) typische Messgrößen sind. Um diese Kennwerte zu verbessern, sind Methoden zur Linearisierung erforderlich. Die Möglichkeiten reichen von statistischen Methoden über die aktive Kalibrierung von Verzögerungselementen bis hin zu angepassten Architekturen, wie z. B. »Wave Union TDCs« [16].

Da die Leistungsanforderungen, Schnittstellen und Protokolle zukünftiger QKD-Systeme nur schwer vorhersehbar sind, stellen FPGA-basierte TDCs zumindest für kleine und mittlere Stückzahlen eine interessante Plattform dar. FPGAs sind nicht nur hinsichtlich der TDC-Implementierung flexibel, sondern auch in der Lage, zusätzliche Bausteine für QKD-Systeme zu integrieren. Die Integrationsmöglichkeiten reichen von der

On-Chip-Erzeugung echter Zufallszahlen [17] über Hardware zur Synchronisation von QKD-Systemen bis hin zu QKD-Protokollsoftware, die auf einem eng gekoppelten Prozessorsystem läuft und von der FPGA-basierten Beschleunigung von Algorithmen und Kryptografie profitieren kann. Die Kombination der Flexibilität einer FPGA-basierten Implementierung mit den Integrationsfähigkeiten von Chiplets bietet einen leistungsstarken, modularisierten und hochintegrierten Ansatz für QKD-Systeme.

2.6 Weiterentwicklung der Chiplet-Toolbox

Zentrale Herausforderungen für den praktischen Einsatz von QKD-Systemen sind die weitere Systemintegration und Miniaturisierung sowie die Erhöhung der Robustheit gegenüber Umgebungsbedingungen. Darüber hinaus sind intelligente Konzepte erforderlich, um die elektronischen Funktionen so zu modularisieren, dass die Anforderungen, die sich aus unterschiedlichen Systemkonzepten und -architekturen, Übertragungsmedien sowie Anwendungs- und Umgebungsbedingungen ergeben, kostengünstig erfüllt werden können.

Für die Realisierung der Systemkonzepte sind umfassende Anforderungsanalysen, Entscheidungen zur Systemarchitektur und Funktionspartitionierung sowie die spezifische Gestaltung der Packaging-Lösung notwendig. Die vordefinierten Chiplet-Blöcke ermöglichen es jedoch, deutlich schneller von ersten Überlegungen und Annahmen zu prototypischen Realisierungen der Elektronik für das Quantenkommunikationssystem zu gelangen.

Um die Entwicklungsgeschwindigkeit weiter zu erhöhen, sind leistungsfähige methodische Ansätze für ein robustes Design notwendig. Die experimentellen Analysen müssen sukzessive durch simulative Analysen einzelner Effekte und Komponenten erweitert werden. Das eigentliche Ziel ist es, einen modellbasierten Entwurf des gesamten QKD-Systems zu ermöglichen und eine Optimierung im Hinblick auf Leistungsfähigkeit und Robustheit mittel- und langfristig zu erreichen. Daher muss der Entwurf der grundlegenden elektronischen Komponenten von der Entwicklung leistungsfähiger Modellbibliotheken für alle Komponenten des Systems begleitet werden.

3 QKD-Testumgebung für die Schaltungsentwicklung

Für die erfolgreiche Entwicklung von modularer Nanoelektronik für die Quantenkommunikation ist eine voll funktionsfähige Testumgebung eine grundlegende Voraussetzung. Ein solches QKD-System wurde im Rahmen des »Monequa«-Projekts bei Fraunhofer IIS/EAS aufgebaut. Es basiert auf diskreten Variablen, die dadurch realisiert werden, dass verschränkte Photonen mit einer Wellenlänge von entweder 810 nm oder 1550 nm in Photonenpaarquellen erzeugt werden. Diese Quellen, die polarisationsverschränkte Zustände mit senkrechter (für 810 nm) oder paralleler (für 1550 nm) Polarisation herstellen, wurden von Fraunhofer IOF bereitgestellt. Die Photonen werden per Glasfaser zu den Empfängermodulen an den Standorten von Alice und Bob transportiert. Hier werden die Photonen in Bezug auf ihre Polarisation analysiert und von Lawinenphotodioden bzw. supraleitenden Nanodrähten detektiert. Die erfassten Zeitstempel werden zusammen mit der Polarisationsinformation kombiniert, um einen Quantenschlüssel nach dem BBM92-Protokoll zu erstellen. Abbildung 6 zeigt die Laboreinrichtung für eine QKD-Konfiguration mit 1550 nm.

Um neue Komponenten zu entwickeln und zu testen, ist das QKD-System modular aufgebaut, sodass wir verschiedene Szenarien des Schlüsselaustauschs abdecken können. So wird zum Beispiel neben der Polarisationsverschränkung auch die Zeit-Energie-Verschränkung als QKD-Option zur Verfügung stehen. Darüber hinaus ist es für beide Verschränkungsarten möglich, zwischen aktiver und passiver Basiswahl zu wechseln. Im Fall der Polarisationsverschränkung wird bei der passiven Basiswahl ein Polarisationsanalysemodul (PAM) mit fester Polarisationsoptik verwendet, während bei der aktiven Basiswahl schnelle Polarisationssteuerungen zum Einsatz kommen. In ähnlicher Weise kann die Phasenbeziehung zwischen den beiden Photonen mit Zeit- und Energieverschränkung passiv durch zwei feste und unausgeglichene Interferometer bei Alice bzw. Bob untersucht werden. Die aktive Wahl der Basis für die Phasencodierung wird durch schnelle Phasenmodulatoren in einzelnen Interferometern bei Alice und Bob realisiert. Die Elektronik zur

Steuerung dieser schnellen Phasenmodulatoren, nämlich ein HF-DAC und eine Treiberstufe, wird derzeit intern entwickelt. Der modulare Aufbau ermöglicht auch die Verifizierung individuell angepasster TDCs, die an die QKD-Anforderungen angepasst sind.

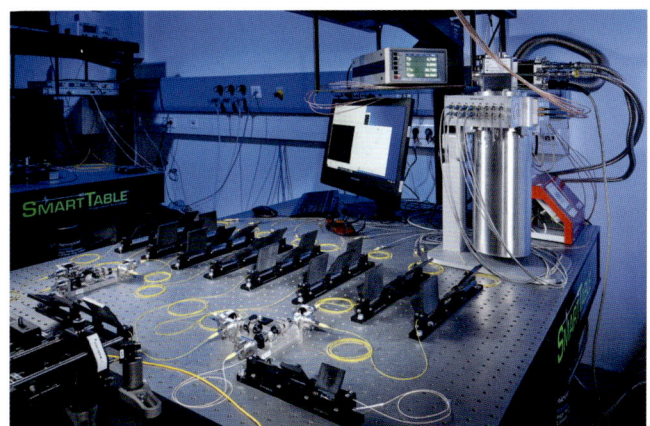

Abbildung 6: Verfügbare Laboreinrichtung für die Quantenkommunikation mit 1550-nm-Photonenpaarquelle für verschränkte Photonen (links), Modulen zur Polarisationsanalyse und Polarisationskontrolle (Mitte) und Nanodraht-Einzelphotonendetektoren (Hintergrund). [© Fraunhofer IIS/EAS, Foto: BLEND3 Frank Grätz]

Die realitätsnahe Erprobung von Komponenten und des Gesamtsystems ist von großer Bedeutung. Dazu ist es notwendig, verschiedene Testumgebungen bereitzustellen, die hinsichtlich ihrer Komplexität sowie des Umfangs störender Einflüsse und vom Idealfall abweichender Bedingungen ein breites Spektrum abdecken. Bei Fraunhofer IIS/EAS werden Experimentierumgebungen realisiert, die das oben genannte breite Spektrum bieten. In einem ersten Schritt können Komponenten und Systeme auf relativ kurzen Glasfaserverbindungen mit direkter Ankopplung an die optischen Aufbauten im Labor oder im Gebäude getestet werden. Dieser Aufbau stellt nahezu ideale Übertragungsbedingungen dar. In einer zweiten Ausbaustufe werden die Photonen innerhalb des Campus der TU Dresden über Glasfasern eines Infrastrukturanbieters zu einem anderen Fraunhofer-Institut übertragen, d. h. über mehrere Hundert Meter und mit einigen Koppelstellen (Spleißverbindungen) zwischen einzelnen Fasersegmenten. Die höchste Komplexität wird eine überregionale Übertragungsstrecke zwischen Dresden und Jena darstellen, bei der zwischen einzelnen Segmenten sogenannte Trusted Nodes realisiert werden müssen, d. h. optische und elektronische Komponenten müssen außerhalb einer Laborinfrastruktur aufgebaut und betrieben werden. Mit diesem mehrstufigen Ansatz der Versuchsaufbauten kann die Optimierung und Weiterentwicklung der Komponenten und Systeme iterativ erfolgen. Darüber hinaus erlauben die Mess- und Experimentierumgebungen auch die Charakterisierung einzelner Komponenten und Subsysteme hinsichtlich ihrer Leistungsparameter und liefern damit wichtige Daten für die Modellierung, Modellparametrierung und Modellvalidierung.

4 Fazit und Ausblick

Der vorgestellte Chiplet-Baukasten ist ein erster wichtiger Schritt auf dem Weg zu flexiblen, modularen elektronischen Komponenten für die Quantenkommunikation. Moderne Packaging-Technologien erlauben es, die elektronischen Komponenten des Kommunikationssystems auf kleinstem Raum zusammenzufassen, und bieten damit die Grundlage, um relevante Anforderungen hinsichtlich folgender Aspekte zu erfüllen:

- hohe Systemleistung,
- geringer Energieverbrauch,
- geringer Platzbedarf,
- hoher Schutz vor Manipulation.

Ausgehend von den Konzepten zur Modularisierung und Systemintegration sehen wir in der Nanoelektronik folgende allgemeine Ziele für die weitere Entwicklung von Komponenten und Systemen:

- Entwicklung von Komponenten und Subsystemen (z. B. schnelle Wandler, empfindliche rauscharme Detektoren, rauscharme Verstärker), die im Vergleich zu heutigen Laborgeräten einfacher aufgebaut sind, aber vergleichbare Leistungen erbringen,

- Reduzierung der Anzahl der Komponenten, was zu einer Verringerung des Aufwands für Stromversorgung, Justierung und Temperaturstabilisierung führt,
- weitere Funktionsintegration und Miniaturisierung und damit Verkleinerung des Platzbedarfs und Verstärkung des Manipulationsschutzes,
- Integration von vertrauenswürdiger Nanoelektronik in ein Gesamtsystemkonzept der sicheren und vertraulichen Kommunikation.

Die Verfügbarkeit leistungsfähiger, flexibler und kostengünstiger Komponenten und Subsysteme sowie deren Integration werden den Weg dafür ebnen, dass Quantenkommunikationssysteme nicht mehr nur für Spezialanwendungen, wie z. B. die sichere Kommunikation zwischen Behörden, eingesetzt werden, sondern in der Telekommunikation weite Verbreitung finden.

5 Literaturverzeichnis

[1] International Business Strategies, Inc., Design Activities and Strategic Implications, Los Gatos (US) (2021)

[2] F. Hopsch et al.: Construction Kit of RF-Blocks in Package Technologies. In International Symposium on Microelectronics, Bd. 2020, Nr. 1, S. 000021–000024. International Microelectronics Assembly and Packaging Society (2020)

[3] M. Ahmed et al.: Bunch of Wires Interface PHY Design for Multi-Chiplet Systems. In 2021 IEEE 23rd Electronics Packaging Technology Conference (EPTC), (S. 395–398) (2021)

[4] M. Jotschke et al.: A 10.5 mW programmable SAR ADC Frontend with SC Preamplifier for Low-Power IoT Sensor Nodes. In IEEE 6th World Forum on Internet of Things, doi: 10.1109/WF-IoT48130.2020922108 (2020)

[5] Y. M. Greshishchev et al.: A 40GS/s 6b ADC in 65nm CMOS. 2010 IEEE International Solid-State Circuits Conference – (ISSCC), San Francisco, CA, S. 390–391, doi: 10.1109/ISSCC.2010.5433972 (2010)

[6] S. S. Rao et al.: Body biasing for analog design: Practical experiences in 22 nm FD-SOI. In 20th IEEE International Symposium on Design and Diagnostics of Electronic Circuits and Systems, DDECS, doi: 10.1109/DDECS.2017.7934580 (2017)

[7] M. Jotschke et al.: Ultra-low-power SAR ADC in 22 nm FD-SOI technology using body-biasing. In Fachtagung Analog (2018)

[8] J. Devarajan et al.: A 12-b 10-GS/s Interleaved Pipeline ADC in 28-nm CMOS Technology. In IEEE Journal of Solid-State Circuits, Bd. 52, Nr. 12, S. 3204–3218. doi: 10.1109/JSSC.2017.2747758 (Dec. 2017)
[9] H. Shibata et al.: A 9-GS/s 1125-GHz BW Oversampling Continuous-Time Pipeline ADC Achieving −164-dBFS/Hz NSD. Solid-State Circuits IEEE Journal of, Bd. 52, Nr. 12, S. 3219–3234 (2017)
[10] M. Jotschke et al.: Flexible Multi-Channel Analog-Frontend for Ultra-Low Power Environmental Sensing. In IEEE open journal of circuits and systems. doi: 10.1109/OJCAS.2021.3081250 (2021)
[11] B. Prautsch et al: A DAC stage analog circuit generator for UDSM and FD-SOI technologies. In Design, Automation and Test in Europe Conference & Exhibition (2016)
[12] J. Koh et al.: An 8 Bit to 12 Bit Resolution Programmable 5 MSample/s Current Steering Digital-to-Analog Converter in a 22 Nm FD-SOI CMOS Technology. In Fachtagung Analog (2018)
[13] W. Cheng et al.: A 3b 40GS/s ADC-DAC in 0.12/spl mu/m SiGe. In 2004 IEEE International Solid-State Circuits Conference, S. 262–263, Bd. 1, doi: 10.1109/ISSCC.2004.1332694 (2004)
[14] S. Kim et al.: A 65-nm CMOS 6-Bit 20GS/s Time-Interleaved DAC With Full-Binary Sub-DACs. In IEEE Transactions on Circuits and Systems II: Express Briefs, Bd. 65, Nr. 9, S. 1154–1158. doi: 10.1109/TCSII.2018.2809965 (2018)
[15] S. Halder et al.: A 20GS/s 8-Bit Current Steering DAC in 0.25µm SiGe BiCMOS Technology. In European Microwave Integrated Circuit Conference; S. 147–150. doi: 10.1109/EMICC.2008.4772250 (2008)
[16] S. Tancock et al.: A review of new time-to-digital conversion techniques. IEEE transactions on Instrumentation and Measurement, S. 3406–3417 (2019)
[17] C. Skubich and L. Irsig: Phasenverschiebungs-basierter und PVT-kompensierter Generator für echte Zufallszahlen (DE 10 2018 222 894.9). Deutsches Patent- und Markenamt. https://register.dpma.de/DPMAregister/pat/register?AKZ=1020182228949 (2018)

Rauscharme Quantenfrequenzkonverter für den Quanteninternet-Demonstrator

Ein Gemeinschaftsprojekt des Fraunhofer-Instituts für Lasertechnik ILT in Aachen und des QuTech in Delft

Bernd Jungbluth

Abstract: Die Entwicklung eines Quanteninternets ist eines der bedeutendsten, langfristigen Ziele innerhalb der europäischen Roadmap für Quantentechnologie. Dabei sind Quantenfrequenzkonverter (QFC) Schlüsselkomponenten für die Realisierung von glasfaserbasierten Quantennetzwerken. Die Funktion eines QFC besteht darin, den Quantenzustand von der Emissionswellenlänge eines Qubit-Systems auf einem Quantenchip auf Wellenlängen im Telekommunikationsband zu überführen, bei denen Glasfasern minimale Übertragungsverluste aufweisen. Das grundlegende Funktionsprinzip solcher QFC-Systeme wurde bereits demonstriert, aber die technische Leistungsfähigkeit liegt noch unter den Anforderungen für die Anwendung. Die Herausforderung besteht darin, eine hohe Konversionseffizienz und gleichzeitig ein geringes Rauschen zu erreichen.

Keywords: Quantennetzwerke, Quanteninternet, Blind Quantum Computing, Quantenkommunikation, Quantenschlüsselaustausch, QKD, Quantenfrequenzumwandlung, Laser, nichtlineare Optik, nichtlinearer Kristall, optische Kavität

1 Quanteninternet

Computer und das Internet haben die Lebensweise der Menschen und die Weltwirtschaft in Bezug auf Kommunikation, Handel und Produktion in rasantem Tempo revolutioniert. Heute hängen nicht nur Wohlstand und Wirtschaftskraft der Gesellschaft, sondern auch ihre Widerstandsfähigkeit und Souveränität entscheidend von einer leistungsfähigen und sicheren Infrastruktur für Datenverarbeitung und -austausch ab. Zugleich versprechen die jüngsten Erkenntnisse der Quantenwissenschaft einen Paradigmenwechsel im Bereich der Informationstechnologien mit außergewöhnlichen Chancen für diejenigen, die Lösungen für technische Umsetzungen finden: Leistungsfähige Quantencomputer werden Anwendungen ermöglichen, die mit klassischen Computern nicht realisierbar sind, z. B. die computergestützte Entwicklung neuer Materialien oder Stoffe und die Entschlüsselung bisher sicherer binärer Kommunikation.

Abbildung 1: Pionierarbeit für die Implementierung eines faserbasierten Quanteninternets am QuTech in Delft (symbolische Darstellung, Copyright Hanson Lab @TUDelft).

In Analogie zur Entwicklung bei klassischen integrierten Schaltkreisen erwarten Experten, dass dies die Anwendungen der Quantentechnologie auf eine völlig neue Ebene heben wird.

Viele wissenschaftliche Meilensteine auf dem Weg zum Quanteninternet wurden am QuTech in Delft gelegt (siehe Abbildung 1). Mit dem Quantum Internet Demonstrator Project haben sich die Wissenschaftler das ehrgeizige Ziel gesetzt, ein verschränkungsbasiertes Quantennetzwerk zwischen mehreren Städten in den Niederlanden aufzubauen. Im Rahmen des Fraunhofer ICON-Programms kooperieren das QuTech und das Fraunhofer ILT seit 2019 auf dem Gebiet der photonischen Schlüsselkomponenten für den Aufbau internationaler Quantennetzwerke.

1.1 Quantennetzwerke

Quantenkommunikationsnetzwerke, insbesondere für Anwendungen mit sicherem Quantenschlüsselaustausch (Quantum Key Distribution, QKD) [1–3], wurden bereits in den vorangegangenen Kapiteln ausführlich vorgestellt. Sie stellen die Grundform von Quantennetzwerken dar und sind heute die greifbarste Anwendung. Ganz allgemein können die Knoten eines solchen Netzwerks nicht nur ein reines Kommunikationsterminal, sondern z. B. auch Prozessoren und Register von Quantencomputern oder Quantensensoren umfassen. Die möglichen Anwendungen beruhen wiederum auf denselben physikalischen Grundprinzipien, nämlich der Superposition und der Verschränkung von Qubits. Neben der sicheren Kommunikation prognostizieren Experten weitere wichtige Anwendungen für eine verbesserte Uhrensynchronisation, verbesserte Teleskope, sichere Identifikationstechnologien, exponentielle Einsparungen bei der Kommunikation, Quantensensornetzwerke sowie den sicheren Zugriff auf entfernte Quantencomputer über die Cloud [4].

Um die Potenziale voll auszuschöpfen, sind im Vergleich zum aktuellen Stand der Technik mehrere klar definierbare technische Durchbrüche erforderlich. Um dies zu veranschaulichen, werden von Experten Evolutionsstufen von Quantennetzwerken definiert:

1. *Trusted Node Network*, zwischen vertrauenswürdigen Knoten.
2. *Preparation and Measurement Network,* mit Präparation hier und Messung dort.
3. *Entanglement Distribution Network*, mit echter Verschränkungsübertragung.
4. *Quantum Memory Network*, unter Einschluss von Quantenspeichern.
5. *Few-qubit Fault-tolerant Network,* fehlertolerant für einige wenige Quantenbits.

6. Quantum Computer Network, für vernetze Quantencomputer.

Diese Stufen unterscheiden sich grundlegend in Bezug auf die technologischen Anforderungen, die verwendeten Protokolle und die möglichen Anwendungen. Zu Beginn unseres ICON-Projekts mit QuTech waren außerhalb von Laborumgebungen nur Netzwerke mit vertrauenswürdigen Knoten in Ballungsräumen realisiert worden [5–8]. Außerdem wurden schon zwei einzelne, weit entfernte Endknoten [9] über einen Satelliten miteinander verbunden.

Ein Trusted-Node-Netzwerk besteht aus mindestens zwei Endknoten und einer Reihe von Kurzstreckenverbindungen zwischen nahe gelegenen Zwischenknoten. Jedes Paar benachbarter Knoten verwendet QKD, um Schlüssel auszutauschen. Die paarweisen Schlüssel ermöglichen es den Endknoten somit, einen Schlüssel zu erzeugen, wenn alle Zwischenknoten vertrauenswürdig sind [10]. Damit unterscheidet sich dieser Netzwerktyp von allen nachfolgenden Generationen dadurch, dass eine Ende-zu-Ende-Übertragung von Qubits hier noch nicht möglich ist.

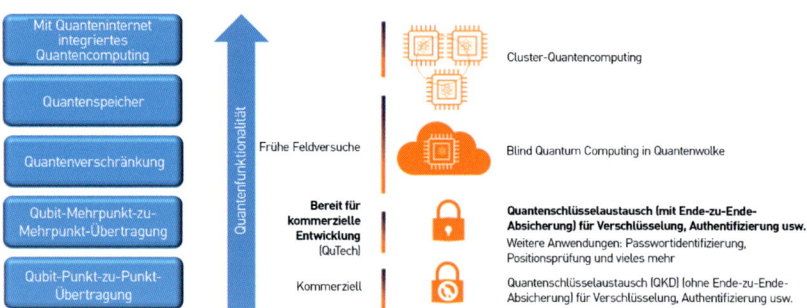

Abbildung 2: Evolutionsstufen von Quantennetzwerken und Stand der Entwicklung am QuTech (basierend auf [4]).

Das QuTech beabsichtigt, den Quanteninternet-Demonstrator in den Niederlanden als verschränkungsbasiertes Netzwerk zu implementieren (siehe Abbildung 2). Dies ermöglicht eine Ende-zu-Ende-Erzeugung von Quantenverschränkung und lokale Messungen. Die Endknoten benötigen für diese Implementierung keinen Quantenspeicher. Der wichtigste Fortschritt gegenüber vorherigen Entwicklungen besteht darin, dass verschränkungsbasierte Netzwerke die Realisierung von geräteunab-

hängigen Protokollen ermöglichen und damit nicht Sicherheitslücken der Hardwareumsetzung betroffen sind., Die Quantenschnittstelle
Ein zentraler Baustein für die Realisierung eines Quanteninternets ist die sogenannte Quantenschnittstelle [11]. Sie verschränkt »stationäre Qubits« der Endknoten mit Photonen, die dann als »fliegende Qubits« über einen optischen Kanal die Kommunikation zwischen entfernten Knoten ermöglichen. Dieser Prozess wird in der Regel durch eine Licht-Materie-Wechselwirkung zwischen dem Qubit und einem präzise vorbereiteten Laserpuls hergestellt, z. B. durch Anregung eines elektronischen Übergangs eines gefangenen Ions in einer optischen Kavität [12] oder eines Spin-Qubits mit einem Farbzentrum [13]. Das daraus resultierende Fluoreszenzphoton kann über große Entfernungen übertragen und schließlich zur Verschränkung zwischen weit voneinander entfernten Qubits verwendet werden. Dies kann entweder mittels direkter Signalübertragung durch die Erdatmosphäre oder über die Glasfasern der bestehenden Telekommunikations-Infrastruktur erfolgen. Da Quanten-Repeater noch auf ihre Umsetzung warten, wird die maximale Entfernung zwischen zwei Knotenpunkten hauptsächlich durch die Verluste im jeweiligen Übertragungskanal begrenzt. Daher sind im Fall von Quantennetzwerken geringe Streu- und Absorptionsverluste in der Atmosphäre bzw. in Telekommunikationsfasern für die zu implementierenden Protokolle immer essentiell. Da Standard-Telekommunikationsfasern ihr generelles Minimum an Übertragungsverlusten im nahen Infrarotbereich aufweisen, kann die Frequenzumwandlung des Fluoreszenzlichts der Qubits deren Übertragungsreichweite stark erhöhen. Dies kann durch einen Drei-Wellen-Mischprozess in einem nichtlinearen optischen Kristall realisiert werden. Der Quantenzustand des fliegenden Qubits bleibt bei dieser Umwandlung erhalten [14]. Solche Geräte werden als Quanten-Frequenzkonverter (Quantum Frequency Converter, QFC) bezeichnet. Das Funktionsprinzip eines solchen QFC-Systems wurde bereits demonstriert, aber die technische Leistungsfähigkeit liegt noch weit unter den Anforderungen realer Anwendungen.

1.2 Das Quantum Internet Demonstrator Project am QuTech

Eines der weltweit führenden Forschungsinstitute auf dem Gebiet der Quanteninformation ist das QuTech in Delft. Es wurde 2014 als Partnerschaft zwischen der TU Delft und TNO mit dem Ziel gegründet, skalierbare Prototypen von Quantencomputern und Quantennetzwerken zu entwickeln. Im Jahr 2015 gelang es der Forschungsgruppe von Ronald Hanson am QuTech erstmals, eine langlebige Quantenverschränkung über eine Entfernung von 1,3 km zu erzeugen [15] und damit den vollständigen experimentellen Nachweis der Quantenverschränkung zu erbringen. Stickstofffehlstellen in Diamant (sogenannte NV-Zentren) werden als Qubits verwendet, die Photonen aussenden, die mit dem Qubit-Zustand verschränkt sind. Über eine optische Verbindung, die die 637-nm-Photonen transportiert, lassen sich die fliegenden Qubits wiederum mit anderen NV-Zentren verschränken. Im Jahr 2018 gelang es dem Team, die Quantenverschränkung zwischen zwei Quantenchips schneller zu erzeugen, als die Verschränkung verloren geht [16]. 2021 führten sie das weltweit erste 3-Knoten-Quantennetzwerk im Labor vor [17].

Das Quantum Internet Demonstrator Project bildet nun den Rahmen für die Implementierung eines Quantenverschränkungsnetzwerks im makroskopischen Maßstab. Die Wissenschaftler von QuTech wollen NV-Zentren-Qubits in Delft und Den Haag über bestehende Telekommunikationsfasern miteinander verbinden. Da die Entfernungen noch relativ gering sind, werden für die Demonstration keine zusätzlichen Quanten-Repeater benötigt. Darüber hinaus sind an jedem Endknoten QFC erforderlich, um die Wellenlänge der optischen Qubits in das Telekommunikationsband umzuwandeln und so die Übertragungsverluste durch die Faserstrecke.zu reduzieren. An dieser Stelle kommt das Fraunhofer ILT mit seinem fundierten Know-how in den Bereichen der Lasertechnik und der nichtlinearen Optik ins Spiel. Gemeinsam wollen das QuTech und das Fraunhofer ILT hocheffiziente, rauscharme QFC als unverzichtbare Schlüsselkomponenten für die Verschränkung über große Entfernungen mittels Telekommunikationsfasernetzen und deren Verwendung in einem zukünftigen Quanteninternet entwickeln.

2 Quantenfrequenzkonversion

2.1 Leistungsanforderungen an einen QFC – jedes Photon zählt

Wie oben dargestellt, besteht die Funktion eines QFC darin, die Übertragungsverluste im Quantenkanal zu verringern, indem die Wellenlänge der fliegenden Qubits an die Übertragungseigenschaften der Telekommunikationsfasern angepasst wird, ohne dass ihr Quantenzustand dabei verändert wird. Daraus lassen sich bereits die beiden grundlegenden Leistungsanforderungen an einen QFC ableiten: Erstens muss die Gesamteffizienz eines QFC für die Umwandlung von Qubits mit der Eingangswellenlänge von 637 nm zur Ausgangswellenlänge von 1587 nm deutlich größer sein als die Transfereffizienz der Quanten bei der Eingangswellenlänge zwischen den beiden Endknoten durch eine Glasfaser. Zweitens darf die Umwandlung nicht fälschlicherweise zusätzliche Photonen als Rauschen erzeugen, also Photonen mit der Ausgangswellenlänge ohne Korrelation zu den Eingangsphotonen des Quantenkanals. Wenn die Anzahl der Rauschphotonen zunimmt, ist die Zuverlässigkeit jedes Quantenkommunikationsprotokolls gefährdet. Im Falle des QKD können Dunkelzählraten in der Größenordnung der echten Detektionsereignisse die Einhaltung des Protokolls unmöglich machen [18].

Für die praktische Anwendung in Delft sollte die Gesamtkonversionseffizienz eines solchen Systems (einschließlich Kopplung und aller anderen Verluste) mindestens 35 % und die Rauschzählrate 25 Hz bei einer Bandbreite von 10 MHz betragen.

2.2 Funktionsprinzip, Konstruktionsherausforderungen und Stand der Technik

Das Funktionsprinzip eines QFC (siehe Abbildung 3) beruht auf der Wechselwirkung von drei Photonen in Dielektrika mit starken Nichtlinearitäten. In solchen Medien kann ein einzelnes Eingangsphoton vernichtet werden, wobei gleichzeitig zwei neue Photonen entstehen Die Gesamtenergie und der Gesamtimpuls der beteiligten Photonen bleiben erhalten, sodass die Ausgangswellenlänge durch die richtige Wahl der Konstruktions- und Betriebsparameter eingestellt werden kann. Für die Realisierung eines QFC ergeben sich aus den wichtigsten Leistungsanforderungen die folgenden konstruktiven Herausforderungen: Erstens ist der nichtlineare Effekt aufgrund der geringen Stärke des elektrischen Feldes, das einem einzelnen Photon entspricht, gering und die Konversionseffizienz ist von Natur aus niedrig. Zweitens sind aufgrund der geringen Anzahl von Eingangs- und Ausgangsphotonen ausgeklügelte Filtertechniken erforderlich, um ein akzeptables Signal-Rausch-Verhältnis (SNR) zu erreichen.

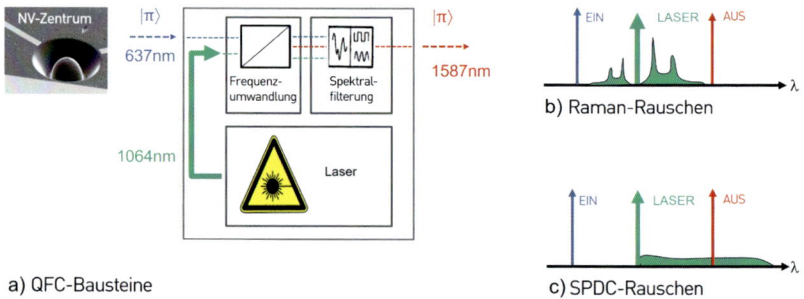

Abbildung 3: Bausteine eines Quantenfrequenzwandlers und schematische Spektren von Raman- und SPDC-Rauschen als dominante Rauschquellen.

Der allgemeine Ansatz zur Verbesserung der Konversionseffizienz von QFC besteht in der Verwendung von Medien mit hoher Nichtlinearität und in der Mischung des Einzelphotonensignals mit einem starken Laserfeld. Die Verwendung sogenannter periodisch gepolter Kristalle ist ein Standardansatz, um eine hohe Nichtlinearität zu erreichen. Zusätzlich führt ein Wellenleiter im nichtlinearen Medium zu einer räumlichen Begrenzung des Laserlichts und erhöht die durchschnittliche Intensität über die gesamte Wechselwirkungslänge des Konverters. Ungünstigerweise wird die Erzeugung von Rauschphotonen – wie die Grundfunktion des Wandlers selbst – durch nichtlineare optische Prozesse verursacht. Hohe Konversionseffizienz und geringes Rauschen sind daher gegensätzliche Anforderungen, und alle genannten Maßnahmen zur Erhöhung der Effizienz haben ihre spezifischen Nachteile in Bezug auf das Rauschen.

Eine Quelle des Rauschens ist die Raman-Streuung, die aber in der Regel durch die Wahl eines geeigneten Konversionsmaterials für die gewünschte Wellenlängenkombination gut unterdrückt werden kann. Die zweite Rauschquelle ist die spontane parametrische Fluoreszenz (Spontaneous Parametric Down-Conversion, SPDC). Obwohl der SPDC-Prozess in jedem nichtlinearen Material abläuft, sind periodisch gepolte Materialien und Wellenleiter besonders kritisch, da sich die Rate der erzeugten Rauschphotonen aufgrund von leichten Fertigungsfehlern des Wellenleiters [19] sowie zufälligen Tastverhältnisfehlern bei der Herstellung der periodischen Polung erhöht [20].

Die meisten neueren Studien zur Quantenfrequenzkonversion werden in periodisch gepolten nichtlinearen Medien mit Wellenleitern durchgeführt [14, 21–25]. Diese Geräte ermöglichen zwar eine effiziente Umwandlung mit Laserquellen geringer Leistung, aber das Ausmaß der eingebrachten Rauschphotonen ist nach wie vor eine Herausforderung für eine zuverlässige Quantenkommunikation. Die gemessenen Werte liegen in der Größenordnung von 100 Hz/pm [25] und mehreren kHz/pm [26]. Dieser Wert wird in Bezug auf die Bandbreite der spektralen Filterung berechnet.

2.3 NORA – ein rauschreduzierter Ansatz für QFC

Die Zusammenarbeit von ILT und QuTech ermöglichte es, zwei QFC-Ansätze mit spezifischen Vorteilen parallel zu entwickeln und zu vergleichen. Der QFC bei QuTech folgt mit Wellenleitern in periodisch gepolten Lithium-Niobat-Kristallen einem eher etablierten Design aus der Literatur. Bei Fraunhofer haben wir einen neuen, rauschärmeren Ansatz (**no**ise **r**educed **a**pproach, NORA) für den QFC untersucht, um auf periodisch gepoltes Material und Wellenleiter verzichten zu können (siehe Abbildung 4).

Der QFC bei QuTech erreicht eine interne Konversionseffizienz von 65 %. Der Gesamtkonversionseffizienz des Geräts – einschließlich aller optischen Verluste und Kopplungsverluste – beträgt 17 % bei einem Signal-Rausch-Verhältnis SNR von 7 und einem Rauschpegel von 400 Hz [25].

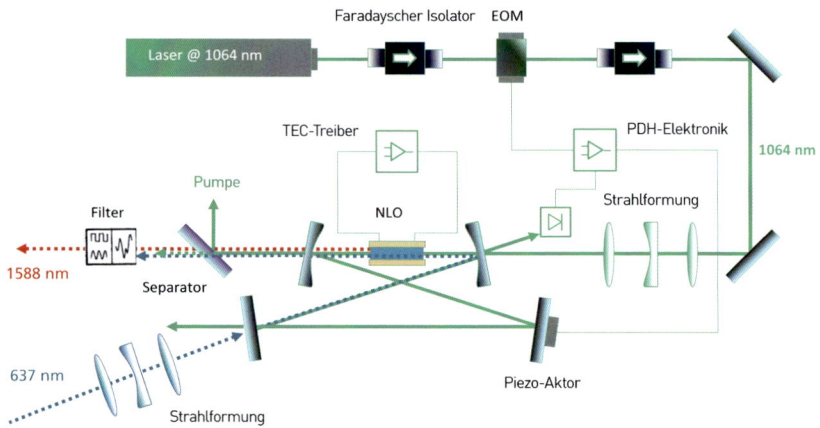

Abbildung 4: Konzeption des NORA QFC mit einem leistungsstarken Einfrequenzlaser bei 1064 nm und einem KTA-Kristall, der in einer optischen Kavität betrieben wird.

Bei den zu erwartenden Vorteilen des NORA QFC in Bezug auf die Rauscheigenschaften besteht die größte Herausforderung darin, eine hohe Konversionseffizienz auch ohne die räumliche Begrenzung eines Wellenleiters und ohne periodisch gepolte Kristalle zu erreichen. Daher basiert der NORA QFC auf einer optischen Kavität in Bow-Tie-Konfiguration mit einem ungepolten nichtlinearen optischen Kristall in einem Arm der Kavität [27]. Numerische Simulationen mit der Fraunhofer ILT-eigenen Software OPT zeigen, dass mit einem KTA-Kristall eine Konversionseffizienz von 65 % erreicht werden kann, wenn eine Pumpleistung von 500 W bei 1064 nm eingesetzt wird (siehe Abbildung 5). Aufgrund der Verstärkung der optischen Kavität kann die erforderliche Leistung von einem Einfrequenzlaser mit 15 W Ausgangsleistung bereitgestellt werden.

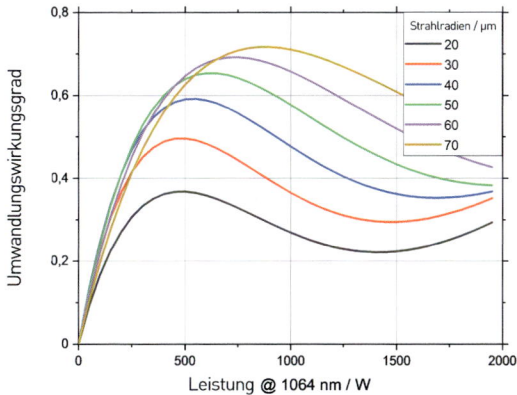

Abbildung 5: Konversionseffizienz von NORA QFC in verschiedenen Arbeitspunkten, vorhergesagt durch numerische Modellierung [27].

2.4 Prototypenentwicklung und Erprobung von NORA QFC

Zur experimentellen Erprobung des Konzepts haben wir einen mobilen Prototyp aufgebaut, der nach Delft geliefert wurde (siehe Abbildung 6). Dazu wird ein kommerzieller Faserlaser mit einer Wellenlänge von 1064 nm über einen der gekrümmten Kavitätsspiegel resonant in die Kavität eingekoppelt. Um die Resonanzbedingung zu erreichen und die Laserleistung ausreichend zu verstärken, wird die Länge der Kavität aktiv durch die Pound-Drever-Hall-Technik (PDH) stabilisiert. Zu diesem Zweck wird ein elektrooptischer Modulator verwendet, um dem Pumplasersignal Frequenzseitenbänder aufzumodulieren. Das vom Koppelspiegel reflektierte Signal dient dann als Fehlersignal, das zur Einstellung der Resonatorlänge durch Verschieben eines Spiegels mittels eines Piezoaktors genutzt werden kann. In den Experimenten wurde typischerweise ein Verstärkungsfaktor von > 40 erreicht.

Für einen klassischen Vorabtest der Konverterleistung haben wir das Licht eines abgeschwächten Einfrequenzlasers bei 637 nm verwendet, um das Eingangs-Qubit zu emulieren. Bei einer Eingangsleistung im Bereich von einigen Milliwatt ist die gemessene Konversionseffizienz auch für den Quantenbereich repräsentativ. Die interne Quanten-Konversionseffizienz ergibt sich aus dem Verhältnis der Ausgangsleistung zur Eingangsleistung des QFC, korrigiert um das Wellenlängenverhältnis. Der Konverter bietet eine interne Konversionseffizienz von (50 ± 4) %, während das hochintensive Feld eine Leistung von P_{max} = (320 ± 30) W im Inneren der Kavität aufweist.

Abbildung 6: Erste Prototypen des NORA QFC im Labor bei Fraunhofer.

Die Messungen der Rauscheigenschaften des Konverters wurden bei identischer Pumpleistung wie bei den Konversionsexperimenten durchgeführt, jedoch ohne Einstrahlung von Licht bei 637 nm in den Eingangskanal. Das Rauschen im Ausgangskanal wird hinter einem optischen Bandpass mit einer Halbwertsbreite von $\Delta\lambda$ = (3140 ± 30) pm mit einem fasergekoppelten Einzelphotonen-Lawinendetektor gemessen. Die Quanteneffizienz des Detektors war η_D = 25 % mit einer Totzeit von τ_D = 10 µs. Die spektrale Rauschdichte N wird aus der gemessenen Rauschrate N_0 wie folgt berechnet:

$$N = \frac{1}{\Delta\lambda \cdot \eta_D} \cdot \frac{N_0}{1 - N_0 \tau_D}$$

Dabei berücksichtigt der zweite Korrekturfaktor τ_D = 10 μs die Totzeit des Detektors [29]. NORA QFC erzeugt Rauschraten, die linear mit der einfallenden hohen Leistung ansteigen. Bei einem Betriebsniveau mit 50 % Konversionseffizienz (intern) wird eine Rauschdichte von (43 ± 4) Hz/pm erreicht.

Auf der Grundlage dieser Erkenntnis kann man auch eine reduzierte Metrik einführen, indem man die Rauschdichte in Bezug auf ihre Effizienz normalisiert. Die auf diese Weise definierte normalisierte Rauschdichte ist eine Kennzahl, die die Leistung eines QFC in Bezug auf die beiden Hauptanforderungen Effizienz und Rauschen einstuft. Diese Größe ist für den NORA QFC in Abbildung 7 im Vergleich zum bisherigen Stand der Technik dargestellt. NORA verbessert damit den bisherigen Rekord von QuTech von 5,9 Hz/pm/% auf 0,86 Hz/pm/%.

Zusammenfassend lässt sich sagen, dass der NORA QFC-Breadboard-Prototyp im Vergleich zu Standard-QFCs, die auf periodisch gepolten Kristallen mit Wellenleitern basieren, ein mindestens viermal geringeres Rauschen bei annähernd gleicher Konversionseffizienz aufweist.

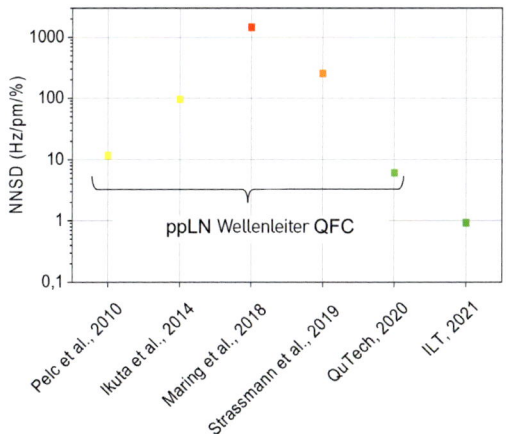

Abbildung 7: Leistung von NORA QFC im Vergleich zum Stand der Technik [22,26,29,30]. Die normalisierte Rauschdichte wird um den Faktor vier reduziert.

Die hier vorgestellten Ergebnisse unserer eigenen Voruntersuchung wurden bereits durch gemeinsame Messungen mit den Projektpartnern in Delft bestätigt. Darauf aufbauend haben wir einen zweiten Prototyp als elegantes Breadboard gebaut, jedoch mit weiter verbesserter Stabilität für einen echten Automatikbetrieb im Quantenexperiment.

Sollte dieses Gerät unsere Erwartungen und vorläufigen Ergebnisse bestätigen, wird die stark verbesserten Eigenschaften des Konverters einen großen Vorteil für die Demonstration und die weitere Umsetzung darstellen und einen großen Schub für den Quanteninternet-Demonstrator bedeuten.

3 Nächste Schritte

Mit dem Einsatz des NORA QFC im Verschränkungsexperiment und vor allem mit der Umsetzung des Quanteninternet-Demonstrators in den Niederlanden haben die Partner bis zum Ende des laufenden ICON-Projekts QFC4–1QID noch anspruchsvolle Aufgaben und hoffentlich spektakuläre Demonstrationen und Erkenntnisse vor sich. Die gemeinsame Vision ist jedoch noch größer. Das Ziel ist der Aufbau eines multinationalen Quantennetzwerks in der EU, das der Industrie und der Wissenschaft als Testumgebung später zur Verfügung steht, um neue Produkte und Anwendungen zu entwickeln und das volle Potenzial des verteilten Quantencomputing zu erschließen. Zu diesem Zweck haben QuTech und Fraunhofer am 14. Dezember 2021 eine Absichtserklärung für eine verstärkte Zusammenarbeit im Bereich der Quantennetzwerke unterzeichnet.

Mit diesem Memorandum of Understanding wird die bestehende Zusammenarbeit weiter vertieft. So planen die beiden Institutionen beispielsweise, den ersten deutschen Quantenknoten eines transnationalen Quantennetzwerks am Fraunhofer ILT in Aachen zu installieren. Die Basis dafür werden der QuTech-Quantenknoten mit NV-Zentrum sowie die QFC-Technologie des Fraunhofer ILT sein.

Parallel dazu arbeitet ein Konsortium im Rahmen des BMBF-Verbundprojekts HiFi bereits an der Weiterentwicklung der Konvertertechnologie. Partnern aus Wissenschaft und Industrie treiben hierin gemeinsam fortschrittliche Konzepte und Technologien für eine hochintegrierte und stückzahlskalierbare Umsetzung voran. Auch das QuTech ist als assoziierter internationaler Partner beteiligt und profitiert von der weiter verbesserten Hardware.

4 Literaturverzeichnis

[1] C. H. Bennett und G. Brassard: Quantum Cryptography: Public Key Distribution and Coin Tossing. International Conference on Computer System and Signal Processing, IEEE (1984), pp. 175–179.
[2] A. K. Ekert: Quantum cryptography based on Bell's theorem. Phys. Rev. Lett. 67, 661–663 (1991)
[3] S. Wiesner: Conjugate coding: ACM SIGACT News 15, 78–88 (1983).
[4] S. Wehner, D. Elkouss, R. Hanson: Quantum internet: A vision for the road ahead. Science Vol 362, Issue 6412 (2018)
[5] M. Peev et al.: The SECOQC quantum key distribution network in Vienna. New J. Phys. 11, 075001 (2009)
[6] M. Sasaki et al.: Field test of quantum key distribution in the Tokyo QKD Network. Opt. Express 19, 10387–10409 (2011)
[7] D. Stucki et al.: Long-term performance of the SwissQuantum quantum key distribution network in a field environment. New J. Phys. 13, 123001 (2011)
[8] S. Wang et al.: Field and long-term demonstration of a wide area quantum key distribution network. Opt. Express 22, 21739–21756 (2014)
[9] J. Yin et al.: Satellite-based entanglement distribution over 1200 kilometers. Science 356. 1140–1144 (2017)
[10] V. Scarani et al.: The security of practical quantum key distribution. Rev. Mod. Phys. 81, 1301–1350 (2009)
[11] H. J. Kimble: The quantum internet. Nature, 453 (7198), 1023–1030 (2008)
[12] J. I. Cirac, P. Zoller, H. J. Kimble, H. Mabuchi: Quantum State Transfer and Entanglement Distribution among Distant Nodes in a Quantum Network. Phys. Rev. Lett, 78 (16), 3221–3224 (1997)
[13] J.-F. Wang et al.: Robust coherent control of solid-state spin qubits using anti-Stokes excitation. Nature communications, 12 (1), 3223 (2021)
[14] J. D. Siverns and X. Li, Q. Quraishi:m Ion-photon entanglement and quantum frequency conversion with trapped Ba+ ions. Applied optics, 56 (3), B222 –B230 (2017)
[15] B. Hensen et al.: Loophole-free Bell inequality violation using electron spins separated by 1.3 kilometres. Nature 2015 Oct 29;526(7575):682–6
[16] P. C. Humphreys et al.: Deterministic delivery of remote entanglement on a quantum network. Nature 2018 Jun;558 (7709):268–273

[17] M. Pompili et al.: Realization of a multinode quantum network of remote solid-state qubits. Science Vol 372, Issue 6539, pp. 259–264 (2021)
[18] G. Brassard et al.: Limitations on practical quantum cryptography. Physical review letters, 85 (6), 1330–1333 (2000)
[19] M. Santandrea et al.: Fabrication limits of waveguides in nonlinear crystals and their impact on quantum optics applications. New J. Phys, 21 (3), 33038 (2019).
[20] F. Mann et al.: Low random duty-cycle errors in periodically-poled KTP revealed by sum-frequency generation (2021)
[21] S. Zaske et al.: Visible-to-telecom quantum frequency conversion of light from a single quantum emitter. Physical review letters, 109 (14), 147404 (2012).
[22] J. S. Pelc et al.: Long-wavelength-pumped upconversion single-photon detector at 1550 nm: performance and noise analysis. Opt. Express, 19 (22), 21445–21456 (2011)
[23] B. Albrecht et al.: A waveguide frequency converter connecting rubidium-based quantum memories to the telecom C-band. Nature communications, 5 3376 (2014)
[24] S. Ates et al.: Two-photon interference using background-free quantum frequency conversion of single photons emitted by an InAs quantum dot. Physical review letters, 109 (14), 147405 (2012)
[25] A. Dréau et al.: Quantum Frequency Conversion of Single Photons from a Nitrogen-Vacancy Center in Diamond to Telecommunication Wavelengths. Phys. Rev. Applied, 9 (6), (2018)
[26] N. Maring et al.: Quantum frequency conversion of memory-compatible single photons from 606 nm to the telecom C-band. Optica, 5 (5), 507 (2018)
[27] J. F. Geus et al.: Frequency down-conversion for efficient, low-noise quantum frequency converters. Proc. SPIE 12015, Quantum Computing, Communication, and Simulation II, 1201506 (2022)
[28] J. W. Müller: Dead-time problems. Nuclear Instruments and Methods, 112 (1–2), 47–57 (1973)
[29] R. Ikuta et al.: Frequency down-conversion of 637 nm light to the telecommunication band for non-classical light emitted from NV centers in diamond. Opt. Express 22, 11205–11214 (2014)
[30] P. C. Strassmann et al.: Spectral noise in frequency conversion from the visible to the telecommunication C-band. Opt. Express 27, 14298–14307 (2019)

4 Quanten-computing

Quantencomputing

Einleitung

4

Manfred Hauswirth

Die breitere Verfügbarkeit von Quanten-Hardware – sowohl von universellen gatterbasierten Quantencomputern wie dem IBM Q System One als auch von Quanten-Annealern wie dem Advantage System von D-Wave – hat das Thema Quantencomputing in der politischen und wirtschaftlichen Diskussion fest verankert. Darüber hinaus werden auch Konzepte für die Quantensimulation (analoges Quantencomputing) wirtschaftlich immer interessanter. Das beiden Gebieten zugrunde liegende Wertversprechen beruht auf der Annahme, dass, wenn diese Quantencomputing-Systeme gut genug verstanden werden und auf einem ausreichend hohen Qualitätsniveau kontrolliert werden können, Probleme von sehr hoher algorithmischer Komplexität durch Nutzung von Quanteneffekten wie Superposition und Verschränkung effizienter gelöst werden können. Nicht nur klassische Optimierungsprobleme wie das Problem des Handlungsreisenden, sondern auch neue Probleme wie die umfassende Simulation chemischer Reaktionen in der Quantenchemie wären dann viel schneller oder überhaupt erst lösbar. Gegenwärtig müssen alle vorhandenen Hardware-Ansätze, die auf verschiedenen Qubit-Architekturen basieren, als fehlerbehaftete NISQ-Geräte (Noisy Intermediate-Scale Quantum) eingestuft werden, und für die Lösung der entsprechenden Probleme gibt es lediglich erste Ansätze für Fehlerkorrekturmechanismen. Die Forschung schreitet allerdings schnell voran, und es werden fortlaufend und zunehmend schneller Verbesserungen erzielt.

Aufseiten der Software-Unterstützung werden neuartige Ansätze entwickelt, die aber zum Teil noch in den Kinderschuhen stecken: Ein wesentliches Problem für Software besteht darin, dass die »algorithmische Abstraktion« (in Ermangelung eines etablierten Begriffs) bei Quantencomputern nicht mehr universell möglich ist. Bei herkömmlicher Computerhardware kann jeder Algorithmus auf jeder Hardware (unterschiedlich effizient) ausgeführt werden, d. h., die Algorithmen sind zwischen Hardware-Architekturen, Programmiersprachen und Programmiersystemen portabel. Bei Quantencomputern trifft diese Annahme jedoch nicht mehr zu. Hier ist die Entwicklung von Software an die Entwicklung von Quantencomputing-Hardware gebunden und der aus der Topologie und dem nativen Gattersatz resultierende Overhead kann unterschiedlich ausfallen. Hinzu kommt, dass einige Hardware-Ansätze für bestimmte algorithmische Probleme gut geeignet sein können, während andere für dieselben Probleme möglicherweise sehr schlecht geeignet sind – bis hin zu dem Extrem, dass einige Quantenalgorithmen für eine bestimmte Quanten-Hardware überhaupt nicht einsetzbar sein können. Dieses Problem kann möglicherweise zum Teil überwunden werden, wenn fehlerkorrigierte Geräte verfügbar werden.

Darüber hinaus existieren für die »Quanteninformatik« noch keine etablierten Eckpfeiler wie in der »traditionellen« Informatik: Es gibt noch keine universellen Quanten-Assembler oder Quanten-Programmiersprachen. Zwar existieren Vorschläge wie OpenQASM und Silq, aber es fehlt ein standardisierter Entwicklungszyklus. Es gibt nur proprietäre Software-Frameworks und Middlewares wie Qiskit, und noch keine universellen Mittel zur Messung wesentlicher algorithmischer Eigenschaften. So ist zum Beispiel das Problem der Quantenverifikation – die zuverlässige und effiziente Korrektheitsüberprüfung der Ausgabe einer Quantenberechnung – noch eine offene Forschungsfrage. Daher ist noch nicht bekannt, ob Korrektheitsanalysen, wie sie aus der theoretischen Informatik bekannt sind, effizient möglich sind.

Dieser Stand der Dinge mag wenig ermutigend erscheinen, aber das Potenzial neuer Durchbrüche in allen beitragenden wissenschaftlichen Disziplinen ist sehr hoch, ebenso wie die potenzielle Investitionsrentabilität in Form von erheblichen Marktvorteilen. Es sind noch viele Schritte nötig, im Quantenbereich sind jedoch selbst kleine Schritte nutzbringend. So ermöglicht beispielsweise die Nutzung von Quanteneffekten zur Generierung echter Zufallszahlen eine wesentlich bessere Kryptografie. Das bedeutet, dass kleine Zwischenschritte ebenfalls großes wirtschaftliches Potenzial bergen, das die hohen Forschungs- und Entwicklungskosten rechtfertigt. Und nicht zuletzt sichern diese Investitionen mittel- bis langfristig die digitale Souveränität, die für unser demokratisches System und unser wirtschaftliches Wohlergehen unerlässlich ist.

In diesem Teil des Buches stellen wir einige der jüngsten interessanten Entwicklungen und Durchbrüche von Fraunhofer im Bereich der Quantencomputing-Hardware und -Software vor, um ein aktuelles Bild des Forschungs- und Entwicklungsstands zu vermitteln.

Mit der Hardware-Seite beginnend, untersuchen Patrick Berwian, Michael Jank, Georg Kruse, Jürgen Lorenz, Andreas Roßkopf und Martin Schellenberger, inwiefern neue Halbleitermaterialien Möglichkeiten für neuartige Qubit-Architekturen sowie für hocheffiziente Steuerelektronik für kryogene Anwendungen bieten. Fortschrittliche Packaging-Techniken zur Optimierung des Wärmemanagements und der Wärmeableitung aus den Qubits und ihrer Steuerelektronik werden erörtert. Zudem werden Werkzeuge vorgestellt, die zur Unterstützung der Entwicklung und Nutzung von Qubits und deren Steuerelektronik eingesetzt werden.

Da die Skalierung auf eine höhere Anzahl von Qubits für die Einführung von Quantencomputing-Hardware in vielen Bereichen von zentraler Bedeutung ist, werden industrietaugliche, herstellbare Konzepte mit hohem Skalierungspotenzial (> 10^4 physikalische Qubits) sehr aktiv erforscht. Benjamin Lilienthal-Uhlig, Marcus Wislicenus, Martin Blasl, Maik Simon und Roman Potjan erörtern in ihrem Beitrag, inwiefern der Bereich der Mikroelektronik zukünftige große Quantencomputing-Hardware-Systeme ermöglichen kann, und zeigen einige Beispiele dafür auf, wie vorhandene Infrastruktur und bestehende Kompetenzen durch aktuelle Forschungs- und Entwicklungsprojekte von Fraunhofer genutzt werden können.

Neue Halbleitermaterialien bieten auch Perspektiven für neuartige Quantenbit-Architekturen (Qubit-Architekturen) und für hocheffiziente Steuerelektronik für kryogene Anwendungen. Fortschrittliche Packaging-Techniken können eingesetzt werden, um das Wärmemanagement für Qubits und deren Steuerelektronik zu optimieren. Hierbei können verschiedene Simulationswerkzeuge verwendet werden, um die Entwicklung und Nutzung von Qubits und deren Steuerelektronik zu unterstützen. Patrick Berwian, Michael Jank, Georg Kruse, Jürgen Lorenz, Andreas Roßkopf und Martin Schellenberger diskutieren diese Forschungsfelder und beschreiben und untersuchen Anwendungsfälle in den Bereichen Simulation und Optimierung, welche die Quantenüberlegenheit demonstrieren und den Transfer des Quantencomputings in industrielle Anwendungen beschleunigen sollen.

Die inhärenten Rausch- und Dekohärenzeffekte, die in gegenwärtigen Quantenverarbeitungseinheiten (QPUs) vorhanden sind, verändern die grundlegenden Gatteroperationen erheblich und führen zusammen mit Auslesezuordnungsfehlern zu fehlerbehafteten Ergebnissen einer angestrebten Quantenberechnung. Zur Reduzierung dieser Probleme sind Konzepte für die Fehlercharakterisierung, -minderung und -korrektur von großer Bedeutung. Andreas Ketterer, Kathrin König und Thomas Wellens zeigen, wie solche Quantengatter-Fehler mithilfe der Quantenprozess- und der Gate-Set-Tomografie im Detail charakterisiert werden können, und erörtern Techniken zur Fehlerminderung, die es ermöglichen, die Auswirkungen von Gatterfehlern auf beobachtbare Erwartungswerte durch Zero-Noise-Extrapolation zu reduzieren. Sie demonstrieren beide Techniken anhand von Implementierungen auf der IBMQ-Hardware, erörtern den Ursprung von Übersprecheffekten und beschreiben Ideen zur Verbesserung von bald verfügbaren Quantenalgorithmen auf der Basis von hardwarespezifischen Eigenschaften. Im Anschluss erfolgt eine kurze Einführung in Protokolle zur Quantenfehlerkorrektur.

Auf diese aktuellen Quantencomputing-Hardware-Aspekte folgt im Quantensoftware-Teil dieses Kapitels eine Diskussion hybrider Algorithmen durch Valeria Bartsch. Hybride Algorithmen beruhen auf dem Zusammenspiel von klassischem Hochleistungsrechnen (High Performance Computing, HPC) und Quantencomputern. Die zugrunde liegende Idee besteht darin, neben Quanten-Hardware auch die klassische Hardware nutzen, jeweils in den Bereichen in denen sie am besten anwendbar sind, und beide Bereiche dann so miteinander zu verbinden, dass bessere Ergebnisse erzielt, als wenn man die beiden Ansätze einsetzen würde. Es ist wahrscheinlich, dass hybride Lösungen, die das Beste aus beiden Welten miteinander kombinieren, in vielen Bereichen zum De-facto-Standard werden können.

Ein Bereich, in dem Quantencomputer von besonderem Interesse sind, ist das Maschinelle Lernen (Machine Learning, ML), da ML äußerst rechenintensive Aufgaben umfasst. Wenn bestimmte Probleme auf einen Quantencomputer übertragen werden könnten, würde dies für diesen Bereich enorme Leistungssteigerungen bedeuten. Christian Bauckhage und Nico Piatkowski dazu geben einen Überblick über den Stand der Technik im Bereich Quantum Machine Learning (QML) und zeigen die Herausforderungen auf, die auf diesem Gebiet aufgrund der technischen Grenzen der verfügbaren NISQ-Geräte noch überwunden werden müssen. Zudem stellen sie Ideen und Ansätze vor, wie trotz dieser Probleme bereits praktische Erfahrungen mit QML gesammelt werden können.

Die Tool-Unterstützung für die Quanten-Software-Entwicklung steckt derzeit noch in den Anfängen. Software-Entwickler müssen Algorithmen auf der Basis sorgfältiger und spezifischer Überlegungen zur Qubit-Architektur und -Interkonnektivität sowie zum zu lösenden mathematischen Problem implementieren. Hier würde eine höhere Programmiersprache in Verbindung mit einem interoperablen und standardisierten Software-Stack Abhilfe schaffen. Sebastian Bock, Raphael Seidel und Nikolay Tcholtchev beschreiben unsere derzeitigen Anstrengungen in diese Richtung im Rahmen des Qompiler-Projekts.

Der darauffolgende Teil befasst sich mit neuartigen Software-Entwicklungsprozessen für Quantensoftware: Derzeit gibt es in der Forschungs-Community nur wenige Ansätze für die strukturierte Entwicklung komplexer hybrider Systeme unter Einsatz von Quantencomputertechnologie. Solche integrierten Prozesse werden jedoch sehr bald für das Testen, die Qualitätssicherung und den Betrieb eines Systems benötigt werden, um die effiziente Nutzung der Quantencomputing-Technologie in realen Anwendungen zu ermöglichen. Ilie-Daniel Gheorghe-Pop, Adrian Paschke, Denny Mattern, Darya Martyniuk, Colin Kai-Uwe Becker und Nikolay Tcholtchev beschreiben unsere Forschungsaktivitäten für ein Quantum DevOps-Konzept – ein integrierter Ansatz für die strukturierte Entwicklung, die Qualitätssicherung, das Release-Management und den Betrieb von quantenbasierten Systemen für ihre industrielle Anwendung.

Wir schließen dieses Kapitel mit einem Überblick über das Fraunhofer-Kompetenznetzwerk Quantencomputing. Es wurde gegründet, um die Herausforderung des industriellen Einsatzes von Quantencomputing anzugehen und Kompetenzen im Bereich des Quantencomputings aufzubauen. Kim Behlau und Hannah Venzl beschreiben die Ziele von Fraunhofer, durch Bereitstellung des Zugriffs auf das IBM Quantum System One in Ehningen das Quantencomputing in die industrielle Anwendung zu bringen. Mehrere aktuelle Projekte, bei denen das IBM Quantum System One genutzt wird, werden vorgestellt und die Rahmenbedingungen für den Zugriff auf das System durch Forschungseinrichtungen und Unternehmen erklärt.

Quantencomputing – von Materialien bis zur Anwendung

Forschung für Quantencomputing am Fraunhofer IISB

Patrick Berwian, Michael Jank, Georg Kruse, Jürgen Lorenz, Andreas Roßkopf, Martin Schellenberger

Abstract: Die Entwicklung und der Einsatz des Quantencomputings sind in vielerlei Hinsicht mit einer Reihe von Herausforderungen verbunden, die von der Grundlagenforschung bis zur breiten industriellen Nutzung reichen. Das Fraunhofer-Institut für Integrierte Systeme und Bauelementetechnologie IISB mit seinen Schwerpunkten in Halbleitertechnologie und Leistungselektronik arbeitet an Innovationen, um mehrere dieser Herausforderungen anzugehen. Neue Halbleitermaterialien bieten Perspektiven für neuartige Quantenbit-Architekturen (Qubit-Architekturen) und für hocheffiziente Ansteuerelektronik für kryogene Anwendungen. Fortschrittliche Packaging-Techniken werden erforscht, um das thermische Management für die Qubits und deren Ansteuerelektronik zu optimieren. Zudem werden verschiedene Simulationswerkzeuge eingesetzt, um die Entwicklung und Nutzung von Qubits und deren Ansteuerelektronik zu unterstützen. Andererseits werden, um den Transfer des Quantencomputings in die industrielle Anwendung zu beschleunigen, mehrere Anwendungsfälle in den Bereichen Simulation und Optimierung untersucht, die insbesondere auf die Demonstration der Quantenüberlegenheit abzielen.

Keywords: Qubit, Ansteuerelektronik, Kryogenik, Halbleitertechnologie, Leistungselektronik, Packaging, Simulation, Optimierung, Quantenüberlegenheit

1 Siliziumcarbid – ein vielversprechendes Material für das Quantencomputing

Die Quantenrevolution würde stark durch eine praktische Plattformtechnologie für Quantenbauelemente und -systeme vorangetrieben, die einige der technologischen Grenzen der heutigen Plattformen umgeht. Die heute existierenden Quantencomputer bestehen aus komplizierten optoelektronischen Aufbauten und sind sehr empfindlich gegenüber kleinsten äußeren Einflüssen. Die darin verwendeten Quantenregister funktionieren nur bei Temperaturen nahe dem absoluten Nullpunkt und erfordern eine äußerst komplexe Kühlung. Eine weitere Herausforderung stellt die Anbindung an die bestehende Informations- und Kommunikationstechnologie dar. Langfristig sind solche großtechnischen Lösungen daher vor allem für Forschungszwecke oder für kommerzielle Cloud-Computing-Unternehmen interessant. Dagegen hätten die Industrie sowie kleine und mittelständische Unternehmen einen hohen Bedarf an eigenen Supercomputern für verschiedene komplexe Simulationsaufgaben und Optimierungsprobleme, die mit Quantencomputing perfekt gelöst werden könnten, wie nachfolgend im Abschnitt zu Anwendungen ausgeführt.

Einen Ausweg aus diesem Dilemma bieten Quantenbauelemente, deren Quantenbits aus sogenannten Farbzentren bestehen. Qubits stellen die kleinsten Quanteninformationseinheiten dar. Ein Farbzentrum ist eine spezielle atomare Verunreinigung in der Kristallstruktur, bei der ein einzelnes Gitteratom fehlt. Alternativ kann ein Farbzentrum auch ein Komplex von mehreren Verunreinigungen im Material sein, bei dem Verunreinigungsatome die Gitteratome ersetzen. Da die Verunreinigung Licht absorbieren und emittieren kann, wird sie als Farbzentrum bezeichnet. Die Quanteninformation kann dann im Elektronenspin dieser Farbzentren gespeichert werden.

Derzeit ist das Halbleitermaterial Diamant mit großer Bandlücke (Wide Bandgap, WBG) in dieser Hinsicht besonders bekannt und gut erforscht [1], [2]. Diamant hat zwar hervorragende Quanteneigenschaften, ist aber technologisch schwierig zu handhaben, und die Anbindung an etablierte Elektroniktechnologien ist kostspielig. In ähnlicher Weise gibt es Bemühungen, Qubits mit klassischer Siliziumtechnologie zu realisieren, manchmal in Kombination mit Germanium oder Graphen [3]. Der Vorteil besteht darin, dass das gesamte Spektrum von bewährten Halbleiterprozessen für siliziumbasierte Quantenbauelemente zur Verfügung stehen würde und die Integration in die bekannte Siliziumelektronik vergleichsweise einfach wäre. Silizium ist jedoch kein WBG-Halbleiter und bietet daher weniger günstige Bedingungen als Basismaterial für Quantenbauelemente.

Unter diesen Umständen könnten Festkörperbauelemente auf der Basis des WBG-Halbleitermaterials Siliziumcarbid (SiC) in zahlreichen Anwendungsbereichen den Weg für die Quantentechnologie ebnen. SiC-basierte Halbleiterbauelemente werden inzwischen in Massenproduktion hergestellt. Derzeit stellen SiC-Bauelemente ihre Qualitäten im praktischen Einsatz unter Beweis, insbesondere im Bereich der Leistungselektronik.

Wie in Diamant kann die Quanteninformation in SiC in den Spins der Farbzentren gespeichert werden. Im Gegensatz zu Diamant verbindet SiC jedoch die hochattraktiven Quanteneigenschaften mit einer ausgereiften Materialplattform. Die SiC-Plattform bietet beispielsweise kommerzielle Verfügbarkeit im Wafermaßstab, sehr gute Kompatibilität mit der etablierten CMOS-Technologie (Complementary Metal Oxide Semiconductor) oder die Möglichkeit, hybride photonische, elektrische und mechanische Bauelemente herzustellen.

Farbzentren in SiC können für die Quanteninformationsverarbeitung, Quantensensorik oder Quantenkommunikation verwendet werden. Für solche Anwendungen ist jedoch eine relativ lange Lebensdauer der Quantenzustände erforderlich, z. B. für die Durchführung komplexer Rechenaufgaben. In SiC kann dies durch die Übertragung von Quanteninformationen von einem Farbzentrum auf die Kernspins benachbarter Siliziumatome (Si) oder Kohlenstoffatome (C) erreicht werden [4], [5].

Nicht jedes Si- oder C-Atom in SiC ist als Quantenspeicher geeignet. Nur bestimmte Isotope wie Si-29 und C-13, die in SiC in unterschiedlichen Konzentrationen vorkommen, können für diesen Zweck verwendet werden. In der aktuellen Quantenforschung wurden bisher hauptsächlich Isotopenkonzentrationen, die natürlich in SiC vorkommen, und SiC-Material, das keine derartigen Speicherisotope enthält, untersucht.

Im Gegensatz dazu konzentriert sich das Fraunhofer IISB speziell auf eine optimierte Materialqualität, die auf die jeweilige Quantenanwendung zugeschnitten ist. Dank seiner langjährigen Erfahrung auf dem Gebiet der SiC-Epitaxie und einer hochentwickelten Prozesstechnologie ist das Institut in der Lage, epitaktische SiC-Schichten mit genau definierten Isotopenkonzentrationen auf SiC-Substraten herzustellen. In dieser Hinsicht ist das IISB eine der wenigen Einrichtungen weltweit, die SiC-Material mit genau auf die jeweilige Quantenanwendung abgestimmten Eigenschaften herstellen können.

Ein entscheidendes Kriterium bei der Verwendung von SiC als Quantenmaterial ist die optimale Anzahl und Anordnung der speziellen Isotopenatome in Bezug auf das zentrale Farbzentrum. Eine zu niedrige Isotopenkonzentration führt zu einer mangelnden Kohärenz der Qubits, während eine zu hohe Konzentration überlappende Signale zur Folge hat, die eine Unterscheidung der Zustände der Qubits erschweren würden. Die Verteilung der Isotopenatome steht mit den Isotopenkonzentrationen in SiC in direktem Zusammenhang. Mithilfe aufwendiger Computersimulationen untersucht das IISB, welcher Isotopengehalt in SiC für Anwendungen in der Quantenkommunikation oder im Quantencomputing am besten geeignet ist. Mit einem intern entwickelten numerischen Algorithmus kann die Signalqualität der Kernspins in Abhängigkeit von ihrer Position relativ zum jeweiligen zentralen Farbzentrum bestimmt werden. Die besten Isotopenpositionen sind in einem kleeblattförmigen Bereich rund um das Farbzentrum zu finden. In diesem Fall muss das »Kleeblatt« (siehe Abbildung 1) mit einer optimalen Anzahl von Kernspins bestückt werden, was durch die Einstellung einer bestimmten Isotopenkonzentration erreicht werden kann. Der Schlüssel zur Herstellung von für Quantenanwendungen optimiertem SiC liegt also in der genauen Kontrolle der Isotopenkonzentrationen.

Bei der Herstellung des optimierten SiC kann das Fraunhofer IISB auf seine langjährige Erfahrung auf dem Gebiet der Epitaxie auf SiC-Substraten zurückgreifen. Das Institut in Erlangen verfügt beispielsweise über den weltweit ersten Planeten-Epitaxiereaktor für 150- und 200-mm-SiC-Wafer, der in einer Forschungseinrichtung betrieben wird.

Quantencomputing – von Materialien bis zur Anwendung 329

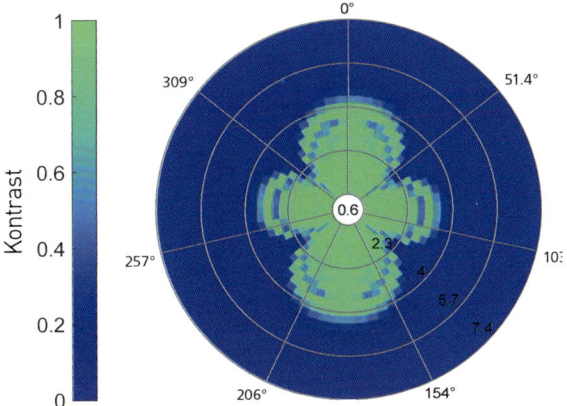

Abbildung 1: Simulation des Kontrasts, d. h. der Signalqualität eines Kernspins, in Abhängigkeit von seiner Position in Bezug auf das zentrale Farbzentrum. Der grüne kleeblattförmige Bereich stellt die Region der qualitativ hochwertigen Qubits dar. (Bild: Shravan Kumar Parthasarathy/Fraunhofer IISB)

2 SiC-Halbleitertechnologie und Simulation

SiC ist in zweierlei Hinsicht sehr vielversprechend für das Quantencomputing: Neben dem vorstehend skizzierten Potenzial von SiC-basierten Farbzentren bietet dieses Material auch Vorteile für das thermische Management der Ansteuerelektronik, die für bei kryogenen Temperaturen betriebenen Qubits benötigt wird. Der Energieverbrauch integrierter Bauelemente skaliert mit der Anzahl der zugänglichen Qubits. Dies führt zu einer kritischen Wärmebelastung, wodurch die Kryostate teurer und komplexer werden und die Skalierbarkeit auf sehr hohe Qubit-Zahlen eingeschränkt wird. Daher nutzt das Fraunhofer IISB seine einzigartige SiC-CMOS-Technologieplattform für die Entwicklung und das Testen von hocheffizienten, verlustarmen Verstärkern für das Auslesen von Qubits auf der Basis von Verbindungshalbleitern wie z. B. Siliziumcarbid (SiC) [6].

Die umfangreichen Epitaxie-Aktivitäten des IISB sind eingebettet in die Strategie des Instituts, Forschungsleistungen entlang der gesamten Wertschöpfungskette anzubieten – vom Halbleiterbasismaterial bis zur

Leistungselektronik. Die technologische Grundlage dafür ist eine durchgängige und industrietaugliche CMOS-Prozesslinie für Si-Wafer mit einem Durchmesser bis zu 200 mm und SiC-Wafer mit einem Durchmesser bis zu 150 mm. Im Rahmen der Gemeinschaftsinitiative »Forschungsfabrik Mikroelektronik Deutschland« (FMD) [7] wird diese CMOS-Linie derzeit für 200-mm-SiC-Wafer qualifiziert. Das Fraunhofer IISB hat sich innerhalb der FMD als Kompetenzzentrum für SiC positioniert und baut seine Aktivitäten in diesem Bereich konsequent aus. Mit der Prozesslinie hat das IISB zudem Zugang zu fortschrittlichen Technologien für Heterointegration und Strukturierung im Nanometerbereich. Die Arbeit der Abteilung Hybride Integration des IISB an Packaging- und Verbindungstechnologien, z. B. für extreme Umweltbedingungen wie kryogene Umgebungen, ergänzt das technologische Portfolio.

Die Simulation von Halbleiterprozessen und -bauelementen, das sogenannte Technology Computer Aided Design (TCAD), ist heutzutage für die industrielle Entwicklung und Optimierung aller Arten von fortschrittlichen Technologien, Bauelementen und Schaltungen der Mikro- und Nanoelektronik unverzichtbar. Dementsprechend muss sie auch für die Entwicklung und Industrialisierung von Quantentechnologien und -computern eingesetzt und genutzt werden. Das Fraunhofer IISB spielt seit Jahrzehnten eine zentrale Rolle bei der Entwicklung von TCAD-Werkzeugen (insbesondere Prozess-/Lithografie-Simulation) und deren Anwendung zur Bauelementoptimierung. Darauf aufbauend, trägt das IISB zur Entwicklung und Optimierung von elektronischen Bauelementen bei, die zur Steuerung von Qubits benötigt werden. Die von den Partnern im Munich Quantum Valley (MQV) [8] entwickelten Qubit-Architekturen umfassen supraleitende Josephson-Kontakte, gefangene Atome und gefangene Ionen. Diese Qubits müssen bei kryogenen Temperaturen betrieben werden. Die Ansteuerelektronik wiederum muss bei Temperaturen von 4 K oder sogar bei noch tieferen Temperaturen betrieben werden. Daraus ergeben sich zwei Herausforderungen in Bezug auf die Simulation, die im Rahmen des MQV-Projekts »SHARE« [9] vom IISB angegangen werden: Zum einen müssen die TCAD-Modelle und -Werkzeuge für diese niedrigen Temperaturen angepasst und erweitert werden. Niedrige Temperaturen verbessern die Steilheit der Kennlinie (»Subthreshold Slope«), die das Schalten von Transistoren beschreibt, und ermöglichen wiederum eine Reduzierung der verwendeten Spannungen und damit eine Verringerung der Verlustleistung. Andererseits erhöhen sie die Schwankungen der Transistoreigenschaften, was für die Qubit-Ansteuerung von Nachteil sein kann. Die zweite Herausforderung, der sich das IISB stellt, ist die effiziente Anwendung der angepassten Simulationswerkzeuge zur Unterstützung der Technologieentwicklung von der Prozess- bis zur Schaltkreisebene.

Aufgrund seines ganzheitlichen Ansatzes kann das IISB sein Knowhow und seine Prozesstechnologie aus dem Bereich der leistungselektronischen SiC-Bauelemente auf die Festkörper-Quantenelektronik anwenden. Dementsprechend liegt der Fokus nicht nur auf dem optimierten Basismaterial, sondern auch auf der Entwicklung von technologischen Prozessen für die Herstellung von definierten Punktdefekten oder Farbzentren in SiC.

Das IISB arbeitet daher eng mit Partnern zusammen, um Verfahren zur präzisen Implantation einzelner Farbzentren zu entwickeln, z.B. durch fokussierende Ionenstrahltechniken (siehe Abbildung 2) oder Einzelionen-Implanter. Die Eigenschaften der Farbzentren werden durch Co-Dotierung weiter stabilisiert und optimiert, wobei das SiC-Material mit speziellen Ionenspezies dotiert wird.

Aufgrund ihrer räumlichen Ausdehnung von nur wenigen Atomen und ihrer begrenzten Anregbarkeit durch Laserlicht sind das Ausgangssignal der Farbzentren und die Qubit-Photonen-Kopplung recht gering. Daher ist die Herstellung von speziellen photonischen Strukturen ein weiteres wichtiges Tätigkeitsfeld auf dem Weg zu SiC-basierten Quantenanwendungen.

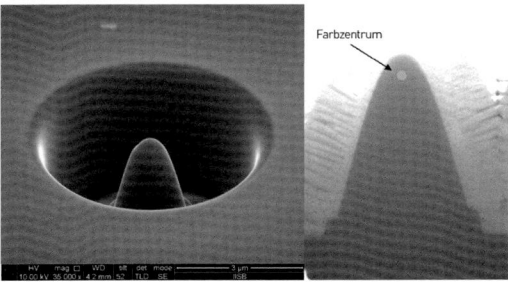

Abbildung 2: Durch FIB-Fräsen erzeugte Linsenstruktur. Durch die zuckerhutartige Struktur kann ein in die Spitze implantiertes Farbzentrum optimal angeregt und ausgelesen werden. (Bild: Susanne Beuer/IISB)

Durch Fokussierung und/oder Resonanz des Laserlichts in einer Linse oder Resonatorstruktur wird die Wechselwirkung der Farbzentren mit den Lichtquanten verstärkt und das Auslesen der Quanteninformation aus einem Qubit verbessert. Zu diesem Zweck entwickelt das IISB geeignete Strukturierungsverfahren sowie Oberflächenpassivierungstechniken, um zu verhindern, dass Oberflächenladungen auf den Bauelementstrukturen die Eigenschaften der Farbzentren negativ beeinflussen. Hierbei gibt es starke Synergien mit ähnlichen Zielen, die das IISB bei verschiedenen Diamantprojekten verfolgt.

Um eine schnelle Technologie-Entwicklung zu ermöglichen, benötigt das IISB eine zügige Bewertung der quantentechnischen Eigenschaften der hergestellten Farbzentren, Kernspins und Bauelementstrukturen. Zu diesem Zweck hat das IISB ein Quantenlabor mit mehreren Charakterisierungsstationen eingerichtet.

Darüber hinaus wird besonderes Augenmerk auf die Nutzbarkeit der technologischen Prozesse für verschiedene Quantenbauelemente und weitere Anwendungen im Bereich der Quantentechnologie gelegt. In diesem Zusammenhang ist die langjährige Zusammenarbeit mit dem Lehrstuhl für Elektronische Bauelemente (LEB) der FAU Erlangen-Nürnberg [10] besonders hervorzuheben.

3 Integration und Materialaspekte für das Quantencomputing

Die Integration fortschrittlicher Materialien ist der Schlüssel zur Erzielung von ausgezeichneten elektrischen, optischen und mechanischen Verbindungseigenschaften für zuverlässige und robuste Tieftemperatur-Quantencomputing-Systeme. Das Fraunhofer IISB bedient diesen Bedarf mit seinem einzigartigen Portfolio im Bereich der Materialbearbeitung für Verbindungs- und Dünnschichttechnologien.

Das thermische Management ist eine der wichtigsten Voraussetzungen für die Systemintegration von Quantencomputern. Eine hocheffiziente Kühlung, entsprechende Materialien und Architekturen werden benötigt, um dissipative Energie von Stimulatoren, Verstärkern und Ansteuerelektronik in der Nähe der temperaturempfindlichen Qubit-Schicht abzuführen. Umgekehrt ist eine wirksame thermische Isolierung zwischen den verschiedenen Funktionsschichten (siehe Abbildung 3) zwingend notwendig, um die erforderlichen Temperaturniveaus aufrechtzuerhalten. Beide Erfordernisse dürfen nicht durch photonische oder elektronische Verbindungen beeinträchtigt werden, die parallel zu den mechanischen und thermischen Installationen ihre eigenen Spezifikationen und Anordnungen haben.

Darüber hinaus müssen die Materialsysteme für den Einsatz unter extremen Umweltbedingungen, d. h. bei niedrigen Temperaturen und im Ultrahochvakuum, geeignet sein. Dazu gehört nicht nur die unveränderte physikalische Funktionalität der Komponenten, sondern auch die Kompatibilität von Ober- und Grenzflächen sowie die mechanische Integrität in rauen Umgebungen und bei bestimmten Betriebskonzepten.

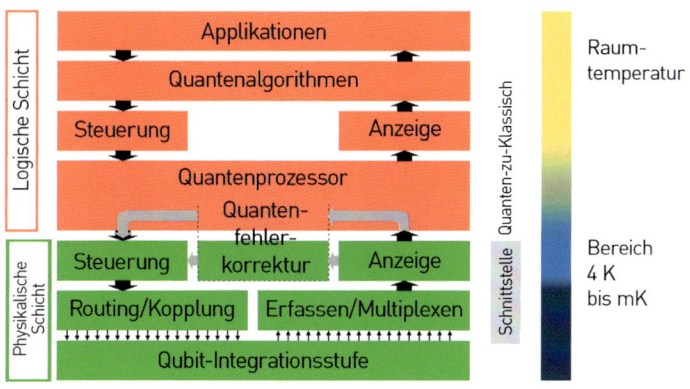

Abbildung 3: Verallgemeinerte schematische Darstellung der Stack-Struktur, der Technologiebereiche und der Betriebstemperaturen eines Quantencomputing-Systems. Zusammengestellt aus Jones et al., Gambetta et al., Pauka et al. [11, 12, 13].

Ein typisches Beispiel ist die thermische Zyklierbarkeit, die bei Materialkombinationen mit ungleichen Wärmeausdehnungskoeffizienten (WAK) Probleme verursachen kann, was wiederum zu wechselnden mechanischen Belastungen und zur Alterung von Grenzflächen oder zur Dejustierung von Aufbauten führt. Allerdings muss auch die Rückwirkung der Komponenten auf das Gesamtsystem berücksichtigt werden. Materialoberflächen mit geringer Anfälligkeit für molekulare Adsorption bieten bessere Betriebseigenschaften in Vakuumsystemen, um nur ein sehr einfaches Beispiel zu nennen.

Aus funktionaler Sicht erfordern die elektrooptischen Funktionalitäten umfangreiche Fähigkeiten zur Verbindung und Montage innerhalb und zwischen den verschiedenen Bausteinen. Für Letzteres sind herkömmliche HF-fähige Verdrahtungen oder Wellenleiter mit bewährten Steckverbinderlösungen Standard. Planare Mikrostreifenleiter mit neuartigen Lösungen für die Anbindung an die Elektronikinstanzen sind jedoch ebenfalls von Interesse, insbesondere wenn es um eine große Anzahl von parallelen Verbindungen geht, wie sie für einsatzreife Quantencomputersysteme vorgesehen sind.

Eine weitere Anforderung betrifft Lösungen für die Montage auf Qubit-Ebene. Während bei Technologien wie supraleitenden Qubits eine monolithische Dünnschichtintegration in einer Produktionsumgebung auf ULSI-Niveau eingesetzt werden kann, erfordert die Kombination von elektronischen (inkl. Mikrowellenkomponenten) und photonischen Bauelementen zur Spinkontrolle und Auslesung mit der Qubit-Instanz hybride Integrationskonzepte. Dies kann auch für eine Vorqualifizierung der jeweiligen Bauelemente genutzt werden und ermöglicht das Aussortieren von Bauelementen, die außerhalb der Spezifikation liegen. Die Montage solcher Bauelemente (Chiplets) ist eine etablierte Technologie, die bei verschiedenen hybriden integrierten Anwendungen wie System-on-Chip (SoC), mikroelektromechanischen Systemen (MEMS) oder MicroLED-Displays (µLED-Displays) immer stärker Verbreitung findet. Das letzte Beispiel hat eindrucksvoll die Fähigkeit bewiesen, diese Technologien auf große Flächen zu skalieren und, was für das Quantencomputing noch wichtiger ist, eine große Anzahl von Bauelementen parallel zu übertragen. Als Voraussetzung für die Entwicklung integrierter Hybridsysteme muss ein gemeinsames funktionales Trägersubstrat gewählt werden, das häufig als Redistribution Layer (RDL), Interposer oder Backplane bezeichnet wird. Aber auch die direkte Montage von optischen Komponenten oder passiven Bauelementen auf integrierten Schaltkreisen ist eine mögliche Option.

Das Fraunhofer IISB bietet die Kompetenz für entsprechende hybride Integrationsansätze, begleitet von Bemusterungs- und Prototyping-Möglichkeiten in seinen Reinraumlaboren für Aufbau- und Verbindungstechnik (AVT) und Halbleitertechnologie.

Dünnschichttechnologien sind bereit für die funktionale Integration von aktiven Bauelementen (Dünnschichttransistoren – Thin Film Transistor, TFT) [14], passiven Bauelementen und Sensoren auf nahezu beliebigen Substraten. Der Schwerpunkt liegt auf der Niedertemperatur-PVD- und der PECVD-Beschichtung, wobei Polymer- oder Glassubstrate verfügbar sind. Spezielle Routinen ermöglichen die Verarbeitung von plattenförmigen Proben und bieten Flexibilität in einer oder zwei Richtungen. Die Mehrlagenmetallisierung mit leistungsfähigen laminierten Zwischenlagendielektrika ermöglicht die Herstellung von aktiven Pixelmatrizen für OLED- oder µLED-Displays oder Sensor-Arrays mit einem Durchmesser von bis zu 200 mm. Darüber hinaus bietet der Reinraum des IISB Bearbeitungskapazitäten für die interne Herstellung von multifunktionalen Si- oder SiC-Chiplets mit Bulk-MEMS-Techniken [15]. Maßgeschneiderte Adressierungs-, Auslese- oder Ansteuerelektronik wird durch TFT-Schaltungen oder herkömmliche Elektronikaufbauten bereitgestellt. Durch die direkte Anbindung an das AVT-Labor sind eine hochpräzise Chipbefestigung und eine robuste Kapselung gegen raue Umgebungen in den Arbeitsablauf integriert.

Das AVT-Labor konzentriert sich auf die Erforschung von Hochleistungsmodulen. Das Hauptaugenmerk bei der Herstellung und dem Betrieb dieser Bauelemente liegt naturgemäß auf der Erzielung maximaler Zuverlässigkeit bei extremen Temperaturschwankungen und in rauen Umgebungen. Daher wurde in den letzten beiden Jahrzehnten ein umfangreiches Ökosystem für die anwendungsorientierte Erforschung von (elektro-)thermomechanischen und elektrochemischen Versagensmechanismen aufgebaut. Das IISB bietet eine umfangreiche Datenbank mit Materialparametern, gekoppelten elektro-thermo-mechanischen Simulationen, multimodalen statischen und dynamischen Tests unter (beschleunigten) Betriebs- und Umgebungsbedingungen, fortschrittlichen Fehleranalysemethoden und Ansätzen für die Zuverlässigkeitsmodellierung. Für die Bemusterung stehen modernste Chipbefestigungs- [16] und Verbindungstechnologien für fortschrittliche thermische Management- und Substratintegrationskonzepte bereit bereit. Anwendungen im Bereich der Avionik werden bei kryogenen Temperaturen in Niederdruckumgebungen getestet.

Die derzeitigen Arbeiten im Munich Quantum Valley (MQV K6 SHARE) konzentrieren sich auf die thermisch isolierte Parallelverdrahtung und die elektrische Kontaktierung bei verschiedenen niedrigen Temperaturen sowie auf die thermomechanische Bewertung der Grenzflächen und die chemische Bewertung der Oberflächen verschiedener Substrate und Schichtstapel in Metallisierungsdesigns. Darüber hinaus werden Materialauswahl und Zuverlässigkeitsaspekte für hochpolige Steckverbinderlösungen bei mK-Temperaturen untersucht.

Die Entwicklungen unterstützen den Entwurf und die Realisierung von Qubit-QC-Hardware sowie die Integration von Ansteuerelektronik für Plattformen auf der Basis von supraleitenden Qubits und gefangenen Atomen als Qubits. Dreidimensionale elektronische und optische Integrationstechniken (photonische integrierte Schaltungen – PICs) sowie kryo- und UHV/XHV-kompatible Verbindungen bilden die Grundlage für die Integration der Qubits in die übergeordnete Elektronik. Die Systeme sind auf Skalierbarkeit ausgelegt, sodass eine industriell relevante Anzahl entsprechender Qubits, wie sie für Full-Stack-Quantenprozessoren benötigt wird, adressiert werden kann.

4 Quantencomputing für Simulation und Optimierung

Die computergestützte Simulation und Optimierung von realen Prozessen spielt heute in vielen Lebensbereichen eine wichtige Rolle. Dazu gehören nicht nur die Natur- und Ingenieurwissenschaften, sondern auch die Wirtschafts- und Sozialwissenschaften. Gemeinsame Elemente sind die Beschreibung der Realität durch Modelle oder geeignete Datensätze und die Implementierung von Algorithmen, welche die Vorhersage von Ergebnissen oder die Optimierung von Anwendungen ermöglichen.

In allen Arbeitsbereichen des IISB werden verschiedene Arten von Simulationen eingesetzt. Dies reicht von physikalischen Modellen, die in Systemen partieller Differenzialgleichungen für die Simulation und Optimierung des Kristallwachstums implementiert sind, über die Herstellung oder die Eigenschaften von Halbleiterbauelementen bis hin zu kompakten analytischen Modellen, die beispielsweise elektronische Systeme beschreiben. Die Forschungsaktivitäten am IISB befassen sich mit der Entwicklung solcher Modelle, der Extraktion ihrer Parameter, der Auswahl, Entwicklung und Implementierung von Algorithmen und insbesondere mit der Nutzung von Simulation und Optimierung zur Entwicklung besserer technologischer Prozesse und Produkte. Zu den Algorithmen gehören in zunehmendem Maße nicht nur traditionelle numerische Methoden wie die numerische Strömungsmechanik, sondern auch Ansätze aus der Datenwissenschaft, insbesondere künstliche Intelligenz. Ein äußerst vielversprechender Ansatz ist die Kombination von physikbasierten und datenbasierten Ansätzen, wie z. B. die physikinformierten neuronalen Netze (PINNs).

Der Erfolg der Simulation hängt nicht nur entscheidend von der Fähigkeit der Modelle und Algorithmen ab, die grundlegenden Prozesse und Systeme zu beschreiben, sondern auch von der Allgemeinheit der Probleme, die behandelt werden können, und der Effizenz der Lösung. Selbst in der öffentlichen Debatte werden vom Quantencomputing bahnbrechende Fortschritte bei der Ver- und Entschlüsselung erwartet. Aber auch außerhalb dieses populären Bereichs ist es von allgemeinem wissenschaftlichem und wirtschaftlichem Interesse, die zukünftige Anwendung des Quantencomputings parallel zur Entwicklung von Quantencomputing-Hardware zu erleichtern. Die Forschungstätigkeit des IISB im Rahmen der Projekte »QACI« [17] und »QuaST« [18], die im Oktober 2021 und Januar 2022 als Teil der Munich-Quantum-Valley-Initiative begonnen wurde, zielt darauf ab, die Vorteile des Quantencomputings für die Simulation und Optimierung verschiedener Arten von Netzwerken im Engineering und Facility-Management zu demonstrieren.

Im Allgemeinen umfassen »Netzwerke« zahlreiche Themen und Anwendungen, die für die Wirtschaft und die Gesellschaft als Ganzes von großer Bedeutung sind – wie beispielsweise Produktionsnetzwerke, Lieferketten oder Energienetze. Von ihnen wird erwartet, dass sie in Bezug auf verschiedene Kriterien wie Leistung, Kosten und Umweltauswirkungen beste Ergebnisse liefern. Dies führt zu äußerst komplexen Simulations- und Mehrzieloptimierungsproblemen, bei denen nicht nur die einzelnen Komponenten und deren Parameter, sondern auch deren allgemeine Auswahl und Anordnung (Netzwerktopologie) berücksichtigt werden müssen. Angesichts der Grenzen konventioneller Computer und Algorithmen versprechen Ansätze auf Basis des Quantencomputings nicht nur große quantitative Verbesserungen, sondern haben darüber hinaus das Potenzial, neue Anwendungen und Funktionalitäten zu ermöglichen.

Obwohl Quantenalgorithmen (QA) wie die von Grover [19] und Shor [20] für die Suche und Faktorisierung in der Theorie eine polynomielle und sogar exponentielle Beschleunigung gezeigt haben, stößt die Anwendung dieser Algorithmen in der realen Welt auf mehrere Hindernisse. Abgesehen von der grundsätzlichen Frage, wie gemeinsame Datensätze in Quantencomputern im Allgemeinen gespeichert oder in Quantenalgorithmen importiert werden können, erfordern solche Algorithmen eine große Anzahl von Qubits von hoher Qualität (mit geringem Rauschen), während die in naher Zukunft verfügbaren Quantenbauelemente nur einige Hundert oder vielleicht Tausend Qubits bieten werden. Was die »Qualität« betrifft, so sind die derzeit verfügbaren Qubits in Bezug auf ihre Konnektivität sowie ihre Kohärenz- und Dekohärenzzeiten beschränkt, wodurch sich die mögliche Tiefe der Quantenschaltkreise stark reduziert. Erste Kandidaten für den Quantenvorteil auf solch eingeschränkter Quanten-Hardware sind Variationsquantenalgorithmen (VQA), bei denen ein optimierungs- oder lernbasierter Ansatz verwendet wird. VQA sind robuster gegenüber Rauschen und erfordern nicht unbedingt so große und fehlertolerante Hardware wie Algorithmen, die auf den Grundsätzen der Quanten-Fourier-Transformation oder der Amplitudenverstärkung basieren [21].

Im Bereich der klassischen Optimierung und des Machine Learning besteht der erste Schritt darin, eine angemessene Beschreibung und Formalisierung des zu behandelnden Problems zu finden: eine detaillierte Problembeschreibung in Form eines (ausreichend großen) Datensatzes oder eine Problemformalisierung wie eine Funktion oder eine Black-Box-Bewertung. Dann kann eine Kostenfunktion entwickelt werden, die ein oder mehrere Ziele des Problems codiert, das der Optimierungsalgorithmus oder Machine-Learning-Algorithmus zu minimieren versucht.

Um ein ausführlich beschriebenes oder formalisiertes Problem mit einem VQA zu lösen, muss ein Ansatz in Form eines Quantenschaltkreises mit kontinuierlichen oder diskreten Parametern Θ entwickelt werden. Die Parameter des Schaltkreises werden in einer hybriden quantenklassischen Schleife optimiert, wobei ein Quantencomputer die Kostenfunktion (oder ihren Gradienten) schätzt und ein klassischer Optimizer die Parameter Θ des Quantenschaltkreises aktualisiert.

Im Rahmen der Aktivitäten des IISB werden statische und dynamische Netzwerke simuliert, in Quantenschaltkreise übertragen und optimiert. Dabei werden die Anwendungsbereiche Leistungselektronik, (Halbleiter-)Produktion (Prozessabläufe und Logistik) und Energiesysteme (einschließlich Elektromobilität) berücksichtigt.

Der Forschungsansatz folgt einem Verfahren, das auch in anderen technischen Bereichen verwendet werden kann:

- Zunächst werden eine ausführliche Definition des jeweiligen Anwendungsfalls und die Bewertung der quantitativen Möglichkeiten und Grenzen traditioneller Ansätze mit Einsatz konventioneller Computer erarbeitet.
- Danach wird die Beschreibung des statischen oder dynamischen Netzwerks eines Anwendungsfalls in Quantenschaltkreise übertragen.
- Als Nächstes werden die derzeitigen Fähigkeiten vorhandener Quanten-Annealer und Quantencomputer, insbesondere des bei Fraunhofer in Ehningen betriebenen IBM Q System One [22], und verfügbarer Open-Source-Quantencomputer-Tools wie Qiskit [23] für die identifizierten Anwendungsfälle bewertet.
- Schließlich werden Benchmarks zwischen den (emulierten) Quantenalgorithmen, »klassischen« Optimierungsstrategien (wie genetischen Algorithmen oder Baumsuche) und Machine-Learning-Ansätzen durchgeführt. Das Potenzial einer hybriden Kombination von Methoden wird berücksichtigt.

Die Benchmarking-Ergebnisse werden verwendet, um die Leistung zu bewerten und die Fähigkeiten der im MQV entwickelten Quantencomputing-Hardware und Systemsoftware zu demonstrieren. Es wird folgender Benchmark-Ansatz verwendet:

1. Definition der Benchmarking-Ziele: Hierzu gehört zunächst die offensichtliche Anforderung, dass die Ergebnisse aus dem Quantencomputing mit den durch klassisches Computing erhaltenen Ergebnissen übereinstimmen müssen. Als Nächstes wird insbesondere der erwartete »Quantenvorteil« für den jeweiligen Anwendungsfall behandelt, und es werden weitere Bewertungskriterien wie Zeit, Aufwand, Qualität der Ergebnisse/Fehler, Interpretierbarkeit, aber auch nicht

quantitativ messbare Aspekte wie Akzeptanz oder erforderliches Know-how aufgenommen.
2. Definition des Benchmark-Fokus: Der Fokus kann auf der Optimierung liegen oder die gesamte Datenanalysekette abdecken. Es ist wichtig zu beachten, dass die Analysekette beim Quantencomputing von der beim klassischen Computing abweichen kann.
3. Erfassung von Sekundärdaten, was Publikationen, Kontakt zu anderen Projekten oder den Austausch auf Konferenzen umfasst.
4. Erhebung von Primärdaten: Einrichtung und Ausführung der Szenarien für Quantencomputing und klassisches Computing und Bewertung einzelner Rechenschritte und der gesamten Computing-Kette im Hinblick auf die festgelegten Kriterien.
5. Auswertung der gesammelten Daten und Bewertung, Präsentation der Ergebnisse und Erarbeitung der »Lessons Learned«.

5 Schlussfolgerungen und Ausblick

Das erklärte Ziel des Fraunhofer IISB ist es, SiC als wichtige Plattform für Quantenkommunikation, Quantencomputing und Quantensensorik zu etablieren. Die Vorteile sind vielfältig: SiC-Festkörper-Quantenbauelemente sind mit den Fertigungsprozessen der klassischen Si-basierten Mikroelektronik kompatibel, und das gesamte Spektrum elektronischer Peripheriegeräte wäre für SiC-integrierte Quantenbauelemente verfügbar. Die direkte Anbindung an bestehende Technologien würde es ermöglichen, Quantenelektronik nahtlos in vorhandene Informationssysteme zu integrieren. Da die Betriebstemperatur für SiC-Quantenelektronik mindestens um den Faktor 1000 höher ist als bei den derzeitigen großtechnischen Lösungen, liegen kompakte Tischaufbauten mit miniaturisierten Kühlvorrichtungen im Bereich des Quantencomputings in Reichweite.

SiC als Materialplattform bietet eine realistische Perspektive für marktfähige Quantenbauelemente und deren Integration in etablierte Technologien der Mikroelektronik. Durch die Kombination von Quanteneigenschaften mit elektronischen Bauelementen eröffnet isotopenkontrolliertes SiC ein enormes Wertschöpfungspotenzial für die Quantenelektronik. Das Fraunhofer IISB möchte nicht nur für den eigenen Bedarf produzieren, sondern auch anderen Organisationen Zugang zu qualitativ hochwertigen SiC-Substraten ermöglichen und der Forschungsgemeinschaft optimale Basismaterialien für Quantenanwendungen zur Verfügung stellen. Zu diesem Zweck werden bereits SiC-Substrate mit alternativer Kristallorientierung entwickelt, z. B. »A-Ebene«-Material.

Simulation und Optimierung sind in zweierlei Hinsicht auch für das Quantencomputing wichtige Themen: Erstens sind moderne TCAD-Werkzeuge zur Unterstützung der Entwicklung und Optimierung von Quantencomputing-Technologien und -Hardware unverzichtbar. Zweitens werden hinreichend ausgereifte und leistungsfähige Quantencomputing-Systeme die Perspektiven für den Einsatz von Simulation und Optimierung in der Forschung und insbesondere in der Wirtschaft erheblich verbessern.

6 Literaturverzeichnis

[1] S. Pezzagna und J. Meijer: Quantum computer based on color centers in diamond, Applied Physics Review 8 (1), https://doi.org/10.1063/5.0007444
[2] M. W. Doherty et al.: The nitrogen-vacancy colour centre in diamond, Physics Reports 528, 1–45. https://doi.org/10.1016/j.physrep.2013.02.001 (2013)
[3] G. Tosi et al.: Silicon quantum processor with robust long-distance qubit couplings, Nature Communications 8 (450), https://doi.org/10.1038/s41467-017-00378-x
[4] C. E. Bradley et al.: A Ten-Qubit Solid-State Spin Register with Quantum Memory up to One Minute, Physical Review X 9, 031045, https://journals.aps.org/prx/pdf/10.1103/PhysRevX.9.031045 (2019)
[5] B. Hensen et al.: A silicon quantum-dot-coupled nuclear spin qubit, Nature Nanotechnology 15, 13–17, https://www.nature.com/articles/s41565-019-0587-7 (2020)
[6] M. Albrecht et al.: Potential of 4H-SiC CMOS for High Temperature Applications Using Advanced Lateral p-MOSFETs, Materials Science Forum 858, 821
[7] Forschungsfabrik Mikroelektronik Deutschland, https://www.forschungsfabrik-mikroelektronik.de/ (2016)
[8] Munich Quantum Valley, https://www.munich-quantum-valley.de/
[9] MQV-Projekt SHARE: https://www.munich-quantum-valley.de/research/consortia/

[10] FAU-Lehrstuhl für Elektronische Bauelemente, https://www.leb.tf.fau.de/
[11] N. C. Jones et al.: Layered Architecture for Quantum Computing, Physical Review X 2, 031007, DO: I 10.1103/PhysRevX.2 031 007 (2012)
[12] J. M. Gambetta et al.: Building logical qubits in a superconducting quantum computing system, npj Quantum Information 3:2, DOI: 10.1038/s41534-016-0004-0 (2017)
[13] S. J. Pauka et al.: A cryogenic CMOS chip for generating control signals for multiple qubits, Nature Electronics, 4, 64–70, DOI: 10.1038/s41928-020-00528-y (2021)
[14] D. Lehninger et al.: A Fully Integrated Ferroelectric Thin-Film-Transistor – Influence of Device Scaling on Threshold Voltage Compensation in Displays, Adv. Electron. Mater. 7, 2 100 082 (2021)
[15] A. Hutzler et al.: Unravelling the Mechanisms of Gold-Silver Core-Shell Nanostructure Formation by in Situ TEM Using an Advanced Liquid Cell Design, Nano Letters, 18 (11), 7222 (2018)
[16] Z. Yu, S. Wang et al.: Optimization of Ag-Ag Direct Bonding for Wafer-Level Power Electronics Packaging via Design of Experiments, International Microelectronics and Packaging Society (IMAPS): International Conference on Electronics Packaging, ICEP 2019. Proceedings: Niigata, Japan, 17–20 April 2019
[17] MQV-Projekt QACI, https://www.munich-quantum-valley.de/research/consortia/
[18] MQV-Projekt QuaST: https://www.digitale-technologien.de/DT/Navigation/DE/ProgrammeProjekte/AktuelleTechnologieprogramme/Quanten_Computing/Projekte/QuaST/quast.html
[19] L. Grover: A fast quantum mechanical algorithm for database search. In: Proc. of the 28th ACM Symposium on Theory of Computing, S. 212–219 (1996)
[20] P. Shor: Polynominal-time algorithms for prime factorization and discrete logarithms on a quantum computer. SIAM Journal of Computing, 26, 1484–1509 (1997)
[21] M. Cerezo et al.: Variational quantum algorithms, Nature Review Physics 3, 625–644 (2021)
[22] Fraunhofer-Kompetenznetzwerk Quantencomputing: https://www.fraunhofer.de/de/institute/kooperationen/fraunhofer-kompetenznetzwerk-quantencomputing/nutzungsbedingungen-qc.html
[23] Open-Source-Software Qiskit: https://qiskit.org/

Nutzung der Mikroelektronik für große Quantencomputing-Hardware

Benjamin Lilienthal-Uhlig, Marcus Wislicenus, Martin Blasl, Maik Simon, Roman Potjan

Abstract: Quantencomputer besitzen das Potenzial, die Leistungsgrenzen konventioneller Rechnersysteme um ein Vielfaches zu übertreffen. Medizin, Logistik, Materialentwicklung und Kryptografie sind nur einige der Bereiche, die durch Quantencomputing enorme Fortschritte erleben könnten.

Obwohl es bereits eine Vielzahl unterschiedlicher Ansätze für das Quantencomputing gibt, existieren derzeit nur wenige anwendungsrelevante Komplettsysteme und, was noch wichtiger ist, industrietaugliche, herstellbare Konzepte mit hohem Skalierungspotenzial (> 10^4 physikalische Qubits). Software und Algorithmen werden von Fraunhofer bereits im gegenwärtigen Netzwerk Quantencomputing auf der Basis von IBM-Hardware koordiniert und entwickelt. Für die zukünftige technologische Souveränität Deutschlands und Europas ist jedoch die Entwicklung eigener Technologien für die Produktion skalierbarer und industrietauglicher Quantencomputing-Ansätze von entscheidender Bedeutung.

In den vergangenen mehr als 50 Jahren hat das CMOS-basierte digitale Computing zu immer höheren Rechenleistungen geführt. Dabei war die siliziumbasierte Halbleiterfertigung die wichtigste Triebkraft dafür, mit dem Mooreschen Gesetz Schritt zu halten und so die enormen Fortschritte bei der Rechenleistung zu ermöglichen.

In diesem Kapitel möchten wir erläutern, inwiefern der Bereich der Mikroelektronik zukünftige große Quantencomputing-Systeme auf der Hardware-Ebene ermöglichen kann, und einige Beispiele dafür aufzeigen, wie die vorhandene Infrastruktur und die bestehenden Kompetenzen mithilfe aktueller Forschungs- und Entwicklungsprojekte von Fraunhofer genutzt werden können.

Keywords: Quantencomputing-Hardware, skalierte Systeme, Mikroelektronik, Halbleiterfertigung, CMOS

1 Einführung – Hardware für das Quantencomputing

Generell lassen sich Systeme für das Quantencomputing wie in Abbildung 1 dargestellt unterteilen.

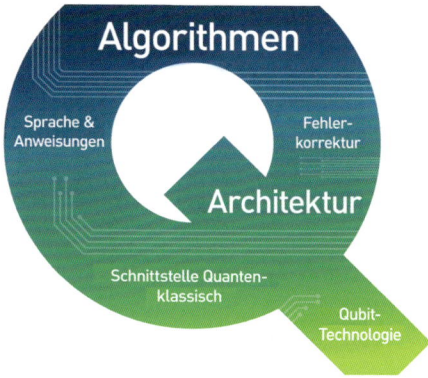

Abbildung 1: Full Stack eines Quantencomputing-Systems.

Auf der untersten Ebene liegt die physikalische Realisierung, das eigentliche Qubit und seine Verbindungen. Zugrunde liegen verschiedene physikalische Ansätze für die Realisierung eines Zwei-Niveau-Systems, die sich in einer Vielzahl von Parametern unterscheiden. So muss beispielsweise immer ein Kompromiss zwischen der Stabilität und Langlebigkeit der Qubits im Vergleich zu den Möglichkeiten für ihre Kontrolle und Verschränkung gefunden werden.

Darauf folgt die sogenannte quantenklassische Schnittstelle. Obwohl die Qubits von Natur aus analog sind, werden digitale Ein- und Ausgänge benötigt, um sie zu initialisieren, zu manipulieren und auszulesen. Die digital-logischen Schritte werden in entsprechende physikalische Signale umgewandelt (z. B. über Mikrowellensignale).

Auf der Architekturebene werden alle erforderlichen Komponenten zusammengeführt, wie z. B. der Quantenprozessor, Speicher, Verbindungen, ALUs, Register usw. Darüber hinaus müssen geeignete »Befehlssätze« speziell auf die Art des Quantencomputings zugeschnitten werden, d. h. welche Operationen kann mein Quantensystem durchführen, wie im klassischen Fall: »A = B + C«. Bei quantenbasierten Operationen sind jedoch durch Superposition und Verschränkung weitere Operationen möglich. Hier finden sich auch Ansätze für die Quantenfehlerkorrektur, die sowohl die Architektur/Hardware als auch die zu verwendenden Befehle beeinflusst.

Der Bereich »Sprache und Befehle« umfasst auch die komplexe Ebene der Quantenberechnungen (die sich grundlegend vom klassischen Fall unterscheidet), die Compiler, die die Logik der Algorithmen in die entsprechende »Maschinensprache« übersetzen, und die Programmiersprachen selbst.

Die oberste Ebene schließlich befasst sich mit den zu entwickelnden Quantenalgorithmen. Hier liegen die weitreichendsten Möglichkeiten für Unternehmen weltweit für den entscheidenden Schritt zur Anwendung, z. B. bei der Entwicklung von Algorithmen für die Materialsynthese, Primfaktorzerlegung oder Module zur Klimaberechnung.

Die meisten unmittelbaren Vorteile der modernen Mikroelektronik-Technologie werden auf der Qubit-Ebene und den darüber liegenden Segmenten »Quantenklassische Schnittstelle« und »Architektur« realisiert werden. Diese werden daher im Mittelpunkt dieses Kapitels stehen.

1.1 Qubit-Plattformen – ein technologischer Überblick

Derzeit sind verschiedene Qubit-Technologien Gegenstand der internationalen Forschung und Entwicklung. Es gibt mehrere, zum Teil sehr unterschiedliche Ansätze, die sich alle in ihren Vor- und Nachteilen sowie in ihrem jeweiligen Reifegrad unterscheiden. Generell gilt, dass es eine Art von definiertem Zwei-Niveau-System geben muss, das bestimmten, von DiVincenzo [1] formulierten Kriterien folgt.

Die gängigsten Plattformen basieren auf supraleitenden Qubits [2], Quantenpunkten [3], Photonen [4], Ionenfallen [5], neutralen Atomen [6] und Stickstoff-Fehlstellen [7]. Verschiedene Schlüsselkennzahlen wie die experimentell nachgewiesene Anzahl kontrollierter Qubits, Ein/Zwei-Gatterfidelität, Kohärenzzeit, Gatter-Operationszeit und erforderliche Umgebungstemperatur sind in Tabelle 1 zusammengefasst. Diese Werte müssen natürlich als bester erreichter Durchschnitt betrachtet werden, um die Plattformen vergleichen zu können, und sie werden von Forschungsgruppen weltweit ständig verbessert.

Was die erforderliche Temperatur betrifft, so geben die Werte nur die Anforderung für das eigentliche Qubit an. Tatsächlich erfordern funktionierende Quantencomputing-Systeme nahezu alle eine kryogene Umgebung, z. B. aufgrund des Bedarfs an supraleitenden Photonendetektoren.

Tabelle 1: Schlüsselkennzahlen für verschiedene Qubit-Plattformen

	Supraleitend	Quantenpunkte	Photonen basiert	Ionenfallen	Neutrale Atome	NV-Zentrum
Anz. kontrollierter Qubits	~ 100	~ 4	~ 20	~ 32	~ 50	~ 20
Gatterfidelität [%]	> 99,9	> 99,0	> 98,0	> 99,9	> 95,0	> 99,0
Kohärenz	> 100 µs	> 100 µs	> 100 µs	> 600 s	> 10 s	> 10 s
Gatter-Operationszeit [µs]	< 1	< 10	< 1000	< 100	< 100 000	< 1000
Temperatur [K]	0,05	1	300	300	300	300

2 Herausforderungen auf dem Weg zu nutzbaren Systemen

Wie aus Tabelle 1 ersichtlich ist, liegt die Anzahl der kontrollierten Qubits derzeit im unteren dreistelligen Bereich. Um tatsächlich sinnvolle Anwendungen adressieren zu können, sind jedoch Zahlen in der Größenordnung von mindestens 1000 Qubits erforderlich. Für die großen Probleme, die das Quantencomputing im Bereich der Materialwissenschaft, Arzneimittelentwicklung oder Logistikoptimierung zu lösen verspricht, müssen diese Zahlen wahrscheinlich in den Millionenbereich gehen.

Darüber hinaus sind die Länge und Komplexität möglicher Algorithmen durch die derzeitige Fidelität und Kohärenz der Qubits begrenzt. Ein möglicher Ansatz ist die Verwendung von Fehlerkorrekturarchitekturen. Um dies zu erreichen, muss jedoch eine bestimmte Anzahl von Qubits reserviert werden, was zu einem erheblichen Overhead führt und somit die Anzahl der zu realisierenden physikalischen Qubits noch erhöht.

Viele Forschungsgruppen konzentrieren sich daher auf Ansätze, die auf Silizium basieren und dadurch von den enormen technologischen Fortschritten in der Halbleiterindustrie profitieren können. Vielversprechende Kandidaten sind hierbei Qubits auf der Basis von Elektronenspins in MOSFET-Strukturen, die Nutzung der FDSOI-Technologie oder Ansätze auf Siliziumbasis wie Silizium-Germanium-Heterostrukturen. Mithilfe integrierter Silizium-Photonik-Technologien bieten photonische Ansätze ebenfalls ein gutes Potenzial für skalierbare Realisierungen. Einige konkrete Beispiele werden im nächsten Abschnitt gezeigt.

Abgesehen von der bloßen Anzahl können auch andere Herausforderungen durch die Errungenschaften der Mikroelektronikindustrie bewältigt werden. Qubits müssen äußerst präzise hergestellt werden, um die gewünschte Qualität, geringe Variabilität und eine ausreichende Ausbeute zu gewährleisten. Sie müssen zudem zur Initialisierung, Steuerung und Messung miteinander verbunden werden. Derzeit muss jedes Qubit einzeln mit diskreten HF-Kabeln angeschlossen werden. Wenn die Schwelle von 1000 Qubits überschritten wird, ist dies aufgrund räumlicher und thermischer Beschränkungen nicht mehr praktikabel. In den höheren Segmenten des Quantencomputer-Stacks muss eine Schnittstelle zur klassischen Elektronik realisiert werden. Daher ist es sinnvoll, die Vorteile moderner Halbleitertechnologiekonzepte wie fortschrittliches Packaging und hochintegrierte CMOS-basierte Steuerelektronik zu nutzen.

3 Konkretes Potenzial für Segmente des Quantencomputer-Stacks

Auf den folgenden Seiten werden Beispiele gezeigt, bei denen die technologischen Errungenschaften und Möglichkeiten etablierter Bereiche der Mikroelektronik, beispielsweise Halbleiterfertigung oder MEMS, wesentliche Vorteile für verschiedene Qubit-Plattformen bieten können. Neben der Qubit-Ebene können auch alle anderen hardwareorientierten Segmente eines vollständigen Quantencomputersystem-Stacks von der Mikroelektronik profitieren. Dazu gehören beispielsweise die Heterointegration und die vollständige Realisierung von Eignang/Ausgang, Logiksteuerung und einer quantenklassischen Schnittstelle.

3.1 Supraleitende Qubits

Substratentwicklung

Da ein großer Teil der Energie eines Qubits im Substrat gespeichert wird, können dort auftretende Energieverluste, z. B. aufgrund von Absorption durch Ionen oder Dipole und Wiederemission als Phononen, die Qualität von Qubits negativ beeinflussen. Der Einsatz neuartiger Substrattechnologien wie Saphir- oder Si-Wafer mit hohem spezifischem Widerstand verspricht daher eine Steigerung der Qubit-Qualität.

Entwicklung von supraleitenden Materialien

Supraleitende Materialien unterscheiden sich durch materialspezifische Parameter wie kritische Temperatur und kritische Feldstärke, kritische Stromdichte, magnetische Eindringtiefe oder Kohärenzlänge, wodurch bestimmte Materialien für spezielle Anwendungen optimal geeignet wären. Der derzeit verwendete Ansatz auf der Basis von Al und Nb weist noch Verbesserungspotenzial auf, insbesondere in Bezug auf die Oberflächenoxidation. Um sowohl die spezifischen Materialparameter als auch die Vorteile der 300-mm-basierten Prozesstechnologie nutzen zu können, müssen potenzielle Materialkandidaten auf Prozess- und Anwendungsbasis entwickelt und charakterisiert werden.

Für die Synthese und Bewertung neuartiger Supraleiter und ihrer Dünnschichten auf 300-mm-Wafern können sowohl die chemischen als auch die physikalischen Beschichtungsprozesse untersucht werden. Besonderes Augenmerk sollte dabei auf die Kompatibilität mit der CMOS-Fertigungsumgebung gelegt werden. Ein Beispiel für solche Prozessierungsanlagen ist in Abbildung 2 zu sehen. Rechts oben befindet sich eine Detailansicht einer Multi-Target-Kammer; links unten ein TEM-Bild dünner Metallschichten mit Dicken im Ångström-Bereich.

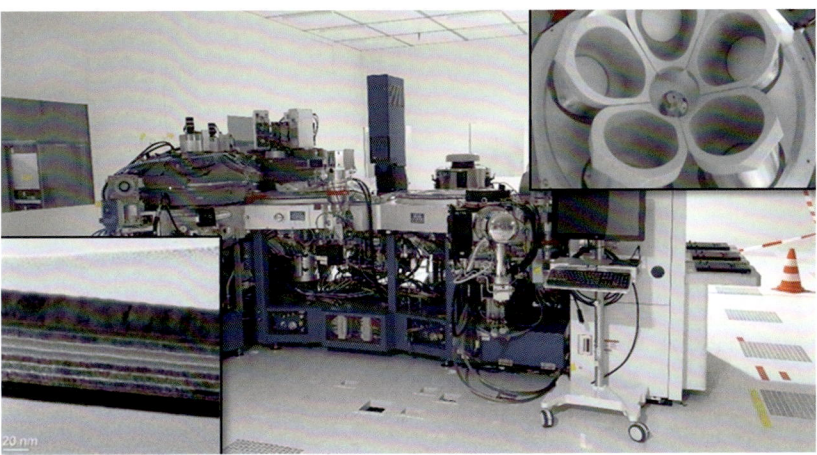

Abbildung 2: PVD-Cluster-Anlage für die Abscheidung ultrapräziser Metall- und Verbindungsdünnschichten.

Eine klassische und kryogene Charakterisierung der Material- und Schichteigenschaften kann dann zur anwendungsbezogenen Bewertung der Materialien genutzt werden, um entscheidende Vorteile in Bezug auf die physikalischen Eigenschaften oder die allgemeine Herstellbarkeit zu identifizieren.

Prozessintegration

Für die skalierbare Fertigung eines Quantencomputerchips müssen sowohl die einzelnen Prozesse als auch deren gegenseitige Abhängigkeiten innerhalb einer Prozessfolge untersucht werden, um eine optimale Prozessintegration zu entwickeln.

So kann beispielsweise der Einfluss neuartiger Reinigungs- und Ätzprozesse auf die kritischen Eigenschaften der Qubit-Bauelemente studiert werden, um den negativen Einfluss von Oxiden durch die Herbeiführung von Zwei-Niveau-Systemen (Two-Level Systems, TLS) zu minimieren.

Darüber hinaus müssen die Bauelemente des Qubits reproduzierbar sein und mit höchstmöglicher Genauigkeit gefertigt werden. Zu diesem Zweck können verschiedene Strukturierungsansätze mit dem Ziel der Prozessintegration unter Beibehaltung qualitativ hochwertiger Qubits untersucht werden. Sequenzielle Strukturierungskonzepte bis zum nm-Bereich, z. B. für die Definition von Josephson-Kontakten, können im Wafermaßstab durch Elektronenstrahllithografie und anschließende Trocken- oder Nassätzprozesse entwickelt werden. Darüber hinaus können Prozessrouten für die Mehrlagenstrukturierung entwickelt werden, z. B. Dreilagenprozesse für die Definition von Josephson-Kontakten. Die elektrochemische Abscheidung einer supraleitenden Metallisierung kann ebenfalls für die Integration von Entwicklungsprozessen in Betracht gezogen werden, obwohl optimale Oberflächeneigenschaften für komplexere Integrationsrouten im Allgemeinen durch CMP-Prozesse gewährleistet werden müssen.

Wellenleiter und Resonatoren

HF-Wellenleiterstrukturen im Quantencomputerchip sind mit den Verbindungen in CMOS-Chips vergleichbar und dienen dazu, Verbindungen zwischen einzelnen Bauelementen und Konnektivität für die Steuerung durch externe Geräte bereitzustellen. Resonatoren können zur Steuerung und zum Auslesen einzelner Qubits verwendet werden.

Der große Platzbedarf von Wellenleitern und Resonatoren ist eine kritische Herausforderung für die vorhandene Technologie. Ein zentrales Ziel zur Erhöhung der Skalierbarkeit besteht darin, die Miniaturisierung der Bauelemente bei gleichbleibender Leistung oder ohne signifikantes Übersprechen zu erreichen.

Josephson-Kontakte

Josephson-Kontakte tragen als nichtlineare Elemente die erforderliche Anharmonizität zum Qubit bei. Für höhere Integrationsstufen sind skalierbare Konzepte mit hoher Reproduzierbarkeit und Gleichförmigkeit erforderlich, um eine frequenzgenaue Funktionalität der einzelnen Qubits zu gewährleisten. Darüber hinaus dürfen die Kontakte nur wenige Defekte aufweisen, um Alterungseffekte zu minimieren. Moderne Strukturierungs- und Abscheideverfahren wie PVD, Lithografie und Plasmaätzen können anstelle der konventionellen Schrägaufdampfung von Al/AlOx und Lift-off-Verfahren eingesetzt werden. Ein weiterer wichtiger Punkt ist die Kontrolle der Variabilität bei der Fertigung von Josephson-Kontakten, die durch die ultrapräzisen und kontrollierten Prozesse der modernen Halbleiterfertigung erheblich verringert werden kann. Da sich die Fläche und Dicke der Josephson-Kontakte direkt auf die Frequenz des einzelnen Qubits auswirken, hat das Fertigungsergebnis einen direkten Einfluss auf die Bauelementleistung. Damit kann die skalierbare Fertigung mit neuen Supraleiter- und Isolatormaterialien mit besserer Kontrolle über die Variabilität untersucht werden, wobei kritische Eigenschaften der Kontakte verglichen werden.

3.2 Spin-basierte Quantenpunkt-Qubits

Auf Halbleiter-Quantenpunkten basierende Qubits haben in den letzten Jahren immer mehr an Attraktivität gewonnen. Verschiedene Arten von Halbleiter-Quantenpunkten sind intensiv erforscht worden. Vor Kurzem wurden 1- und 2-Qubit-Gatter mit hoher Fidelität und die Kompatibilität mit der modernen Halbleiterfertigung vorgestellt [8].

Während einige Quantentechnologien (Transmon-Qubits, optische Qubits) aufgrund ihrer tendenziell gröberen Wellenleiterstrukturen noch mit der kostengünstigen DUV-Lithografie gefertigt werden können, erfordern andere Ansätze, insbesondere Halbleiter-Spin-Qubits mit ihren zahlreichen dicht gepackten Gate-Elektroden, hochauflösende Elektronenstrahl- oder EUV-Lithografie. Abbildung 3 zeigt die Bilder nach der Lithografie und nach dem Ätzen von Gate-Strukturen, die in engem Abstand in einem modernen industriellen CMOS-Reinraum für 300-mm-Wafer erzeugt wurden.

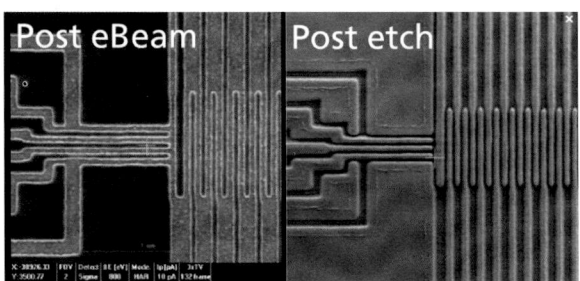

Abbildung 3: Strukturierung von Gate-Elektroden mit 80 nm Pitch für Quantenpunkt-basierte Si-Qubits.

Anfangs wurden diese Halbleiter-Spin-Qubits zumeist noch aus III-V-Materialien hergestellt, weil ihnen Kernspins fehlen, die den Spin-Zustand der Elektronen destabilisieren würden. Inzwischen können jedoch isotopenreine Si-, SiGe- oder Ge-Strukturen ohne die natürlich vorkommenden spintragenden Isotope gezüchtet werden. Sowohl konventionelle planare MOSFETs als auch FinFETs, die zum Kern der Halbleiterelektronik gehören, können als Qubit-Basisstrukturen verwendet werden. Zudem werden derzeit auch bei planaren Si/SiGe- und Ge/SiGe-Heteroschichtkonzepten rasche Fortschritte erzielt.

3.3 Photonische Qubits

Kernkomponenten von photonischen Chips für linear-optische Quantencomputer sind optische Phasenschieber, die geringe optische Verluste, kleine Abmessungen, kurze Rekonfigurationszeiten und einen geringen Stromverbrauch aufweisen sollten. Kein Konzept vereint alle gewünschten Eigenschaften, so dass die Wahl des Konzepts stets ein auf die Anwendung zugeschnittener Kompromiss ist.

Für linear-optische Quantencomputer sind geringe optische Verluste von größter Bedeutung, weshalb sowohl PsiQuantum als auch Xanadu thermooptische Phasenschieber aus Silizium [9] oder Siliziumnitrid [10] verwenden.

Dem geringen optischen Verlust der thermooptischen Phasenschieber steht ihre erforderliche Heizleistung gegenüber, die mit zunehmender Komponentenanzahl immer kritischer wird, da die erzeugte Wärme abgeführt und die Phasenschieber voneinander thermisch isoliert werden müssen, um ein Übersprechen zu verhindern. Hier kommen die Vorteile von MEMS-Phasenschiebern zum Tragen. Die Phasenverschiebung des Lichts wird durch einen elektrostatisch bewegten mikromechanischen Aktor bewirkt, der im geschalteten Zustand praktisch keine Leistung abgibt, siehe [11 und 12].

Dank der jahrzehntelangen Erfahrung in der Entwicklung hochpräziser MEMS-Bauelemente, dem umfangreichen Know-how in Bezug auf den Entwurf integrierter Schaltkreise (ASIC) und den vielfältigen Vorarbeiten auf dem Gebiet integrierter photonischer Bauelemente verfügen die Mikroelektronikunternehmen über alle Voraussetzungen dafür, innovative Beiträge im Bereich der MEMS-Photonik zu leisten. Vor allem die derzeitige Entwicklung eines Out-of-Plane-MEMS-Phasenschiebers auf der Basis von Siliziumnitrid-Wellenleitern ist zukunftsweisend und bietet das Potenzial, im weiteren Verlauf der Entwicklung neue Anwendungsfelder zu erschließen. Die angestrebte Kombination aus geringen optischen Verlusten unter 0,5 dB pro Phasenschieber, Antriebsspannungen unter 3,3 V und Schaltfrequenzen über 10 kHz ermöglicht den Aufbau von rekonfigurierbaren ASIC-gesteuerten Mach-Zehnder-Netzwerken mit dem Ziel einer ultrahocheffizienten optischen Informationsverarbeitung.

Abgesehen von den verschiedenen Komponenten, die von der MEMS-Fertigung profitieren könnten, zeigt die im letzten Jahr bekannt gegebene Zusammenarbeit zwischen PsiQuantum und Globalfoundries bei der Herstellung eines Quantencomputers auf der Basis von 300-mm-Waferfertigung eine weitere enge Verbindung zwischen dem Stand der Technik in der Mikroelektronik und dem Quantencomputing.

3.4 Neutrale Atome

Neutrale Atome sind ein weiterer möglicher Ansatz für die Entwicklung kontrollierter Zweizustandssysteme, die beim Quantencomputing als Qubits verwendet werden können. Hierbei werden einzelne Atome oder Anordnungen von Atomen in einer Vakuumkammer gefangen und durch Licht eingeschlossen [13]. Dazu muss eine Lichtmodulation in Form von Gittern realisiert werden. Diese Gitter können mithilfe von Mikrotechnologie hocheffizient hergestellt werden. Kommerziell erhältliche Gitter lassen sich in zwei Gruppen einteilen: Spiegel-Arrays mit einer Kippachse pro Spiegel und nur zwei Kippzuständen (binärer Betrieb) und flüssigkristallbasierte LCoS-Bauelemente (Liquid Crystal on Silicon).

Abbildung 4: 512 × 320 Pixel Mikrospiegelarray, [14].

Für verschiedene Anwendungen im Bereich der programmierbaren Beleuchtung oder hochentwickelte Mikrospiegel werden Arrays entwickelt, die die analogen Modulationsmöglichkeiten von LCoS-Bauelementen (de facto mehrstufig, ≥ 6 Bit) mit einer schnellen polarisationsabhängigen Modulation auf der Basis von MEMS-Aktor/Spiegel-Technologien kombinieren (siehe Abbildung 4). Die Freiheitsgrade der Spiegelelemente können eine ein- oder zweiachsige Neigung oder eine translatorische Bewegung aus der Geräteebene heraus sein. Bei entsprechender Auslegung und Optimierung können die Geräte in Wellenlängenbereichen zwischen DUV und NIR betrieben werden. MEMS-Aktoren mit geringer Pixelzahl erreichen Schaltgeschwindigkeiten im MHz-Bereich [15], während die typischen Programmierbildraten von Megapixel-Matrizen im kHz-Bereich liegen.

3.5 2D- und 3D-Integration

Um einen Durchbruch aus der NISQ-Ära zu erreichen, muss die Anzahl von Qubits deutlich erhöht werden. Der (noch) hohe Platzbedarf der Qubit-Bauelemente und deren Anschlüsse kann auf zwei Wegen umgangen werden, die parallel entwickelt werden müssen. Zum einen müssen die einzelnen Bauelemente der Quantenchips miniaturisiert werden, um eine höhere Qubit-Dichte und ein Oberflächencode-Design zu ermöglichen, wobei auch das Multiplexing von Schreib- und Lesesignalen eine zentrale Rolle spielt.

Noch höhere Integrationsgrade könnten durch 3D-Integration oder Multilayer-Quantenchips erreicht werden, zum Beispiel durch Aufteilung in einen Steuerchip und einen Quantenchip. Den miteinander verbundenen Einzelteilen werden Teilaufgaben zugewiesen, z. B. die Signalführung, eine Resonatorschicht für das Schreiben/Lesen und eine Schicht speziell für Qubits. So wird beispielsweise derzeit eine Konzeptstudie zur Entwicklung eines supraleitenden Interposers auf der Grundlage des vorhandenen Know-hows im Bereich des Advanced Packaging durchgeführt. Abbildung 5 zeigt zwei Seiten einer Interposer-Plattform mit supraleitender Metallisierung, die durch flexible Leitungen verbunden sind. Die linke Seite, die im mK-Bereich liegt, enthält den Quantenprozessor und die rechte Seite die auf CMOS-Technologie basierende Steuerlogik im K-Temperaturbereich. Das gesamte System ist für den Einbau in ein kryogenes Kühlsystem vorgesehen und bietet den Vorteil einer engen Integration ohne umfangreiche makroskopische Verkabelung.

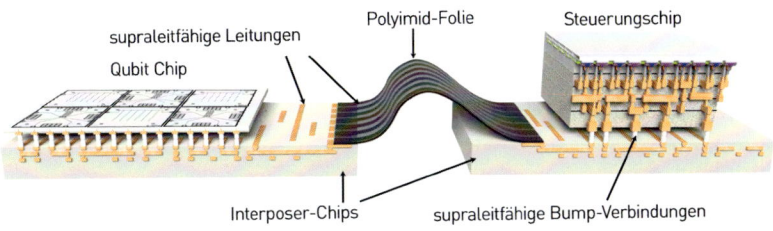

Abbildung 5: Konzeptstudie für hochintegrierte supraleitende Interposer-Technologie [Illustration von Marcus Wislicenus].

3.6 Co-Integration mit CMOS-Logik

Der Aufwand für die Ansteuerung einzelner Bauelemente durch externe HF-Signalverarbeitung steigt bei höheren Qubit-Zahlen auf unüberschaubare Größenordnungen an. Die Steuerung des Quantenchips könnte durch integrierte CMOS-basierte Chips in der kryogenen Umgebung auf Chipebene vereinfacht werden. Dies erfordert die Entwicklung, Charakterisierung und Integration geeigneter Bauelemente für die Erzeugung und Verarbeitung von HF-Signalen.

Eine Steuerlogik, die auf der FDSOI-Technologie (Fully Depleted Silicon On Insulator) basiert, bietet aufgrund ihrer inhärenten stromsparenden Eigenschaften und der Möglichkeit, ein zusätzliches Back-Biasing anzuwenden, großes Potenzial und wird daher als potenziell wegbereitend für das Quantencomputing betrachtet [16]. Zur Beurteilung dieser Möglichkeit müssen alle relevanten Parameter der FDSOI-Bauelemente bis hinunter zum relevanten Temperaturbereich, d. h. < 4 K, charakterisiert werden. Dies ist auch die Grundlage für die Entwicklung eines Kryo-PDK (Process Development Kit) für die zukünftige Co-Integration einer Quantenprozessoreinheit und eines CMOS-Steuerchips.

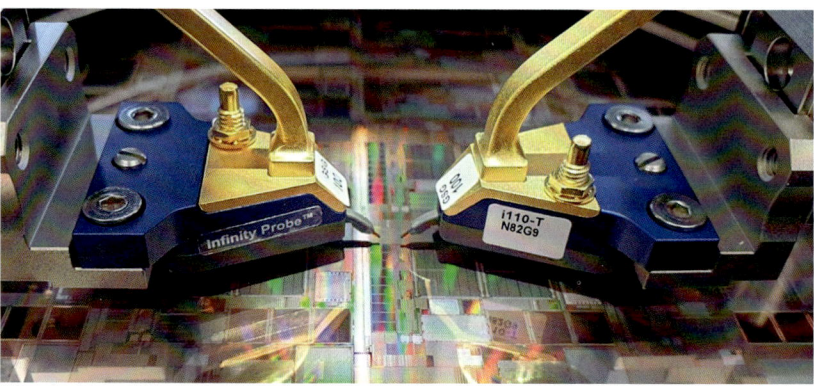

Abbildung 6: Aufbau für die HF-Charakterisierung auf einem 300-mm-Wafer mit CMOS-Bauelementen.

Die bereits vorhandenen Charakterisierungsmöglichkeiten, z. B. für das HF-Probing (siehe Abbildung 6), und das Know-how in Bezug auf die

Modellierung und Simulation von Halbleiterbauelementen würden für skalierte Quantencomputing-Systeme einen wesentlichen Vorteil bedeuten.

4 Schlussfolgerungen und Ausblick

Das Quantencomputing hat in den letzten Jahren enorm an Aufmerksamkeit gewonnen, was auch auf die jüngsten Vorteile bei der Realisierung komplexer physikalischer Systeme zurückzuführen ist. Gegenwärtig kann der größte Nutzen aus diesen Systemen gezogen werden, indem man lernt, wie reale Probleme tatsächlich auf einem Quantencomputer abgebildet und nützliche Algorithmen entwickelt werden können und wie in Unternehmen, Politik und Gesellschaft für die nötige Aufmerksamkeit für die Weiterentwicklung gesorgt werden kann. Zur Erzielung der versprochenen Fortschritte in der Materialwissenschaft, Medizin, Logistik und in anderen Bereichen müssen jedoch in den nächsten Jahren umfangerichere Systeme mit verbesserter Hardware realisiert werden.

Hierfür ist eine Integration auf Chipebene erforderlich, wofür die waferbasierten Technologien aus der Halbleiter- und MEMS-Fertigung ein enormes Potenzial bieten. In diesen Bereichen wurden in den letzten 50 Jahren enorme Fortschritte erzielt, das Mooresche Gesetz gilt noch immer, und viele der für konventionelle mikroelektronische Bauelemente entwickelten Lösungen können für verbesserte Quantencomputing-Hardware genutzt werden. Mehr noch, mit der zunehmenden Entwicklung von Quantencomputing-Plattformen werden sich Forschung und Entwicklung und auch die Fertigung, auf die eine oder andere Weise auf die Waferebene verlagern. Daher ist es sinnvoll, die hervorragende Infrastruktur und die Kompetenzen der Forschungsinstitute für Mikroelektronik mit ihren industrietauglichen Reinräumen zu nutzen (siehe Abbildung 7).

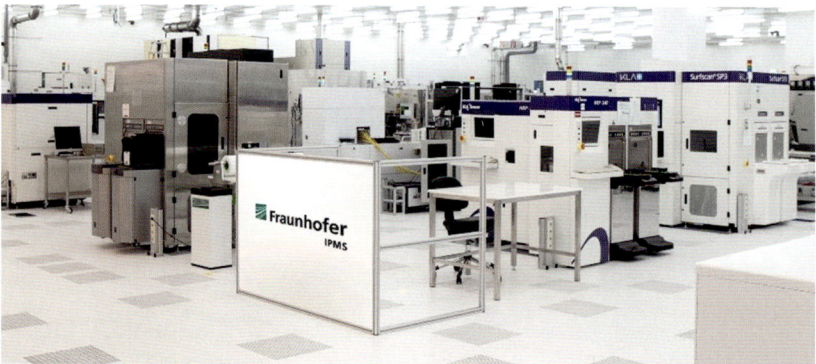

Abbildung 7: Blick in einen industrietauglichen 300-mm-Reinraum für die Halbleiterfertigung am Fraunhofer IPMS.

5 Literaturverzeichnis

[1] D. DiVincenzo: Topics in Quantum Computers. In: Mesoscopic electron transport. Springer, Dordrecht, 1997. 657–677., https://doi.org/10.1007/978-94-015-8839-3_18 (1997)

[2] P. Krantz et al.: A quantum engineer's guide to superconducting qubits. Applied Physics Reviews 6, 021318, https://doi.org/10.1063/1.5089550 (2019)

[3] M. Veldhorst et al.: An addressable quantum dot qubit with fault-tolerant control-fidelity. Nature Nanotech 9, 981–985, https://doi.org/10.1038/nnano.2014.216 (2014)

[4] S. Slussarenko und G. Pryde: Photonic quantum information processing: A concise review. Applied Physics Reviews 6, 041303, https://doi.org/10.1063/1.5115814 (2019)

[5] J. Cirac und P. Zoller: Quantum Computations with Cold Trapped Ions. Phys. Rev. Lett. 74, 4091, https://doi.org/10.1103/PhysRevLett.74.4091 (1995)

[6] T. M. Graham et al.: Multi-qubit entanglement and algorithms on a neutral-atom quantum computer. Nature 604, 457–462, https://doi.org/10.1038/s41586-022-04603-6 (2022)

[7] J. Cai et al.: A large-scale quantum simulator on a diamond surface at room temperature. Nature Phys 9, 168–173, https://doi.org/10.1038/nphys2519 (2013)

[8] A. M. J. Zwerver et al.: Qubits made by advanced semiconductor manufacturing. Nat Electron 5, 184–190, https://doi.org/10.1038/s41928-022-00727-9 (2022)

[9] J. Wang et al.: Multidimensional quantum entanglement with large-scale integrated optics. Science Bd. 360, 6386, 285–291, https://doi.org/10.1126/science.aar7053 (2018)

[10] J. M. Arrazola et al.: Quantum circuits with many photons on a programmable nanophotonic chip. Nature Bd. 591, 7848, 54–60, https://doi.org/10.1038/s41586-021-03202-1 (2021)

[11] R. Baghdadi et al.: Dual slot-mode NOEM phase shifter. Optics Express Bd. 29, 12, 19 113–19 119. https://doi.org/10.1364/OE.423949, pp. 19 113–19 119. (2021)

[12] J. Henriksson et al.: Digital Silicon Photonic MEMS Phase-Shifter. 2018 International Conference on Optical MEMS and Nanophotonics, Lausanne, 1–2, ISBN 978-1-5090-6374-1 (2018)

[13] L. Henriet et al.: Quantum computing with neutral atoms. Quantum, 4, 237, https://doi.org/10.48550/arXiv.2006.12326 (2020)

[14] A. Gehner et al.: Novel CMOS-integrated 512 × 320 tip-tilt micro mirror array and related technology platform, MOEMS and Miniaturized Systems XIX Bd. 11 293, http://dx.doi.org/10.1117/12.2543052 (2020)

[15] J.-U. Schmidt et al.: High-speed one-dimensional spatial light modulator for Laser Direct Imaging and other patterning applications, Proceedings of SPIE – The International Society for Optical Engineering Bd. 8977, http://dx.doi.org/10.1117/12.2036533 (2014)

[16] S. Bonen et al.: Cryogenic Characterization of 22-nm FDSOI CMOS Technology for Quantum Computing ICs. IEEE Electron Device Letters, 40, 1, 127–130, Jan. 2019, https://doi.org/10.1109/LED.2018.2880303 (2019)

Fehlercharakterisierung, -minderung und -korrektur

Andreas Ketterer, Kathrin König und Thomas Wellens

Abstract: Die derzeit verfügbare Quantencomputing-Hardware realisiert Netzwerke von Dutzenden supraleitenden Qubits mit der Möglichkeit kontrollierter Wechselwirkungen zwischen den nächsten Nachbarn. Die inhärenten Rausch- und Dekohärenzeffekte dieser Quantenchips verändern jedoch die grundlegenden Gatteroperationen erheblich und führen zu unvollkommenen Ergebnissen der angestrebten Quantenberechnung. In diesem Kapitel zeigen wir, wie solche Quantengatterfehler mithilfe der Quantenprozess- und der Gate-Set-Tomografie im Detail charakterisiert werden können. Wir beschreiben zudem moderne Techniken zur Fehlerminderung, die es ermöglichen, die Auswirkungen von Gatterfehlern auf beobachtbare Erwartungswerte durch Zero-Noise-Extrapolation zu reduzieren. Darüber hinaus demonstrieren wir beide Techniken mithilfe von Implementierungen auf der IBMQ-Hardware, erörtern den Ursprung von Übersprecheffekten und beschreiben Ideen zur Verbesserung von bald verfügbaren Quantenalgorithmen auf der Basis von hardwarespezifischen Eigenschaften. Zuletzt geben wir eine kurze Einführung in Protokolle zur Quantenfehlerkorrektur, deren praktische Umsetzung als einer der wichtigsten Meilensteine des Fahrplans für den Bau eines fehlertoleranten Quantencomputers betrachtet wird.

Keywords: Quantencomputing, Quantenfehler-Charakterisierung, Quantenfehlerkorrektur

1 Charakterisierung von Quantengatterfehlern

Das Ziel der Charakterisierung von Quantenfehlern besteht darin, in Erfahrung zu bringen, wie gut oder schlecht die reale Quanten-Hardware in der Praxis funktioniert, d. h. wie nahe die tatsächlich implementierten Quantenoperationen den idealerweise beabsichtigten unitären Gatteroperationen kommen. Eine oft zitierte Kennzahl in diesem Zusammenhang ist die sogenannte durchschnittliche Fehlerrate ε [1], die grob angibt, dass ein Gatter im Durchschnitt (d. h. über alle möglichen Anfangszustände) mit einer Wahrscheinlichkeit von $1-\varepsilon$ korrekt ausgeführt wird. Im Kontext der realen IBMQ-Hardware werden diese durchschnittlichen Fehlerraten bei der Kalibrierung des Systems täglich mittels **randomisiertem Benchmarking** [1,2] gemessen und den Nutzern zur Verfügung gestellt, damit diese die besten Qubits des jeweils betrachteten Quantenchips auswählen können. Die durchschnittlichen Fehlerraten liefern somit einen ersten wichtigen Hinweis darauf, wie ein bestimmter Quantenschaltkreis auf einem realen Quantengerät abgebildet werden kann, sie geben jedoch keinen weiteren Aufschluss über die genaue Art der Fehler, mit denen man es zu tun hat, z. B. Bitflip, Phasenflip oder andere Fehler. Mit unserer Arbeit verfolgen wir das Ziel, solche zusätzlichen Informationen zu erhalten und sie dann zu nutzen, um den zuvor charakterisierten Fehlern entgegenzuwirken. Eine detaillierte Charakterisierung der zugrunde liegenden Gatterfehler im Sinne eines tomografischen Protokolls ist jedoch recht aufwendig, und für die Erreichung dieses Ziels gibt es eine Vielzahl unterschiedlicher Methoden.

1.1 Von der Prozess- zur Gate-Set-Tomografie

Eine detaillierte Charakterisierung einzelner Quantengatter, die in derzeit verfügbarer Quanten-Hardware realisiert sind, kann mit verschiedenen Tomografie-Werkzeugen erreicht werden. Diese ermöglichen eine vollständige Rekonstruktion des zugrunde liegenden Quantenkanals, der die fehlerhafte Implementierung der jeweiligen Gatter beschreibt.

Diese Werkzeuge unterscheiden sich durch die Annahmen, die bei den jeweiligen Präparations- und Messprozessen getroffen werden. Während bei der Prozesstomografie die Tomografie einzelner Gatter durch die Annahme erreicht wird, dass die jeweiligen Präparations- und Messprozesse ideal sind, ermöglicht es die Gate-Set-Tomografie, diese Annahme durch die Durchführung zusätzlicher Experimente teilweise aufzuheben. In diesem Abschnitt werden wir die grundlegenden Elemente der Prozess- und Gate-Set-Tomografie beschreiben und aufzeigen, wie diese Methoden verwendet werden können, um einen universellen Satz von einfachen 1- und 2-Qubit-Gattern auf realer, vom IBM Q System One bereitgestellter Quanten-Hardware zu charakterisieren.

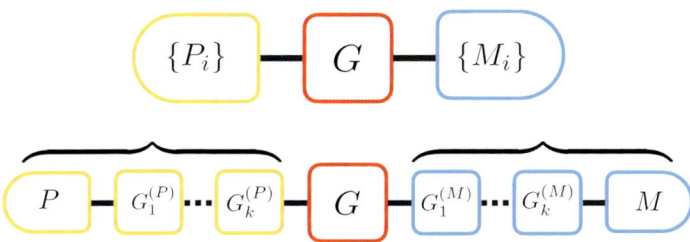

Abbildung 1 (oben): Schematische Darstellung eines Prozesstomografie-Experiments. Ein Gatter **G** wird durch eine Reihe von Experimenten charakterisiert, die einen vollständigen Satz von Zustandspräparationen $\{P_i\}$ und einen informationell vollständigen Satz von Messungen $\{M_j\}$ umfassen. Unten: Im verallgemeinerten Protokoll der Gate-Set-Tomografie werden Zustandspräparationen und Messungen durch eine Kombination von Gatteranwendungen des jeweiligen Gattersatzes realisiert.

Wir beginnen mit einer kurzen Einführung in die Methode der Prozesstomografie, welche die Grundlage für die Gate-Set-Tomografie und damit für die folgenden Implementierungen auf der realen Quanten-Hardware bildet. Das Prinzip der Prozesstomografie ist in Abbildung 1 zusammengefasst. Das dort gezeigte Gatter **G** wird in einem Experiment charakterisiert, das aus einer Präparation **P**, der Anwendung des Gatters **G** und einer Messung **M** besteht. Im Folgenden werden wir die Fehlerkanäle, die die fehlerhaften Implementierungen eines Quantengatters **G** beschreiben, durch ihre jeweiligen Pauli-Transfermatrizen darstellen. Diese sind als $G_{i,j} = \mathrm{tr}\left[P_i \Phi_G(P_j)\right]$ definiert, wobei P_i für die Elemente der jeweiligen Multi-Qubit-Pauli-Gruppe steht. Die Pauli-

Transfermatrix einer n-Qubit-Quantenoperation hat also die Dimension $4^n \times 4^n$, was bei einer spurerhaltenden Parametrierung insgesamt $4^n \times (4^n - 1)$ freie Fehlerparameter ergibt. Eine vollständige Charakterisierung aller Fehlerparameter kann mithilfe des in Abbildung 1 dargestellten Schemas erreicht werden, bei dem die Präparationen **P** als vollständiger Satz von anfänglichen Basiszuständen und die Messungen **M** als informationell vollständig gewählt werden müssen. Bei 1- und 2-Qubit-Gattern ergibt dies insgesamt 4x3 bzw. 16x9 Experimente, die jeweils mit einer ausreichenden Anzahl von Einzelmessungen durchgeführt werden müssen. Die aus diesen Experimenten gewonnenen Schätzungen der Ergebniswahrscheinlichkeiten können dann verwendet werden, um die Pauli-Transfermatrix durch lineare Inversion [3] zu rekonstruieren. Da Letztere jedoch für den Fall fehlerfreier Ergebniswahrscheinlichkeiten abgeleitet wird, führen nicht verschwindende statistische Effekte im Allgemeinen zu Fehlern bei der Rekonstruktion und potenziell nicht-physikalischen Elementen im rekonstruierten Gatter. Aus diesem Grund wird die Prozesstomografie in der Regel durch eine Least-Squares- oder Maximum-Likelihood-Optimierung ergänzt, um ein physikalisch realistisches Modell des jeweiligen Quantengatters an die erhaltenen Messdaten anzupassen.

Die Gate-Set-Tomografie ist eine Verallgemeinerung der Prozesstomografie mit dem Ziel, nicht nur die Pauli-Transfermatrix eines einzelnen Gatters, sondern eines ganzen Gattersatzes zusammen mit der Zustandspräparation und dem Messprozess zu rekonstruieren. Zur Erreichung dieses Ziels muss eine ähnliche Reihe von Experimenten wie bei der Prozesstomografie (siehe Abb. 1) durchgeführt werden – mit dem Unterschied, dass die Zustandspräparationen und Messungen durch eine Kombination von Gatteranwendungen aus dem jeweiligen Gattersatz zusammen mit einer Reihe von nativen Zustandspräparationen und Messvorgängen realisiert werden [3]. Auf diese Weise ermöglicht es uns die Gate-Set-Tomografie, die Pauli-Transfermatrizen der jeweiligen Gatter sowie der Präparationen und Messungen mit einem ähnlichen Schema wie bei der Prozesstomografie zu rekonstruieren, d. h. durch die Kombination der linearen Inversion mit einer nachfolgenden Maximum-Likelihood-Optimierung. Bei einem solchen Verfahren zusätzlich zu bedenken ist jedoch, dass der resultierende Gattersatz nur bis zu einer verbleibenden Eichtransformation rekonstruiert werden kann, welche die genaue Form des Gattersatzes verändert, die vorhergesagten Observablen jedoch unverändert lässt. Zur Umgehung dieses Problems muss eine zusätzliche Gatteroptimierung ausgeführt werden, die eine optimale, die Fehler des Zielgattersatzes minimierende Eichtransformation findet.

Ein weiterer Aspekt, der die Verbesserung der beschriebenen Tomografiemethoden ermöglicht, liegt darin, die Genauigkeit der Messung einzelner Gatterparameter durch eine wiederholte Ausführung der jeweils betrachteten Gatter zu erhöhen. Dadurch kann der mit den geschätzten Gatterparametern verbundene statistische Fehler um den Faktor L reduziert werden, wobei L die Anzahl der Wiederholungen des Gatters angibt. Um sicherzustellen, dass alle Fehlerparameter verstärkt werden, werden in der Regel die jeweiligen Gatter in sogenannten Keimschaltkreisen (»Germ Circuits«) wiederholt. Diese bestehen aus Kombinationen von 1- und 2-Qubit-Gattern, die auf amplifikatorisch vollständige Weise ausgewählt werden. Durch eine geeignete Wahl der Anzahl der Wiederholungen L lassen sich daher die Gatterparameter genauer rekonstruieren, ohne dass die Anzahl der Einzelmessungen weiter erhöht werden muss, was zu einer Verringerung der benötigten Quantenressourcen führen kann.

Wir haben eine solche Gate-Set-Tomografie bei einem 1-Qubit-Gattersatz auf dem IBMQ-System in Ehningen (Falcon r4-Chip) für alle 27 Qubits implementiert. Abbildung 2 zeigt die Ergebnisse dieses Verfahrens in Bezug auf die jeweiligen durchschnittlichen 1-Qubit-Fehlerraten sowie die durchschnittlichen Auslesefehler. Um Letztere zu ermitteln, haben wir das Gate-Set-Tomografie-Verfahren leicht abgeändert, indem wir eine feste und fehlerfreie native Zustandspräparation angenommen haben. Alle auf diese Weise gewonnenen Daten stimmen bis auf einige verbleibende statistische Schwankungen gut mit den von IBM bereitgestellten Kalibrierdaten überein.

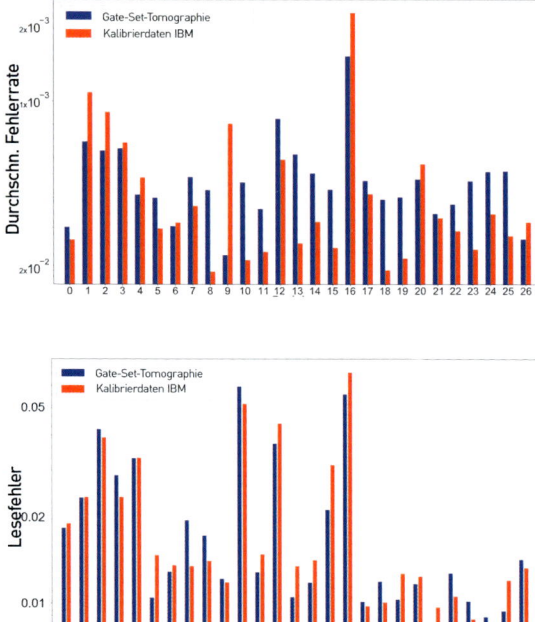

Abbildung 2: Durchschnittliche 1-Qubit-Fehlerrate (oberes Diagramm) und durchschnittlicher Auslesefehler (unteres Diagramm) aller 27 Qubits von IBMQ Ehningen, die mittels Gate-Set-Tomografie mit 784 Schaltkreisen und 8192 Einzelmessungen pro Schaltkreis rekonstruiert wurden, im Vergleich mit den IBM-Kalibrierdaten am 15. November 2021.

1.2 Quantenprozesstomografie mit langen Sequenzen

In einem zweiten Schritt haben wir eine Charakterisierung der fehleranfälligeren 2-Qubit-CNOT-Gatter durchgeführt. Dabei konnten wir jedoch nicht auf das normale Gate-Set-Tomografie-Verfahren zurückgreifen, das für eine Rekonstruktion der jeweiligen Pauli-Transfermatrizen für alle Qubit-Paare des 27-Qubit-Falcon-Chips zu zeitaufwendig wäre. Stattdessen haben wir ein neues Prozesstomografie-Rahmenkonzept für die Rekonstruktion der CNOT-Gatteroperationen entwickelt, bei dem die rekonstruierten 1-Qubit-Gatteroperationen verwendet werden, um **effektive** Zustandspräparationen und Messungen durch geeignete **Referenzschaltkreise** (»Fiducial Circuits«) zu definieren. Ähnlich wie bei der Gate-Set-Tomografie beruht unser neues Rahmenkonzept ebenfalls auf einer wiederholten Anwendung des betrachteten CNOT-Gatters, um die Verstärkung aller seiner 240 Fehlerparameter zu gewährleisten.

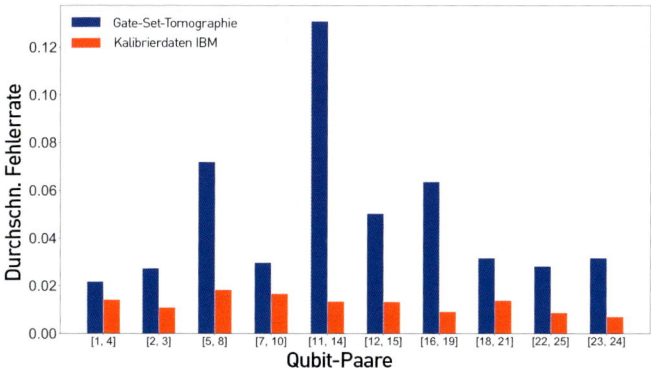

Abbildung 3: Durchschnittliche Fehlerrate der CNOT-Gatter, die auf den angegebenen Qubit-Paaren von IBMQ Ehningen mit 3024 Charakterisierungsschaltkreisen und 8192 Einzelmessungen pro Schaltkreis gleichzeitig charakterisiert wurden, im Vergleich zu den von IBM am 24. November 2021 angegebenen Fehlerraten.

Wir haben das beschriebene Rahmenkonzept für die Rekonstruktion der CNOT-Gatter für alle 28 verbundenen Qubit-Paare verwendet, wobei die Topologie des jeweiligen Quantenchips eine gleichzeitige Charakterisierung von maximal 10 Paaren innerhalb desselben Experiments ermöglicht. Die resultierenden durchschnittlichen Fehlerraten der rekonstruierten Gatter sind in Abbildung 3 für einen Satz von 10 gleichzeitig charakterisierten Qubit-Paaren dargestellt. Wir stellen fest, dass die Fehlerrate einiger Paare im Vergleich zu den entsprechenden Werten der IBM-Kalibrierdaten deutlich erhöht ist. Dies deutet darauf hin, dass die Gatteranwendungen von einem signifikanten Übersprecheffekt betroffen sind, dessen weitere Charakterisierung erforderlich ist.

1.3 Charakterisierung der Übersprecheffekte

Für eine ausführliche Untersuchung der beobachteten Übersprecheffekte werden sowohl Prozess- als auch Gate-Set-Tomografiemethoden aufgrund der benötigten Zeit für die Rekonstruktion eines einzelnen Gatters zunehmend unpraktisch. Für die Analyse des Übersprechens zwischen Gatteranwendungen sind wir zudem hauptsächlich an der durchschnittlichen Fehlerrate der Gatter interessiert, für die eine Rekonstruktion der gesamten Pauli-Transfermatrix nicht erforderlich ist. Daher haben wir uns auf etablierte Techniken für das randomisierte Benchmarking konzentriert, um eine schnelle Messung der durchschnittlichen Fehlerraten aller Qubits zu erreichen. Darüber hinaus haben wir systematisch die durchschnittliche CNOT-Fehlerrate aller Qubit-Paare für die folgenden verschiedenen Fälle ausgewertet: (1) Auf benachbarten Qubit-Paaren wird keine gleichzeitige Charakterisierung ausgeführt, (2) auf einem Nachbar oder auf (3) mehreren Nachbarn werden gleichzeitige Charakterisierungen ausgeführt. Es ist zu beachten, dass wir uns auf 2-Qubit-Gatter konzentriert haben, weil die Ausführungszeit von 1-Qubit-Gattern wesentlich kürzer ist, was Korrelationseffekte zwischen verschiedenen Gatteroperationen verringert. Abbildung 4 zeigt das Ergebnis einer Untersuchung des Übersprechens für das Beispiel des Qubit-Paares [23, 24]. Wir sehen, dass die Fehlerrate drastisch ansteigt, wenn (und nur wenn) das Paar [22, 25] gleichzeitig charakterisiert wird. Zusammenfassend stellen wir fest, dass das beobachtete Übersprechen häufig durch die gleichzeitige Charakterisierung nur eines benachbarten Qubit-Paares erklärt werden kann und keine Folge der gleichzeitigen Charakterisierung mehrerer Paare ist. Für die Rekonstruktion der vollständigen Korrelationsmatrix, d. h. der Matrix, die die Fehlerraten aller Qubit-Paare bei gleichzeitiger Charakterisierung benachbarter Paare enthält, reicht es daher aus, sich auf ein benachbartes Paar zu konzentrieren. Wir haben diese Korrelationsmatrix für IBMQ Ehningen und IBMQ Toronto gemessen.

Zukünftig besteht das Ziel daher darin, die gesammelten Übersprechdaten zu nutzen, um die Implementierung von NISQ-Algorithmen so weit wie möglich zu verbessern, indem sie fehlerresistent gestaltet werden. Dies kann beispielsweise erreicht werden, indem die Qubits aus der Coupling-Map des Backends ausgewählt werden, die einen minimalen Gesamtfehler der Schaltkreisimplementierung ergeben. Darüber hinaus können die Übersprechinformationen beim Transpilierungsprozess verwendet werden, mit dem die theoretischen Schaltkreise auf entsprechend hardwareangepasste Schaltkreise abgebildet werden, wobei Informationen zu den verfügbaren Basisgattern und deren Fehler berücksichtigt werden.

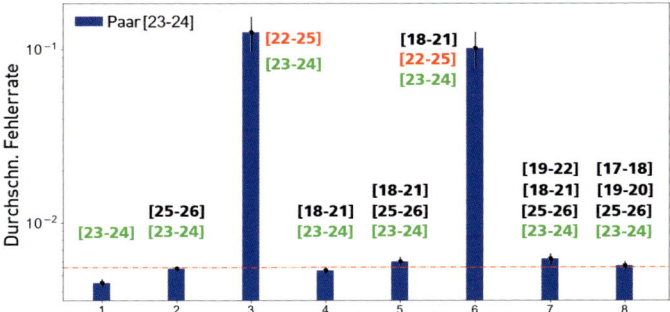

Abbildung 4: Durchschnittliche Fehlerrate des auf dem Qubit-Paar [23–24] implementierten CNOT-Gatters bei gleichzeitiger Charakterisierung der angegebenen benachbarten Qubit-Paare. Die gleichzeitige Ausführung des CNOT-Gatters [22–25] führt zu einer signifikanten Erhöhung der Fehlerrate des CNOT-Gatters auf [23–24]. Die rote gestrichelte Linie zeigt die entsprechende von IBM angegebene CNOT-Fehlerrate von [23–24].

2 Fehlerminderung

Mit Techniken zur Fehlerminderung wird versucht, die Auswirkungen des Rauschens zu verringern, statt sie vollständig zu beseitigen, wie es bei der Quantenfehlerkorrektur der Fall ist (siehe Abschnitt 3). Die Fehler, die gemindert werden können, sind Gatter- und Auslesefehler [4, 5]. Wir konzentrieren uns hier auf die Minderung von Gatterfehlern. Im Gegensatz zu Software-Fehlern bei klassischen Computern sind diese Gatterfehler auf unvollkommene Quanten-Hardware zurückzuführen, die z. B. durch Dekohärenz aufgrund unerwünschter Wechselwirkungen mit der Umgebung beeinträchtigt wird. Dies führt zu einem verrauschten Ausgabezustand ρ noise = N k ∘ G k, ideal ∘ ... ∘ N 1 ∘ G 1,ideal(ρ init), wobei N k der Rauschkanal, G k, ideal die ideale Gatteroperation und ρ init der anfängliche Eingabezustand für den Quantenschaltkreis ist. Der ideale Ausgabezustand ist als ρ ideal = G k, ideal ∘ G k–1, ideal ∘ ... ∘ G 1, ideal(ρ init) definiert.

Die Quantenfehlerminderung (Quantum Error Mitigation, QEM) erfordert **keine zusätzlichen Qubits** und kann Fehler für Erwartungswerte durch **einfache Nachverarbeitung** unterdrücken. Im Gegensatz zur Quantenfehlerkorrektur eignet sie sich daher für die Implementierung in gegenwärtig verfügbarer Quanten-Hardware (sogenannten NISQ-Geräten). Die Genauigkeit einer Berechnung kann durch eine Extrapolation der Ergebnisse aus einer Reihe von Experimenten mit unterschiedlichem Rauschen verbessert werden. Genauer gesagt, können wir mithilfe der Quantenfehlerminderung den idealen Erwartungswert $\langle \hat{F}_{ideal} \rangle = \text{Tr}(\rho_{ideal}\hat{F})$ für Observablen $\hat{F}$ schätzen.

Ein vereinfachtes Diagramm der Extrapolationstechnik ist in Abbildung 5 dargestellt.

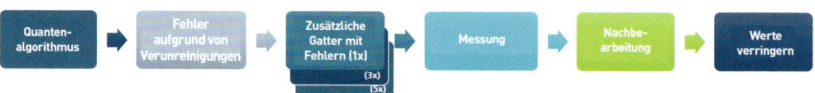

Abbildung 5: Vereinfachtes Diagramm eines Fehlerminderungskonzepts. Ein Quantenalgorithmus und seine Gatter weisen aufgrund von Systemunvollkommenheiten Fehler auf. Diese Fehler werden durch Einfügen einer unterschiedlichen Anzahl zusätzlicher Gatter erhöht: z. B. 1, 3, 5 (entsprechen im rauschfreien Fall den Identitäten). Die Quantenschaltkreise werden gemessen, und die Nachverarbeitung wird durchgeführt. Dazu gehört auch die Minderung von Messfehlern. Der gesamte Prozess wird mit einer unterschiedlichen Anzahl von zusätzlichen Gattern ausgeführt, um den korrigierten Wert zu finden.

Eine fortschrittliche QEM-Technik ist die Zero-Noise-Extrapolation (ZNE). Die Idee hinter der Zero-Noise-Extrapolation besteht darin, die Stärke des Rauschens in einem Quantenschaltkreis durch Einfügen zusätzlicher Gatter zu erhöhen. Dies erfolgt für verschiedene Skalierungsfaktoren wie 1, 3, 5 usw. Dann wird eine Polynomfunktion eines bestimmten Grades an die Datenpunkte angepasst und zur Auswertung des rauschfreien Falles verwendet. Ein großer Vorteil besteht darin, dass das Fehlermodell nicht vorhanden sein muss, sondern die vorhandenen Fehler ohne Kenntnis des Modells verstärkt und extrapoliert werden können.

Das einfachste Beispiel, das zwei Datenpunkten mit linearer Extrapolation (auch bekannt als »Richardson-Extrapolation erster Ordnung«) entspricht, ist in Abbildung 6 dargestellt.

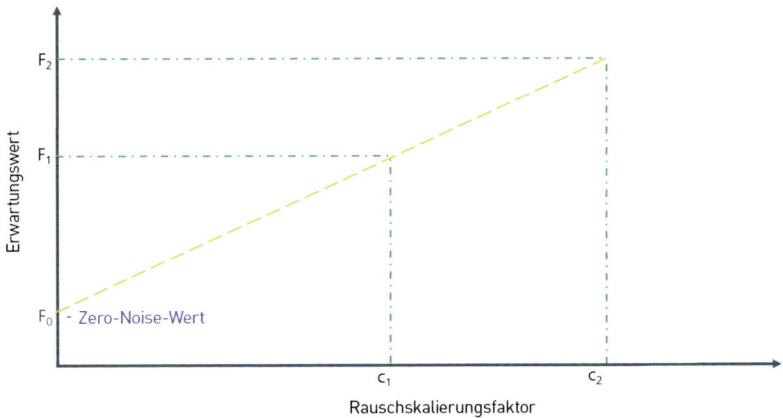

Abbildung 6: Zero-Noise-Extrapolation – Das Rauschen wird um den Rauschskalierungsfaktor c verstärkt. Die entsprechenden Erwartungswerte F werden gemessen und können extrapoliert werden, um den rauschfreien Wert zu erhalten.

Für die Durchführung einer Zero-Noise-Extrapolation sind die folgenden Schritte erforderlich.

Zunächst werden zusätzliche Gatter in den Schaltkreis eingefügt. Bei Abwesenheit von Fehlern entsprechen diese zusätzlichen Gatter den Identitätsgattern (siehe Abbildung 7). Da die meisten Fehler durch unvollkommene CNOT-Gatter entstehen, besteht die einfachste Methode darin, jedes CNOT-Gatter durch 3 CNOT-Gatter zu ersetzen. Intuitiv erwarten wir, dass sich dadurch der Fehler um den Faktor 3 erhöht. Genauer gesagt, stellt sich heraus, dass diese Erwartung zutrifft, wenn der Fehler des CNOT-Gatters durch einen depolarisierenden Kanal N_{depol} mit der Fehlerwahrscheinlichkeit p modelliert wird:

$$G_{noisy\ CNOT}(\rho) = N_{depol} \circ G_{ideal\ CNOT} = (1-p)G_{ideal\ CNOT}(\rho) + \tfrac{p}{4}I$$

Dann gilt:

$$G^3_{noisy\ CNOT}(\rho) = (1-p)^3 G_{ideal\ CNOT}(\rho) + \frac{1-(1-p)^3}{4}I \cong (1-3p)G_{ideal\ CNOT}(\rho) + \frac{3p}{4}I$$

für kleines p. Darüber hinaus haben wir $G_{ideal\,CNOT}(I) = I$ verwendet (wobei I den Identitätsoperator bezeichnet), wie es für jeden unitären Kanal $G_U(\rho) = U\rho U^\dagger$ der Fall ist. Wir sehen, dass die dreifache Anwendung des verrauschten CNOT-Gatters die gleiche Wirkung hat wie ein einzelnes CNOT-Gatter, jedoch mit der Fehlerwahrscheinlichkeit $3p$ anstelle von p.

Abbildung 7: Ein Schaltkreis mit einem CNOT-Gatter (links dargestellt) wird durch zwei zusätzliche CNOT-Gatter (rechts) erweitert. Zwei CNOT-Gatter entsprechen bei Abwesenheit von Rauschen einem Identitätsgatter.

Im allgemeinen Fall ist dieses einfache Skalierungsverhalten der Fehlerstärke jedoch nicht genau erfüllt. Dennoch kann die Methode angewendet werden, um Fehler zumindest teilweise zu mindern.

In ähnlicher Weise erhöht sich der Fehler um den Faktor 5, wenn jedes CNOT-Gatter durch 5 CNOT-Gatter ersetzt wird usw. Wenn der Fehler des ursprünglichen Schaltkreises jedoch bereits recht groß ist, könnte eine Skalierung des Fehlers um den Faktor 3 (oder mehr) zu viel sein, da erwartet wird, dass die Extrapolation nur bei kleinen Fehlern gut funktioniert. Aus diesem Grund benötigen wir auch nicht ganzzahlige Skalierungsfaktoren (z. B. 1,1 oder 1,2 usw., je nach Stärke der Fehler im ursprünglichen Schaltkreis). Es existieren mehrere Vorschläge, wie sich dies realisieren lässt (siehe [5, 6]). Im Folgenden stellen wir eine von uns entwickelte neue Version vor.

Für die Realisierung von Skalierungsfaktoren c, die ungleich 1, 3, 5, … sind, wird jedes CNOT-Gatter durch eine zufällige Anzahl $r = 1 + 2n$ von CNOT-Gattern ersetzt, so dass $\langle r \rangle = c$. Für die Auswahl geeigneter Skalierungsfaktoren werden bestimmte Informationen zur Stärke der Fehler im ursprünglichen Schaltkreis benötigt. Zu diesem Zweck nehmen wir die durchschnittlichen Fehlerraten der CNOT-Gatter, wie sie sich aus den Kalibrierdaten ergeben (siehe auch Abschnitt 1), und definieren eine Größe namens »erwartete Gesamtfehlerstärke« x_0 als die Summe der durchschnittlichen Fehlerraten jedes im ursprünglichen Schaltkreis vorkommenden CNOT-Gatters. Dann wählen wir die Skalierungsfaktoren c_i so, dass $c_i x_0 \in [x_0, x_0 + a]$, wobei der Standardwert des Parameters a als a = 1 gewählt wird. Wir nehmen eine bestimmte Anzahl (hier 5) von Skalierungsfaktoren, die in diesem Intervall gleichmäßig verteilt sind. Für jeden Skalierungsfaktor c_i generieren wir zufällig 16 verschiedene Schaltkreise mit diesem Skalierungsfaktor und führen jeden von ihnen mit einer bestimmten Anzahl von Einzelmessungen aus, so dass sich 8192 als Summe ergibt. Aus der Verteilung der Messergebnisse bestimmen wir den Mittelwert der Funktion F, an der wir interessiert sind. Eine Polynomfunktion dritter Ordnung wird an die Datenpunkte $F(c_1)$, $F(c_2)$,... angepasst und schließlich für den rauschfreien Fall ($c = 0$) ausgewertet.

Im folgenden Beispiel (Abbildung 8) betrachten wir die Lösung eines zweidimensionalen linearen Gleichungssystems ($A\vec{x} = \vec{y}$) mithilfe des HHL-Algorithmus. Der gewünschte fehlerfreie Wert (die Norm $\|\vec{x}\|$ der Lösung $\vec{x}$) ist 1,18585. Stattdessen liefert das IBM Q System One in Ehningen zuerst (d.h. mit der skalierten Fehlerstärke 1) Werte nahe 1,10. Nach der Skalierung der Fehlerstärke mit anschließender Extrapolation ergibt sich jedoch der Wert 1,1879, der dem exakten Ergebnis sehr nahe kommt.

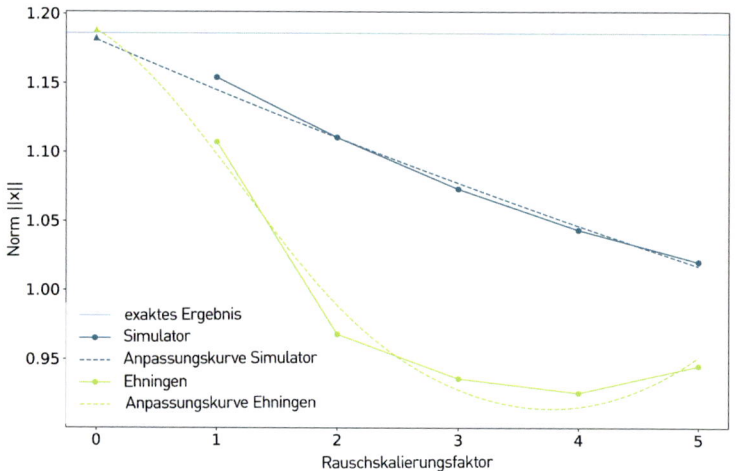

Abbildung 8: Fehlerkorrektur mithilfe der Zero-Noise-Extrapolation (ZNE). Der gemessene Erwartungswert (hier: Norm $\|\bar{x}\|$ der Lösung eines linearen Gleichungssystems mit dem HHL-Algorithmus) ist als Funktion der skalierten Fehlerstärke für den Simulator mit Fehlermodell (blau) und für das IBM Q System One in Ehningen mit Messfehlerminderung (grün) aufgetragen. Die gestrichelten Linien entsprechen einer Anpassung durch ein Polynom dritter Ordnung, das extrapoliert wird, um den gewünschten Wert bei der Rauschfehlerstärke Null zu erhalten. Tatsächlich liegen die extrapolierten Werte viel näher am exakten Ergebnis (graue Linie) als die ohne Fehlerskalierung gemessenen Werte (d. h. bei Fehlerstärke 1).

3 Quantenfehlerkorrektur

Wie im vorangegangenen Abschnitt beschrieben, können Methoden zur Fehlerminderung verwendet werden, um die Auswirkungen von Fehlern zu verringern. Da diese Methoden keine zusätzlichen Qubits erfordern, sind sie für NISQ-Geräte geeignet, bei denen die Anzahl der verfügbaren physikalischen Qubits begrenzt ist. Obwohl Fehler verringert werden können, lässt sich andererseits mit diesen Methoden der Einfluss von Fehlern nicht vollständig beseitigen. In der Zukunft wollen wir in der Lage sein, Quantenalgorithmen für eine größere Anzahl von Qubits mit einer entsprechend großen Anzahl von Gattern auszuführen.

So wird beispielsweise geschätzt, dass der in der Quantenchemie verwendete VQE-Algorithmus etwa 100 bis 300 Qubits mit 10^5 bis 10^7 2-Qubit-Gattern erfordert, um einen praktischen Vorteil gegenüber klassischen Computern zu erzielen [7]. Dementsprechend müssten die Fehlerraten deutlich unter 10^{-5} oder 10^{-7} liegen, um den Algorithmus mit vernachlässigbaren Fehlern ausführen zu können. Obwohl die Quanten-Hardware ständig verbessert wird, erwarten wir nicht, dass – selbst mit den in Abschnitt 2 beschriebenen Techniken zur Fehlerminderung – physikalische Quantengatter mit derart niedrigen Fehlerraten jemals realisiert werden können, da die quantenmechanischen Superpositionszustände, auf denen die Leistung von Quantencomputern beruht, extrem empfindlich gegenüber unvermeidlichen Umgebungsstörungen sind.

3.1 Klassische Fehlerkorrektur

Glücklicherweise weist die Theorie der Quantenfehlerkorrektur auf eine mögliche Lösung hin. Die Hauptidee ist die Unterscheidung zwischen **physikalischen** und **logischen** Qubits. Grob gesagt, werden mehrere verrauschte physikalische Qubits verwendet, um ein weniger verrauschtes logisches Qubit zu realisieren. Eine ähnliche Idee wird auch in der klassischen Informationsverarbeitung verwendet. Während klassische Computer zwar vernachlässigbar kleine Fehlerraten aufweisen, kann der Einfluss von Fehlern bei der Übertragung von Informationen über große Entfernungen bedeutsam werden. Das einfachste Korrekturkonzept besteht darin, jedes Bit nicht nur einmal, sondern mehrmals zu übertragen (z. B. »000« statt »0« und »111« statt »1«). Wenn nur ein einziger Fehler auftritt (z. B. »111« -> »101«), kann der ursprüngliche Wert mithilfe einer Mehrheitsentscheidung rekonstruiert werden. Dadurch wird die Fehlerwahrscheinlichkeit von p (für die Umkehrung eines einzelnen Bits) in $3p^2 - 2p^3$ (für die Umkehrung von zwei von drei oder allen drei Bits) geändert. Wenn p unterhalb eines bestimmten Schwellenwerts (hier: $p = 1/2$) liegt, wird der Gesamtfehler auf diese Weise reduziert. Falls erforderlich, kann der Fehler durch die Übertragung von noch mehr Bits weiter unterdrückt werden.

3.2 3-Qubit-Bitflip-Code

Die Übertragung dieser Idee auf die Welt der Quanteninformation ist möglich, die Gesetze der Quantenmechanik erfordern jedoch besondere Aufmerksamkeit: Da die Information in Superpositionszuständen gespeichert wird, muss zum einen darauf geachtet werden, dass die Messungen, die zur Erkennung möglicher Fehler erforderlich sind, die Superposition nicht zerstören. Dies wäre unweigerlich der Fall, wenn wir einfach den Zustand $|0\rangle$ oder $|1\rangle$ jedes einzelnen (physikalischen) Qubits messen würden. Stattdessen werden sogenannte **kollektive Messungen** auf mehrere Qubits gleichzeitig angewendet. So liefert beispielsweise die Messung des Operators Z_1Z_2 das Ergebnis »+1« oder »-1«, je nachdem, ob die Qubits 1 und 2 denselben Zustand einnehmen oder nicht, ohne dass angegeben wird, ob dieser Zustand $|0\rangle$ oder $|1\rangle$ ist. In der Praxis kann eine solche Messung mithilfe eines zusätzlichen Hilfs-Qubits durchgeführt werden, nachdem dieses an die Qubits 1 und 2 mit zwei CNOT-Gattern gekoppelt wurde.

Bei der Verwendung solcher kollektiven Messungen kann der folgende **3-Qubit-Bitflip-Code** zur Korrektur unerwünschter Bitflips genutzt werden. Zunächst wird der Zustand $|\psi\rangle = a|0_L\rangle + b|1_L\rangle$ eines logischen Qubits wie folgt in drei physikalischen Qubits codiert: $|\psi\rangle = a|000\rangle + b|111\rangle$, d. h.:

$$|0\rangle \rightarrow |0_L\rangle = |000\rangle \quad |1\rangle \rightarrow |1_L\rangle = |111\rangle.$$

Nehmen wir nun an, dass jedes Qubit mit der Wahrscheinlichkeit p von einem Bitflip betroffen ist. Dann werden geeignete kollektive Messungen, die auch als **Fehlersyndrome** bezeichnet werden, angewendet, um festzustellen, ob ein Bitflip stattgefunden hat und – wenn das der Fall ist – welches Qubit betroffen ist. Je nach den gemessenen Werten der Fehlersyndrome kann schließlich das jeweilige Qubit gemäß der folgenden Tabelle wieder in den ursprünglichen Zustand $|\psi\rangle$ versetzt werden:

Fehlersyndrom		Korrektur
$Z_1 Z_2$	$Z_2 Z_3$	
+1	+1	Keine (kein Fehler)
+1	-1	X_3 (Qubit 3 umkehren)
-1	+1	X_1 (Qubit 1 umkehren)
-1	-1	X_2 (Qubit 2 umkehren)

Wie im oben erläuterten klassischen Fall funktioniert die Korrektur nur, wenn höchstens ein Qubit von einem Bitflip betroffen ist. Die Fehlerwahrscheinlichkeit verringert sich von p auf 3p 2 - 2p 3.

Neben Bitflips ($|0\rangle \leftrightarrow |1\rangle$) können Qubits jedoch auch von Phasenflips ($|0\rangle + |1\rangle \leftrightarrow |0\rangle - |1\rangle$) betroffen sein. Erweiterungen des vorstehenden 3-Qubit-Codes auf mindestens 5 physikalische Qubits ermöglichen es, diese Fehler ebenfalls zu korrigieren [8]. Dies reicht tatsächlich zur Korrektur aller möglichen Fehler aus, die auf einem einzelnen Qubit auftreten, da Letztere aufgrund des quantenmechanischen Zustandskollapses, der mit den Fehlersyndrom-Messungen verbunden ist, auf Bitflips und Phasenflips projiziert werden.

3.3 Schwellenwerttheorem des fehlertoleranten Quantencomputings

Neben dem Grundprinzip der Quantenfehlerkorrektur (wie vorstehend für das einfache Beispiel des 3-Qubit-Bitflip-Codes erläutert) müssen bei der tatsächlichen Implementierung eines Protokolls zur Quantenfehlerkorrektur weitere Aspekte beachtet werden. Am wichtigsten ist, dass alle oben genannten erforderlichen Schritte (Codierung, Messung und Korrektur) selbst Fehler aufweisen, die berücksichtigt werden müssen. Darüber hinaus können Fehler, die zunächst lokal (d.h. auf einzelnen Qubits) auftreten, sich im Laufe der Berechnung auf andere Qubits ausbreiten. Insgesamt sollte das Protokoll zur Quantenfehlerkorrektur nicht mehr zusätzliche Fehler einführen, als es am Ende korrigieren kann. Gemäß der Theorie des fehlertoleranten Quantencomputings [9,10] ist dies tatsächlich möglich, sofern die physikalischen Fehlerraten unterhalb eines bestimmten Schwellenwerts bleiben und bestimmte Annahmen erfüllen, z. B. dass Fehler nur einzelne Qubits oder Gruppen benachbarter Qubits (mit ausreichend schnell abnehmenden Korrelationen) betreffen.

Der Wert der Fehlerschwelle hängt vom Quantenfehlerkorrektur-Code ab: Nach heutigem Kenntnisstand werden die höchsten Schwellenwerte (schätzungsweise rund 1 %) durch sogenannte Oberflächencodes realisiert [11]. Je nachdem, wie weit die tatsächlichen Fehlerraten diese Schwelle unterschreiten, werden unterschiedlich viele physikalische Qubits benötigt, um ein fehlerkorrigiertes logisches Qubit zu codieren. Bei der Annahme von physikalischen Fehlerraten unter 0,1 % betragen die derzeitigen Schätzungen des erforderlichen Overheads etwa 1000 oder 10000 physikalische Qubits pro logischem Qubit [12]. Es ist zu beachten, dass neben den Quantengattern auch das Auslesen der Fehlersyndrome präzise und ausreichend schnell funktionieren muss, damit Fehler während der Berechnung erkannt und korrigiert werden können, bevor sie sich zu sehr anhäufen. Insbesondere die letztgenannte Bedingung ist bei der derzeitigen Quanten-Hardware von IBM noch nicht erfüllt, bei der der Auslesevorgang (etwa 4 µs) ca. zehnmal länger dauert als die Dauer eines einzelnen CNOT-Gatters (etwa 0,4 µs).

Eine entscheidende Frage für die Zukunft des Quantencomputings besteht darin, ob die Quantenfehlerkorrektur bei physikalisch realistischen Fehlern, die möglicherweise die Modellannahmen der Schwellenwerttheoreme nicht vollständig erfüllen, tatsächlich funktionieren wird. Die Klärung dieser Frage wird noch einige Zeit in Anspruch nehmen, während der die Quanten-Hardware weiter verbessert werden muss, um die Fehlerraten deutlich unter den Schwellenwert zu drücken und die Anzahl der physikalischen Qubits auf ca. 100000 oder 1000000 zu erhöhen.

4 Literaturverzeichnis

[1] E. Magesan et al.: Characterizing quantum gates via randomized benchmarking, Phys. Rev. A, 85, 042311 (2012)
[2] S. Brandhofer et al.: Special Session: Noisy Intermediate-Scale Quantum (NISQ) Computers – How They Work, How They Fail, How to Test Them? 2021 IEEE 39th VLSI Test Symposium, S. 1–10
[3] E. Nielsen et al.: Gate Set Tomography, Quantum 2021, 5, 557 (2021)
[4] P. Nation et al.: Scalable mitigation of measurement errors on quantum computers, PRX Quantum 2021, 2, 040326
[5] A. He et al.: Zero-noise extrapolation for quantum-gate error mitigation with identity insertions, Phys. Rev. A 102, 012426
[6] T. Giurgica-Tiron et al.: Digital zero noise extrapolation for quantum error mitigation, *IEEE International Conference on Quantum Computing and Engineering (QCE)*, S. 306–316 (2020)
[7] M. Kühn et al.: Accuracy and Resource Estimations for Quantum Chemistry on a Near-Term Quantum Computer, J. Chem. Theory Comput. 15, 4764–4780 (2019)
[8] M. A. Nielsen und I. L. Chuang: Quantum Computation and Quantum Information, 10th Anniversary Edition, Cambridge University Press (2010)
[9] P. W. Shor: Fault-tolerant quantum computation, in: Proceedings, 37th Annual Symposium on Fundamentals of Computer Science, S. 56–65, IEEE Press, Los Alamitos, CA (1996)
[10] D. Gottesman: Theory of fault-tolerant quantum computation, Phys. Rev. A 57, 127 (1998)
[11] A. G. Fowler et al.: High-threshold universal quantum computation on the surface code, Phys. Rev. A 2009, 80, 052312
[12] E. T. Campbell et al.: Roads towards fault-tolerant universal quantum computation, Nature 549, 172. (2017)

Quanten-HPC-Algorithmen und Workflows

Einführung in moderne Methoden

Valeria Bartsch

Abstract: Dieses Kapitel gibt eine Einführung in moderne Quantencomputing-Algorithmen, die auf den gegenwärtigen Quantensystemen die beste Leistung bieten. Bei diesen Algorithmen handelt es sich um hybride Algorithmen, die somit auf dem Zusammenspiel von klassischem High Performance Computing (HPC) und Quantencomputern beruhen. Auch wenn noch kein Quantenvorteil erreicht ist, versprechen einige Algorithmen, industrielle Anwendungen in Zukunft zu beschleunigen. Die Algorithmen, die Anwendungen und die aktuellen Überlegungen zur Integration mit klassischen Computern werden erörtert.

Keywords: hybride Variationsalgorithmen, VQE, QAOA, industrielle Anwendungen, Integration in HPC

1 Motivation: Quantencomputer als Beschleuniger von HPC-Systemen

Universelle Quantencomputer können alle Befehle berechnen, die klassische Computer ausführen. Allerdings sind Quantencomputer nicht für alle Algorithmen schneller oder besser skalierbar. Sie haben zudem technische Grenzen in Bezug auf Fehler und die Größe der erreichbaren Systeme. Daher sind sie für viele wichtige Anwendungen nur von begrenztem Nutzen. Zur Etablierung des Quantencomputings suchen wir nach Problemen, für die die entsprechenden klassischen Algorithmen auf konventionellen Computern eine extrem lange Rechenzeit haben, nicht skalierbar sind und auf modernen Quantencomputern viel schneller berechnet werden können. Andere Teile der Anwendungen, für die die Berechnung auf einem Quantencomputer keine Vorteile bietet, werden jedoch in absehbarer Zukunft weiterhin auf klassischen Supercomputern gelöst werden. Das bedeutet, dass Quantencomputer klassische Computer nicht vollständig ersetzen werden, sondern als Beschleuniger in hybriden klassischen/Quanten-HPC-Clustern dienen werden. Dieses Kapitel stellt eine Momentaufnahme dar, die mögliche Wege in die Zukunft beschreibt.

2 Technologien und Ansätze

Derzeit gibt es verschiedene Technologien und Ansätze für die Realisierung von Quantencomputern. Während sich der Begriff Technologie auf die Hardware von Quantencomputern bezieht, bestimmt der Ansatz die Programmierung und Algorithmen. Daher werden im Folgenden die wichtigsten Ansätze beschrieben:

- **Universeller Quantencomputer:** ein fehlertoleranter Quantencomputer, der (1) alle klassischen Algorithmen und (2) darüber hinaus Algorithmen, welche die Kapazität eines klassischen Computers übersteigen, mithilfe von Quantenparallelität und Verschränkung ausführen kann. Ansätze für universelle Quantencomputer basieren auf dem Konzept von Qubits, die durch Gatter oder Messungen manipuliert werden können. Sie können mit vielen verschiedenen Technologien realisiert werden, z. B. mit supraleitenden Schleifen, kalten Atomen, gefangenen Ionen, Diamantdefekten oder Spin-Qubits. In der NISQ-Ära gibt es nur unvollkommene (oder nahezu vollkommene) universelle Quantencomputer, die noch keine Fehlerkorrekturtechniken anwenden können.
- **Spezialisierte Quantencomputer:** Hierzu gehören das Quanten-Annealing (das mit supraleitenden Schleifen realisiert werden kann), Quantensimulatoren (die mit kalten Atomen oder Ionen und deren

Manipulation durch Laseranregungen realisiert werden können) und Ansätze, die auf Bosonen-Sampling basieren (die mit photonischen Quantencomputern realisiert werden können). Beim Quanten-Annealing-Ansatz werden die Anwendungen als QUBO (Quadratic Unconstrained Binary Optimization) formuliert. Bei der Quantensimulation wird das zu lösende Problem in Form der Hamilton'schen Evolution formuliert.

- **Quantensimulation oder analoger Quantencomputer:** Das Ziel der Quantensimulation besteht darin, wichtige Quantenprobleme zu lösen, indem sie auf analoge oder digitale Weise auf kontrollierten Quantensystemen abgebildet werden.
- **Quanten-Annealer:** findet das globale Minimum einer gegebenen Zielfunktion durch langsame Entwicklung von einem kontrollierten Anfangszustand zum Grundzustand des Ziel-Hamiltonoperators.

Im Folgenden wird der Schwerpunkt auf universellen (aber nicht fehlerkorrigierten) Quantencomputern liegen, wobei auch auf andere quantenbasierte Systeme wie Quanten-Annealer kurz eingegangen wird.

3 Hybride Simulation auf der Algorithmenebene

Zu den Algorithmen, die noch nicht auf echten Quantencomputern berechnet werden können, gehören viele bekannte Quantenalgorithmen mit polynomieller oder exponentieller Beschleunigung. Dabei handelt es sich insbesondere um Algorithmen, die vor dem Aufkommen realer Quantencomputer entwickelt wurden. Beispiele sind der Algorithmus von Shor [1] zur Primfaktorzerlegung oder der HHL-Algorithmus (benannt nach den Autoren Harrow, Hassidim, Lloyd) [2] zur Lösung linearer Gleichungssysteme. Stattdessen werden in der NISQ-Ära fehlertolerante Algorithmen verwendet. Eine allgemeine Verringerung von Fehlern wird z. B. durch die Reduzierung der Gatteranzahl und der Gattertiefe auf Quantencomputern erreicht. Mit flachen Schaltkreisen wird sichergestellt, dass die Schaltkreise während der Kohärenzzeit ausgeführt werden können, und mit einer geringen Anzahl von Multi-Qubit-Gattern wird gewährleistet, dass die Fehlerwahrscheinlichkeit bei der Ausführung der Gatter reduziert wird. Dennoch wird das Ergebnis stets Fehler aufweisen. Zudem gibt es einen statistischen Fehler, da das Ergebnis eines Quantencomputers von Natur aus einer Wahrscheinlichkeitsverteilung entspricht. Der gesamte Algorithmus muss diese Ungenauigkeiten tolerieren können. Iterative, hybride klassische/Quanten-Methoden sind hier besonders geeignet, da fehlerhafte Zwischenergebnisse bei iterativen Methoden zwar die Konvergenz verlangsamen, aber nicht zwangsläufig zu einem falschen Ergebnis führen.

Auf der Suche nach geeigneten hybriden Algorithmen konzentrieren sich viele Gruppen auf Workflows, die sich dem gesuchten Ergebnis nach dem Variationsprinzip annähern. Quantenvariationsalgorithmen sind iterative Prozeduren, bei denen der rechenintensive Schritt auf Quantencomputer ausgelagert wird und ein klassischer Optimierungsalgorithmus die nächsten Anfangsparameter auf dem Weg zu einem Minimum bestimmt, wie in Abbildung 1 dargestellt. Dieses Verfahren mit seiner engen Kopplung von konventionellen Systemen mit Quantencomputern ermöglicht eine frühzeitige Anwendung von Quantencomputern.

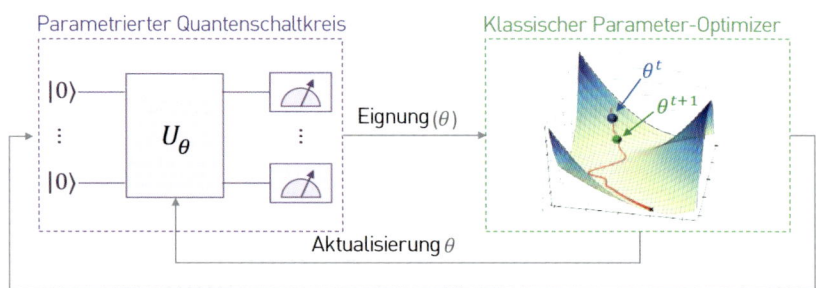

Abbildung 1: Beispiel für einen hybriden klassischen/Quantenalgorithmus [3]. (Quelle: [3]; diese Abbildung ist unter einer Creative-Commons-Lizenz 4.0 lizenziert[1].)

---

[1] https://creativecommons.org/licenses/by/4.0/

Obwohl nicht generell nachgewiesen werden kann, dass diese Algorithmen einen Laufzeitvorteil bieten, besitzen sie jedoch das Potenzial, bisher nicht berechenbare Systeme, z. B. bei der Simulation komplexer Moleküle, durch die bessere Skalierung der Quantenkomponente zu bestimmen. Die beiden wichtigsten Quantenalgorithmen, bei denen das Variationsprinzip genutzt wird, sind der Optimierungsalgorithmus QAOA (Quantum Approximate Optimization Algorithm) [4] und der VQE-Algorithmus (Variational Quantum Eigensolver) [5]. Der QAOA-Algorithmus eignet sich beispielsweise für die Logistik und die Finanzmathematik, während der VQE für die chemische und die pharmazeutische Industrie wichtig ist. Führende Unternehmen in diesen Bereichen befassen sich bereits mit Quantenalgorithmen, um vorbereitet zu sein, sobald sich die Quantenüberlegenheit in einem dieser Bereiche abzeichnet.

4 NISQ-Quantenanwendungen

Methodisch lassen sich die Anwendungen in die folgenden Kategorien einteilen:

- **Quantenchemie:** Die Quantenchemie untersucht den Grundzustand einzelner Atome und Moleküle sowie die angeregten Zustände und Übergangszustände, die bei chemischen Reaktionen auftreten. Aufgrund der quantenmechanischen Natur von Molekülen ist das Skalierungsverhalten für exakte Berechnungen klassischerweise 2^N, wobei N die Anzahl der Elektronenorbitale ist. Quantencomputer können vollständige Konfigurationswechselwirkungsberechnungen in polynomieller Zeit in Abhängigkeit von der Systemgröße mithilfe des Quantenphasenschätzungsalgorithmus (Quantum Phase Estimation Algorithm, QPEA) ausführen. Die Fehlerrate und die Anforderungen an die Tiefe eines Quantenschaltkreises sind jedoch für die Ausführung des QPEA auf aktuellen Quantencomputern zu hoch. Daher wird der VQE verwendet. Derzeit ist die Größe des gesamten elektronischen Systems, das durch QC simuliert werden kann, begrenzt. Es wird jedoch allgemein angenommen, dass eine der ersten Anwendungen, die einen Quantenvorteil aufweisen werden, die Quantenchemie sein wird. Zur Erreichung eines solchen Quantenvorteils ist es wichtig, sich auf stark korrelierte Systeme zu konzentrieren, bei denen Näherungsverfahren wie die DFT (Dichtefunktionaltheorie) versagen.

Industriesektor	Mögliche Anwendung
Chemische Industrie	Entwicklung neuer Katalysatoren für chemische Reaktionen
	Entwicklung von Chemieprodukten
Pharmazeutische Industrie	Wirkstoffforschung
	Proteinstrukturvorhersage
Produktion	Materialforschung (z. B. Batterien)
	Quantenchemie

- **Optimierungsprobleme:** Viele industrielle, finanzielle und wissenschaftliche Optimierungsprobleme können in kombinatorischer Form mit einer zu minimierenden Zielfunktion binärer Variablen (der Lösung) formuliert werden. Diese Probleme lassen sich in der Regel auf bekannte klassische Probleme wie das Problem des Handlungsreisenden, das Graf-Färbungsproblem, das Scheduling-Problem usw. abbilden. Einige Beispiele sind die Optimierung von Mobilfunknetzen, die Planung von Aufträgen/Aufgaben und die Portfolio-Optimierung. Für einige dieser Probleme kann kein bekannter Algorithmus eine optimale Lösung in polynomieller Zeit garantieren. Zu den Beispielalgorithmen zur Lösung dieser Probleme gehören QAOA, ein Variationsalgorithmus, der sowohl auf Simulatoren als auch auf gatterbasierte Computer angewendet werden kann, und QUBO (Quadratic Unconstrained Binary Optimization).

Industriesektor	Mögliche Anwendung
Chemische Industrie	Öltransport
	Prozessverfeinerung
Transport und Logistik	Management von Lieferausfällen
	Netzoptimierung
	Tourenplanung
Finanzdienstleistungen	Portfoliomanagement
	Transaktionsabwicklung
Gesundheit und Pharmazie	medizinische Versorgungskette

Produktion	Fertigungsoptimierung
	Lieferkette
	Prozessplanung

- **Machine Learning:** Das Quantum Machine Learning (QML) kombiniert Ideen aus der Quantenberechnung mit im Machine-Learning-Bereich hervorgebrachten Ideen, um alternative Lernprotokolle zu entwickeln, die einen potenziellen Quantenvorteil gegenüber ihren klassischen Gegenstücken bieten könnten, entweder in Bezug auf die Beschleunigung oder die Lösungsqualität. Der populärste Ansatz für QML beruht gegenwärtig auf der Idee, algorithmische Werkzeuge zu entwickeln, die bestimmte Teile von ML-Workflows, die mit klassischen Daten auf verrauschter Quanten-Hardware gespeist werden, in naher Zukunft beschleunigen oder verbessern könnten. Einige der bemerkenswertesten Algorithmen sind die Quantenalgorithmen k-Nearest Neighbors und k-Means sowie Quanten-Support Vector Machines und quantum-neuronale Netze auf der Basis von Quantenvariationsschaltungen. Die meisten dieser Algorithmen wurden bereits erfolgreich an kleinen akademischen Problemen getestet.

Industriesektor	Mögliche Anwendung
Öl und Gas	Bestimmung von Bohrlochstandorten
	seismische Bildgebung
Transport und Logistik	Empfehlungen für Verbraucherangebote
	Frachtvorhersage
	ungewöhnliches Verhalten
Finanzdienstleistungen	Empfehlung von Finanzangeboten
	Kredit-/Vermögensbewertung
	Betrugserkennung
Gesundheit und Pharmazie	beschleunigte Diagnose
	Genomanalyse
	Verbesserung klinischer Studien
Produktion	Qualitätskontrolle
	Strukturauslegung und Fluiddynamik

5 Auf dem Weg zu hybriden HPC/Quanten-Workflows

Die beschriebenen Quantenvariationsalgorithmen sind eine Sonderform von iterativen und fehlertoleranten hybriden Algorithmen. Darüber hinaus können die Grundprinzipien auch in anderen HPC-Workflows verwendet werden. So können beispielsweise einzelne Rechenschritte durch Quantencomputer beschleunigt und die Ergebnisse in einen klassischen Workflow eingebunden werden. Dieser Workflow sollte jedoch auch möglicherweise fehlerhafte Ergebnisse und Wahrscheinlichkeitsverteilungen verarbeiten können. Für die meisten konventionellen Simulationen von heute ist jedoch die numerische Genauigkeit von großer Bedeutung. Das bedeutet, dass die Verwendung von Quantensimulationen ein Umdenken in Bezug auf die Fehlertoleranz des Workflows erfordert, da dieser ansonsten in der Zukunft nicht mehr für alle Simulationen geeignet sein wird.

Dementsprechend muss für die Entwicklung solcher Quantenanwendungen die Hybridität auf mehreren Schichten systematisch behandelt werden. Konkret müssen die Orchestrierung der gesamten Quantenanwendung (Long-running Hybrid), die effiziente Ausführung von Variantenalgorithmen (Near-time Hybrid) sowie die Weiterentwicklung und Verbesserung bestehender Verfahren, wie in Abbildung 2, dargestellt, unterstützt und beherrscht werden.

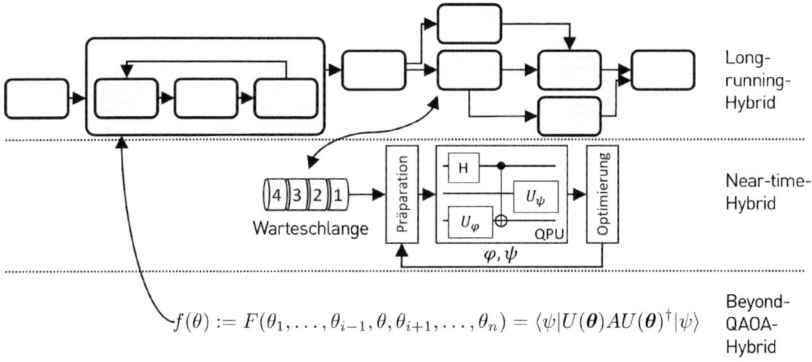

Abbildung 2: Quantenanwendungen sind hybrid auf mehreren Schichten (aus dem »EniQmA«-Projekt: Enabling hybrid quantum applications, gefördert durch das BMWK).

6 Charakterisierung hybrider Workflows und Algorithmen

Entwicklung und Betrieb von hybriden Quantenanwendungen erfordern Quantensoftware-Engineering mit angepassten Entwicklungswerkzeugen. Dabei werden etablierte und bewährte Prozessmodelle und Lebenszyklen berücksichtigt, an die Erstellung von hybrider Quantensoftware angepasst und in einen Integrationslebenszyklus eingebunden. Abbildung 3 beschreibt einen übergreifenden Ansatz für die Entwicklung hybrider Quantenalgorithmen, der auf Basis von Quantum DevOps und entsprechenden Lebenszyklusphasen einer hybriden Anwendung die Möglichkeit bietet, die Entwicklung und den Betrieb hybrider Quantenalgorithmen so zu verzahnen, dass einerseits eine effiziente und qualitativ hochwertige Entwicklung stattfinden und andererseits die Betriebsphase optimal geplant und gestaltet werden kann. Anschließend fließen die Erfahrungen und Ergebnisse aus der Betriebsphase in die kontinuierliche Weiterentwicklung und Verbesserung des hybriden Algorithmus bzw. der hybriden Anwendung ein, sodass hochwertige, nutzer- und lösungsorientierte Dienstleistungen schnell und effizient angeboten werden können. Dabei werden durch Überprüfungen zwischen den einzelnen Phasen von Quantum DevOps und den einzelnen Lebenszyklusphasen Eigenschaften sowie Qualitätskriterien und -standards in Bezug auf den hybriden Algorithmus bzw. die hybride Anwendung sichergestellt.

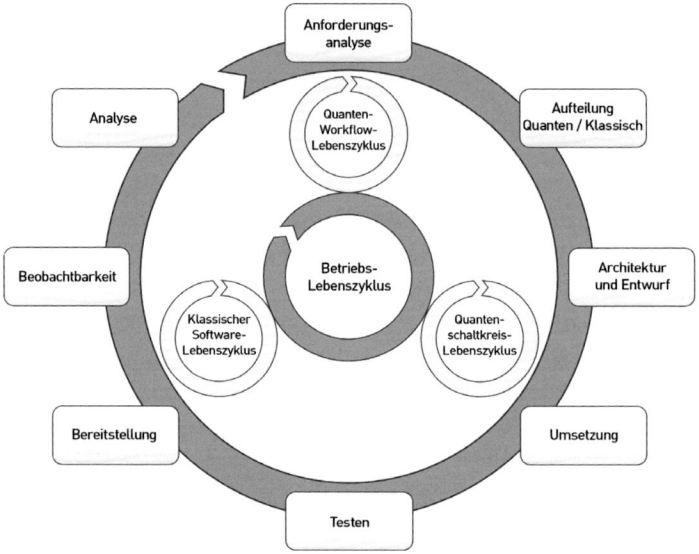

Abbildung 3: Lebenszyklus von hybriden Quantenanwendungen. (Quelle [6]; Nachdruck von Abbildung 3 mit Genehmigung von B. Weder et al. [6]; veröffentlicht in ArXiv 2021)

7 Wichtige Parameter für die Integration von QC in HPC-Systeme

Die aktuellen Quantentechnologien basieren zumeist auf stark gekühlten Systemen, die räumlich getrennt von klassischen Systemen betrieben werden müssen. Sie sind per Fernzugriff und Cloud-Zugriff zugänglich. Dabei ist die Datenmenge sowohl für die Eingabe als auch für die Ausgabe der Quantenalgorithmen natürlich begrenzt. Für die Eingabe werden die Anfangskonfiguration der Qubits und der Schaltkreis für den Quantenalgorithmus und für die Ausgabe die Messungen der

Qubits übertragen. Durch die Messung kollabiert das Quantensystem und wird wieder klassisch. Dies bedeutet, dass entweder der Zustand 0 oder 1 des Qubits übertragen wird. Im Allgemeinen werden Tausende von Berechnungen mit denselben Einstellungen ausgeführt, um die Wahrscheinlichkeitsverteilung der gemessenen Qubits zu extrahieren. Aufgrund der kleinen Datenmenge zu Beginn und am Ende der Quantenberechnungen spielt die Latenz eine geringe Rolle. Bei der Gesamtlaufzeit spielen mehrere Faktoren eine wichtige Rolle:

- **Dauer der Schaltkreisausführung oder des Annealing-Schritts:** Theoretisch wird die Laufzeit der Quantenalgorithmen durch die Dauer der Schaltkreise in universellen Quantencomputern bzw. des Annealing-Schritts in Quanten-Annealern und durch die Verbindung der konventionellen HPC-Systeme zu den Quantencomputern bestimmt. Die Dauer der Schaltkreise und des Annealing-Schritts ist von der zugrunde liegenden Technologie abhängig.
- **Leerlaufzeiten und Kalibrierung:** In der Praxis spielen zusätzliche Leerlaufzeiten und Verzögerungen durch andere Prozesse (z. B. durch die Kalibrierung der Systeme) eine wichtige Rolle für die Zeit bis zur Lösung. So gibt es beispielsweise bei supraleitenden Transmon-Technologien (wie sie von IBM, Google und Rigetti verwendet werden) eine Totzeit zwischen zwei Quantenschaltkreisen, während der das System in den Grundzustand zurückkehrt. Diese Totzeit kann durch hochentwickelte Methoden verkürzt werden. Die Zeit für die Initialisierung in verschiedenen IBM-Systemen liegt jedoch immer noch im Bereich von mehreren Sekunden, während für die Ausführung von Multi-Qubit-Gattern einige Hundert Millisekunden benötigt werden.
- **Verbindung zum HPC-System:** Die Verbindung zum HPC-System ist für die Laufzeit der iterativen Algorithmen von großer Bedeutung, da bei den derzeitigen Systemen die Laufzeit der Algorithmen durch die Anpassung der Schaltkreise an die realen Berechnungen, erforderliche Kalibrierungen des Systems zur Laufzeit und unter bestimmten Umständen durch Wartezeiten in der Job-Warteschlange bestimmt wird und nicht durch die Ausführungszeit auf den Quantencomputern selbst.

Auch wenn die Fehlerkorrektur mithilfe von Hilfs-Qubits noch nicht möglich ist, werden bereits zahlreiche Methoden eingesetzt, um den Einfluss von Fehlern auf das Ergebnis der Quantencomputer zu reduzieren. Wichtig im Rahmen dieses Kapitels ist, dass die Methoden zur Anpassung an die realen Quantensysteme und zur Verringerung der Fehlerwahrscheinlichkeit in hybriden Workflows berücksichtigt werden müssen und sich auf die Gesamtlaufzeit sowie auf die Qualität des Ergebnisses auswirken. In diesem Zusammenhang kann ein zusätzlicher Beitrag zur Laufzeit, wenn er hilft, die Fehler zu reduzieren, zu einer schnelleren Konvergenz und damit zu einer geringeren Gesamtlaufzeit führen, insbesondere bei iterativen Verfahren.

Für die Planung von Workflows, d. h. die Planung der einzelnen Rechenschritte auf hybriden Rechenclustern mit zahlreichen Nutzern, ist es wichtig, die Laufzeit der Quantenalgorithmen zu kennen. Da die meisten Algorithmen auf universellen Quantencomputern noch nicht ausgereift sind, wird ein Großteil der Anstrengungen in die Verbesserung der aktuellen Methoden investiert, und ein Benchmarking im Sinne eines Laufzeitvergleichs mit konventionellen Clustern fehlt noch weitgehend.

8 Schlussfolgerungen und Ausblick

Wir gehen davon aus, dass das Benchmarking auf realen Systemen an Bedeutung gewinnen wird, sobald die Quantenüberlegenheit für einen Algorithmus prinzipiell nachgewiesen wurde. Dies beruht darauf, dass das Quantencomputing dann für industrielle Anwendungen interessant wird und die Algorithmen regelmäßig in der Produktion ausgeführt werden. Im Vergleich zu Schätzungen auf der Basis der Gatterschaltzeit werden die vorstehend beschriebenen Effekte der Kalibrierung, der Anpassung von Schaltkreisen an reale Systeme und der Reduzierung von Laufzeitfehlern signifikant werden und einen Innovationsschub hin zu einer besseren Integration von konventionellen Supercomputern und Quantencomputern auslösen. Mittelfristig wird das Erreichen der Quantenüberlegenheit dazu führen, dass Quantencomputer mit ähnlicher Effizienz in heterogene Hochleistungscluster integriert werden, wie es heute bei GPUs der Fall ist – wenn auch mit einem deutlich anderen Programmierparadigma als bei den heutigen Beschleunigern.

9 Literaturverzeichnis

[1] P. W. Shor: Polynomial-Time Algorithms for Prime Factorization and Discrete Logarithms on a Quantum Computer: SIAM J. Sci. Statist. Comput. 26 (1997)
[2] A. W. Harrow et al.: Quantum algorithm for solving linear systems of equations, Phys. Rev. Lett. Bd. 15, Nr. 103 (2009)
[3] A. Sakar et al.: QuASeR: Quantum Accelerated de novo DNA sequence reconstruction, PloS ONE (2021)
[4] E. Farhi et al.: A Quantum Approximate Optimization Algorithm, https://arxiv.org/abs/1411.4028 (2014)
[5] A. Peruzzo et al.: A variational eigenvalue solver on a photonic quantum processor, Nature Communiations (2014)
[6] B. Weder et al.: Quantum Software Development Lifecycle. In: https://arxiv.org/abs/2106.09323v1 (2021)

Quantum Machine Learning

Was, warum und wie?

Christian Bauckhage, Nico Piatkowski

Abstract: Wir geben einen Überblick über den aktuellen Stand der Technik im Bereich des Quantum Machine Learning und zeigen Herausforderungen auf, die auf diesem Gebiet aufgrund der technischen Grenzen der Geräte in der NISQ-Ära noch überwunden werden müssen. Wir gehen auf diese Herausforderungen ein und erörtern Ideen dafür, wie dennoch bereits praktische Erfahrungen mit Quantencomputing-Lösungen für Machine-Learning-Probleme gesammelt werden können.

Keywords: Quantum Machine Learning, NISQ-Geräte, Energy-Based Learning

1 Einleitung

Seitdem funktionierende Quantencomputer technisch realisierbar geworden sind, wächst die wissenschaftliche Literatur zu Quantencomputing-Algorithmen schnell an. Auffällig ist, dass es besonders starke Bemühungen in Richtung Quantum Machine Learning (QML) gibt [10, 15, 56]. Dieser Trend wird als »Quantum-Machine-Learning-Mini-Revolution« bezeichnet [1] und stößt sowohl auf Begeisterung als auch auf Skepsis. Im Folgenden erörtern wir daher, was QML ist, warum seine Perspektiven derzeit so viel Aufregung verursachen und wie es in der Praxis umgesetzt werden kann.

Zunächst stellen wir die grundlegenden Ideen hinter Machine Learning und Quantencomputing noch einmal vor und betrachten dann die vorhandene QML-Literatur. Anschließend untersuchen wir die in dieser

Literatur behandelten Ideen und stellen sie den noch begrenzten technischen Möglichkeiten heutiger Quantencomputer gegenüber. Abschließend schlagen wir Best Practices für QML auf aktuellen Quantencomputing-Plattformen vor, die Machine-Learning-Anwendern dabei helfen können, »Quantum Ready« zu werden und sich auf eine Zukunft vorzubereiten, in der das Quantencomputing eine Standardtechnologie sein könnte.

2   Was ist Machine Learning?

Der Begriff Machine Learning (ML) bezeichnet eine umfangreiche Klasse von datengetriebenen Methoden für künstliche Intelligenz (KI). Die Entwicklung und Anwendung dieser Methoden ist durch die Beobachtung motiviert, dass ausreichend große Datenmengen (Texte, Audiosignale, Bilder, Videos oder andere Arten von Messungen), die in bestimmten Anwendungskontexten aufgezeichnet wurden, niemals wirklich zufällig sind. Stattdessen weisen sie immer statistische Regelmäßigkeiten auf, die implizit Informationen über die jeweilige Anwendung codieren. Es wird angenommen, dass diese Regelmäßigkeiten auf einen bestimmten latenten Mechanismus zurückzuführen sind, der mathematisch modelliert werden kann. Entsprechende Machine-Learning-Modelle ermöglichen dann die Entwicklung parametrierter Software. Mithilfe von Machine-Learning-Algorithmen können die Parameter dieser Software so angepasst werden, dass sie kognitive Aufgaben lösen kann. Mit anderen Worten: Machine Learning baut auf der Annahme auf, dass trainierbare Implementierungen mathematischer Funktionen entwickelt werden können, die automatische Schlussfolgerungen und Überlegungen ermöglichen.

Obwohl die Idee lernender Maschinen schon vor Jahrzehnten aufkam, gab es erst in letzter Zeit echte »Durchbrüche« [8]. Dies ist auf zwei wesentliche Gründe zurückzuführen: die Fülle an Daten im Informationszeitalter und die Verfügbarkeit von kostengünstiger Hochleistungscomputerhardware für den mühsamen Prozess des Trainings moderner Lernsysteme.

Obwohl eine umfassende Untersuchung nicht möglich ist, da es viel zu viele ML-Modelle und -Algorithmen gibt (vgl. [16, 31, 37]), stellen wir fest, dass beide traditionell an die jeweilige Aufgabe angepasst wurden. In den letzten zehn Jahren hat sich jedoch der Trend durchgesetzt, domänenagnostische Ansätze zu betrachten, die allgemein als Deep-Learning-Methoden bezeichnet werden [27]. Dabei handelt es sich heute in der Regel um künstliche neuronale Netze mit Milliarden von interagierenden künstlichen Neuronen, die zusammen äußerst flexible Allzweckmodelle bilden, die eine Vielzahl von kognitiven Fähigkeiten erlernen können. Damit dies jedoch zuverlässig geschehen kann, müssen ihre zahlreichen Parameter mit enormen Mengen repräsentativer Daten trainiert werden, was wiederum erhebliche Rechenressourcen erfordert. Ein Beispiel ist GPT-3 von OpenAI, ein großes Transformer-Modell für Textanalyse und -synthese mit menschenähnlichen Fähigkeiten, dessen Training tagelang mehrere Petaflops pro Sekunde auf einem Hochleistungs-GPU-Cluster erforderte [18]. Mit anderen Worten: Modernes Machine Learning ist zu einem rechenintensiven Unterfangen geworden, und vor diesem Hintergrund beginnen immer mehr Forschende, das Quantencomputing als Werkzeug für schnellere Berechnungen bei der Lösung von Machine-Learning-Problemen zu betrachten.

3 Was ist Quantencomputing?

Beim Quantencomputing werden quantenmechanische Phänomene wie Superposition, Verschränkung oder Quanten-Tunneling für die Informationsverarbeitung genutzt [43].

Während digitale Computer mit Bits arbeiten, die sich in einem von zwei verschiedenen Grundzuständen befinden können, arbeiten Quantencomputer mit Qubits, die in einer Überlagerung (Superposition) von zwei verschiedenen, linear unabhängigen und orthonormalen Basiszuständen existieren können. Während das Verhalten klassischer Bits den Prinzipien der Boole'schen Algebra folgt, ist die Mathematik, die das Verhalten von Qubits bestimmt, komplexe lineare Algebra. Qubits werden als komplexwertige lineare Kombinationen der Basiszustände betrachtet, bei denen die Quadrate der Normen ihrer Koeffizienten die Summe eins ergeben müssen. Letzteres führt zu einer probabilistischen Interpretation des Zustands eines Qubits: Wird ein Qubit gemessen, wird es dekohärent, d. h., es verliert seine Superposition und kollabiert in einen der Basiszustände. Die Wahrscheinlichkeit, dass es sich dabei um den ersten Basiszustand handelt, ergibt sich aus der quadrierten Norm des ersten Koeffizienten, und die Wahrscheinlichkeit, das Qubit im zweiten Basiszustand zu messen, ergibt sich aus der quadrierten Norm des zweiten Koeffizienten.

So, wie klassische Bits zu Bit-Registern kombiniert werden können, können Qubits Qubit-Register bilden. Wird einem solchen Register ein einzelnes Qubit hinzugefügt, erhöht sich die Dimension des zugrunde liegenden Zustandsraums um den Faktor zwei, was bedeutet, dass ein Quantenregister mit n Qubits sich in einer Superposition von $2n$ Basiszuständen befinden kann. Dies ist ein wichtiger Unterschied zum klassischen Computing, da dies bedeutet, dass durch eine Operation auf n Qubits implizit $2n$ Zustände gleichzeitig manipuliert werden. Ein weiterer wichtiger Unterschied besteht darin, dass Qubits so verschränkt sein können, dass ihre einzelnen Zustände nicht getrennt gemessen werden können. Vielmehr wirkt sich die Messung eines Qubits, das mit anderen Qubits verschränkt ist, auch auf den (kombinierten) Zustand dieser Qubits aus.

Zusammengenommen können Phänomene wie diese zur Quantenüberlegenheit führen, und zum Zeitpunkt des Verfassens dieses Kapitels gibt es zwei wichtige technische Paradigmen dafür, wie diese Phänomene für praktische Berechnungen genutzt werden können.

Adiabatische Quantencomputer sind auf die Lösung einer besonderen Art von Energieminimierungsproblemen zugeschnitten. Mathematisch gesehen, handelt es sich dabei um QUBO-Probleme (Quadratic Unconstrained Binary Optimization), die häufig im Zusammenhang mit kombinatorischer Optimierung auftreten. Sie spielen in der Tat eine entscheidende Rolle bei KI- und ML-Aufgaben wie Erfüllbarkeitsproblemen, Clustering oder Boosting. Die Grundidee des adiabatischen Quantencomputings besteht darin, eine problemspezifische Energiefunktion zu entwickeln, die ihre Minima bei den gesuchten Lösungen für das Problem erreicht. Da die Energie eines Zustands eines Quantensystems einem Eigenwert des Hamiltonoperators entspricht, wird die gegebene

Energiefunktion in einen solchen Operator übersetzt, und man ist daran interessiert, den Eigenzustand zu schätzen, der seinem niedrigsten Eigenwert entspricht.

Zu diesem Zweck nutzt das adiabatische Quantencomputing das adiabatische Theorem, das besagt, dass ein Quantensystem, das im Grundzustand eines Hamiltonoperators beginnt und sich dann allmählich zu einem anderen Hamiltonoperator ändert, im Grundzustand des resultierenden Hamiltonoperators endet. In einer bahnbrechenden Veröffentlichung schlugen Farhi et al. [25] vor, dieses Phänomen für die Problemlösung zu nutzen. Sie schlugen insbesondere vor, einen problemunabhängigen Anfangs-Hamiltonoperator allmählich zu dem gegebenen Problem-Hamiltonoperator zu ändern, sodass ein Qubit-System, das im Grundzustand des Ersteren initialisiert wird, im Grundzustand des Letzteren endet. Die Vorteile dieses Ansatzes zur Energieminimierung bestehen darin, dass es weniger wahrscheinlich ist, in lokalen Minima gefangen zu werden, und dass der Lösungsraum häufig polynomiell schneller durchsucht werden kann, als es klassisch möglich ist. Obwohl eine polynomielle Beschleunigung nicht unbedingt beeindruckend klingt, stellen wir jedoch fest, dass sie bei sehr großen Problemen den Unterschied zwischen lösbar und unlösbar ausmachen kann.

Die Ideen hinter dem Quantum Gate Computing gehen auf Feynman [26] zurück. Hier geht man auf eine Weise vor, die dem (reversiblen) digitalen Computing stärker ähnelt, und realisiert Operationen auf Qubits in Form von Gattern. Mathematisch gesehen entsprechen diese Gatter unitären Operatoren, die typischerweise auf ein oder zwei Qubits wirken, aber nacheinander oder parallel ausgeführt werden können, um kompliziertere Schaltkreise zu bilden. Bei der Arbeit innerhalb dieses Paradigmas besteht das grundlegende Problem also darin, Quantenschaltkreise zu entwickeln, die ein beabsichtigtes Ein-/Ausgabeverhalten aufweisen. Bekannte Quantum-Gate-Computing-Algorithmen, mit denen im Vergleich zu klassischen Ansätzen eine erhebliche Beschleunigung erreicht wird, sind der Factoring-Algorithmus von Shor [52] und der Suchalgorithmus von Grover [28].

Einer der offensichtlichen Gründe, die das Quantum Gate Computing für Machine Learning attraktiv machen, besteht darin, dass das Quantum Gate Computing nichts anderes ist als angewandte komplexe lineare Algebra. Aufgrund von Superposition oder Verschränkung manipulieren Quantengattercomputer jedoch implizit exponentiell große Zustandsräume. Da viele Machine-Learning-Probleme in der Tat als lineare algebraische Operationen auf hochdimensionalen Datenvektoren formalisiert sind, könnten die Codierung solcher Daten in Qubit-Zustandsräumen und die Operation daran zu Quantenvorteilen führen. Mit anderen Worten: Viele Forschende gehen derzeit davon aus, dass es möglich sein wird, die Quantenbeschleunigung zur Erhöhung der Geschwindigkeit von Lernprozessen zu nutzen.

4 Was ist Quantum Machine Learning?

Für Machine-Learning-Anwendende ist die Idee, Quantenalgorithmen zur Beschleunigung rechenintensiver Trainingsaufgaben zu verwenden, d. h. klassische Daten zur Beschleunigung des Trainings auf Quantengeräten zu verarbeiten, recht attraktiv. Viele ML-Modelle umfassen tatsächlich große lineare algebraische Probleme oder schwierige Suchprobleme, für die Quantenvorteile realisierbar sein könnten. Die Erwartung, dass dies möglich ist, hat dazu geführt, was Aaronson als »Quantum-Machine-Learning-Mini-Revolution« [1] bezeichnet, da die Zahl der entsprechenden wissenschaftlichen Berichte erheblich zugenommen hat. Im Folgenden gehen wir auf einige dieser Berichte und die darin vorgeschlagenen Lösungen ein. Wir werden uns insbesondere mit Quantencomputing-Lösungen für grundlegende Probleme der linearen Algebra, für die Regression und für die Klassifikation befassen. Für Letztere gibt es zahlreiche verschiedene Paradigmen, sodass wir uns bei unseren Ausführungen auf einfache lineare Klassifikatoren (Perzeptren), Ensemble-Klassifikatoren, Support Vector Machines und neuronale Netze konzentrieren werden.

Eines der fundamentalsten Probleme der angewandten linearen Algebra ist die Lösung eines linearen Gleichungssystems $Ax = b$ für x. Harrow, Hassidim und Lloyd [30] haben jedoch einen Quantenalgorithmus für dieses Problem vorgeschlagen, der als eine der Methoden mit nachweisbarer Quantenbeschleunigung bekannt geworden ist und daher zur selben Kategorie wie der Factoring-Algorithmus von Shor und der Suchalgorithmus von Grover gehört. Der sogenannte HHL-Algorithmus nimmt an, dass die Koeffizientenmatrix **A** hermitesch, dünn besetzt und wohlkonditioniert ist und dass der Zielvektor **b** ein Einheitsvektor ist. Letzterer wird durch Amplitudencodierung codiert. HHL betrachtet einen Hamiltonoperator exp(i**A**t) und führt Quantenphasenschätzung, Hilfs-Bit-Rotation, inverse Quantenphasenschätzung und Messungen durch, um eine Schätzung der Eigenbasis der Koeffizientenmatrix zu erhalten, anhand derer schließlich die gesuchte Lösung (näherungsweise) ermittelt werden kann. Wenn alle recht restriktiven Annahmen erfüllt sind, kann HHL exponentiell schneller ausgeführt werden als entsprechende klassische Algorithmen.

Die Fähigkeit, lineare Gleichungssysteme (näherungsweise) zu lösen, ermöglicht die Lösung von Regressionsproblemen. Diese treten beim ML häufig da auf, wo schnellere Lösungen von praktischem Interesse wären. Es überrascht daher nicht, dass es Varianten des HHL-Algorithmus für Regressionsprobleme gibt [55]. Andere Ansätze [51, 54] gelten für Koeffizientenmatrizen, die weniger Einschränkungen unterliegen, setzen jedoch in der Regel die Existenz eines Quanten-Random-Access-Memory (QRAM) voraus, aus dem Daten in verschränkte Qubits eingelesen werden können. Leider sind solche QRAMs technisch noch nicht realisierbar, woran sich wohl auch in absehbarer Zukunft nichts ändern wird. Andererseits sind praktisch realisierbare, wenn auch wiederum näherungsweise Lösungen durch adiabatisches Quantencomputing ohne Weiteres möglich. Dies beruht darauf, dass das Regressionsproblem als QUBO behandelt werden kann, und praktische Experimente zeigen, dass adiabatische Quantenimplementierungen tatsächlich einen Geschwindigkeitsvorteil gegenüber klassischen Implementierungen erreichen [22].

Klassifikation ist das Problem der Zuordnung von Labeln zu Daten, und ein Algorithmus, der dies erreicht, wird als Klassifikator bezeichnet. Binäre Klassifikatoren, d. h. Klassifikatoren, die zwei Klassen unterscheiden können, sind in der Lerntheorie von zentralem Interesse, und das Problem, sie zu trainieren, ist eines der grundlegendsten ML-Probleme. Ein einfacher binärer Klassifikator für Eingaben $x \in R^m$ kann als Schwellenwertfunktion $f(x|w,b) = \text{sign}(x^T w - b)$ modelliert werden, deren Parameter ein Gewichtsvektor $w \in R^m$ und ein Verzerrungswert (Bias) $b \in R$ sind. Obwohl die internen Berechnungen dieses Modells linear sind, erzeugt die Anwendung der Vorzeichenfunktion Ausgaben {−1, +1} für die Entscheidungsfindung. Wir stellen zudem fest, dass viele lineare Klassifikationsmodelle die Anwendung des Kernel-Tricks [47] erlauben, sodass sie auf nichtlineare Entscheidungsprobleme übertragen werden können.

Schuld und Kollegen [50] schlagen ein Quantenperzeptron vor, d. h. einen Quantenschaltkreis für das vorstehende Modell. Bei ihrer Methode wird die Quanten-Phasencodierung innerer Produkte verwendet und die Phasenschätzung zur Bestimmung der Ausgaben angewendet. Auch wenn diese Methode nicht unbedingt Vorteile gegenüber klassischen Ansätzen bieten mag, ermöglicht sie doch realisierbare Implementierungen auf Quantengeräten und dient somit als Machbarkeitsnachweis für QML.

Schuld und Kollegen [48] weisen zudem auf Ähnlichkeiten zwischen Quantencomputing und Kernel-Maschinen beim ML hin, die beide implizit Informationen in hochdimensionalen Hilbert-Räumen verarbeiten. Sie schlagen daher eine neuartige Kernel-Funktion vor, die innere Produkte von Quantenzuständen darstellt. Diese und ähnliche Ideen ermöglichen die Entwicklung von Quantenanaloga zu Support Vector Machines (SVMs) für die Klassifikation, die daher experimentell überprüft wurden [33, 44, 57]. Die empirischen Ergebnisse deuten tatsächlich darauf hin, dass Quanten-SVMs gegenüber ihren klassischen Gegenstücken im Vorteil sind – nicht so sehr in Bezug auf die Laufzeit, sondern in Bezug auf die Ausdrucksfähigkeit der Datencodierung. In einem wohl weniger aufwendigen Ansatz betrachten Date et al. [21] wiederum QUBOs als Formulierung von ML-Problemen und zeigen, dass das SVM-Training als solches behandelt werden kann und somit ebenfalls auf adiabatischen Quantencomputern lösbar ist.

Boosting bezieht sich auf eine Klasse von Techniken, bei denen individuell schwache Klassifikatoren zu einem kollektiv viel stärkeren Klassifikator kombiniert werden. Dies stellt im Wesentlichen ein Teilmengenauswahlproblem und somit ein kombinatorisches Optimierungsproblem dar, bei dem Quantencomputer glänzen könnten. Tatsächlich schlagen Neven und Kollegen [42] eine adiabatische Quantenoptimierung für das Boosting vor und demonstrieren ihren Ansatz praktisch. Hingegen betrachten Schuld und Petruccione [49] das Boosting unter dem Gesichtspunkt der Quantenzustandspräparation und argumentieren, dass eine quantenparallele Auswertung einzelner Quantenklassifikatoren (z. B. ihrer Quantenperzeptren) aggregierte Entscheidungen in Form einer einzigen Qubit-Messung ermöglicht.

Vorstehend haben wir hervorgehoben, dass KI heutzutage größtenteils tiefe neuronale Netze umfasst, deren Training besonders zeitaufwendig ist. Die Arbeit an quantenneuronalen Netzen ist daher besonders populär und wurde durch die Erkenntnis, dass ausreichend große Quantenschaltkreise jede beliebige Zielfunktion nachbilden können, weiter gefördert [36]. Beer und Kollegen [14] betrachten beispielsweise Quantenneuronen als beliebige unitäre Operatoren, die auf gemischte Quantenzustände wirken. Bei ihrem Trainingsverfahren werden dann Phasenverschiebungen angewendet, die proportional zu einem geeigneten Ein-/Ausgabeverlust sind. Das Verfahren wurde in Simulationen verifiziert, die zeigen, dass sich dieses Modell gut verallgemeinern lässt. Gängiger sind jedoch hybride quantenklassische Ansätze, bei denen Quantenschaltkreise mit klassischen Optimierungsalgorithmen interagieren, um optimale Parameter für die Quantengatter in einem quantenneuronalen Netz zu bestimmen [38, 39]. Außer bei Netzen mit eingeschränkter Topologie konnten die Vorteile gegenüber klassischen Implementierungen leider noch nicht überzeugend nachgewiesen werden [53]. In diesem Zusammenhang ist es interessant festzustellen, dass die sogenannten Boltzmann-Maschinen und Hopfield-Netze eng mit dem adiabatischen Quantencomputing-Modell verwandt sind [13] und dass entsprechende Quantenanaloga daher leichter zu realisieren sind [5, 23].

Die letzte Art von allgemeinem ML-Problem, die wir in diesem kurzen Überblick betrachten, ist prototypenbasiertes Clustering. Dabei handelt es sich um ein Problem des unüberwachten Machine Learning, bei dem die Minimierung einer Verlustfunktion zu einem Clustering von n Datenpunkten in $k \ll n$ Gruppen führt, die jeweils in Form eines repräsentativen Elements definiert werden. Obwohl die allgemeine Idee einfach zu vermitteln ist, sind Clustering-Probleme in der Regel schwierig [4], sodass ein erhebliches Interesse an Quantencomputing-Lösungen besteht.

Das spezifische Problem der Aufteilung einer Datenmenge in nur zwei homogene Teilmengen kann als QUBO behandelt und somit durch adiabatisches Quantencomputing gelöst werden [7, 9, 11, 34]. Wenn das allgemeine Problem der Identifizierung von Cluster-Prototypen auf deren Auswahl aus den gegebenen Datenpunkten beschränkt wird, kann es ebenfalls als QUBO behandelt und auf Quantencomputern gelöst werden [12, 33]. Quantengatter-Clusteringalgorithmen sind ebenfalls möglich. Aimeur, Brassard und Gambs [3] haben hier tatsächlich Pionierarbeit für QML geleistet, indem sie erörterten, wie Quantum Gate Computing das unüberwachte Lernen für das Clustering beschleunigen kann. Zu diesem Zweck schlagen sie Quantenalgorithmen für das Minimum Spanning Tree Clustering vor, die auf Grovers Phasenverstärkung und einem Orakel basieren, das Informationen zu den Abständen zwischen Datenpunkten liefert.

Zum Abschluss dieses kurzen Überblicks über den Stand der Technik im QML stellen wir fest und betonen, dass einige der erwähnten Ansätze Quantenberechnungen und klassische Berechnungen miteinander kombinieren. Tatsächlich umfassen gegenwärtig viele Ansätze für QML auf Quantengattercomputern sogenannte Variationsquantenalgorithmen oder hybride quantenklassische Methoden [19]. Diese betrachten Quantenschaltkreise, die aus abstimmbaren Gattern bestehen, und lösen das Problem, die Parameter der Gatter so anzupassen, dass der gesamte Schaltkreis die gewünschte Berechnung mit hoher Wahrscheinlichkeit ausführt. Hierzu betrachten die Variationsmethoden eine äußere Schleife auf einem digitalen Computer, der die aktuellen Schätzungen der Gatterparameter verwaltet. In jeder Iteration dieser Schleife werden diese Schätzungen bei einer Quantenberechnung verwendet, deren Ergebnisse gemessen und dann klassisch optimiert werden, bis der Quantenschaltkreis das gewünschte Verhalten innerhalb einer vorgegebenen Toleranz zeigt. Angesichts der Fähigkeiten vorhandener Quantencomputer sind hybride quantenklassische Algorithmen attraktiv, da sie dazu beitragen können, die Quantencomputing-Ressourcen (Schaltkreistiefe, Kohärenzzeit, Qubit-Anzahl) zu reduzieren.

Darüber hinaus betrachten viele Forschende parametrierte Quantenschaltkreise sogar als Quantencomputing-Analogon zu klassischen tiefen neuronalen Netzen, da beide aus mehrschichtigen Recheneinheiten bestehen, die über klassische Optimierungsalgorithmen abgestimmt werden. Mit solchen Analogien sollte man jedoch vorsichtig sein, da es auch entscheidende Unterschiede gibt. Zum einen realisieren Quantengatter unitäre Operatoren und keine nichtlinearen Funktionen. Nichtlineare Berechnungen sind jedoch für die Problemlösungsfähigkeiten neuronaler Netze unverzichtbar. Zum anderen können die Rechenzustände eines Quantenschaltkreises nicht ausgelesen werden, ohne die Kohärenz zu verlieren. Daher ist das klassische Training neuronaler Netze über Fehlerrückführung (Backpropagation) nicht auf parametrierte Quantenschaltkreise anwendbar.

5 Gegenwärtige Einschränkungen für QML

Die schnell anwachsende Literatur zu QML und die darin enthaltenen Erfolgsgeschichten könnten den Leser zu der Annahme verleiten, dass das Quantencomputing für künstliche Intelligenz kurz davor steht, zur Mainstream-Technologie zu werden. Allzu optimistische Erwartungen müssen jedoch möglicherweise noch gebremst werden; die Gründe dafür erörtern wir im Folgenden.

Beim Studium der Literatur zum Quantencomputing fällt auf, dass viele Berichte dazu tendieren, die Existenz universeller Quantencomputer anzunehmen. Aus der Perspektive der Algorithmentheorie ist dies sicherlich akzeptabel. Die heutigen Quantencomputer sind jedoch noch weit davon entfernt, universell zu sein, und werden häufig als NISQ-Geräte (Noisy Intermediate-Scale Quantum) bezeichnet [45]. Für die praktische Anwendung theoretisch fundierter und solider Quantenalgorithmen ergeben sich daraus mehrere Einschränkungen.

Zunächst einmal betrachten die Entwickler von Quantenalgorithmen in der Regel logische Qubits und keine physikalischen Qubits. Erstere sind die grundlegenden mathematischen Einheiten beim Quantencomputing, und Letztere sind physikalische Bauelemente in einem Quantencomputer, die die mathematische Abstraktion praktisch umsetzen sollen. Für Entwickler ist die Konzentration auf logische Qubits sinnvoll und entspricht den Abstraktionsebenen bei der modernen Software-Entwicklung, bei der der Code-Entwurf weitgehend von Hardware-Aspekten entkoppelt ist. Quantencomputer haben jedoch noch nicht die technische Reife moderner digitaler Computer erreicht, und reine logische Qubits stellen immer noch eine Idealisierung dar, welche die technischen Unzulänglichkeiten der existierenden Quanten-Hardware wegabstrahiert. Tatsächlich realisieren NISQ-Geräte in der Regel nur etwa 100 logische Qubits, auch wenn die zugrunde liegende Hardware viel mehr physikalische Qubits bietet. Das beruht darauf, dass die heutigen Geräte mehrere physikalische Qubits für die stabile Realisierung eines einzigen logischen Qubits benötigen. Die begrenzte Qubit-Anzahl schränkt jedoch die Komplexität der ausführbaren Quantenalgorithmen ein.

NISQ-Geräte weisen zudem häufig begrenzte Kohärenzzeiten und eine geringe Fehlertoleranz auf, was auf interne Schwankungen oder Messrauschen zurückzuführen ist. Die Fehlertoleranz könnte zwar durch Mechanismen zur Quantenfehlerkorrektur wie die im digitalen Computing verbessert werden, aber auch hier fehlen noch überzeugende Lösungen für dieses Problem. Die begrenzten Kohärenzzeiten schränken die Möglichkeiten des Quantum Gate Computing ebenfalls ein. Sie wirken sich vor allem negativ auf die Schaltkreistiefe und damit wiederum auf die Komplexität der ausführbaren Quantenalgorithmen aus. Adiabatische Quantencomputer sind zwar bei der Manipulation von (physikalischen) Qubit-Systemen tendenziell zuverlässiger, sie sind jedoch auf Energieminimierungsprobleme zugeschnitten und daher nicht so universell wie Quantengattercomputer. Obwohl beide Paradigmen theoretisch äquivalent sind [2], würde die Emulation von Quantenschaltkreisen auf einem adiabatischen Quantencomputer Qubit-Konnektivitätsstrukturen erfordern, die technisch noch nicht realisiert wurden.

Zweitens ignorieren die Entwickler von Quantenalgorithmen häufig die Frage, wie klassische Daten für die (effiziente) Verarbeitung auf Quantencomputern quantencodiert werden können; zudem überlegen sie oft nicht, wie die Ergebnisse des Quantencomputings (effizient) in klassische Darstellungen zurückdecodiert werden können. Das Ausblenden dieses sogenannten Input-Output-Problems kann jedoch dazu führen, dass Behauptungen hinsichtlich der erreichbaren Quantenbeschleunigung nutzlos werden. Wenn beispielsweise der Aufwand für die Erstellung von Qubit-Darstellungen klassischer Daten selbst exponentiell ist, bietet ein exponentiell schnellerer Quantenalgorithmus keinen praktischen Vorteil gegenüber seinem klassischen Gegenstück. Dies mag der Grund dafür sein, dass die Entwickler von Quantenalgorithmen häufig von der Verfügbarkeit eines Quanten-Random-Access-Memory (QRAM) ausgehen. Ähnlich wie ein digitaler RAM-Speicher soll ein QRAM Daten für die Verarbeitung enthalten. Im Gegensatz zu digitalen RAM-Speichern sind QRAMs jedoch noch nicht realisiert worden, und es ist sogar fraglich, ob dies jemals der Fall sein wird. Der Grund dafür ist das No-Cloning-Theorem, das beweist, dass es unmöglich ist, unabhängige identische Kopien beliebiger Quantenzustände zu erstellen. Das Problem der Decodierung von Quantenzuständen kann potenzielle Quantenvorteile ebenfalls verringern. Beispiel: Selbst wenn ein Quantenalgorithmus eine Quantenzustandsdarstellung der Lösung eines schwierigen Problems viel schneller erzeugen kann, als es klassisch möglich ist, könnte der Aufwand für die Messung und das Einlesen des resultierenden Zustands in den klassischen Speicher immer noch so hoch sein, dass die Vorteile eventuell verloren gehen.

Drittens ist das heutige Quantencomputing im Wesentlichen immer noch Computing auf Qubit-Ebene. Mit anderen Worten: Quantenprogrammierer entwerfen hauptsächlich problemspezifische Quantenschaltkreise oder problemspezifische Energiefunktionen und können noch keine abstrakten Datenstrukturen (verknüpfte Listen, Binärbäume usw.) und keine höheren Kontrollstrukturen (If-then-else-Bedingungen oder For- oder While-Schleifen) verwenden. Darüber hinaus sind – wiederum aufgrund des No-Cloning-Theorems – klassische Programmiermuster wie Variablenzuweisungen ebenfalls nicht unmittelbar möglich. Für QML könnte dies eine Herausforderung darstellen, da dadurch eine Vielzahl klassischer Lerntechniken von der Implementierung auf Quantencomputern ausgeschlossen werden. Obwohl es verstärkte Bemühungen hin zu Quantencompilern für die Übersetzung von höheren Programmen in Quantenschaltkreise gibt und höhere Quanten-APIs (Application Programming Interface) in zunehmendem Maße zur Verfügung stehen, sind diese hauptsächlich für die Einrichtung von Quantencomputing-Prozessen vorgesehen. Mit anderen Worten: Die Nutzer solcher Werkzeuge sind immer noch nicht davon befreit, bei der Entwicklung von Algorithmen auf der linearen algebraischen Ebene des Quantencomputings zu denken.

Abschließend ist es wichtig, den praktischen Nutzen von Quantenalgorithmen mit bekannten Quantenvorteilen kritisch zu hinterfragen. Zur Veranschaulichung dieses Punkts gehen wir kurz auf den Artikel »Read the Fine Print« [1] von Aaronson ein, in dem er analysiert, wozu der HHL-Algorithmus [30] in der Lage ist, und diese Fähigkeiten damit kontrastiert, wie der Algorithmus allgemein von Enthusiasten in der Wissenschaftsgemeinde wahrgenommen wird. Aaronson stellt fest, dass der HHL-Algorithmus gemeinhin als Quantenalgorithmus zur Lösung allgemeiner linearer Gleichungssysteme verstanden wird, der exponentiell schneller ausgeführt wird als seine klassischen Gegenstücke. Der HHL erzeugt jedoch lediglich einen Quantenzustand, der das Problem annähernd löst. Darüber hinaus beruht die Quantenbeschleunigung der Methode auf der Annahme, dass die Eingaben effizient in Qubit-Registern codiert werden können. Dies mag in bestimmten Fällen einfach sein. Im Allgemeinen erfordert die Codierung jedoch polynomiellen Aufwand. Mehr noch, sobald die Eingabe vorbereitet wurde, muss sie kohärent einem unitären Operator über einen Zeitraum unterworfen werden, dessen Dauer von der Anzahl der Bedingungen und der dünnen Besetzung der gegebenen Koeffizientenmatrix sowie von dem Näherungsfehler abhängt, den die Nutzer zu tolerieren bereit sind. Da Matrizen oft nicht ausreichend wohlkonditioniert oder dünn besetzt sind, um die impliziten Anforderungen zu erfüllen, unter denen der HHL-Algorithmus eine Quantenbeschleunigung erreicht, ist seine allgemeine Verwendung möglicherweise eher begrenzt. Tatsächlich weist Childs [20] zudem darauf hin, dass die Decodierung von HHL-Approximationen zu klassischen Darstellungen einen Aufwand erfordert, der proportional zur Problemgröße ist, was den Rechenvorteil des Algorithmus aufhebt. Er kommt daher zu dem Schluss, dass die derzeitigen Quantenalgorithmen die klassischen Algorithmen bei der Lösung linearer Gleichungen nicht wirklich übertreffen. Sowohl Aaronson als auch Childs stellen fest, dass die Erfinder des HHL-Algorithmus all dies anerkennen und ihren Ansatz eher als ein Werkzeug zur effizienten Berechnung zusammenfassender Statistiken von Lösungen für lineare Gleichungen betrachten. Unter dem Strich zeigt dies, dass die Bedingungen oder Annahmen, unter denen Quantenalgorithmen eine Quantenbeschleunigung erreichen, sorgfältig untersucht werden müssen.

6 Vorschläge für QML in der NISQ-Ära

Aufgrund der vorstehenden Vorbehalte hinsichtlich der Perspektiven von QML auf heutigen NISQ-Geräten betrachten wir als Nächstes, welche Art von Ansätzen bereits realisierbar sein könnte, und welche Art von Ansätzen es bereits ermöglichen könnte, Erfahrungen mit QML in praktischen Szenarien zu sammeln.

Solange keine universellen Quantencomputer zur Verfügung stehen, ist es möglicherweise klug, dem Rat von Riste und Kollegen [46] zu folgen und zu fragen, welche Machine-Learning-Probleme von den Fähigkeiten der heutigen Quantencomputing-Geräte profitieren könnten. Unsere Ausführungen deuten beispielsweise darauf hin, dass die Idee einer Quantenbeschleunigung für lineare algebraische Berechnungen möglicherweise noch nicht realisierbar ist. Andererseits mehren sich die Hinweise, dass kombinatorische Optimierung und Suche bereits von Quantenimplementierungen profitieren könnten.

Wir haben ausgeführt, dass diese Art von Problemen beim Klassifikator-Boosting oder beim Daten-Clustering auftreten und auf Quantencomputern gelöst werden können, wenn es möglich ist, sie als (diskrete) Energieminimierungsprobleme (neu) zu formulieren. Obwohl dies die Art der Probleme, die betrachtet werden können, einzuschränken scheint, stellen wir fest, dass das Lösen von Problemen im Sinne der Energieminimierung eine etablierte allgemeine Idee im Bereich des Machine Learning ist [35]. Mehr noch, die QUBO-Probleme (Quadratic Unconstrained Binary Optimization), die auf adiabatischen Quantencomputern gelöst werden können, sind überraschend universell. Sie treten beispielsweise bei Verifizierungs-, Planungs- oder Zuordnungsproblemen auf, die z. B. in der Logistik oder im Finanzwesen von praktischer Bedeutung sind.

QUBO-Probleme spielen zudem in der Theorie neuronaler Netze eine Rolle, da sie durch Hopfield-Netze gelöst werden können [13]. Dabei handelt es sich um rekurrente neuronale Netze von theoretischem Interesse, da sie die Modellierung kognitiver Prozesse wie z. B. den Abruf von Erinnerungen ermöglichen. Da sie auf eine lange Geschichte zurückblicken können und den Weg in die Lehrbücher gefunden haben, können Hopfield-Netze als natürliche Brücke zwischen Machine Learning und Quantencomputing betrachtet werden.

Die Lösung von QUBOs oder Hopfield-Netz-Problemen auf einem adiabatischen Quantencomputer erfordert das Umschreiben der entsprechenden Energiefunktion in Form eines Hamiltonoperators. Dies ist überraschend einfach, da es einfache, allgemein anwendbare Verfahren gibt [25]. Darüber hinaus sind die resultierenden Hamiltonoperatoren diagonale Operatoren und haben somit eine Struktur, für die es ebenfalls einfach ist, Quantengatterschaltungen zu entwickeln, die ihre Wirkung auf Qubit-Register simulieren [24, 29, 43].

Leider hat aber wohl nicht jeder einfachen Zugang zu Quantengattercomputern oder adiabatischen Quantencomputern, wie sie von IBM oder D-Wave hergestellt werden. Darüber hinaus ist der technische Aufwand für den Betrieb beider Arten von Systemen immer noch beträchtlich. So müssen beispielsweise die Computer von D-Wave bei Temperaturen nahe dem absoluten Nullpunkt gehalten und vor magnetischen Störungen, Temperaturschwankungen und mechanischen Vibrationen geschützt werden, um stabile Quantenzustände zu garantieren. Allein für die Aufrechterhaltung einer zuverlässigen kryogenen Umgebung für einen aktuellen D-Wave-2000Q-Computer werden schätzungsweise mehr als 25 kWh Energie benötigt [40].

Als wesentlich kostengünstigere Lösung hat Fujitsu spezielle QUBO-Löser entwickelt. Das System wird als digitaler Annealer bezeichnet, und sein Nutzen soll es mit dem von Quantencomputern aufnehmen können [17]. Es basiert auf konventioneller CMOS-Technologie und implementiert einen maßgeschneiderten Simulated-Annealing-Algorithmus, der in seiner aktuellen Version QUBO-Probleme mit bis zu 1024 Variablen lösen kann [6].

Eine ähnliche Lösung wurde eigenständig von Forschern der TU Dortmund und des Fraunhofer IAIS entwickelt [40, 41]. Dieses System implementiert einen anpassbaren evolutionären Algorithmus auf kostengünstigen FPGAs und kann derzeit QUBO-Probleme mit bis zu 2048 Variablen lösen. Dies übertrifft die Fähigkeiten eines D-Wave-2000Q-Computers bei nur 0,006 % seines Stromverbrauchs. Es wurde demonstriert, dass das System erfolgreich Machine-Learning-Probleme wie K-Means-Clustering, Maximum-a-posteriori-Schätzung oder Training von binären Support Vector Machines löst.

Kurz gesagt, angesichts der technischen Möglichkeiten heutiger Quantencomputer sind auf dem Hamiltonoperator basierende QML-Methoden bereits praktisch realisierbar. Sie können sowohl auf vorhandener Quanten-Hardware als auch auf quanteninspirierten Hardware-Plattformen implementiert werden und ermöglichen so das Sammeln praktischer Erfahrungen mit Quantencomputing für reale Machine-Learning-Probleme.

7 Schlussfolgerungen und Ausblick

In den letzten zehn Jahren hat das Machine Learning im großen Maßstab zu »Durchbrüchen« bei der künstlichen Intelligenz geführt. Das Training moderner Deep-Learning-Systeme ist jedoch ein rechenintensiver und zeitaufwendiger Prozess. Gleichzeitig wurden beträchtliche technische Fortschritte im Bereich des Quantencomputings erzielt, da funktionierende Quantencomputer inzwischen technische Realität sind. Eine zunehmende Anzahl von Forschern befasst sich daher mit den Perspektiven des Quantum Machine Learning.

Die Idee, Quantencomputing-Algorithmen in verschiedenen Phasen der Machine Learning-Pipeline zur Beschleunigung der Trainingsprozesse einzusetzen, erscheint in der Tat sinnvoll. Da viele klassische Machine-Learning-Modelle und -Algorithmen lineare algebraische Operationen oder kombinatorische Suchverfahren umfassen, könnten auf diese Probleme zugeschnittene Quantencomputing-Routinen tatsächlich eine wesentliche Beschleunigung bieten. Es ist daher nicht überraschend, dass die Forschung zu Quantum-Machine-Learning-Modellen und -Algorithmen boomt.

Allerdings handelt es sich bei einem Großteil der aktuellen Arbeiten in diesem Bereich noch um theorieorientierte Grundlagenforschung. Daher werden bei vielen in der aktuellen Literatur vorgestellten QML-Algorithmen die immer noch vorhandenen technischen Grenzen der heutigen NISQ-Computer ignoriert oder wegabstrahiert, und diese Algorithmen werden möglicherweise erst realisierbar, wenn universelle Quantencomputer verfügbar sind.

Dennoch gibt es auch QML-Techniken, die bereits von praktischem Interesse sind. Diese folgen typischerweise dem Paradigma des Energy-Based Learning und erfordern die Formalisierung von QML-Problemen in Form von Hamiltonoperatoren. Sobald dies möglich ist, kann das entsprechende Problem im Prinzip auf adiabatischen Quantencomputern oder, unter bestimmten günstigen Bedingungen, auf Quantengattercomputern gelöst werden. Es gibt auch quanteninspirierte Hardware-Plattformen, die auf diese Art von Problemen zugeschnitten sind und die Berechnung von Quanten(inspirierten)-Lösungen für Probleme ermöglichen, deren Größe immer noch über die Kapazität der derzeit verfügbaren Quantengeräte hinausgeht.

Diese Ansätze stellen daher Best-Practice-Lösungen für QML auf aktueller Quanten-Hardware dar und bieten Machine-Learning-Anwendern die Möglichkeit, erste Erfahrungen mit Quantencomputing-Lösungen für reale Probleme zu sammeln.

8 Literaturverzeichnis

[1] S. Aaronson: Read the Fine Print. Nature Physics, 11 (4), (2015)
[2] D. Aharonov et al.: Adiabatic Quantum Computation Is Equivalent to Standard Quantum Computation. SIAM Review, 50 (4), (2008)
[3] E. Aimeur et al.: Quantum Clustering Algorithms. In Proc. ICML (2007)
[4] D. Aloise et al.: NP-Hardness of Euclidean Sum-of-Squares Clustering. Machine Learning, 75 (2), (2009)
[5] M. H. Amin et al.: Quantum Boltzmann Machine. Physical Review X, 8 (2) (2018)
[6] M. Aramon et al.: Physics-Inspired Optimization for Quadratic Unconstrained Problems Using a Digital Annealer. Frontiers in Physics, 7 (2019)
[7] D. Arthur und P. Date: Balanced k-Means Clustering on an Adiabatic Quantum Computer. Quantum Information Processing, 20 (2021)
[8] C. Bauckhage et al.: Cognitive Systems and Robotics. In R. Neugebauer, Herausgeber, Digital Transformation. Springer (2019)
[9] C. Bauckhage et al.: Ising Models for Binary Clustering via Adiabatic Quantum Computing. In Proc. Int. Conf. on Energy Minimization Methods in Computer Vision and Pattern Recognition. Springer (2017)
[10] C. Bauckhage et al.: Quantum Machine Learning – An Analysis of Expertise, Research, and Applications. Fraunhofer Big Data and Artificial Intelligence Alliance (2020)

[11] C. Bauckhage et al.: Adiabatic Quantum Computing for Kernel k = 2 Means Clustering. In Proc. Conf. Learning, Knowledge, Data, Analytics (KDML–LWDA), (2018)
[12] C. Bauckhage et al.: A QUBO Formulation of the k-Medoids Problem. In Proc. Conf. Learning, Knowledge, Data, Analytics (KDML–LWDA), (2019)
[13] C. Bauckhage et al.: Problem Solving with Hopfield Networks and Adiabatic Quantum Computing. In Proc. IJCNN. IEEE (2020)
[14] K. Beer et al.: Training Deep Quantum Neural Networks. Nature Communications, 11 (2020)
[15] J. Biamonte et al.: Quantum Machine Learning. Nature, 549 (7671), (2017)
[16] C. Bishop: Pattern Recognition and Machine Learning. Springer (2006)
[17] J. Boyd: Fujitsu's CMOS Digital Annealer Produces Quantum Computer Speeds. IEEE Spectrum (Mai 2018)
[18] T. Brown et al.: Language Models are Few-Shot Learners. In Proc. NeurIPS (2020)
[19] M. Cerezo et al.: Variational Quantum Algorithms. Nature Review Physics, 3 (2021)
[20] A. Childs: Equation Solving by Simulation. Nature Physics, 5 (12), (2009)
[21] P. Date et al.: QUBO Formulations for Training Machine Learning Models. Scientific Reports, 11 (2021)
[22] P. Date und T. Potok: Adiabatic Quantum Linear Regression. Scientific Reports, 11 (2021)
[23] V. Dixit et al.: Training Restricted Boltzmann Machines With a D-Wave Quantum Annealer. Frontiers in Physics, 9 (2021)
[24] E. Farhi et al.: A Quantum Approximate Optimization Algorithm. arXiv:1411.4028 [quant-ph], (2014)
[25] E. Farhi et al.: Quantum Computation by Adiabatic Evolution. arXiv:quant-ph/0001106 (2000)
[26] R. Feynman: Simulating Physics with Computers. Int. J. of Theoretical Physics, 10 (1982)
[27] I. Goodfellow et al.: Deep Learning. MIT Press (2016)
[28] L. Grover: A Fast Quantum Mechanical Algorithm for Database Search. In Proc. Symp. on Theory of Computing. ACM (1996)
[29] S. Hadfield: On the Representation of Boolean and Real Functions as Hamiltonians for Quantum Computing. ACM Transactions on Quantum Computing, 2 (4), (2021)
[30] A. W. Harrow et al.: Quantum Algorithm for Linear Systems of Equations. Physical Review Letters, 103 (2009)
[31] T. Hastie et al.: The Elements of Statistical Learning. Springer (2001)
[32] V. Havlicek et al.: Supervised Learning with Quantum-enhanced Feature Spaces. Nature, 567 (7747), (2019)
[33] S. W. Hong et al.: Market Graph Clustering via QUBO and Digital Annealing. J. of Risk and Financial Management, 14 (1), (2021)
[34] M. Junger et al.: Performance of a Quantum Annealer for Ising Ground State Computations on Chimera Graphs. arXiv:1904.11965 [cs.DS], (2019)
[35] Y. LeCun et al.: A Tutorial on Energy Based Learning. In G. Bakir, T. Hofman, B. Schoelkopf, A. Smola, and B. Taskar, Herausgeber, Predicting Structured Data. MIT Press (2006)

[36] H. Lin et al.: Why Does Deep and Cheap Learning Work So Well? J. of Statistical Physics, 168 (2017)
[37] D. MacKay: Information Theory, Inference, and Learning Algorithms. Cambridge University Press (2003)
[38] J. R. McClean et al.: Barren Plateaus in Quantum Neural Network Training Landscapes. Nature Communications, 9 (2018)
[39] K. Mitarai et al.: Quantum Circuit Learning. Physical Review A, 98 (3), (2018)
[40] S. Mücke, N. Piatkowski und K. Morik: Hardware Acceleration of Machine Learning Beyond Linear Algebra. In Proc. ECML/PKDD (2019)
[41] S. Mücke et al.: Learning Bit by Bit: Extracting the Essence of Machine Learning. In Proc. Conf. Learning, Knowledge, Data, Analytics (KDML–LWDA), (2019)
[42] H. Neven et al.: QBoost: Large Scale Classifier Training with Adiabatic Quantum Optimization. In Proc. ACML (2012)
[43] M. A. Nielsen und I. L. Chuang: Quantum Computation and Quantum Information. Cambridge University Press (2010)
[44] N. Piatkowski et al.: Towards Bundle Adjustment for Satellite Imaging via Quantum Machine Learning. arXiv:2204.11 133 [quant-ph], (2022)
[45] J. Preskill: Quantum Computing in the NISQ Era and Beyond. Quantum, 2 (2018)
[46] D. Riste et al.: Demonstration of Quantum Advantage in Machine Learning. npj Quantum Information, 3 (16), (2017)
[47] B. Schölkopf und A. Smola: Learning with Kernels: Support Vector Machines, Regularization, Optimization, and Beyond. MIT Press (2002)
[48] M. Schuld und N. Killoran: Quantum Machine Learning in Feature Hilbert Spaces. Physical Review Letters, 122 (4), (2019)
[49] M. Schuld und F. Petruccione: Quantum Ensembles of Quantum Classifiers. Scientific Reports, 8 (2772), (2018)
[50] M. Schuld et al.: Simulating a Perceptron on a Quantum Computer. Physics Letters A, 379 (7) (2015)
[51] M. Schuld et al.: Prediction by Linear Regression on a Quantum Computer. Physical Review A, 94 (2016)
[52] P. Shor: Algorithms for Quantum Computation: Discrete Logarithms and Factoring. In Proc. Annual Symp. on Foundations of Computer Science. IEEE (1994)
[53] T. van Dam und N. Neumann et al.: Hybrid Helmholtz Machines: A Gate-based Quantum Circuit Implementation. Quantum Information Processing, 19 (2020)
[54] G. Wang: Quantum Algorithm for Linear Regression. Physical Review A, 96 (2017)
[55] N. Wiebe et al.: Quantum Algorithm for Data Fitting. Physical Review Letters, 109 (5), (2012)
[56] P. Wittek: Quantum Machine Learning. Academic Press (2014)
[57] P. V. Zahorodko et al.: Comparisons of Performance between Quantum-Enhanced and Classical Machine Learning Algorithms on the IBM Quantum Experience. J. of Physics, 1840 (2021)

Qompiler: Interoperabler und standardisierter Quanten-Software-Stack

Förderung von Interoperabilität und technologischer Souveränität für das Quantencomputing

Sebastian Bock, Raphael Seidel, Nikolay Tcholtchev

Abstract: Die Programmierung von gatterbasierten universellen Quantencomputern ist gegenwärtig ein aufwendiger Prozess, bei dem der Entwickler gezwungen ist, Algorithmen auf der Basis sorgfältiger und spezifischer Überlegungen zur Qubit-Architektur und -topologie, sowie zum zu lösenden mathematischen Problem zu implementieren. Das bedeutet, dass eine höhere Programmiersprache benötigt wird, die Entwicklern, die nicht unbedingt Experten auf diesem Gebiet sind, den Zugang zur Quantenprogrammierung erleichtern kann. Diese höhere Programmiersprache fordert wiederum einen zugrunde liegenden Software-Stack, der aus verschiedenen Komponenten besteht, wie z. B. einem Compiler, Parser, Transpiler, verschiedenen Optimierern und einem hardwarespezifischen Compiler. In dieser Publikation führen wir aus, warum eine solche höhere Programmiersprache für das Quantencomputing und ein interoperabler und standardisierter Software-Stack benötigt wird, und geben einen Einblick in unsere aktuellen Forschungsarbeiten im Rahmen des Qompiler-Projekts.

Keywords: Quanten-Software-Entwicklung, höhere Programmiersprache, Interoperabilität, standardisierter Software-Stack

1 Einleitung

Die Entwicklung von Quantenalgorithmen mit potenziell exponentiellem Geschwindigkeitsvorteil gegenüber klassischen Algorithmen hat ein breites Interesse in Wirtschaft und Wissenschaft entfacht. Die in den letzten Jahren bei der Entwicklung von Quanten-Hardware erzielten Fortschritte haben gezeigt, dass dieses Potenzial auch für verschiedene Szenarien genutzt werden kann, sobald geeignete Hardware zur Verfügung steht.

Tatsächlich besteht jedoch noch eine große Lücke zwischen der leicht zugänglichen und entwicklerfreundlichen Programmierung, wie sie aus der klassischen Informatik bekannt ist, und der Programmierung für das Quantencomputing. Um diese Lücke zu schließen, müssen Weiterentwicklungen über die assemblerartige Schaltkreis-Quantenprogrammierung hinaus hin zu einer höheren Programmiersprache angestrebt werden. In dieser höheren Programmiersprache geschriebene Programme müssen von einem Quantencompiler in eine Folge von elementaren Gatteroperationen übersetzt werden, die dann über die zugehörige Firmware auf dem jeweiligen Quantencomputer ausgeführt werden. Daher besteht offensichtlich noch auf allen Ebenen der Definition und Spezifikation der höheren Programmiersprache, der Übersetzung in elementare Gatterfolgen und der Ausführung des Quantencodes Forschungs- und Entwicklungsbedarf.

Mit den in diesem Artikel beschriebenen Entwicklungen trägt das Qompiler-Projekt [1] zur Kompilierung und Optimierung von in einer höheren Programmiersprache geschriebenen Programmen bei, so dass sie über eine standardisierte Schnittstelle auf einem deutschen Quantencomputer ausgeführt werden können, der derzeit an der Universität Siegen und in einem Spin-off, der eleQtron GmbH [3], entwickelt wird.

Die vorstehend genannten Aktivitäten sind ein wichtiger Schritt auf dem Weg zu einem kommerziellen deutschen Quantencomputer, der auch die deutsche und europäische Wirtschaft dem erklärten Ziel, bei der Quantentechnologie technologisch unabhängig zu werden, einen Schritt näher bringt. Schließlich ermöglichen das in der Entwicklung befindliche Software-Framework und die direkte Anbindung an einen deutschen Quantencomputer den einfacheren und sichereren Zugang zu Quantencomputing-Ressourcen, insbesondere für kleine und mittelständische Unternehmen.

Zu diesem Zweck wird in Abschnitt 2 der aktuelle Stand der Technik von Quantensoftware-Frameworks beleuchtet und in Abschnitt 3 auf den Bedarf an standardisierten Elementen im Quantensoftware-Stack eingegangen. Anschließend wird in Abschnitt 4 die Forschung am Fraunhofer FOKUS an einer höheren Quantenprogrammiersprache und in Abschnitt 5 an einer standardisierbaren Schnittstelle beschrieben, die hauptsächlich im Rahmen des vom Bundesministerium für Wirtschaft und Klimaschutz geförderten Qompiler-Projekts [1] durchgeführt wird. Ein Überblick über die Nutzungsmöglichkeiten der höheren Quantenprogrammiersprache und einer standardisierbaren Schnittstelle in Abschnitt 6 sowie ein Ausblick auf weitere Entwicklungen in Abschnitt 7 runden diese Arbeit ab.

2 Fortschritt über den Stand der Technik hinaus

Der Stand der Entwicklung im Bereich des Quantencomputings steckt nicht nur auf der Hardwareseite in einem Frühstadium. Auf der Software-Seite erweist sich die Programmierung mit den vorhandenen Quantencomputer-Schnittstellen als repetitiv und kleinschrittig. Dies führt für Software-Entwickler zu Schwierigkeiten beim Einstieg in die Quantenprogrammierung und macht den Programmierprozess und den resultierenden Code anfällig für Programmierfehler. Damit Quantencomputing langfristig einen Mehrwert für die Wirtschaft und Unternehmen bietet, ist es daher – neben der weiteren Hardwareentwicklung – von höchster Wichtigkeit, Software-Entwicklern, die keine Quantenphysiker sind, die intuitive Nutzung von Quantencomputern zu ermöglichen. Dahingehend ist eine leicht zugängliche, an etablierten Paradigmen angelehnte höhere Quantenprogrammiersprache ein wichtiger Schritt in diese Richtung. Viele der beabsichtigten Funktionen bestehen dabei nicht aus besonders komplexen Ansätzen, sondern basieren auf dem Grundsatz, so viel Programmierarbeit wie möglich zu automatisieren. Zu den erforderlichen Features einer höheren Programmiersprache gehören u. a.: automatisiertes Speicher- und Qubit-Management, automatisierte Fehlerkorrektur, geeignete Abstraktionen, die in Ausnahmefällen den Umgang mit einzelnen Qubits ermöglichen, sowie automatisierte Uncomputation (d. h. Garbage Collection).

In diesem Abschnitt betrachten wir den aktuellen Stand der Technik vorhandener Quantensoftware-Frameworks, Programmiersprachen und Schnittstellen. Zu diesem Zweck konzentrieren wir uns auf gängige Lösungen und Frameworks, um so einen guten Überblick über den allgemeinen Stand der Technik in diesem Bereich zu erhalten.

Das wahrscheinlich am weitesten verbreitete Software-Framework zum Schreiben von Quantenprogrammen ist Qiskit von IBM [4]. Es bietet Support für IBM-Backends sowie für einige andere Dienstanbieter wie AQT [5]. Der Programmierstil ist stark an das vorstehend erwähnte assemblerartige Schaltkreismodell angelehnt. Um dieses Problem zu überwinden, arbeitet IBM an einer umfangreichen Bibliothek mit Modulen für Machine Learning, Simulation von Quantensystemen oder Optimierungsprobleme. Der zugrunde liegende Stil der Quantenprogramme ähnelt jedoch immer noch dem Schaltkreismodell. Gleiches gilt für andere gängige Software-Frameworks wie Cirq von Google [11], Pennylane von Xanadu [7] oder t|ket⟩ von Cambridge Quantum Computing [6]. Letzteres umfasst jedoch einen äußerst wettbewerbsfähigen Compiler, der auf dem ZX-Kalkül basiert [2].

Eine weitere erwähnenswerte Initiative ist die höhere Sprache Silq [10] der ETH Zürich. Silq umfasst einige der genannten Features einer höheren Programmiersprache, bietet aber keinen Compiler. Darüber hinaus bietet Silq keinen Software-Stack, der es ermöglicht, Programme nach der Kompilierung auf physischen Backends auszuführen.

Derzeit existieren lediglich proprietäre Ansätze für Schnittstellen und Zwischendarstellungen, d. h. es sind keine einheitlichen Lösungen zwischen den relevanten Komponenten, z. B. zwischen Compiler und Backend, verfügbar. Dies birgt die Gefahr einer Herstellerabhängigkeit (»Vendor Lock-in«), und ein in IBM Qiskit geschriebenes Programm ist beispielsweise (nach Kompilierung und Transpilierung) nur für eine von IBM bereitgestellte QC-Instanz optimal. Initiativen wie die QIR Alliance [6] unternehmen Anstrengungen in dieser Richtung, bieten aber noch keine standardisierten Schnittstellen und scheinen im Rahmen eines vollständig offenen Business Ecosystems mit verschiedenen Stakeholdern (z. B. KMU, Wirtschaft und Wissenschaft) schwer erweiterbar zu sein. Daher sehen wir die Notwendigkeit zur Verwendung klar definierter Schnittstellen, was im Rahmen relevanter Standardisierungsgremien wie DIN oder CEN/CENELEC diskutiert werden sollte [9].

3 Notwendigkeit eines standardisierten Software-Stacks

In diesem Abschnitt wird erläutert, warum ein standardisierter Software-Stack und eine höhere Programmiersprache benötigt werden, und es werden die geplanten Lösungen, potenzielle Risiken sowie Hindernisse und Herausforderungen für die Umsetzung aufgezeigt.

Problemstellung: Der aktuelle Stand der Technik im Bereich des Quantencomputings und insbesondere der Quantenprogrammierung führt zu einer Reihe von offenen Forschungs- und Entwicklungsfragen, die im Rahmen des Qompiler-Projekts [[1]] und allgemein im Rahmen der Aktivitäten von Fraunhofer FOKUS auf diesem Gebiet angegangen werden: (1) Gefahr von Vendor-Lock-in-Effekten im Kontext des Quantencomputings bei der Verwendung und Entwicklung von Algorithmen für Anwendungsfälle in der deutschen und europäischen Industrie, (2) Notwendigkeit, die technologische Souveränität im Bereich des Quantencomputings und der Programmierung durch die Etablierung von Open-Source-Komponenten und offenen Schnittstellen zu gewährleisten, (3) Mangel an leicht zugänglichen Programmierwerkzeugen und -sprachen, die den effizienten Einsatz von Quantencomputern und -algorithmen auch für Nicht-Physiker und Nicht-Mathematiker unterstützen, und (4) Notwendigkeit konkreter Standards für die Interaktion mit Qubits und Quantencomputern im Allgemeinen, damit die Interoperabilität zwischen Quantencomputing-Hardware und -Software (einschließlich hybrider Algorithmen) ermöglicht und gestärkt wird.

Lösungsansatz: Zur Verwirklichung der vorstehend genannten Ziele sehen wir die Notwendigkeit, die folgenden Komponenten zu entwickeln, die auch in Abbildung 1 in Stack-Form dargestellt sind: (1) Eine höhere Quantenprogrammiersprache, die über die aktuell etablierten assemblerartigen Sprachen hinausgeht und viele der erforderlichen kleinen Programmierschritte automatisiert. Dadurch können dem Programmierer viele Aufgaben abgenommen, Fehlerquellen minimiert und die Einstiegsbarriere gesenkt werden. (2) Ein auf dem ZX-Kalkül basierender Compiler – dieser ermöglicht die Optimierung der generierten und kompilierten Quantenschaltkreise und baut auf der mathematischen Kategorientheorie auf, die vom Konzept her für funktionale Programmiersprachen geeignet ist, (3) Eine Firmware für einen Ionen-basierten Quantencomputer – für eine Integration in die höheren Software-Ebenen sollte diese Firmware die Anforderungen einer standardisierten Schnittstelle erfüllen, die im Rahmen einer potenziellen DIN SPEC zur Diskussion gestellt werden soll, (4) Gegen Ende des Qompiler-Projekts sollen die Entwicklungsergebnisse – insbesondere die entwickelte Schnittstelle zwischen Firmware und Compiler – in nationale und europäische Standardisierungsaktivitäten (z. B. DIN SPEC) eingebracht werden.

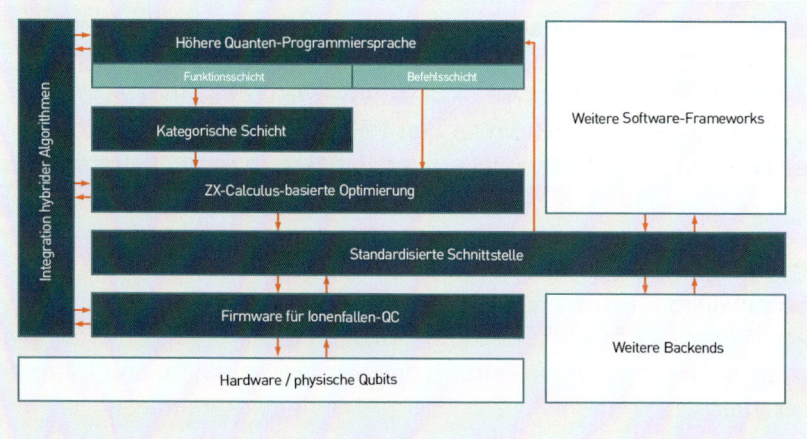

Abbildung 1: Allgemeine Architektur des Qompiler-Lösungsansatzes – die dunklen Komponenten werden im Qompiler-Projekt [1] entwickelt.

Risiken: Zum jetzigen Zeitpunkt sind die folgenden Risiken erkennbar:
- **Risiko:** geringe Akzeptanz der höheren Programmiersprache; **Minderungsmaßnahmen:** Freigabe der höheren Programmiersprache als Open-Source; Pflege einer Community (z. B. bei GitHub); Organisation von Workshops und Schulungen über die Netzwerke von Fraunhofer und assoziierten Multiplikatoren in der Wirtschaft
- **Risiko:** konkurrierende Standards; **Minderungsmaßnahmen:** Aufbau von Kooperationen und Verbindungen zu Standardisierungsaktivitäten auf nationaler und internationaler Ebene über die Kontakte und Vernetzung von DIN und Fraunhofer
- **Risiko:** Scheitern der DIN SPEC aufgrund mangelnder Einigkeit bei den Mitgliedern; **Minderungsmaßnahmen:** Langjährige Erfahrung des DIN in der Moderation von Einigungsprozessen im Rahmen der Standardisierung; langjährige Erfahrung von Fraunhofer FOKUS im Zuge der Standardisierung auf nationaler und internationaler Ebene (ETSI, DIN, OMG, ITU-T, IETF usw.)
- **Risiko:** Probleme bei der Anbindung zusätzlicher Hardware-Backends; **Minderungsmaßnahmen:** Die standardisierte Firmware-Schnittstelle (DIN SPEC) gibt jedem Hardwarehersteller die Möglichkeit, die erforderlichen standardisierten APIs anzubieten. Darüber hinaus werden die Open-Source-Programmiersprache und der zugehörige Compiler modular aufgebaut sein, so dass zusätzliche Module/Plug-Ins hinzugefügt werden können. Zudem können HW-Backends, welche die standardisierte Schnittstelle nicht direkt implementieren, umprogrammiert und angepasst werden.

Rechtliche Zwänge: Die Standardisierungsaktivitäten für die Firmware-Schnittstelle werden im Rahmen des DIN SPEC-Prozesses und der anerkannten Regeln der Normung erfolgen. Die höhere Programmiersprache wird unter einer noch zu wählenden Open-Source-Lizenz veröffentlicht werden.

4 Qrisp: Höhere Quantenprogrammiersprache

Der Stand der Technik bei der Programmierung eines Quantencomputers ähnelt sehr stark der Programmierung in Assembler. Schlimmer noch, während Assembler zumindest einige grundlegende Befehle bietet, die abstrakter als die tatsächlichen Hardware-Gatter sind, ist beim Quantencomputing die alleinige Verwendung von Gattern und Qubits der Standard. Frameworks wie Qiskit oder Cirq ermöglichen dem Nutzer die Erstellung von Teilschaltkreisen, die in größeren, komplexeren Schaltkreisen wiederverwendet werden können. Allerdings gestaltet sich der Umgang mit den Schaltkreisen immer noch recht umständlich.

Bei der Programmiersprache Qrisp, die bei Fraunhofer FOKUS entwickelt wird, wird versucht, diese Herausforderung zu meistern, indem die Qubit- und Gatterstruktur der zugrunde liegenden Schaltkreise so weit wie möglich verborgen wird. Dies wird erreicht, indem Gatter und Qubits konzeptionell durch Funktionen und Variablen ersetzt werden. Auf diese Weise lassen sich sehr viel komplexere Schaltkreise erstellen, als dies beim direkten Umgang mit Gattern und Qubits jemals möglich wäre. Selbstverständlich bedeutet der Übergang zu Variablen und Funktionen nicht das Ende der Programmierung mit Gattern und Qubits. Die elementaren Quantenfunktionen müssen natürlich im Hintergrund immer noch mithilfe von Gattern und Qubits implementiert werden. Daher verfügt Qrisp über ein eigenes Modul zur Erstellung von Schaltkreisen, das die meisten der relevanten Funktionen enthält, die von den etablierten Frameworks zur Erstellung von Schaltkreisen bekannt sind.

Variablen und Funktionen vereinfachen nicht nur das Management hochkomplexer Schaltkreise – aufgrund der Struktur einer echten Programmiersprache können viele Schaltkreise hochgradig modular erstellt werden. Dies verbessert die Möglichkeit, bestimmte Teile des Codes auf einfache Weise zu pflegen oder zu aktualisieren.

Zur Verdeutlichung dieses Punkts stelle man sich das folgende Szenario vor: Ein Algorithmus, der in hohem Maße von einer bestimmten Addierschaltung abhängig ist, wird mit einem gatterbasierten Ansatz implementiert. Nach einiger Zeit gibt es eine neue und verbesserte Addierschaltung, die jedoch ein Hilfs-Qubit (d.h. temporären Speicher) erfordert. Wenn die Implementierung der ursprünglichen Addierschaltung diese Anforderung nicht aufwies, ist der Code wahrscheinlich entsprechend dieser Tatsache strukturiert, so dass es keine Möglichkeit gibt, den neuen Addierer mit dem erforderlichen Qubit zu versehen. Natürlich ist dies höchstwahrscheinlich behebbar, jedoch nur mit einer umfangreichen Umstrukturierung des Codes. Darüber hinaus wird das Hilfs-Qubit mit hoher Wahrscheinlichkeit in den übrigen Teilen des Schaltungsaufbaus nicht wiederverwendet. In Qrisp tritt dieses Problem nicht auf. Dies beruht darauf, dass der Addierer als Funktion implementiert werden kann, die sich in einem abstrakten Modul befindet. Der neue Addierer kann dann als eine andere Funktion implementiert werden und einfach anstelle des ersten Moduls importiert werden. Um den neuen Addierer mit einem Hilfs-Qubit zu versehen, fordern wir es einfach beim Qubit-Manager an. Im Prinzip hätte das auf diese Weise erlangte Qubit vorher in einer anderen Funktion verwendet werden können. Sobald wir fertig sind, können wir es an den Qubit-Manager zurückgeben, was zu einer weiteren Verwendung in einem zukünftigen Funktionsaufruf führen kann. Dies ist nicht nur praktisch, sondern kann auch zu Verbesserungen bei der Schaltkreistiefe führen: Wenn der Qubit-Manager zum Anforderungszeitpunkt mehrere Optionen hat, ermittelt er das Qubit, das (bei einer tatsächlichen Schaltkreisausführung) am frühesten verfügbar wird.

```
for i in qRange(max_index):
qvar += i
```

Abgesehen davon, dass Qrisp die Erstellung hochkomplexer Schaltkreise ermöglicht, kann die Programmiersprache auch einem pädagogischen Zweck dienen, indem sie Nicht-Physikern diesen Bereich eröffnet. Dies beruht darauf, dass in Qrisp viele Quantenfunktionen und Kontrollstrukturen bereits vorprogrammiert sind und daher kein Verständnis komplexer linear
 er Algebra erfordern, wie es zum Verstehen von Gatterfolgen erforderlich ist. Ein Beispiel hierfür ist der Iterator *qRange*. Dieses Feature, das zwar in tatsächlichen Gattern vergleichsweise teuer ist, bildet die Funktionalität seines Pendants »range« in Python nach.

Wenn wir im vorstehenden Codebeispiel die Variable *qvar* mit 0 und *max_index* mit einer Zahl n initialisieren, erwarten wir, dass qvar nach der Gaußschen Formel am Ende den Inhalt n×(n+1) / 2 hat. Die Besonderheit von qRange ergibt sich nun aus der Tatsache, dass die Begrenzungsvariable max_index sich in einer Superposition befinden kann, d. h. die Schleife kann für unterschiedlich viele Iterationen gleichzeitig weiterlaufen. Wenn max_index sich nun in der Superposition $|n_1>+|n_2>$ befindet, endet qvar ebenfalls in einer Superposition: $|n_1×(n_1+1)/2> + |n_2× (n_2+1)/2 >$. Auch wenn es keine besondere Verwendung für einen solchen Schaltkreis gibt, hilft ein Gedankenexperiment wie dieses sicherlich Einsteigern dabei, die Logik hinter dem Quantencomputing zu verstehen.

5 Standardisierbare Schnittstelle

Das Ziel der Backend-Schnittstelle der höheren Quantenprogrammiersprache Qrisp besteht darin, dass ein breites Spektrum von möglichen Quantenoperationen ausgedrückt werden kann, sie aber dennoch für KMU-Backend-Provider leicht zugänglich ist. Dies wird durch die Verwendung der etablierten Schnittstellen-Spezifikationstechnologien Thrift [13] und OpenAPI [14] erreicht. Diese Technologien ermöglichen es dem Entwickler, die Schnittstelle in einer relativ kompakten (< 150 Zeilen im Fall von Qrisp) und plattformunabhängigen Weise zu spezifizieren und zu verteilen. Die verteilte Schnittstellenspezifikationsdatei kann dann vom Nutzer in einen Compiler eingespeist werden, der für (nahezu) jede Programmierssprache Code generiert, der die Übertragung der durch die Schnittstelle beschriebenen Objekte regelt. Die Art der Übertragung (z. B. JSON, HTTP, Unix-Domain-Sockets usw.) ist ebenfalls häufig sehr flexibel.

Im Fall von Thrift ist es möglich, Objekte sowohl über Netzwerkschnittstellen als auch über RAM-Speicher zu übertragen (wenn eine lokale Verarbeitung erforderlich ist). Es ist auch möglich, die Art der Objektserialisierung zu bestimmen. Dies ermöglicht es, die zu übertragende Datenmenge überschaubar zu halten.

Im Fall von OpenAPI erfolgt die Übertragung stets über eine Netzwerkschnittstelle im JSON-Format. Obwohl dies im Vergleich zu einer binären Serialisierung eher ineffizient funktioniert, erfüllt dieser Ansatz die Form von HTTP-Requests. Diese Struktur spiegelt das Zusammenspiel eines Großteils der heutigen Internet-Infrastruktur wider und ermöglicht so die Verarbeitung von Requests durch Server, denen nicht bekannt ist, dass sie Quantenschaltkreise übertragen. Dies ermöglicht den Zugang zu einer breiten Palette von Kommunikationsinfrastrukturen.

Bei der Struktur der Schnittstelle wurde das Prinzip »Weniger ist mehr« angewandt. Dieser Ansatz soll gewährleisten, dass die Schnittstelle nicht mit Features überladen wird, die möglicherweise anwendungs- oder backendspezifisch sind. Sollten Informationen ausgetauscht werden müssen, die über den Umfang der Schnittstelle hinausgehen, ist es möglich, diese über eine anbieterspezifische Teilschnittstelle zu senden.

Inhaltlich betrachtet enthält die Schnittstelle eine Objektstruktur, die einen Quantenschaltkreis beschreibt, und eine Objektstruktur, die den Austausch von allgemeinen Metadaten ermöglicht. Die Quantenschaltkreis-Objektstruktur besteht aus 5 verschiedenen Objekttypen:

- Qubit
- Clbit
- Operation
- Instruction
- QuantumCircuit

Der Unterschied zwischen Operation und Instruction besteht darin, dass die Operation eine allgemeine Quantenoperation beschreibt (z. B. CX-Gatter oder Messung). Die nstruction beschreibt hingegen eine Operation in Kombination mit den Qubits/Clbits[1], auf die die Operation angewendet wird. QuantumCircuit besteht also aus einer Liste von Qubits, einer Liste von Clbits und einer Liste von Instructions. Darüber hinaus erfordert die Schnittstelle die Funktionen Run und Ping. Run führt einen gegebenen QuantumCircuit aus und gibt die Ergebnisse in Form eines

---

[1] Clbit = Klassisches Bit

Dictionary zurück. In diesem Dictionary werden die Messergebnisse unter Schlüsseln gespeichert, während die numerischen Ergebnisse dieser Messergebnisse als Werte gespeichert werden. Ping liefert Informationen über das Backend, zum Beispiel den Namen oder die Qubit-Anzahl. Zusammenfassend lässt sich sagen, dass unsere Schnittstelle mit ihrer einfachen Struktur und leichten Zugänglichkeit es kleineren Backend-Providern ermöglicht, ihre Dienste unabhängig von proprietären Lösungen anderer Unternehmen anzubieten.

6 Nutzungsmöglichkeiten

Standards werden in der Zukunft des Quantencomputings eine wichtige Rolle spielen. Sie sind sowohl für Dienstanbieter als auch für Nutzer von großer Bedeutung. Für die Nutzer haben Standardisierungen den Vorteil, dass sie mehr Vertrauen in diese neue Technologie schaffen können. Gerade im Quantencomputing, wo Berechnungen von Natur aus fehleranfällig sind, werden daher Normen und Standards erforderlich sein, um die Qualität der Berechnungen zu sichern und dadurch das Vertrauen in die Ergebnisse zu fördern. Darüber hinaus unterstützt eine standardisierte Schnittstelle, wie sie vorstehend beschrieben ist, die Interoperabilität zwischen Software- und Hardwareplattformen. Das bedeutet, dass ein Quantenprogramm, das in einem Framework oder einer Sprache geschrieben wurde, nicht an einen bestimmten Hardwareanbieter gebunden ist. Je nach aktueller Verfügbarkeit und dem zu lösenden Problem kann über die angestrebte standardisierte Schnittstelle das entsprechende System angesprochen werden. Abhängigkeiten von einzelnen Anbietern, sogenannte Lock-in-Effekte, können entsprechend verringert werden.

Ein Vorteil für Dienstanbieter ist die Interoperabilität. Gerade in Europa gibt es keine großen Unternehmen, die auf allen Ebenen des Quantencomputing-Stacks gleichermaßen arbeiten, d. h. sie sind in der Regel auf die Entwicklung von Hardware oder Software spezialisiert. Sie müssen jedoch zusammenarbeiten und die Hardwareplattformen durch Softwarelösungen zugänglich machen, um eine gute Nutzererfahrung zu schaffen. Die besagte standardisierte Schnittstelle kann die Grundlage für diese Zusammenarbeit sein. Bei der Entwicklung dieses Standards ist es daher wichtig, dass viele Parteien, sowohl auf der Hardware- als auch auf der Softwareseite, beim Standardisierungsprozess zusammenarbeiten und dass er nicht von einem einzigen Unternehmen als »Quasi-Standard« festgelegt wird.

Der Erfolg der höheren Programmiersprache wird weitgehend von den Innovationen und der Nutzerfreundlichkeit abhängen, die sie bietet. Für den Einsatz einer Programmiersprache in der Praxis sind jedoch eine gute Dokumentation, umfangreiche Bibliotheken für Quantenalgorithmen und praktische Werkzeuge wie die automatische Vervollständigung in einer integrierten Entwicklungsumgebung (IDE) ebenso wichtig. Letzten Endes müssen alle vorstehend genannten Aspekte den Entwicklern ermöglichen, mit möglichst geringem Aufwand großartige Anwendungen zu erstellen. Wenn die höhere Quantenprogrammiersprache dieses Potenzial voll ausschöpfen kann, bestehen gute Chancen für den Aufbau einer großen Community, welche die Sprache regelmäßig nutzt und so zu ihrer kontinuierlichen Weiterentwicklung beiträgt. Letztendlich kann diese geplante Sprache, wie Python oder die umfangreiche Bibliothek NumPy [12], als Open-Source-Projekt über eine Non-Profit-Organisation gepflegt und weiterentwickelt werden.

7 Schlussfolgerungen und Ausblick

Dieser Artikel enthielt einen Überblick über die aktuellen Aktivitäten von Fraunhofer FOKUS zur Definition einer höheren Programmiersprache und eines zugrunde liegenden interoperablen und standardisierten Software-Stacks für das Quantencomputing. Diese Aktivitäten werden hauptsächlich im Rahmen des vom Bundesministerium für Wirtschaft und Klimaschutz geförderten Qompiler-Projekts durchgeführt. In diesem Artikel geben wir einen ersten Einblick in die höhere Programmiersprache und die Schnittstellen zwischen Quantencomputing-Firmware und Compiler.

Die nächsten Schritte unserer Aktivitäten betreffen die Etablierung kontinuierlicher Qualitätssicherungsprozesse rund um unsere Implementierungen und die Veröffentlichung des Codes als Open-Source-Projekt. Dies würde es uns ermöglichen, auf die Schaffung einer lebendigen Community mit verschiedenen Mitwirkenden, Fallstudien und Anwendungen hinzuarbeiten, die das Potenzial hat, die Sprache zu fördern, Herstellerabhängigkeit zu vermeiden und die europäische technologische Souveränität in Bezug auf das Quantencomputing zu stärken.

8 Literaturverzeichnis

[1] Qompiler-Projekt: https://www.fokus.fraunhofer.de/de/projekt/fokus/sqc/qompiler_2022-01, Stand 27.04.2022
[2] B. Coecke, R. Duncan: Interacting quantum observables: categorical algebra and diagrammatics, New J. Phys. 13, 2011, doi:10.1088/1367–2630/13/4/043016
[3] eleQtron: https://www.eleqtron.com/, Stand 27.04.2022
[4] Qiskit: https://qiskit.org/, Stand 27.04.2022
[5] Alpine Quantum Technologies: https://www.aqt.eu/, Stand 02.05.2022
[6] CQC t|ket): https://github.com/CQCL/tket, Stand 27.04.2022
[7] QIR Alliance: https://github.com/qir-alliance, Stand 02.05.2022
[8] Pennylane: https://pennylane.ai/, Stand 02.05.2022
[9] CEN/CENELEC haben eine Fokusgruppe für Quantentechnologien (QT) eingerichtet: https://www.cencenelec.eu/areas-of-work/cen-cenelec-topics/quantum-technologies/, Stand 27.04.2022
[10] Silq: https://silq.ethz.ch/, Stand 27.04.2022
[11] Cirq: https://quantumai.google/cirq, Stand 27.04.2022
[12] NumPy: https://numpy.org/, Stand 27.04.2022
[13] Apache Thrift: https://thrift.apache.org/, Stand 27.04.2022
[14] OpenAPI: https://www.openapis.org/, Stand 27.04.2022

Ansätze für die strukturierte Entwicklung, das Testen und den Betrieb quantenbasierter ICT-Systeme

Implementierung von Quantum DevOps

Ilie-Daniel Gheorghe-Pop, Adrian Paschke, Denny Mattern, Darya Martyniuk, Colin Kai-Uwe Becker, Nikolay Tcholtchev

Abstract: Die jüngsten Fortschritte im Quantencomputing nähren die Hoffnung, dass in naher Zukunft quantenbasierte Algorithmen tatsächlich in verschiedenen Bereichen unseres täglichen Lebens sowie im Rahmen verschiedener industrieller Anwendungen eingesetzt werden können. Bisher gibt es jedoch nur wenige Ansätze in der Forschung, die sich mit der strukturierten Software-Entwicklung für komplexe Rechensysteme rund um Quantencomputing-Technologie befassen.. Darüber hinaus sollten diese Systeme nicht nur aus der Entwicklungsperspektive betrachtet werden. Vielmehr sollten auch das Testen, die Qualitätssicherung und der Betrieb (des Gesamtsystems) mit einer Reihe von Anforderungen in einen übergreifenden Ansatz für die effiziente Nutzung der Quantencomputing-Technologie in realen Anwendungen integriert werden. Dieser Artikel beschreibt daher unsere neuesten Forschungsaktivitäten zur detaillierten Spezifikation und Implementierung des Quantum DevOps-Konzepts, das einen integrierten Ansatz für die strukturierte Entwicklung, die Qualitätssicherung, das Release-Management und den Betrieb von quantenbasierten Systemen im Hinblick auf ihre industrielle Anwendung darstellt.

Keywords: Quantum DevOps, Qualitätssicherung, Quanten-Software-Entwicklung, Quantencomputing

1 Einleitung

Da sich das Quantencomputing als eine der großen Hoffnungen für die Beschleunigung von Berechnungen und die Überwindung von bisher unlösbaren Herausforderungen erweist, stellt sich die Frage, wie der Software-Entwicklungsprozess auf strukturierte Weise angegangen werden kann. Die derzeitigen Software-Entwicklungsmethoden für Quantencomputer sind weitgehend Ad-hoc-Methoden und lassen den Fokus und die Struktur vermissen, die die Entwicklung hochkomplexer und qualitativer Quantencomputing-Systeme unterstützen, die auch im Bereich kritischer Systeme eingesetzt werden könnten. Darüber hinaus muss der Betriebsphase von quantenbasierten Lösungen und Diensten zusätzliche Aufmerksamkeit gewidmet werden, da erwartet wird, dass die Effekte des Quantenrauschens auch in den nächsten Jahren die Ergebnisse moderner Quantencomputer dominieren und somit die Ursachen für Unzuverlässigkeit bestehen bleiben werden.

Um die vorstehend genannten Herausforderungen anzugehen und zu überwinden, haben wir das Konzept von Quantum DevOps [1] vorgeschlagen, das von traditionellen agilen DevOps-Praktiken inspiriert ist und das Potenzial birgt, die Qualität von quantenbasierten Lösungen durch die Einführung eines integrierten Ansatzes für Entwicklung, Qualitätssicherung und Betrieb zu erhöhen. In diesem Artikel berichten wir über den aktuellen Status der verschiedenen Konzepte und Entwicklungen rund um Quantum DevOps und veranschaulichen ihn mithilfe von zwei Anwendungsfällen.

2 Verwandte Arbeiten

Für die Entwicklung und den Betrieb von Quantencomputing-Anwendungen wurden bereits verschiedene Prozessmodelle und Lebenszyklen vorgeschlagen [2], [3]. Diese konzentrieren sich jedoch nur auf die benötigte Quantencomputing-Software und bieten kein ganzheitliches Prozessmodell, das alle erforderlichen Artefakte einer hybriden quantenklassischen Anwendung wie Workflows oder klassische Software umfasst [4]. Darüber hinaus existieren Methoden und Werkzeuge für einzelne Lebenszyklusphasen, wie zum Beispiel das Testen [5], die jedoch für hybride Quantenanwendungen erweitert und in ein ganzheitliches Prozessentwicklungs- und Betriebsmodell integriert werden müssen. Zu diesem Zweck bauen die vorgeschlagenen Quantum DevOps-Prozesse auf den ursprünglichen Ansätzen der Projekte »PlanQK« [6] und »SEQUOIA« [7] auf, entwickeln jedoch weitere Methoden, Prozessmodelle und entsprechende Werkzeuge für eine systematische Quantencomputing-Systementwicklung für alle Lebenszyklusphasen von (hybriden) Quantencomputing-Anwendungen – vom Entwurf bis zum Betrieb. Vorhandene Werkzeuge zum Vergleich und Benchmarking von klassischen und quantenbasierten Komponenten sowie zur Analyse von Quantenschaltkreisen werden ebenfalls weiterentwickelt und zur Erzielung eines Quantenvorteils bei der Entwicklung von (hybriden) Quantencomputing-Lösungen eingesetzt [8].

3 Quantum DevOps

Ein strukturierter Ansatz für die Entwicklung und den Betrieb von Quantencomputing-Software bedeutet die Einführung und Integration von Tools mit dem übergeordneten Ziel, diese in einer Produktionsumgebung auszuführen und zu betreiben. Für das Quantencomputing wäre es ein großer Sprung vom Konzept (das bis in die späten 1960er-Jahre zurückverfolgt werden kann) bis zur marktreifen Produktion (für das Jahr 2030 erwartet). Da der Bereich DevOps selbst erst Anfang der 1990er-Jahre entstanden ist, können wir mit Bedacht davon ausgehen, dass es bei Quantum DevOps zu mehreren großen Paradigmenwechseln und Weiterentwicklungen kommen wird.

Die wichtigsten Triebkräfte für Veränderungen sind die schnellen Fortschritte bei der globalen Open-Source-Entwicklung und die zunehmende Popularität von Quanten-ICT. Einerseits wecken die globale Zugänglichkeit und Verbreitung von Informationen das Interesse von

Wissenschaftlern, Entwicklern und Physikern an diesem Bereich. Andererseits erleichtert es eine große Auswahl an Tools, die Lücke zwischen theoretischer Forschung und angewandter Technologie zu schließen. Unser Ansatz besteht darin, einen praktischen Weg dafür zu finden, die Versprechen eines Quantenvorteils von der Theorie in die Anwendung zu bringen.

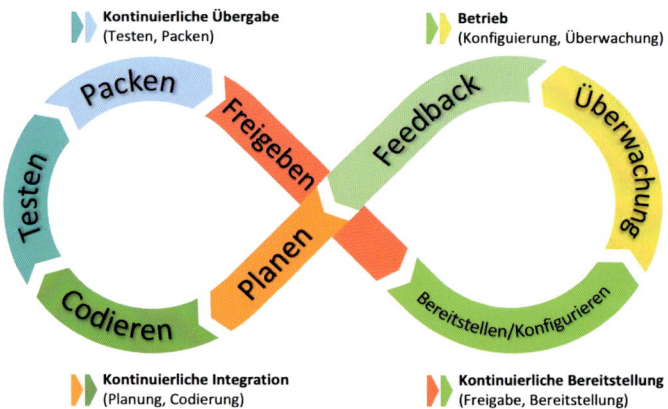

Abbildung 1: Die in [1] beschriebene Struktur des Quantum DevOps-Lebenszyklus.

Aus einer strukturierten Perspektive betrachtet, enthält jede Phase des Quantum DevOps-Zyklus – wie in Abbildung 1 dargestellt – eine Reihe von Schlüsselprozessen, die die Hauptfunktionen der einzelnen Phasen darstellen. Wir erläutern jede dieser Prozessfunktionen im Kontext der Entwicklung von Quantencomputing-Anwendungen näher und beschränken unsere Analyse auf die Entwicklung, Bereitstellung und den Betrieb einer einzelnen Quantenanwendung. Wir gehen zudem davon aus, dass diese einen definierten Umfang und festgelegte Leistungsanforderungen aufweist, die von der Größe des angegangenen Problems bis zu den Ausführungskosten reichen können. Es wurden die folgenden Hauptprozessfunktionen identifiziert:

Planen: Diese Phase markiert den Beginn des allgemeinen Quantum DevOps-Zyklus. Wir nehmen an, dass diese durch eine spezifische Implementierung ausgelöst wird, die von einem Dritten in Auftrag gegeben wurde. Diese bringt eine Reihe von Anforderungen mit sich, und die Lösung muss durch die

Ausführung von Jobs auf echten Quantencomputing-Backends bereitgestellt und betrieben werden. In dieser Phase leitet das Entwicklerteam zusammen mit dem Projektkoordinator die wichtigsten Entwicklungsaufgaben ab und legt die Ziele fest. Je nach Art und Komplexität der Anwendung müssen möglicherweise Experten aus verschiedenen wissenschaftlichen Bereichen wesentliche Beiträge leisten. In dieser Phase wird der allgemeine Entwicklungsplan für die Anwendung erstellt und das allgemeine Design der Anwendung festgelegt. Zudem werden zukünftige Änderungen berücksichtigt, die sich im Laufe des Projekts aufgrund von Feedback oder zusätzlichen Anforderungen ergeben können.

Programmieren: Als zweite Phase umfasst die Programmierung die Umsetzung der entworfenen Anwendung. Je nach den spezifischen Gegebenheiten können mehr als eine Programmiersprache und in der Regel mehrere Drittanbieter-Bibliotheken, die für die Anwendung erforderlich sind, verwendet werden. Eine höhere Programmiersprache ist von Vorteil, wenn ein Code-Übersetzer oder -Interpreter verwendet wird, um die Anwendung mit verschiedenen Backends kompatibel zu gestalten. Die erforderlichen Schnittstellen und APIs zu Backends, Interpretern oder Cloud-Diensten müssen ebenfalls implementiert werden.

Erstellen (Build): Bei Quantencomputing-Anwendungen ist es selten einfach, alle Implementierungen in einer Einheit zusammenzuführen und diese zu erstellen.. Die Umwandlung des Anwendungscodes in Code, der von Quantencomputing-Backends interpretiert und/oder ausgeführt werden kann, ist ein kritischer Prozess, der eine ansonsten valide mplementierung verhindern kann, wenn er nicht richtig gehandhabt wird. Darüber hinaus verfügen verschiedene Anbieter über eigene Hardware-Designs mit unterschiedlichen Qubit-Topologien und auf die Ausführung der Quantenschaltkreise bezogene Parameter (z. B. der verwendete native Gattersatz), die spezielle Tools und Konfigurationen erfordern.

Testen: In dieser Phase werden die verschiedenen resultierenden Builds – häufig für kleinere Problemgrößen – zunächst mit Simulatoren und, wenn möglich, mit spezifischen auf die Ausführung der Quantenschaltkreise bezogene Parameter getestet. Idealerweise sollte diese Phase auch Funktions- und Integrationstests mit realen Backends umfassen.

Freigeben (Release): Als letzte Phase im Entwicklungszyklus und als erste im Betriebszyklus umfasst der Release eine Release-Versionsnummer für die implementierte Quantenanwendung, das Änderungsprotokoll im Falle späterer Releases und das zugehörige Softwarepaket, welches die Quantenanwendung mit der dazugehörigen Dokumentation enthält. Die Form der Freigabe und Details wie die Paketierung der Software werden in der Planungsphase festgelegt und können Anforderungen in Bezug auf die Betriebssystemunterstützung oder die Kompatibilität mit Virtualisierungsplattformen umfassen.

Evaluieren: Beim Übergang zum Betriebszyklus mit einer freigegebenen Version der Anwendung st die Evaluierung ein in [1] identifizierter notwendiger Schritt. Dies wurde in der NISQ-Ära aufgrund der großen Heterogenität der Quantencomputing-Backends in Bezug auf Technologie, Fähigkeiten und allgemeine Eignung für bestimmte Arten von Quantenschaltkreisen als notwendig erachtet.

Nachdem die verfügbaren Backends mithilfe spezifischer Methoden und Tools evaluiert wurden, können je nach den Kundenanforderungen ein oder mehrere Backends für die Bereitstellung ausgewählt werden. Der Auswahlprozess wird von zahlreichen Faktoren beeinflusst, darunter die Transpilierungsqualität, die Performanz und Verfügbarkeit des Backends, Kosten, Zeit, Zuverlässigkeit usw. Es werden Anstrengungen unternommen, um diesen Prozess transparent und umfassend zu gestalten.

Bereitstellen/Konfigurieren: Diese Betriebsphase umfasst die Transpilierung der Anwendung auf die Ziel-Quanten-Hardware. Dies kann durch einen maßgeschneiderten eigenen Transpiler, den Transpiler eines Drittanbieters oder einen vom Hersteller der Quanten-Hardware angebotenen Transpiler erfolgen. Der Prozess ist hardwarespezifisch und kann je nach Anbieter und Toolverfügbarkeit unterschiedliche Ansätze erfordern.

Die Konfiguration umfasst aus der Anwendungsperspektive mehrere Ebenen. Die Konfiguration der Ausführungsparameter der Anwendung ist ein Aspekt. Darüber hinaus können die Parameter der Ausführungsumgebung die Endergebnisse und den zugehörigen Aufwand zur Minderung potenzieller Fehler in den Quantenberechnungen beeinflussen. Ferner werden hier die Betriebskosten, die Datenerfassung und generell alle Aspekte des Betriebsablaufs behandelt.

Überwachen: Diese Phase beinhaltet die Erfassung von Daten aus verschiedenen Schichten der Anwendung. Sie umfasst die Protokollierung der Parameter der Laufzeitumgebung und die Erfassung von Metriken der Plattform, auf der die Anwendung ausgeführt wird, Metriken der zum Quanten-Backend zugehörigen Hardwareplattform zum Quanten-Backend zugehörigen Hardwareplattform Natürlich werden auch die Anwendungsergebnisse und die festgelegten Kunden-KPIs erfasst.

Feedback: Am Ende eines jeden Betriebszyklus wird das gesammelte Feedback für den nächsten Entwicklungszyklus bereitgestellt. Dazu gehören Bug-Reports, Fehler, Funktionsmängel, Änderungswünsche, Performanzmetriken sowie alle anderen Informationen, die für die weitere Entwicklung der Quantenanwendung relevant sind.

4 Überblick über Tools für Quantum DevOps

In diesem Abschnitt wird eine Auswahl von allgemein verfügbaren Open-Source-DevOps-Tools vorgestellt, die in einem Quantum DevOps-Zyklus erfolgreich eingesetzt werden können. Er wird in zwei wesentliche Teilzyklen unterteilt: Entwicklung und Betrieb, die jeweils wiederum in spezifische Phasen unterteilt werden. Da der Markt der verfügbaren Tools sehr dynamisch ist, erhebt diese Auswahl keinesfalls den Anspruch auf Vollständigkeit.

4.1 Tools für den DEV-Teilzyklus

Wir beginnen mit dem Develop/DEV-Teilzyklus auf der linken Seite in Abbildung 1. Die erste Gruppe von Tools, die wir als geeignet identifiziert haben, bezieht sich auf den Schritt PLANEN und stammt aus dem Bereich des agilen Projektmanagements. Typische kommerzielle und Open-Source-Tools aus diesem Bereich sind: *Jira* (Atlassian), *VersionOne*, *Targetprocess*, *Planview*, *BroadcomRally* und *Open Project*.

Die nächste wichtige Phase in diesem Teilzyklus Ist durch die Schritte »Erstellen« und »Programmieren« gegeben, für die verschiedene Tools genutzt werden können. Ein wichtiger Aspekt in diesem Zusammenhang ist die Notwendigkeit der Quellcodeverwaltung und -versionierung. Typische Tools (auch Cloud-basiert) für diese Aufgabe werden bereitgestellt von: *Git*, *Github*, *Bitbucket*, *Gitbucket*, *Gitlab*, *Subversion*, *Azure Repos* und **AWS** *CodeCommit*, um nur einige zu nennen. Darüber hinaus spielt die Paketverwaltung – die im Grunde die Vorbereitung der »lauffähigen« Lösungsartefakte ermöglicht – eine entscheidende Rolle bei den Prozessen zur Erstellung von Quantencomputing-Lösungen und -Systemen aus dem entwickelten Code. In dieser Hinsicht ist sie auch für den Schritt »Freigeben (Release)« äußerst relevant. Gängige Tools für die Verwaltung von Codepaketen sind: *JFrog Artifactory*, *Npm*, *Docker Hub*, *Yarn*, *NuGet* und *Azure Artifacts*. Darüber hinaus wird die Automatisierung der Erstellung, Kompilierung und Integration, die dem Releaseprozess vorausgeht, von Tools wie *Gradle*, **ANT**, *Maven*, *Grunt*, **AWS** *CodeBuild*, *HashiCorp Packer* und **MS**Build ausgeführt.

Der Schritt »Testen« ist eine weitere äußerst wichtige Phase im DEV-Teilzyklus. Während der Entwicklung können verschiedene Tests durchgeführt werden, so dass potenzielle Fehler frühzeitig erkannt und behoben werden können. Dabei ist es möglich, verschiedene Komponententests zu implementieren, z. B. mit *PyTest*. Weitere Frameworks für die Definition und Ausführung von Tests in dieser Phase bieten *Junit*, *Cucumber*, *Jasmine*, *Rspec* und *Nunit* und können je nach Schnittstelle (z. B. REST oder nativ) zwischen der Programmierumgebung und dem Quanten-Backend oder Simulator eingesetzt werden. Die zugehörigen Testkonfigurationen müssen ebenfalls verwaltet werden, was häufig von Frameworks wie *Serverspec* und *Chef-InSpec* übernommen wird. Schließlich kann auch die Leistung einer Lösung/eines Systems für das Quantencomputing zunächst während des Entwicklungsprozesses gemessen werden, um potenzielle zukünftige Engpässe zu ermitteln, wobei verschiedene Frameworks wie *Jmeter*, *Blazemeter*, *Locust* und *K6* zum Einsatz kommen.

Der letzte Schritt des DEV-Teilzyklus ist der Releaseprozess, bevor die allgemeine Betriebsphase beginnt. In diesem Schritt müssen die Aufgaben des Konfigurationsmanagements und der Bereitstellung angegangen werden. Die Verwaltung und Einrichtung einer geeigneten Konfiguration für den bevorstehenden Betrieb kann über Tools wie *Puppet*, *Chef*, *Ansible*, *PowerShell* und *SaltStack* erfolgen, die alle entsprechende Skripting-Funktionen für die Festlegung der richtigen Konfigurationen bieten, während parallel dazu die Bereitstellung der Rechenressourcen stattfindet. Diese Rechenressourcen können von verschiedenen Cloud-, Edge- und Backend-Umgebungen wie *Terraform*, **AWS** *CloudFormation* oder dem *Azure Resource Manager* bereitgestellt werden.

4.2 Tools für den OPS-Teilzyklus

Zunächst sei darauf hingewiesen, dass viele Teile eines quantenbasierten Systems (z. B. im Falle hybrider Algorithmen) in Containern realisiert werden können. Dabei handelt es sich um eine spezielle Art der Virtualisierung, die in den letzten Jahren äußerst populär geworden ist. Typische und weit verbreitete Container-Frameworks und -Umgebungen werden bereitgestellt von: *Docker*, *Rocket* (*rkt*), *Kubernetes* (*k8s*), *Docker Swarm*, *Mesos*, *Nomad*, **AWS ECS**, **AWS EKS**, *Azure* **AKS**, **GC GKE**, *Red Hat OpenShift*, *Helm* und *Rancher*. Dabei sind viele der aufgeführten Tools wie *OpenShift* und *Kubernetes* eigentlich die Management-Umgebungen, in denen die Container-Images (z. B. *Docker* oder *rkt*) betrieben und gesteuert werden. Somit kann durch die Nutzung solcher Container-Frameworks und -Umgebungen der OPS-Teilzyklus effizient bereitgestellt, konfiguriert und überwacht werden, um eine effektive Produktion der betreffenden Quantencomputing-Lösung zu gewährleisten.

Neben den vorstehenden Aspekten ist »Evaluieren« der erste Schritt des OPS-Teilzyklus, der die Erweiterung des Legacy-DevOps-Modells in Richtung Quantum DevOps darstellt. Daher gibt es keine spezifischen Tools, die hier direkt verwendet werden können. Derzeit automatisieren wir diesen Schritt durch spezielle Python-Skripte, die eigens entwickelt wurden, um die verfügbaren Quanteninstanzen zu evaluieren und die am besten geeigneten für die beabsichtigte quantenbasierte oder hybride Berechnung auszuwählen.

Der folgende Schritt »Bereitstellen/Konfigurieren« ist im Grunde die Freigabe der Produktionskonfigurationen und die Bereitstellung der Betriebsumgebung, z. B. auf physischer und virtueller Hardware in Kombination mit den Interaktionen für die Quantum Processing Units (QPUs). Daher wird dieser Schritt von den Tools abgedeckt, die vorstehend für ähnliche Aufgaben im DEV-Teilzyklus aufgeführt wurden.

Nach der Konfiguration und Bereitstellung der quantenbasierten Lösung und des quantenbasierten Systems besteht der nächste Schritt in der Überwachung ihrer Ausführung. Die Überwachung erfolgt in der Regel über die nativen Schnittstellen der beteiligten Systeme und Komponenten wie die QPU-Firmware oder die Cloud- und/oder Container-Umgebung im Rahmen von hybriden Lösungen. Für die Durchführung des Monitoring steht eine Vielzahl von Tools zur Verfügung. Einige Tools haben die Aufgabe, die Informationen zu konsolidieren, beispielsweise *Nagios*, *Splunk*, *Catchpoint*, **MC** *TrueSight* und *LightStep*. Andere Tools dienen als direkte Schnittstelle zu den Systemen und sollen die relevanten Daten extrahieren, z. B. *OpenTracing*, *Syslog* und *Zipkin*. Darüber hinaus gibt es in den Communitys und auf dem Markt verschiedene Tools, welche die automatische Analyse der Überwachungsdaten und die Erkennung potenzieller Probleme oder Engpässe ermöglichen. Hierzu gehören beispielsweise *Apica*, *Logz.io* und Sumo *Logic*.

Zuletzt kommen wir zum Feedback-Teil des OPS-Teilzyklus. In diesem Schritt werden im Wesentlichen die Ergebnisse und Erkenntnisse aus der Ausführung des quantenbasierten Systems an die Phase »Planen« des DEV-Teilzyklus übermittelt. Auf diese Weise ist der gesamte DevOps-Zyklus geschlossen, und die betreffende Quantencomputing-Lösung wird auf der Grundlage der aus den Überwachungsaktivitäten gewonnenen relevanten Informationen kontinuierlich verbessert. Das Feedback sollte so bereitgestellt werden, dass gewährleistet werden kann, dass im Schritt »Planen« des DEV-Teilzyklus angemessene Anforderungen abgeleitet werden können und dass diese anschließend im Quantum DevOps-Prozess implementiert und getestet werden. Es gibt zahlreiche Tools, die für diese Art der Kommunikation verwendet werden können, wobei *Slack*, *Box*, *Microsoft Teams*, *Twilio* und *Mattermost* einige der in den letzten Jahren verwendeten Tools sind.

4.3 Allgemeine DevOps-Automatisierung

Die beiden vorangegangenen Abschnitte enthielten einen Überblick über die möglichen Tools, die in den einzelnen Quantum DevOps-Phasen verwendet werden können, die wiederum als Teil des DEV- oder OPS-Teilzyklus klassifiziert werden. Darüber hinaus besteht die Möglichkeit einer weiteren Automatisierung durch den Einsatz von Tools für die Einrichtung von CI/CD-Pipelines (CI/CD = Continuous Integration/Continuous Delivery – kontinuierliche Integration und kontinuierliche Bereitstellung), wodurch die automatisierte Integration der Lösungsmodule sowie deren Testkonfiguration, Bereitstellung und sogar in bestimmtem Umfang deren Überwachung ermöglicht wird. Weit verbreitete Tools für die Konfiguration und Verwaltung solcher CI/CD-Pipelines sind *Jenkins*, *TeamCity*, *Travis CI*, *CodeShip*, *Bamboo*, *CircleCI*, *Spinnaker*, *AWS CodePipeline*, *Azure Pipelines* und *Harness*. Viele dieser Tools werden nativ in Cloud-Umgebungen mit einer nahtlosen Integration in Container-Frameworks und zugehörige Überwachungsumgebungen betrieben. Daher müssten diese Betriebsarten um Quantum DevOps-spezifische Funktionen wie die Interaktion mit QPUs und ihren Schnittstellen sowie um den Quantum DevOps-spezifischen Schritt »Evaluieren« erweitert werden.

5 Benchmarking für Quantum DevOps

Benchmarking für Quantencomputer wird häufig eingesetzt, um die Performanz bekannter Algorithmen zu bewerten, die für wissenschaftliche und industrielle Anwendungsfälle auf QPUs relevant sind. Es ist auch ein wichtiger Aspekt für die Kalibrierung der zugrunde liegenden Hardware sowie für die Funktionalität und das Design verschiedener hardwarenaher Softwarekomponenten. Beispiele hierfür sind Mikrobenchmarks, die die Güte und Fehlerraten von Komponenten auf Gatterebene charakterisieren, wie z. B. Gate-Set-Tomography und Randomized Benchmarking. Verschiedene Metriken wie die Fähigkeit, hochgradig verschränkte Zustände zu erzeugen und aufrechtzuerhalten, sind wichtige Messgrößen für die Aspekte des Quantencomputings, die konzeptionell Vorteile gegenüber seinem klassischen Gegenstück bieten. Die Messung und der Vergleich der Leistung von Compilern und Werkzeugen zur Fehlerminderung sind für die Ermittlung der besten Ausführungspipeline für ein (hybrides) Quantencomputing-Programm entscheidend. Die Bewertung der Fähigkeiten des gesamten Quantencomputing-

Stacks anhand von Makrobenchmarks wie dem Quantenvolumen-Benchmark oder der vor Kurzem entwickelten Metrik der algorithmischen Qubits ist ebenfalls von wesentlichem Interesse und bietet einen Maßstab für den Stand der Technik des Quantencomputings und eine ungefähre Grundlage für den Vergleich verschiedener Systeme.

Bestimmte Protokolle aus dem Bereich des Benchmarkings von Quantencomputern sind für einen Quantum DevOps-Lebenszyklus besonders interessant (Abbildung 2). Eine ausführliche Erläuterung der Schritte, die direkt mit Benchmarking-Aspekten verbunden sind, ist im Folgenden zu finden.

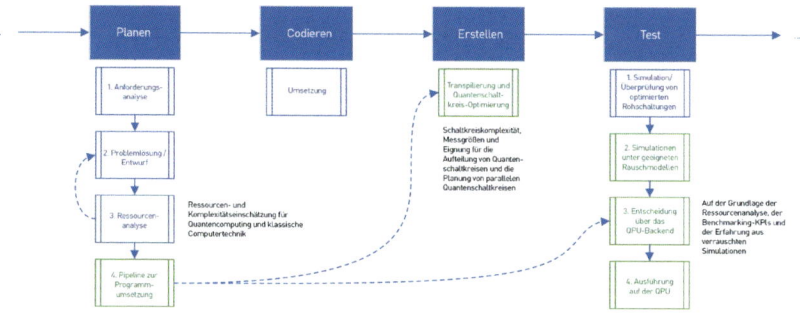

Abbildung 2: Teilzyklus »Entwicklung« von Quantum DevOps. Die grün dargestellten Verfahren sind direkt mit Benchmarking-Methoden verbunden.

5.1 Transpilierung und Quantenschaltkreis-Optimierung

Low-Level-Metriken, die über zugehörige Mikrobenchmark-Protokolle wie Randomized Benchmarking und Gate-Set-Tomography ausgewertet werden, sind wichtige Komponenten für auf das Quantenrauschen abgestimmte (noise-aware) Routing- und Schaltkreisoptimierungsverfahren, die bei der Transpilierung der rohen idealisierten Quantenschaltkreise auf die Spezifikationen der verrauschten Ziel-QPU verwendet werden. Dazu gehört die Ableitung der bestmöglichen SWAP-Maps in Bezug auf die Qubit-Topologie und und die Fehlerverteilung der CNOT-Gatter, während gleichzeitig die beste Methode für die Parallelisierung von Gatterausführungen in unter Beachtung der Crosstalk-Effekte gefunden wird. Der Aspekt der Parallelisierung beim Transpilierungsprozess ist auch im Hinblick auf das gleichzeitige Scheduling mehrerer kleinerer Quantenschaltkreise zur Reduzierung der Anzahl der an das Backend zu übermittelnden Jobs interessant. Auch hier liefern bestimmte Benchmarking-Protokolle wie simultanes Randomized Benchmarking und Idle Tomography wichtige Metriken für die Qubit-Allokation. Dies ist besonders interessant, wenn – aufgrund der Ressourcenanalyse in der Phase »Planen« – entschieden wurde, das jeweilige Problem in mehrere kleinere Teilprobleme aufzuteilen, die auf aktuellen NISQ-Geräten zuverlässiger ausgeführt werden können. Dadurch entsteht ein bestimmter Overhead ibezogen auf die Anzahl der Quantenschaltkreis-Sammlungen (Jobs), die während jeder Lebenszyklus-Iteration übermittelt werden müssen.

Um die Transpilierung und Optimierung hinsichtlich bestimmter variabler Parameter wie Kompilierungszeit, resultierende Schaltkreiskomplexität, Reproduzierbarkeit und Güte hinreichend gut durchführen zu können, muss entschieden werden, welche geeigneten Softwaretools verwendet werden sollen. Für diese Aufgabe empfiehlt sich ein Benchmark-Protokoll, das eine aggregierte Metrik auswertet, die u. a. auf den vorstehend genannten Metriken basiert und im Hinblick auf die Bedürfnisse und Interessen der Entwickler gewichtet wird. Dies sollte idealerweise bereits in der Phase »Planen« zusammen mit der Ressourcenanalyse berücksichtigt werden.

5.2 Simulationen unter geeigneten Rauschmodellen

Nachdem durch Zustandsvektorsimulationen verifiziert wurde, dass die Implementierung für kleine Problemgrößen funktioniert, liefert das Testen derselben Quantenschaltkreise unter dem Einfluss verschiedener Rauschmodelle – wie depolarisierendes Rauschen oder stochastisches Pauli-Rauschen – wertvolle erste Eindrücke zu der zu erwartenden Leistung bei der Ausführung des Programms auf einer verrauschten QPU. In den meisten Fällen erzeugen diese Simulationen optimistische Ergebnisse, die nicht direkt mit den in der realen Hardware vorhandenen Quantenrauscheffekten übereinstimmen. Wenn die Experimente fehlschlagen, kann dies daher bereits ein guter Hinweis sein, dass die Implementierung erneut evaluiert werden sollte. Davon abgesehen, bieten die erhaltenen Informationen nützliche Metriken für die Optimierung der Implementierung in weiteren Entwicklungsiterationen.

5.3 Entscheidung über das QPU-Backend

Einer der wichtigsten Aspekte des Benchmarkings von Quantencomputern im Hinblick auf den Quantum DevOps-Lebenszyklus und die Entwicklung von Quantensoftware und -algorithmen im Allgemeinen ist die Entscheidung für ein optimales Backend, an das das Quantencomputing-Programm übermittelt wird (Schritt »Evaluieren« in Abbildung 1). Als grober Indikator für den Entscheidungsprozess könnten ganzheitliche Benchmark-Metriken wie das Quantenvolumen verwendet werden. Mit einer Einzahlmetrik, die auf randomisierten Protokollen basiert, kann jedoch vermutlich nicht die Qualität der Ausführung von beliebig strukturierten Quantenschaltkreisen ausreichend gut vorhergesagt werden. Die Metrik der algorithmischen Qubits bietet ein genaueres Bild in Bezug auf die Leistung verschiedener bekannter Algorithmen. In einem Szenario, bei dem ein völlig neuer Algorithmus oder ein komplexes Programm mit sehr unterschiedlichen Subroutinen entwickelt wird, ist die Entscheidung für das optimale Backend nach wie vor sehr schwierig. Tests auf verschiedenen Backends mit mehreren Kombinationen von verschiedenen Software-Tools einzeln durchzuführen, kann ein mühsames und somit kostspieliges Unterfangen sein. Hier ist ein standardisierter und gut konzipierter Benchmarking-Prozess zusammen mit der Veröffentlichung der Ergebnisse seitens der Hardwarehersteller von großem Nutzen. Dies wird am Ende dieses Abschnitts näher erläutert. Durch mehrere Iterationen im Quantum DevOps-Lebenszyklus wird die Entscheidung fürr das Backend häufig auf der Grundlage der weiteren Testergebnisse und des ausführlichen Benchmarkings des bereitgestellten Quantencomputing-Programms neu bewertet. Darüber hinaus müssen variable Aspekte wie Backend-Verfügbarkeit, Qualität der Kalibrierung und Kosten ständig überwacht und in den Entscheidungsprozess für das Backend einbezogen werden.

5.4 Ausführung auf der QPU

Nachdem ein geeignetes QPU-Backend für die Tests ausgewählt wurde und die ersten Tests gezeigt haben, dass die Implementierung wie erwartet funktioniert, kann die jeweilige Berechnung auf einer realen QPU ausgeführt werden. Hierbei ist das Benchmarking von Performanzmetriken wie Erfolgsraten und Güten für verschiedene Problemgrößen von zentraler Bedeutung. Wenn die Implementierung des jeweiligen Quantenprogramms nach erfolgreichen Tests bereitgestellt werden kann, liefern weitere Benchmarks in der Betriebsphase von Quantum DevOps, z. B. das Testen der Ausführungsgeschwindigkeit oder Qualitätsmetriken (wie Zuverlässigkeit, Reproduzierbarkeit und Sicherheit), wichtige Messgrößen für die Ermittlung des Bedarfs an zukünftigen Änderungen, Verbesserungen und Erweiterungen in den kommenden Iterationen des Lebenszyklus. Dadurch kann der Fortschritt quantifiziert, analysiert und abgestimmt werden, bis er den Qualitätskriterien der Entwickler und Kunden entspricht.

Um Quantencomputing-Benchmarks erfolgreich auf breiter Ebene im Prozess der Quanten-Softwareentwicklung implementieren zu können, ist ein standardisierter, fairer und herstellerunabhängiger Satz von Benchmarking-Metriken mit entsprechenden Protokollspezifikationen erforderlich. Durch die Entwicklung des Standards in Zusammenarbeit mit Experten aus Wirtschaft und Wissenschaft kann sichergestellt werden, dass Ergebnisse erzielt werden, die in der Quantencomputing-Community auf Akzeptanz stoßen. Diese standardisierten Benchmarks sollten in einer Open-Source-Benchmark Suite implementiert werden sog. »kit-based approach« z). Automatisch generierte Benchmarking-Berichte können dann von einem unabhängigen Konsortium geprüft und abgenommen werden, mit dem Ziel sie öffentlich zugänglich und für alle Entwickler nutzbar zu machen.

6 Anwendungsfälle

6.1 Problem des Handlungsreisenden in Quantum DevOps

Als einen Anwendungsfall haben wir das Problem des Handlungsreisenden aufgrund seiner Anwendbarkeit und Beliebtheit unter den Algorithmen ausgewählt. Das Ziel besteht darin, den kürzesten Weg zu finden, mit dem alle vorgegebenen Orte (in einer bestimmten Umgebung) nur einmal besucht werden, bevor die Rückkehr zum Ausgangsort erfolgt. Die Orte sind durch Straßen mit zugehörigen Entfernungen verbunden. Wir formulieren die Anforderungen für diese spezifische Quantencomputing-Anwendung wie folgt:

Mit einem Satz von 5 Orten innerhalb der Bundesrepublik Deutschland und einem Ausgangsort als Eingabe muss die Anwendung eine Lösung für den kürzesten Weg zwischen den gegebenen Orten anbieten, mit der Einschränkung, dass jeder Ort genau einmal besucht wird und dass der letzte Zielort mit dem Ausgangsort übereinstimmt. Die Anwendung wird einen Quantenalgorithmus zur Generierung einer Lösung verwenden. Die Lösung wird durch die Ausführung eines klassischen Algorithmus validiert und als korrekt angesehen, wenn die Lösungen übereinstimmen.

Planung: Mithilfe von Drittanbieter-Tools formulieren wir die technischen Anforderungen und diskutieren und bestätigen einen Lösungsentwurf. In dieser Phase entscheiden wir auch, welche spezifischen Tools für die Entwicklung, den Betrieb und das Management der Quantencomputing-Lösung verwendet werden sollen. Die Eingabe für die Anwendung ist die Entfernungsmatrix für die Orte, die durchfahren werden müssen (siehe Tabelle 1 und Abbildung 3 für eine grafische Darstellung). Als Konvention gilt, dass der erste Ort in der Liste der Ausgangspunkt ist.

Tabelle 1: Entfernungsmatrix für Berlin und vier der umliegenden Orte.

i/j	W (i, j)	0	1	2	3	4
	Entfernung	Berlin	Potsdam	Oranienburg	Bernau	Wandlitz
0	Berlin	0	34,9	35,6	25,7	37,6
1	Potsdam	34,9	0	61,4	69,2	79,5
2	Oranienburg	35,6	61,4	0	27,9	18
3	Bernau	25,7	69,2	27,9	0	13,2
4	Wandlitz	37,6	79,5	18	13,2	0

In dieser Phase wird auch entschieden, welche Art von Algorithmus und Framework (z. B. QUBO) verwendet werden soll. Es wird empfohlen, in dieser Phase die aktuelle Literatur zum Stand der Technik bei Quantenalgorithmen zu lesen. Darüber hinaus fördern einige Anbieter von Quanten-Hardware aktiv die Entwicklung von Quantenanwendungen und stellen Beispiele und Anleitungen für die Erstellung und Ausführung der Quantenschaltkreise auf ihrer Hardware zur Verfügung.

Die Auswahl verschiedener Arten von Quanten-Backends hat direkte direkte Auswirkungen für den Betrieb der Lösung.. Verschiedene Einschränkungen wie verfügbare Quantengatteroperationen und spezifische Umgebungsparameter wie Fehlerraten und Merkmale der Verschränkungserzeugung werden berücksichtigt. Außerdem bestehen erhebliche Unterschiede zwischen verschiedenen Laufzeitansätzen, API-Protokollen, Softwareeinschränkungen und natürlich den Preisen. Es gibt auch Unternehmen, die Zugang zu mehreren Arten von Quanten-Hardware und vereinheitlichenden APIs oder sogar Quantenprogrammiersprachen anbieten, die in diesem Sinne entwickelt wurden. Nach der Planung der Tools, Programmiersprachen, Betriebshardware, Algorithmen, Dateneingaben und -ausgaben kann zur nächsten Phase übergegangen werden.

Programmieren/Erstellen: Wir haben den Algorithmus mithilfe verfügbarer Open-Source-Tools für die Verwaltung des Repositorys und des Entwicklungsablaufs programmiert. Es gibt eine Vielzahl von verfügbaren integrierten Entwicklungsumgebungen (IDEs), die einen agilen Prozess ermöglichen. Häufig werden auch Open-Source-Bibliotheken von Drittanbietern verwendet, die die mathematischen, grafischen, Datenstruktur- und natürlich die Schnittstellenaspekte der Anwendung abdecken. Der Code wird in virtuellen Umgebungen geschrieben und erstellt, die speziell für die Entwicklung vorgesehen sind. Es gibt mehrere Optionen für virtuelle Umgebungen mit spezifischen Funktionen und Merkmalen, die von Standalone-Servern mit einer dedizierten Anwendungslaufzeitumgebung bis hin zu Containern oder Kernel-Virtualisierung reichen. Wenn der Code fertiggestellt und funktionsfähig ist und Bugs behoben wurden, ist es an der Zeit, die Leistungsanforderungen der Lösung zu bewerten.

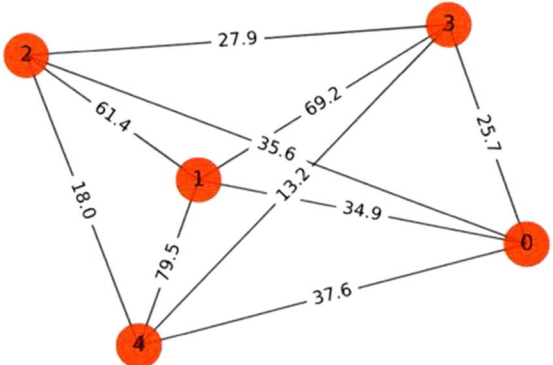

Abbildung 3: Grafische Darstellung der fünf Orte aus Tabelle 1 mit zugehörigen Entfernungen.

Testen: Die Tests werden lokal durchgeführt, zunächst mit Quantensimulatoren und dann durch Simulationen mit Rauschmodellen. Sobald diese Tests zufriedenstellende Ergebnisse liefern – z. B. die richtige Lösung – kann der Algorithmus aus der Ferne mit einem vorhandenen Simulator eines Quanten-Hardwareherstellers und einem realen Quanten-Backend funktional getestet werden. Wenn alle Konformitätsanforderungen erfüllt sind, wird eine 1.0-Alpha-Version der Anwendung freigegeben. In der Phase der Evaluierung des Quanten-Backends (»**Evaluieren**« in Abbildung 1) haben wir eine naive Methode verwendet, die auf der Fehlerrate bei der Ausführung eines Teilschaltkreises basiert. Das Backend mit der niedrigsten Fehlerrate wurde als Bereitstellungsziel ausgewählt.

Bereitstellen/Konfigurieren: Der Schaltkreis wird dann unter Verwendung der ausgewählten Backend-spezifischen Qubit-Topologie und Einschränkungen transpiliert. Anschließend wird mithilfe der bereitgestellten Eingaben eine Reihe von Experimenten gestartet.

Überwachen: Die Ergebnisse des Algorithmus sind möglicherweise aufgrund der über die Schaltkreistiefe kumulierten hohen Fehlerrate des Backends nicht schlüssig.

Feedback: Mit dem gesammelten Feedback wird die Planungsphase neu gestartet, und die erforderlichen Änderungen werden bewertet. Im Falle einer unzulänglichen Leistung könnte eine Lösung darin bestehen, die Problemgröße auf weniger Knoten zu reduzieren, indem der Graf in kleinere Teilgrafen unterteilt wird. Die Änderungen, die sich auf die Lösung auswirken, sind minimal, und schon bald kann die Beta-Version 1.0 freigegeben werden und ist für die Bereitstellung verfügbar. Die Betriebsphasen werden dann wiederholt, dieses Mal mit höheren Erfolgschancen.

6.2 Variationelle quanvolutionale neuronale Netze mit verbesserter Bildkodierung für die Bildklassifizierung

Quantum Machine Learning beruht auf der Idee, das Potenzial des Quantencomputings zur Verbesserung von Machine Learning-Lösungen zu nutzen [22]. Diese Algorithmen erfordern jedoch leistungsstarke Quanten-Hardware, die trotz der jüngsten Errungenschaften bei den Quantentechnologien noch nicht verfügbar ist. Die Fähigkeiten der derzeit zugänglichen sogenannten NISQ-Geräte (Noisy Intermediate-Scale Quantum) [21] sind durch die geringe Anzahl von Qubits (50–100 Qubits) und hohe Fehlerraten (z. B. Messgenauigkeit, Gatterfehler und Dekoärenzzeiten der Qubits) begrenzt, was die Anzahl der sequentiell und parallel ausführbaren Quantengatter mit ausreichend hoher Güte einschränkt. In Verbindung mit der Überlegung, dass Quantencomputer in den meisten Anwendungsfällen in Zukunft als Co-Prozessoren neben CPUs und GPUs fungieren werden, haben diese Einschränkungen die wissenschaftliche Aufmerksamkeit auf hybride quanten-klassische

Lösungen gelenkt, die sowohl Teile der Quanten- als auch der klassischen Berechnung enthalten und Quantum DevOps-Unterstützung erfordern.

Hybride quanten-klassische Ansätze aus der Familie der variationellen Quantenalgorithmen [19] wurden vor Kurzem für die Lösung verschiedener Machine Learning-Aufgaben auf NISQ-Geräten untersucht, z. B. Klassifikation [23][12][11], Grafeneinbettung [16] oder Approximation der Deep Q Value-Funktion in Reinforcement Learning-Umgebungen [10]. Es gibt verschiedene Variationsquantenalgorithmen (VQAs), z. B. quantenneuronale Netze [12], parametrierte Quantenschaltkreise [9] oder Quantum Circuit Learning [20]. Das Kernstück dieser Algorithmen ist ein variationeller Quantenschaltkreis, der durch einen skalierbaren Parametervektor parametriert ist, der in der Lernphase durch die klassische Minimierung der jeweiligen Kostenfunktion aktualisiert wird [9][20]. Um eine Machine Learning-Aufgabe mit einem Quantenschaltkreis auszuführen, müssen die als Eingabe dienenden Daten als Quantenzustand dargestellt werden. Da die Daten in der Regel in klassischer Form vorliegen, ist die Enkodierung ein entscheidender Teil der variationellen Quantenalgorithmen.

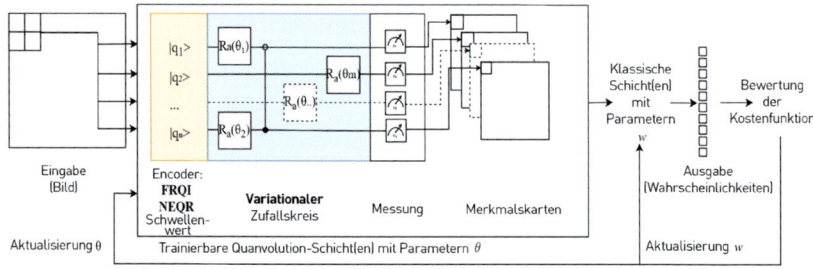

Abbildung 4: Schematische Darstellung einer QNN-Architektur.

Eine sehr gute Anwendung für VQAs ist die Bildklassifizierung, die bei verschiedenen Machine Learning-Anwendungen eine wichtige Aufgabe ist. Eine hybride Quantenversion des CNN-Architekturansatzes (Convolutional Neural Network) wird von Henderson et al. [13] mit sogenannten Quanvolutional Neural Networks (QNNs) vorgestellt, die eine neue Transformationsschicht einführen – eine Quanvolutional-Schicht. Dadurch wird ihr Modell zu einem echten hybriden quanten-klassischen

Klassifikator. Als hybrider quanten-klassischer Algorithmus sind QNNs für die NISQ-Ära konzipiert. Da die Leistung von Quanten-Hardware begrenzt ist, ist die Bearbeitung eines ganzen Bildes oft nicht möglich. Kleinere Abschnitte des Bildes, die im QNN-Ansatzverwendet werden, können jedoch mit der heute verfügbaren Anzahl von Qubits enkodiert werden. Bei kleiner Filtergrößen, ist für die Enkodierung auch keine QRAM-Technologie (Quanten-Random-Access-Memory) erforderlich, die noch entwickelt werden muss. QNNs können jedoch lokale Muster erlernen, die auf translationsinvariante Weise über das gesamte Bild extrahiert werden. Die Quanvolutional-Schicht lässt sich zudem auf einfache Weise in die heutigen mehrschichtigen Machine Learning-Modelle integrieren und dadurch die Nutzung der Fähigkeiten ausgereifter Quantentechnologie schon heute ermöglichen.

Abbildung 4 zeigt eine schematische Darstellung des erweiterten QNN-Algorithmus. In Anlehnung an CNNs wird die Eingabe Fläche für Fläche verarbeitet. Der Encoder wandelt jede Fläche in einen Quantenzustand um. Dieser Quantenzustand wird dann durch eine Reihe von nicht trainierbaren parametrisierten Rotationen $R_a(\theta)$ um eine der Achsen $a = \{X, Y, Z\}$ der Bloch-Kugel verändert. Für den abschließenden Klassifizierungsschritt werden die Messergebnisse der Quantenzustände von klassischen Schichten weiterverarbeitet.

Auf der Grundlage des von Henderson et al. [13] vorgestellten Ansatzes erweitern wir die Architektur, indem wir (i) die Quantenschicht durch Backpropagation trainierbar machen und dazu ein hybrides Paradigma eines variationellen Quantenschaltkreises anwenden (in Abbildung 4 blau markiert) und (ii) verschiedene Datenenkodierungstechniken hinzufügen (in Abbildung 4 orange markiert), um Bildflächen mit weniger Qubits in Quantenzustände zu überführen und somit räumlich größere quanvolutionale Filtergrößen zu ermöglichen. Detaillierte Angaben über die modifizierten Komponenten sind in Mattern et al. [18] zu finden. Da davon ausgegangen wird, dass die Datenenkodierung einen wesentlichen Einfluss auf den Raum der Funktionen hat, die ein variationeller Schaltkreis erlernen kann [24], haben wir das Effekt unterschiedlicher Enkodierungstechniken empirisch untersucht, Dafür haben wir die Klassifizierungsgenauigkeit der trainierbaren und nicht trainierbaren Version des QNN-Ansatzes anhand eines typischen Bildklassifizierungsdatensatzes – des MNIST-Datensatzes handgeschriebener Ziffern [15] – in unterschiedlichen Kombinationen von Enkodierungsalgorithmen und Filtergrößen ausgewertet. Bei den implementierten und ausgewerteten Algorithmen handelt es sich um Threshold Encoding [13], FRQI (Flexible Representation of Quantum Images) [14] und NEQR (Novel Enhanced Quantum Representation) von Zhang et al. [25]. Die Ergebnisse unserer Auswertung zeigen, dass trainierbare Quantenschaltkreise eine wesentliche Auswirkung auf die Genauigkeit des QNN-Modells haben, wenn sie mit einem geeigneten Enkodierungsalgorithmus kombiniert werden (z. B. mit FRQI-Algorithmus und kleine Filtergrößen) und dass der FRQI- und der NEQR-Algorithmus im Allgemeinen größere Filtergrößen mit der Verwendung weniger Qubits ermöglichen als ein einfacher Threshold Encoding-Ansatz.

7 Fazit und Ausblick

Im vorliegenden Artikel wurde über unsere neuesten Forschungs- und Entwicklungsaktivitäten im Bereich Quantum DevOps berichtet. Nach der Beschreibung der grundlegenden Idee hinter der integrierten und agilen Entwicklung und dem Betrieb von quantenbasierten Lösungen sind wir auf verschiedene Prozesse und Schlüsseltechnologien eingegangen, die bei Fraunhofer FOKUS im Rahmen von Quantum DevOps angewendet und entwickelt werden. Abschließend haben wir die Anwendung der DevOps-Prinzipien auf zwei Anwendungsfälle aus unseren aktuellen Forschungsprojekten veranschaulicht.

In naher Zukunft planen wir, die vorgestellten Konzepte im Rahmen von Forschungsprojekten wie EniQmA, das vom Bundesministerium für Wirtschaft und Klimaschutz finanziert werden soll, weiterzuentwickeln. Damit planen wir, integrierte Toolketten für die Durchführung des erforderlichen Quantum DevOps-Prozesses bereitzustellen und diese auf weitere Anwendungsfälle von Industriepartnern anzuwenden.

8 Literaturverzeichnis

[1] I.-D. Gheorghe-Pop et al.: Quantum DevOps: Towards Reliable and Applicable NISQ Quantum Computing, *2020 IEEE Globecom Workshops (GC Wkshps*, 2020, S. 1–6, doi: 10.1109/GCWkshps50303.2020.9367411)
[2] J. Zhao: Quantum Software Engineering: Landscapes and Horizons, arXiv:2007.07047, 2020
[3] M. Piattini et al.: Toward a Quantum Software Engineering. In *IT Professional*, Bd. 23, Nr. 1, S. 62–66, 1. Jan.-Feb., doi: 10.1109/MITP.2020.3019522 (2021)
[4] B. Weder et al.: Quantum Software Development Lifecycle. In Proceedings of the 1st ACM SIGSOFT International Workshop on Architectures and Paradigms for Engineering Quantum Software (2020)
[5] A. Miranskyy et al.: On Testing and Debugging Quantum Software. arXiv:2103.09172 (2021)
[6] C. Linnhoff-Popien: PlanQK – Quantum Computing Meets Artificial Intelligence. Digitale Welt 4, 28–35 (2020). https://doi.org/10.1007/s42354-020-0257-9
[7] SEQUOIA-Projekt: https://www.iaf.fraunhofer.de/de/forscher/quantensysteme/quantencomputing/sequoia.html, Stand 03.05.2022
[8] M. Salm et al.: Automating the Selection of Quantum Computers for Quantum Algorithms. In Proceedings of the 14th Symposium and Summer School on Service-Oriented Computing (2020)
[9] M. Benedetti et al.: Parameterized quantum circuits as machine learning models. ArXiv, abs/1906.07682n (2019)
[10] S. Y. Chen et al.: Variational quantum circuits for deep reinforcement learning. IEEE Access, 8:141007–141024 (2020)
[11] S. Y. Chen et al.: An end-to-end trainable hybrid classical-quantum classifier. ArXiv, abs/2102.02416 (2021)
[12] E. Farhi und H. Neven: Classification with quantum neural networks on near term processors. ArXiv: Quantum Physics (2018)
[13] M. Henderson et al.: Quanvolutional neural networks: powering image recognition with quantum circuits. Quantum Machine Intelligence, 2:1–9 (2020)
[14] P. Q. Le et al.: A flexible representation of quantum images for polynomial preparation, image compression, and processing operations. Quantum Information Processing, 10 (1):63–84, 2011. ISSN 1570-0755, 1573-1332. doi: 10.1007/s11128-010-0177-y
[15] Y. LeCun et al.: Gradient-based learning applied to document recognition. Proceedings of the IEEE, 86(11):2278–2324, 1998. doi: 10.1109/5726791
[16] Y. Ma et al.: Variational quantum circuit model for knowledge graphs embedding. ArXiv, abs/1903.00556 (2019)
[17] Mari. Quanvolutional Neural Networks – PennyLane, 2021. URL https://pennylane.ai/qml/demos/tutorial_quanvolution.html.

[18] D. Mattern et al.: Variational quanvolutional neural networks with enhanced image encoding. CoRR, abs/2106.07327, 2021. URL https: //arxiv.org/abs/2106.07327
[19] R. McClean et al.: The theory of variational hybridquantum-classical algorithms. New Journal of Physics, 18(2):023023, Feb. 2016. doi: 10.1088/ 1367-2630/18/2/023023
[20] Mitarai et al.: Quantum circuit learning. Bulletin of the American Physical Society (2018)
[21] J. Preskill: Quantum computing in the NISQ era and beyond. arXiv: Quantum Physics (2018)
[22] M. Schuld et al.: An introduction to quantum machine learning. Contemporary Physics, 56:172–185 (2014)
[23] M. Schuld et al.: Circuit-centric quantum classifiers. Physical Review A, 101:032308 (2020a)
[24] M. Schuld, R. Sweke, and J. Meyer. The effect of data encoding on the expressive power of variational quantum machine learning models. arXiv: Quantum Physics, 2020b.
[25] Y. Zhang et al.: NEQR: a novel enhanced quantum representation of digital images. Quantum Inf. Process. 12, 2833–2860 (2013) https://doi.org/10.1007/s11128-013-0567-z

Fraunhofer-Kompetenznetzwerk Quantencomputing

Fraunhofer bringt Quantencomputing in die Anwendung

Kim Behlau, Hannah Venzl

Abstract: Die Fraunhofer-Gesellschaft hat es sich zur Aufgabe gemacht, Quantencomputing in die Anwendung zu bringen. Zu diesem Zweck wurde das Fraunhofer-Kompetenznetzwerk Quantencomputing gegründet, in dem Experten aus verschiedenen Fraunhofer-Instituten mit Partnern aus Forschung und Industrie zusammenarbeiten und sich vernetzen. In diesem Rahmen ermöglicht die Fraunhofer-Gesellschaft exklusiven Zugang zum ersten kommerziell nutzbaren gatterbasierten Quantencomputer in Europa, dem IBM Quantum System One in Ehningen, Deutschland.

Keywords: Netzwerk, IBM Quantum System One, Anwendung, Industrie, Ökosystem

1 Fraunhofer-Kompetenznetzwerk Quantencomputing: Ziel und Struktur

Quantencomputing hat das Potenzial, komplexe Systeme in Wirtschaft und Industrie zu analysieren, die Komplexität molekularer und chemischer Wechselwirkungen zu entflechten, komplizierte Optimierungsprobleme zu bewältigen und Künstliche Intelligenz leistungsfähiger zu machen. Die Fraunhofer-Gesellschaft hat es sich zur Aufgabe gemacht, die vielfältigen Potenziale von Quantencomputing für wirtschaftliche und wissenschaftliche Anwendungen zu erforschen, und hat zu diesem

Zweck ein nationales Netzwerk auf Basis von Kompetenzzentren gegründet: das Fraunhofer Kompetenznetzwerk Quantencomputing. Jedes der acht regionalen Kompetenzzentren in Baden-Württemberg, Bayern, Berlin, Hessen, Nordrhein-Westfalen, Rheinland-Pfalz, Sachsen und Thüringen setzt sich aus mehreren Fraunhofer-Instituten zusammen und hat seinen eigenen Forschungsschwerpunkt im Bereich des Quantencomputings. Das Kompetenznetzwerk bündelt diese Kompetenz und deckt somit eine Vielzahl aktueller Themen und Fragestellungen rund um Quantencomputing ab (siehe Abbildung 1).

Das Netzwerk arbeitet eng mit Partnern und Kunden aus Forschung und Industrie zusammen und bedient ein breites Spektrum an Anwendungsfeldern: Logistik, Chemie- und Pharma-Industrie, Finanz- und Energiesektor, Materialwissenschaften, IT-Sicherheitstechnologien u.v.m. Die aktuellen Projekte decken den gesamten Quantencomputing-Stack ab: QC-Hardware und -Middleware, Quantenalgorithmen und -anwendungen. Besonderes Augenmerk wird auf das Co-Design von Hard- und Software gelegt, zudem beziehen die Aktivitäten auch Basistechnologien und Weiterbildung mit ein. Fraunhofer strebt eine umfassende Erforschung der Anwendungsbereiche und Wertschöpfungspotenziale an – natürlich mit Offenheit für die gesamte Bandbreite technologischer Hardware-Lösungen. Die strategische Entwicklung des Netzwerks wird von einem hochrangig besetzten Beirat mit Mitgliedern aus Industrie, Forschung und Politik unterstützt.

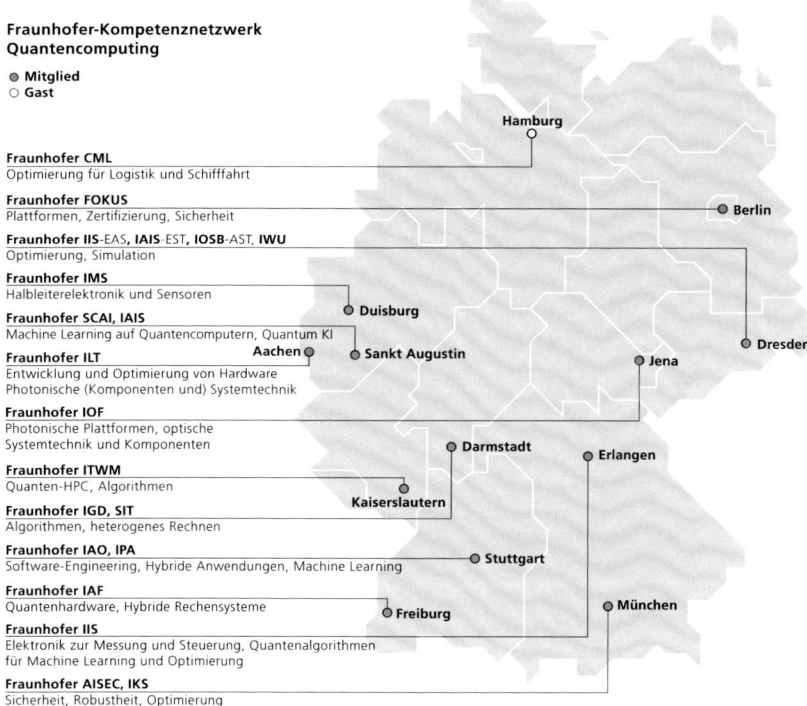

Abbildung 1: Das Fraunhofer-Kompetenznetzwerk Quantencomputing (zusammengesetzt aus mehreren Fraunhofer-Instituten) bündelt die Kompetenz und deckt eine Vielzahl aktueller Themen und Fragestellungen rund um Quantencomputing ab (Stand Juli 2022).

2 Fraunhofer als Wegbereiter für Forschung und Industrie

Neben der intensiven Vernetzung des deutschen Quantencomputing-Ökosystems bietet das Fraunhofer-Kompetenznetzwerk Quantencomputing Zugang zu einer Forschungsplattform für Quantencomputing. Die Fraunhofer-Gesellschaft hat seit Januar 2021 exklusiven Zugriff auf einen Quantencomputer, der durch IBM am Standort Ehningen (Baden-

Württemberg) betrieben wird, und das Netzwerk ist die erste Anlaufstelle für alle, die am und mit dem Quantencomputer IBM Quantum System One forschen wollen. Es ist von großer Bedeutung, die rasante Entwicklung im Quantencomputing aktiv mitzugestalten – was nur möglich sein wird, wenn Expertise bereits jetzt aufgebaut wird. Die Fraunhofer-Gesellschaft fungiert in diesem Zusammenhang als Gatekeeper für das deutsche und europäische Quantencomputing-Ökosystem, da Fraunhofer nicht nur seinen Mitarbeitenden, sondern auch Partnern aus Industrie und Forschung Zugang zum IBM Quantum System One bietet.

IBM Quantum System One war der erste gatterbasierte, kommerzielle Quantencomputer der Welt und wurde von IBM im Januar 2019 vorgestellt. Das System in Ehningen war der erste IBM-Quantencomputer, der außerhalb der USA installiert wurde. Es basiert auf supraleitenden Qubits und wurde hinsichtlich Stabilität und Selbstkalibrierung optimiert, um einen zuverlässigen und qualitativ hochwertigen Quantencomputer bereitzustellen.

Technische Daten des Systems in Ehningen (Stand Juli 2022), [1]:

- 27 supraleitende Qubits
- Quantenvolumen von 64
- Kohärenzzeit ≈ 150 µs
- 1-Qubit Gate Fehler ≈ 0,025 %
- 2-Qubit Gate Fehler ≈ 0,7 %
- Operationszeit 2-Qubit Gate ≈ 300 ns für CNOT

Mit 27 supraleitenden Qubits und einem Quantenvolumen von 64 ist es eines der derzeit leistungsfähigsten verfügbaren Quantengattersysteme. Der IBM Quantum System One in Ehningen wird in Deutschland vollständig unter deutschem Recht und unter Einhaltung europäischer Datenschutzbestimmungen betrieben. Sowohl persönliche Nutzerdaten als auch Projektdaten verbleiben zu jeder Zeit in Deutschland. Das System in Ehningen ist vollkommen autark – es besteht keine Verbindung zu den in den USA betriebenen Cloud-Systemen (Nutzer haben jedoch über eine separate Schnittstelle auch Zugriff auf diese Systeme).

Industrie und F&E-Organisationen können den Quantencomputer sowohl bei Kooperationsprojekten mit Fraunhofer nutzen als auch eigenständig auf die Infrastruktur zugreifen. Das System steht prinzipiell allen Forschungseinrichtungen und Unternehmen mit Sitz in Deutschland sowie europäischen Partnern in EU-geförderten Projekten offen. Die Zugriffsmodalitäten werden in einem Zugriffs- und Lizenzvertrag festgelegt; die Partner können den Quantencomputer (und die zugehörigen Cloud-Systeme) im Rahmen eines Ticketsystems auf Basis einer monatlichen Abrechnung nutzen, was maximale Flexibilität bietet.

3 Aktuelle Projekte mit dem IBM Quantum System One

Im Rahmen des Fraunhofer-Kompetenznetzwerks Quantencomputing wurden bereits zahlreiche Projekte gestartet, und es kommen kontinuierlich neue hinzu. Zahlreiche etablierte Institutionen aus verschiedenen Bereichen nutzen bereits die Möglichkeit, über Fraunhofer auf den IBM Quantum System One zuzugreifen, sowohl in gemeinsamen Projekten mit Fraunhofer als auch im Rahmen eigenständiger Forschungsarbeiten: Deutsche Universitäten und Hochschulen (z. B. OTH Regensburg, TU Ilmenau), außeruniversitäre Forschungseinrichtungen (z. B. Deutsches Krebsforschungszentrum DKFZ) und Industrieunternehmen (z. B. Bundesdruckerei). Der Kreis der aktiven Nutzer wächst ständig, und es wird umfangreiches Know-how aufgebaut.

In verschiedenen Projekten wird untersucht, welche Probleme mit den vorhandenen Quantencomputern gelöst werden können und welcher Hardware-Ansatz für welches Problem und welche Anwendung am besten geeignet ist. Fünf Projekte, die jeweils von Fraunhofer-Instituten koordiniert werden, werden im Folgenden beispielhaft vorgestellt:

- Das vom Ministerium für Wirtschaft, Arbeit und Tourismus Baden-Württemberg geförderte Projekt **QuESt** befasst sich mit der Nutzung und Erprobung des IBM-Quantencomputers für Materialsimulationen für elektrochemische Energiesysteme. Es handelt sich also um einen etablierten Bereich, in dem die Grenzen der Forschung durch den Quantencomputer erweitert werden sollen [2].

- **EFFEKTIF** beschäftigt sich mit der schnellen und effizienten Fehlerkorrektur beim Betrieb systemrelevanter öffentlicher Infrastrukturen, z. B. für die Wasser- und Energieversorgung oder die Kommunikation. Obwohl diese Strukturen bereits modelliert werden können, ist eine Echtzeitsimulation und -Problemlösung aufgrund der vielen relevanten Faktoren nahezu unmöglich. Daher sollen diese Netzwerkstrukturen durch Quantennetzwerke dargestellt und modelliert werden [2].
- Im Rahmen von **QCStack,** gefördert durch das Bundesministerium für Bildung und Forschung BMBF, entwickeln die Teilnehmer eine technologieübergreifende Middleware. Diese verfügt über standardisierte Funktionen für die Entwicklung und Kompilierung, die Inbetriebnahme und den Betrieb von gatterbasierten Quantencomputern [3].
- Quantencomputer bieten die Perspektive, konventionelle Rechner bei den einschlägigen Optimierungsverfahren zu übertreffen und so portfoliobezogene Entscheidungen zu beschleunigen. Im Projekt **QORA** werden solche Optimierungsverfahren, basierend speziell auf dem Quantum Approximate Optimization Algorithm (QAOA), entwickelt und auf dem Quantencomputer IBM Quantum System One erprobt. **QORA** geht die zentrale Herausforderung des Quantencomputings an, komplexe und praktisch relevante Quantenalgorithmen auf eine resiliente Art und Weise auf inhärent unzuverlässiger Quantenhardware auszuführen (siehe Beitrag »Fehlercharakterisierung, -minderung und -korrektur« [4].
- Quantencomputing ermöglicht es, Machine-Learning(ML)-Ansätze zu beschleunigen und neue Lösungsansätze zu entwickeln. Die Implementierung solcher Quantenalgorithmen ist stark vom Anwendungsfall abhängig und erfordert daher eine charakteristische Entwicklung durch interdisziplinäre Quanten-Software-Ingenieure. Das vom Bundesministerium für Wirtschaft und Klimaschutz geförderte Projekt **AutoQML** zielt auf die Vereinfachung dieser Prozesse ab. Ziel ist es, Ansätze für die Automatisierung des Machine Learning durch Quantencomputing zu erweitern, um Probleme im Automobil- und Produktionsbereich einfacher und schneller lösen zu können [5].

4 Schlussfolgerungen und Ausblick

Wie Reimund Neugebauer in seinem Einführungskapitel feststellt: »QT (und damit QC) ist noch eine relativ junge Disziplin mit vielen Herausforderungen und offenen Fragen, aber auch mit beispiellosen Vorteilen und noch unvorstellbaren neuen Möglichkeiten«.

Mit der Plattform rund um den IBM-Quantencomputer in Ehningen und dem Fraunhofer-Kompetenznetzwerk Quantencomputing bietet Fraunhofer der Industrie und Forschungseinrichtungen die Möglichkeit, die Zukunftstechnologie Quantencomputing aktiv voranzutreiben, sich umfassend für das Quantenzeitalter zu qualifizieren und die gewonnenen Kompetenzen nutzbringend einzusetzen. Das Sammeln von praktischen Erfahrungen mit echter Quanten-Hardware liefert unschätzbares Know-how für die Qualifizierung der eigenen Mitarbeitenden, aber auch für das Verständnis der praktischen Anwendbarkeit des Quantencomputings.

Ein leistungsfähiges Quantencomputing-Ökosystem aus KMU, Start-ups und Großindustrie sowie F&E-Organisationen wird in Deutschland benötigt, und die Fraunhofer-Gesellschaft trägt durch die Bereitstellung und den kontinuierlichen Ausbau eines Netzwerks sowie die Befähigung der Beteiligten einen großen Teil dazu bei. Quantencomputing ist eine wichtige Zukunftstechnologie mit enormem Potenzial für revolutionäre Entwicklungen. Auf Basis der Vielzahl von praktischen Experimenten und Projekten im Fraunhofer-Kompetenznetzwerk Quantencomputing – einschließlich der Kompetenzen entlang des gesamten Hard- und Software-Stacks – lässt sich feststellen, dass es noch ein weiter Weg ist, bis Quantencomputing sein volles Potenzial entfalten wird, aber ein Weg, der sich lohnt. Damit Deutschland und Europa bei dieser Technologie nicht den Anschluss verlieren, müssen die Weichen heute gestellt werden.

5 Literaturverzeichnis

[1] Den Quantencomputer benutzen – aber wie? URL: https://www.fraunhofer.de/de/institute/kooperationen/fraunhofer-kompetenznetzwerk-quantencomputing/nutzungsbedingungen-qc.html, Stand 30.06.2022

[2] Verbundprojekte im Kompetenzzentrum Quantencomputing URL: https://www.iaf.fraunhofer.de/de/netzwerker/KQC/projekte.html, Stand 01.07.2022

[3] QCStack – Zentraler Software-Stack für Quantencomputer. URL: https://www.quantentechnologien.de/forschung/foerderung/enabling-technologies-fuer-die-quantentechnologien/qcstack.html, Stand 01.07.2022

[4] QORA – Quantenoptimierung mit resilienten Algorithmen. URL: https://www.iaf.fraunhofer.de/de/forscher/quantensysteme/quantencomputing/qora.html, Stand 30.06.2022

[5] AutoQML. URL: https://www.digitale-technologien.de/DT/Navigation/EN/ProgrammeProjekte/AktuelleTechnologieprogramme/Quanten_Computing/Projekte/AutoQML/autoqml.html, Stand 01.07.2022

Autorenverzeichnis

Bartsch, Valeria, Dr.
Fraunhofer-Institut für Techno- und Wirtschaftsmathematik ITWM
Fraunhofer-Platz 1 | 67 663 Kaiserslautern | Deutschland

Basset, Marta Gilaberte
Fraunhofer-Institut für Angewandte Optik und Feinmechanik IOF
Albert-Einstein-Str. 7 | 07 745 Jena | Deutschland

Bauckhage, Christian, Dr.
Fraunhofer-Institut für Intelligente Analyse- und Informationssysteme IAIS
Schloss Birlinghoven | 53 757 Sankt Augustin | Deutschland

Becker, Colin Kai-Uwe
Fraunhofer-Institut für offene Kommunikationssysteme FOKUS
Kaiserin-Augusta-Allee 31 | 10 589 Berlin | Deutschland

Beckert, Erik, Dr.
Fraunhofer-Institut für Angewandte Optik und Feinmechanik IOF
Albert-Einstein-Str. 7 | 07 745 Jena | Deutschland

Behlau, Kim
Zentrale der Fraunhofer-Gesellschaft
Hansastraße 27 c | 80 686 München | Deutschland

Berwian, Patrick, Dr.
Fraunhofer-Institut für Integrierte Systeme und Bauelementetechnologie IISB
Schottkystraße 10 | 91 058 Erlangen | Deutschland

Blasl, Martin, Dr.
Fraunhofer-Institut für Photonische Mikrosysteme IPMS
Maria-Reiche-Str. 2 | 01 109 Dresden | Deutschland

Blug, Andreas, Dr.
Fraunhofer-Institut für Physikalische Messtechnik IPM
Georges-Köhler-Allee 301 | 79 110 Freiburg im Breisgau | Deutschland

Bock, Sebastian
Fraunhofer-Institut für offene Kommunikationssysteme FOKUS
Kaiserin-Augusta-Allee 31 | 10 589 Berlin | Deutschland

Bookey, Henry T., Dr.
Fraunhofer Centre for Applied Photonics CAP | Technology and Innovation Centre
99 George Street | Glasgow, Scotland | UK

Buse, Karsten, Prof. Dr.
Fraunhofer-Institut für Physikalische Messtechnik IPM
Georges-Köhler-Allee 301 |79 110 Freiburg im Breisgau | Deutschland

Carson, Christopher H., Dr.
Fraunhofer Centre for Applied Photonics CAP | Technology and Innovation Centre
99 George Street | Glasgow, Scotland | UK

Dawson, Martin D., Prof Dr.
Fraunhofer Centre for Applied Photonics CAP | Technology and Innovation Centre 99 George Street | Glasgow, Scotland | UK

Durmaz, Ali Riza
Fraunhofer-Institut für Werkstoffmechanik IWM
Wöhlerstr. 11 | 79 108 Freiburg | Deutschland

Elsen, Florian
Fraunhofer-Institut für Lasertechnik ILT
Steinbachstr. 15 | 52 074 Aachen | Deutschland

Freund, Ronald, Prof. Dr.
Fraunhofer-Institut für Nachrichtentechnik, Heinrich-Hertz-Institut HHI
Einsteinufer 37 | 10 587 Berlin | Deutschland

Freymann, Georg von, Prof. Dr.
Fraunhofer-Institut für Techno- und Wirtschaftsmathematik ITWM
Fraunhofer-Platz 1 | 67 663 Kaiserslautern | Deutschland

Fuenzalida, Jorge
Fraunhofer-Institut für Angewandte Optik und Feinmechanik IOF
Albert-Einstein-Str. 7 | 07 745 Jena | Deutschland

Gheorghe-Pop, Ilie-Daniel
Fraunhofer-Institut für offene Kommunikationssysteme FOKUS
Kaiserin-Augusta-Allee 31 | 10 589 Berlin | Deutschland

Giering, Kay-Uwe, Dr.
Fraunhofer-Institut für Integrierte Schaltungen IIS,
Institutsteil Entwicklung Adaptiver Systeme
Münchner Str. 16 | 01 187 Dresden | Deutschland

Gräfe, Markus, Dr.
Fraunhofer-Institut für Angewandte Optik und Feinmechanik IOF
Albert-Einstein-Str. 7 | 07 745 Jena | Deutschland

Grosse, Simon
Fraunhofer-Institut für Mikroelektronische Schaltungen und Systeme IMS
Finkenstr. 61 | 47 057 Duisburg | Deutschland

Gumbsch, Peter, Prof. Dr.
Fraunhofer-Institut für Werkstoffmechanik IWM
Wöhlerstr. 11 | 79 108 Freiburg | Deutschland

Haase, Björn
Fraunhofer-Institut für Techno- und Wirtschaftsmathematik ITWM
Fraunhofer-Platz 1 | 67 663 Kaiserslautern | Deutschland

Hahl, Felix
Fraunhofer-Institut für Angewandte Festkörperphysik IAF
Tullastraße 72 | 79 108 Freiburg | Deutschland

Hauswirth, Manfred, Prof. Dr.
Fraunhofer-Institut für offene Kommunikationssysteme FOKUS
Kaiserin-Augusta-Allee 31 | 10 589 Berlin | Deutschland

Hilt, Jonas
Fraunhofer-Institut für Nachrichtentechnik, Heinrich-Hertz-Institut HHI
Einsteinufer 37 | 10 587 Berlin | Deutschland

Hopsch, Fabian
Fraunhofer-Institut für Integrierte Schaltungen IIS,
Institutsteil Entwicklung Adaptiver Systeme
Münchner Str. 16 | 01 187 Dresden | Deutschland

Jancke, Roland, Dr.
Fraunhofer-Institut für Integrierte Schaltungen IIS,
Institutsteil Entwicklung Adaptiver Systeme
Münchner Str. 16 | 01 187 Dresden | Deutschland

Jank, Michael, Dr.
Fraunhofer-Institut für Integrierte Systeme und Bauelementetechnologie IISB
Schottkystraße 10 | 91 058 Erlangen | Deutschland

Jeske, Jan, Dr.
Fraunhofer-Institut für Angewandte Festkörperphysik IAF
Tullastraße 72 | 79 108 Freiburg | Deutschland

Jungbluth, Bernd, Dr.
Fraunhofer-Institut für Lasertechnik ILT
Steinbachstr. 15 | 52 074 Aachen | Deutschland

Ketterer, Andreas, Dr.
Fraunhofer-Institut für Angewandte Festkörperphysik IAF
Tullastraße 72 | 79 108 Freiburg | Deutschland

Kleinert, Moritz, Dr.
Fraunhofer-Institut für Nachrichtentechnik, Heinrich-Hertz-Institut HHI,
Bereich Photonische Komponenten HHI-PC
Einsteinufer 37 | 10 587 Berlin | Deutschland

König, Kathrin
Fraunhofer-Institut für Angewandte Festkörperphysik IAF
Tullastraße 72 | 79 108 Freiburg | Deutschland

Koss, Peter A., Dr.
Fraunhofer-Institut für Physikalische Messtechnik IPM
Georges-Köhler-Allee 301 | 79 110 Freiburg im Breisgau | Deutschland

Krause, Jan
Fraunhofer-Institut für Nachrichtentechnik, Heinrich-Hertz-Institut HHI
Einsteinufer 37 | 10 587 Berlin | Deutschland

Krause, Stefan, Dr.
Fraunhofer-Institut für Integrierte Schaltungen IIS
Institutsteil Entwicklung Adaptiver Systeme
Münchner Str. 16 | 01 187 Dresden | Deutschland

Kruse, Georg
Fraunhofer-Institut für Integrierte Systeme und Bauelementetechnologie IISB
Schottkystraße 10 | 91 058 Erlangen | Deutschland

Kühnemann, Frank, Dr.
Fraunhofer-Institut für Physikalische Messtechnik IPM
Georges-Köhler-Allee 301 | 79 110 Freiburg im Breisgau | Deutschland

Kutas, Mirco
Fraunhofer-Institut für Techno- und Wirtschaftsmathematik ITWM
Fraunhofer-Platz 1 | 67 663 Kaiserslautern | Deutschland

Lilienthal-Uhlig, Benjamin, Dr.
Fraunhofer-Institut für Photonische Mikrosysteme IPMS
An der Bartlake 5 | 01 109 Dresden | Deutschland

Lindner, Chiara
Fraunhofer-Institut für Physikalische Messtechnik IPM
Georges-Köhler-Allee 301 | 79 110 Freiburg im Breisgau | Deutschland

Lorenz, Jürgen, Dr.
Fraunhofer-Institut für Integrierte Systeme und Bauelementetechnologie IISB
Schottkystraße 10 | 91 058 Erlangen | Deutschland

Martyniuk, Darya
Fraunhofer-Institut für offene Kommunikationssysteme FOKUS
Kaiserin-Augusta-Allee 31 | 10 589 Berlin | Deutschland

Mathes, Niklas
Fraunhofer-Institut für Angewandte Festkörperphysik IAF
Tullastraße 72 | 79 108 Freiburg | Deutschland

Mattern, Denny
Fraunhofer-Institut für offene Kommunikationssysteme FOKUS
Kaiserin-Augusta-Allee 31 | 10 589 Berlin | Deutschland

McKnight, Loyd J., Dr.
Fraunhofer Centre for Applied Photonics CAP, Technology and Innovation Centre 99 George Street | Glasgow, Scotland | UK

Molter, Daniel, Dr.
Fraunhofer-Institut für Techno- und Wirtschaftsmathematik ITWM
Fraunhofer-Platz 1
67 663 Kaiserslautern
Deutschland

Ndagano, Bienvenu, Dr.
Fraunhofer Centre for Applied Photonics CAP, Technology and Innovation Centre
99 George Street | Glasgow, Scotland | UK

Neugebauer, Reimund, Prof. Dr.
Zentrale der Fraunhofer-Gesellschaft
Hansastraße 27c | 80686 München | Deutschland

Paschke, Adrian, Prof. Dr.
Fraunhofer-Institut für offene Kommunikationssysteme FOKUS
Kaiserin-Augusta-Allee 31 | 10589 Berlin | Deutschland

Perlot, Nicolas, Dr.
Fraunhofer-Institut für Nachrichtentechnik, Heinrich-Hertz-Institut HHI
Einsteinufer 37 | 10587 Berlin | Deutschland

Pfeiffer, Tobias
Fraunhofer-Institut für Techno- und Wirtschaftsmathematik ITWM
Fraunhofer-Platz 1 | 67663 Kaiserslautern | Deutschland

Piatkowski, Nico, Dr.
Fraunhofer-Institut für Intelligente Analyse- und Informationssysteme IAIS
Schloss Birlinghoven | 53757 Sankt Augustin | Deutschland

Pitsch, Carsten
Fraunhofer-Institut für Optronik, Systemtechnik und Bildauswertung IOSB
Gutleuthausstr. 1 | 76275 Ettlingen | Deutschland

Potjan, Roman
Fraunhofer-Institut für Photonische Mikrosysteme IPMS
An der Bartlake 5 | 01109 Dresden | Deutschland

Quay, Rüdiger, Prof. Dr.
Fraunhofer-Institut für Angewandte Festkörperphysik IAF
Tullastraße 72 | 79108 Freiburg |Deutschland

Roßkopf, Andreas, Dr.
Fraunhofer-Institut für Integrierte Systeme und Bauelementetechnologie IISB
Schottkystraße 10 | 91058 Erlangen | Deutschland

Runge, Patrick, Dr.
Fraunhofer-Institut für Nachrichtentechnik, Heinrich-Hertz-Institut HHI
Bereich Photonische Komponenten HHI-PC
Einsteinufer 37 | 10587 Berlin | Deutschland

Schellenberger, Martin, Dr.
Fraunhofer-Institut für Integrierte Systeme und Bauelementetechnologie IISB
Schottkystraße 10 | 91 058 Erlangen | Deutschland

Schlosser, Peter J., Dr.
Fraunhofer Centre for Applied Photonics CAP, Technology and Innovation Centre 99 George Street | Glasgow, Scotland | UK

Schneider, Peter, Dr.
Fraunhofer-Institut für Integrierte Schaltungen IIS
Am Wolfsmantel 33 | 91 058 Erlangen | Deutschland

Seidel, Raphael
Fraunhofer-Institut für offene Kommunikationssysteme FOKUS
Kaiserin-Augusta-Allee 31 | 10 589 Berlin | Deutschland

Selyem, Adam, Dr.
Fraunhofer Centre for Applied Photonics CAP, Technology and Innovation Centre 99 George Street | Glasgow, Scotland | UK

Siebert, Torsten, Dr.
Zentrale der Fraunhofer-Gesellschaft
Anna-Louisa-Karsch-Str. 2 | 10 178 Berlin | Deutschland

Simon, Maik
Fraunhofer-Institut für Photonische Mikrosysteme IPMS
Königsbrücker Str. 178 | 01 099 Dresden | Deutschland

Skubich, Christian
Fraunhofer-Institut für Integrierte Schaltungen IIS,
Institutsteil Entwicklung Adaptiver Systeme
Münchner Str. 16 | 01 187 Dresden | Deutschland

Steinlechner, Fabian; Dr.
Fraunhofer-Institut für Angewandte Optik und Feinmechanik IOF
Albert-Einstein-Str. 7 | 07 745 Jena | Deutschland

Stothard, David J. M., Dr.
Fraunhofer Centre for Applied Photonics, Technology and Innovation Centre
99 George Street | Glasgow, Scotland | UK

Strain, Michael J., Prof Dr.
Fraunhofer Centre for Applied Photonics, Technology and Innovation Centre
99 George Street | Glasgow, Scotland | UK

Straub, Thomas, Dr.
Fraunhofer-Institut für Werkstoffmechanik IWM
Wöhlerstr. 11 | 79108 Freiburg | Deutschland

Tcholtchev, Nikolay, Dr.
Fraunhofer-Institut für offene Kommunikationssysteme FOKUS
Kaiserin-Augusta-Allee 31 | 10589 Berlin | Deutschland

Töpfer, Sebastian
Fraunhofer-Institut für Angewandte Optik und Feinmechanik IOF
Albert-Einstein-Str. 7 |07745 Jena | Deutschland

Tünnermann, Andreas, Prof. Dr.
Fraunhofer-Institut für Angewandte Optik und Feinmechanik IOF
Albert-Einstein-Str. 7 | 07745 Jena | Deutschland

Venzl, Hannah, Dr.
Zentrale der Fraunhofer-Gesellschaft
Hansastraße 27c | 80686 München | Deutschland

Vidal, Xavier, Dr.
Fraunhofer-Institut für Angewandte Festkörperphysik IAF
Tullastraße 72 | 79108 Freiburg | Deutschland

Walenta, Nino, Dr.
Fraunhofer-Institut für Nachrichtentechnik, Heinrich-Hertz-Institut HHI
Einsteinufer 37 | 10587 Berlin | Deutschland

Walter, Dominik, Dr.
Fraunhofer-Institut für Optronik, Systemtechnik und Bildauswertung IOSB
Gutleuthausstr. 1 | 76275 Ettlingen | Deutschland

Warden, Matthew, Dr.
Fraunhofer Centre for Applied Photonics CAP, Technology and Innovation Centre 99
George Street | Glasgow, Scotland | UK

Weide, Stefan
Fraunhofer-Institut für Nachrichtentechnik, Heinrich-Hertz-Institut HHI
Einsteinufer 37 | 10587 Berlin | Deutschland

Wellens, Thomas, Dr.
Fraunhofer-Institut für Angewandte Festkörperphysik IAF
Tullastraße 72 | 79108 Freiburg | Deutschland

Wessling, Nils. K.
Fraunhofer Centre for Applied Photonics CAP, Technology and Innovation Centre 99 George Street |Glasgow, Scotland | UK

Wislicenus, Marcus
Fraunhofer-Institut für Photonische Mikrosysteme IPMS
An der Bartlake 5 | 01 109 Dresden | Deutschland

Zeugmann, Björn
Fraunhofer-Institut für Integrierte Schaltungen IIS,
Institutsteil Entwicklung Adaptiver Systeme
Münchner Str. 16 | 01 187 Dresden | Deutschland